21世纪高等学校数学系列教材

（第二版）

高等数学同步习题解答

刘金舜　编著

武汉大学出版社

图书在版编目(CIP)数据

高等数学同步习题解答/刘金舜编著.—2版.—武汉:武汉大学出版社,2012.8
21世纪高等学校数学系列教材
ISBN 978-7-307-10078-7

Ⅰ.高… Ⅱ.①刘… Ⅲ.①高等数学—高等学校—题解 Ⅳ.①O13-44

中国版本图书馆CIP数据核字(2012)第186982号

责任编辑:李汉保　　责任校对:刘　欣　　版式设计:詹锦玲

出版发行:**武汉大学出版社**　(430072　武昌　珞珈山)
(电子邮件:cbs22@whu.edu.cn 网址:www.wdp.com.cn)
印刷:武汉中科兴业印务有限公司
开本:787×1092　1/16　印张:19.25　字数:464千字　插页:1
版次:2009年1月第1版　2012年8月第2版
2012年8月第2版第1次印刷
ISBN 978-7-307-10078-7/O·477　定价:30.00元

21 世纪高等学校数学系列教材

编　委　会

内容简介

本书系作者为文科与经济类专业本科生高等数学课程编撰的一部同步习题解答,内容涉及一元函数的极限、连续、导数、不定积分、定积分、广义积分、导数在经济学中的应用、定积分的应用、空间解析几何、二元(多元)函数的微积分学、无穷级数、常微分方程及差分方程等.

本书适合作高等学校文科与经济类专业本科生高等数学课程的教辅教材,也可以供相关教师参阅.

序

数学是研究现实世界中数量关系和空间形式的科学.长期以来,人们在认识世界和改造世界的过程中,数学作为一种精确的语言和一个有力的工具,在人类文明的进步和发展中,甚至在文化的层面上,一直发挥着重要的作用.作为各门科学的重要基础,作为人类文明的重要支柱,数学科学在很多重要的领域中已起到关键性、甚至决定性的作用.数学在当代科技、文化、社会、经济和国防等诸多领域中的特殊地位是不可忽视的.发展数学科学,是推进我国科学研究和技术发展,保障我国在各个重要领域中可持续发展的战略需要.高等学校作为人才培养的摇篮和基地,对大学生的数学教育,是所有的专业教育和文化教育中非常基础、非常重要的一个方面,而教材建设是课程建设的重要内容,是教学思想与教学内容的重要载体,因此显得尤为重要.

为了提高高等学校数学课程教材建设水平,由武汉大学数学与统计学院与武汉大学出版社联合倡议、策划,组建21世纪高等学校数学课程系列教材编委会,在一定范围内,联合多所高校合作编写数学课程系列教材,为高等学校从事数学教学和科研的教师,特别是长期从事教学且具有丰富教学经验的广大教师搭建一个交流和编写数学教材的平台.通过该平台,联合编写教材,交流教学经验,确保教材的编写质量,同时提高教材的编写与出版速度,有利于教材的不断更新,极力打造精品教材.

本着上述指导思想,我们组织编撰出版了这套21世纪高等学校数学课程系列教材.旨在提高高等学校数学课程的教育质量和教材建设水平.

参加21世纪高等学校数学课程系列教材编委会的高校有:武汉大学、华中科技大学、云南大学、云南民族大学、云南师范大学、昆明理工大学、武汉理工大学、湖南师范大学、重庆三峡学院、襄樊学院、华中农业大学、福州大学、长江大学、咸宁学院、中国地质大学、孝感学院、湖北第二师范学院、武汉工业学院、武汉科技学院、武汉科技大学、仰恩大学(福建泉州)、华中师范大学、湖北工业大学等20余所院校.

高等学校数学课程系列教材涵盖面很广,为了便于区分,我们约定在封首上以汉语拼音首写字母缩写注明教材类别,如:数学类本科生教材,注明:SB;理工类本科生教材,注明:LGB;文科与经济类教材,注明:WJ;理工类硕士生教材,注明:LGS,如此等等,以便于读者区分.

武汉大学出版社是中共中央宣传部与国家新闻出版署联合授予的全国优秀出版社之一,在国内有较高的知名度和社会影响力.武汉大学出版社愿尽其所能为国内高校的教学与科研服务.我们愿与各位朋友真诚合作,力争使该系列教材打造成为国内同类教材中的精品教材,为高等教育的发展贡献力量!

21世纪高等学校数学系列教材编委会

2007年7月

前　言

文科、经济类《高等数学》(上、下册) 是作者为高等学校文科与经济类本科生撰写的一套高等数学课程教材，这套教材于2004年在武汉大学出版社正式出版，在广泛征求广大授课教师意见的基础上于2007年修订出版了第二版. 为配合教学，方便教师教、学生学，努力提高教学质量，针对这套教材，我们编撰出版了这本《高等数学同步习题解答》(以下简称《习题解答》). 这套教材共十四章. 每一章除配备了适量的基本练习题外，还配有一套近年来题型较为流行的综合练习题. 此外，针对全书，还编写了两套略有难度的总复习题. 应该说，对于文科及经济类专业的学生，能将全书的练习题及综合练习题熟练地做一遍，对于高等数学（四）、高等数学（三）乃至于高等数学（二）的内容也就基本掌握了.

这套教材的练习题的难度大致分为三个层次：大量的基本练习题，适量的难度适中的练习题，少量的难度较大的练习题. 相信这些练习题能够高度地浓缩教材所讲授的基本内容.

编写这套教材的《习题解答》，目的非常明确：即给同学们在学习高等数学过程中提供学习辅导及参考. 需要说明的是，练习中的每道题，一般都是用一种方法求解的. 对于那些一题能有多种解法的，则请同学们在学习过程中自己加以补充.《习题解答》只能起辅助的作用，正确地使用《习题解答》是至关重要的，若将《习题解答》当做完成作业时照抄的工具，那就非作者本意了.

编写《习题解答》，工作量是繁重的，过程是枯燥的. 若《习题解答》能对同学们的学习起到积极的作用，那么作者的辛苦也就值了.

限于水平，错误在所难免，恳请同行及同学们指正.

作　者

2008年9月

目　录

习 题 1

1. 用集合符号写出下列集合

(1)大于 30 的所有实数的集合;

(2)圆 $x^2+y^2=25$ 上所有的点组成的集合;

(3)椭圆$\frac{x^2}{4}+\frac{y^2}{9}=1$外部一切点的集合.

解:(1)$D=\{x \mid x>30, x\in \mathbf{R}\}$;

(2)$D=\{(x,y) \mid x^2+y^2=25\}$;

(3)$D=\left\{(x,y) \,\middle|\, \frac{x^2}{4}+\frac{y^2}{9}>1\right\}$.

2. 指出下列集合哪个是空集

$$A=\{x \mid x+5=5\},\ B=\{x \mid x\in \mathbf{R} \text{ 且 } x^2+5=0\},\ C=\{x \mid x<5, \text{且 } x>5\}.$$

解:集合 B 和集合 C 为空集.

3. 证明:$A\cup(B\cap C)=(A\cup B)\cap(A\cup C)$.

证:如果 $x\in A\cup(B\cap C)$,则 $x\in A$ 或 $x\in(B\cap C)$.

于是 $x\in A$ 或 $x\in B$ 且 $x\in C$,所以 $x\in(A\cup B)$且 $x\in(A\cup C)$.

故 $$x\in(A\cup B)\cap(A\cup C).$$

同理, 若 $x\in(A\cup B)\cap(A\cup C)$,则 $x\in(A\cup B)$且 $x\in(A\cup C)$.

于是有 $x\in A$ 或 $x\in B$ 且 $x\in A$ 或 $x\in C$,所以 $x\in A\cup(B\cap C)$,

所以 $$A\cup(B\cap C)=(A\cup B)\cap(A\cup C).$$

4. 证明:(1) $\bigcup\limits_{n=1}^{\infty}\left(\frac{1}{n},n\right)=(0,+\infty)$;(2) $\bigcap\limits_{n=1}^{\infty}\left(0,\frac{1}{n}\right)=\varnothing$.

证:(1) $$\bigcup_{n=1}^{\infty}\left(\frac{1}{n},n\right)=(1,1)\cup\left(\frac{1}{2},2\right)\cup\left(\frac{1}{3},3\right)\cup\cdots\cup\left(\frac{1}{n},n\right)\cup\cdots=(0,+\infty).$$

(2) $$\bigcap_{n=1}^{\infty}\left(0,\frac{1}{n}\right)=(0,1)\cap\left(0,\frac{1}{2}\right)\cap\left(0,\frac{1}{3}\right)\cap\cdots\cap\left(0,\frac{1}{n}\right)\cap\cdots=\varnothing.$$

(**注**:从极限的观点看,虽然$\lim\limits_{n\to\infty}\frac{1}{n}=0$,然而不论 n 取多大,$\frac{1}{n}$永远不可能取到 0).

5. 下面的对应关系是否为映射?

$$X=\{\text{平面上全体三角形}\},\quad Y=\{\text{平面上全体点}\}$$

X,Y 之间的对应是:每个三角形与其重心对应.

解:构成对应关系.

设 a 为 X 中任一元素,因 a 对应着唯一的一个重心 b,这个重心 b 为集合 Y 的一个元素,亦即集合 X 中任一元素,对应着集合 Y 中的唯一的一个元素.

6. 设 X 是所有同心圆的集合,Y 为实数集合,若把同心圆与其直径建立对应关系,试验证这种对应关系构成从 X 到 Y 的映射.

证:设 A,B 是集合 X 中两个直径为 $R\in Y$ 的圆。由于同心的原因,故 $A=B$. 于是集合 X 中的任一圆,一定有唯一的一个直径 $R\in Y$ 与之对应. 故从上述对应关系构成从 X 到 Y 的映射.

7. 下列各组函数是否相同?

(1) $f(x)=\lg x^2, g(x)=2\lg x$;

(2) $f(x)=\dfrac{\sqrt{x-1}}{\sqrt{x-2}}, g(x)=\sqrt{\dfrac{x-1}{x-2}}$;

(3) $f(x)=x, g(x)=x(\sin^2 x+\cos^2 x)$;

(4) $f(x)=\sqrt[3]{x^4-x^3}, g(x)=x\sqrt[3]{x-1}$.

答:(1) 不相同. $D(f)=\{x\mid x\neq 0\}$, 而 $D(g)=\{x\mid x>0\}$.

(2) 不相同. $D(f)=\{x\mid x>2\}$,

$D(g)=\{x\mid x>2 \text{ 或 } x\leqslant 1\}$.

(3) $\forall x\in\mathbf{R}, f(x)=g(x)$.

(4) $\forall x\in\mathbf{R}, f(x)=g(x)$.

8. 求下列函数的定义域

(1) $y=\dfrac{\sqrt{4x-x^2}}{1-|x-1|}$; (2) $y=\sqrt{16-x^2}+\ln\sin x$.

解:(1) $\begin{cases}4x-x^2\geqslant 0\\ |x-1|\neq 1\end{cases}\Rightarrow\begin{cases}x(4-x)\geqslant 0\\ |x-1|\neq 1\end{cases}$

于是有 $\begin{cases}x\geqslant 0\\ 4-x\geqslant 0\\ |x-1|\neq 1\end{cases}$ 或 $\begin{cases}x\leqslant 0\\ 4-x\leqslant 0\\ |x-1|\neq 1\end{cases}$

解之得 $0<x<2$ 或 $2<x\leqslant 4$. 故 $D(y)=\{x\mid 0<x<2 \text{ 或 } 2<x\leqslant 4\}$.

(2) $\begin{cases}16-x^2\geqslant 0\\ \sin x>0\end{cases}\Rightarrow\begin{cases}-4\leqslant x\leqslant 4\\ 2k\pi<x<(2k+1)\pi, k\in\mathbf{Z}\end{cases}$

显然, $k=0$.

于是有 $\begin{cases}-4\leqslant x\leqslant 4\\ 0<x<\pi\end{cases}$, 故 $0<x<\pi$, 即 $D(y)=\{x\mid 0<x<\pi\}$.

9. 设函数 $y=f(3x-2)$ 的定义域为 $[1,4]$, 试求函数 $y=f(3x+1)$ 的定义域.

解:依题意有 $1\leqslant 3x-2\leqslant 4$, 则 $3\leqslant 3x\leqslant 6, 4\leqslant 3x+1\leqslant 7$.

故 $y=f(3x+1)$ 的定义域为 $[4,7]$.

10. 设 $f(x)=\begin{cases}1, & |x|<1\\ 0, & |x|=1\\ -1, & |x|>1\end{cases}$, $g(x)=\ln x$, 试求 $f[g(x)]$.

解:$f[g(x)]=\begin{cases}1, & x\in(\mathrm{e}^{-1},\mathrm{e})\\ 0, & x=\mathrm{e}^{-1} \text{ 或 } x=\mathrm{e}\\ -1, & x\in(0,\mathrm{e}^{-1})\cup(\mathrm{e},+\infty).\end{cases}$

11. 判断下列函数的奇偶性

(1) $f(x)=\ln(\sqrt{1+x^2}-x)$；　　(2) $f(x)=x\cdot\dfrac{2^x-1}{2^x+1}$；

(3) $f(x)=\begin{cases}-x^2+1, & 0<x<+\infty\\ x^2-1, & -\infty<x<0\end{cases}$；　　(4) $f(x)=(x+1)\sqrt{\dfrac{1-x}{1+x}}$.

解：(1) $f(-x)=\ln(\sqrt{1+x^2}+x)=\ln\dfrac{1}{\sqrt{1+x^2}-x}=-\ln(\sqrt{1+x^2}-x)=-f(x)$.

故 $f(x)=\ln(\sqrt{1+x^2}-x)$ 为奇函数.

(2) $f(-x)=(-x)\dfrac{2^{-x}-1}{2^{-x}+1}=-x\dfrac{1-2^x}{1+2^x}=x\cdot\dfrac{2^x-1}{2^x+1}=f(x)$，

故 $f(x)=x\dfrac{2^x-1}{2^x+1}$ 为偶函数.

$$(3)f(-x)=\begin{cases}-x^2+1, & -\infty<x<0\\ x^2-1, & 0<x<+\infty\end{cases}=-\begin{cases}x^2-1, & 0<x<+\infty\\ -x^2+1, & -\infty<x<0\end{cases}$$

$$=-\begin{cases}-x^2+1, & -\infty<x<0\\ x^2-1, & 0<x<+\infty\end{cases}=-f(x).$$

故 $f(x)$ 为奇函数.

(4) $f(x)$ 的定义域为 $(-1,1]$，不关于原点对称，故 $f(x)$ 为非奇非偶函数.

12. 证明：函数 $f(x)=\dfrac{x}{1+x}$ 在 $(-\infty,-1)$ 与 $(-1,+\infty)$ 上分别是单调递增的，并由此推出不等式

$$\frac{|a+b|}{1+|a+b|}\leqslant\frac{|a|}{1+|a|}+\frac{|b|}{1+|b|}$$

证：(1) $\forall x_1,x_2\in(-\infty,-1)$，$x_1<x_2$. 故 $1+x_1<0$，$1+x_2<0$，$(1+x_1)(1+x_2)>0$. 于是

$$f(x_2)-f(x_1)=\frac{x_2}{1+x_2}-\frac{x_1}{1+x_1}=\frac{x_2-x_1}{(1+x_1)(1+x_2)}>0$$

(2) $\forall x_1,x_2\in(1,\infty)$，同理可证：当 $x_2>x_1$ 时有 $f(x_2)-f(x_1)>0$.

(3) $\forall a,b\in\mathbf{R}$，不妨设 $|a|>|b|$. 由 $y=\dfrac{x}{1+x}$ 的单调递增性，有

$$\frac{|a+b|}{1+|a+b|}\leqslant\frac{|a|+|b|}{1+|a|+|b|}\leqslant\frac{|a|+|b|}{1+|a|}$$

$$=\frac{|a|}{1+|a|}+\frac{|b|}{1+|a|}\leqslant\frac{|a|}{1+|a|}+\frac{|b|}{1+|b|}$$

13. 判断下列函数的周期性，并求其周期

(1) $y=\sin^2x$；　(2) $y=\sin\dfrac{x}{2}$；　(3) $y=\sin x+\dfrac{1}{2}\sin 2x$.

解：(1) $y=\sin^2x=\dfrac{1}{2}(1-\cos 2x)$，是周期为 π 的周期函数.

(2) $y=\sin\dfrac{x}{2}$ 是周期为 4π 的周期函数.

(3)因 $y(x+2\pi)=\sin(x+2\pi)+\frac{1}{2}\sin(2x+4\pi)=\sin x+\frac{1}{2}\sin 2x=y(x)$

故 $y=\sin x+\frac{1}{2}\sin 2x$ 的周期为 2π.

注:定理:设 $y=a_1\sin(\omega_1 x+\varphi_1)+a_2\sin(\omega_2 x+\varphi_2)$.

若$\frac{\omega_1}{\omega_2}$为有理数,则函数 $y(x)$ 的周期为$\frac{2\pi}{\omega_1},\frac{2\pi}{\omega_2}$两数的最小公倍数.

14. 判断下列函数的单调增减性

(1) $y=2x+1$;　(2) $y=\left(\frac{1}{2}\right)^x$;　(3) $y=\log_a x$;

(4) $y=1-3x^2$;　(5) $y=x+\lg x$.

解:(1) $\forall x_1,x_2\in\mathbf{R}$,并设 $x_2>x_1$,则

$$f(x_2)-f(x_1)=2x_2+1-(2x_1+1)=2(x_2-x_1)>0$$

故 $y=2x+1$ 为$(-\infty,+\infty)$上的单调增函数.

(2) $\forall x_1,x_2\in\mathbf{R}$,并设 $x_2>x_1$,则

$$f(x_2)-f(x_1)=\left(\frac{1}{2}\right)^{x_2}-\left(\frac{1}{2}\right)^{x_1}=\left(\frac{1}{2}\right)^{x_1}\left[\left(\frac{1}{2}\right)^{\frac{x_2}{x_1}}-1\right]$$

因 $x_2>x_1$,故$\frac{x_2}{x_1}>1$,$\left(\frac{1}{2}\right)^{\frac{x_2}{x_1}}-1<0$,故$f(x_2)-f(x_1)<0$.

故 $y=\left(\frac{1}{2}\right)^x$ 为$(-\infty,+\infty)$内的单调减函数.

注:在上式证明中,若 $x_1=0$,$\frac{x_2}{x_1}\to+\infty$,$\left(\frac{1}{2}\right)^{\frac{x_2}{x_1}}\to 0$,$\left(\frac{1}{2}\right)^{\frac{x_2}{x_1}}-1<0$,命题仍正确.

(3)　(i) $a>1$, $x>0$, $\forall x_1,x_2\in(0,+\infty)$,并设 $x_2>x_1$, 则

$$f(x_2)-f(x_1)=\log_a x_2-\log_a x_1=\log_a\frac{x_2}{x_1}>0$$

故$f(x)=\log_a x$ 为$(0,+\infty)$内的单调增函数.

(ii) $0<a<1$, $x>0$, $\forall x_1,x_2\in(0,+\infty)$,并设 $x_2>x_1$,则

$$f(x_2)-f(x_1)=\log_a x_2-\log_a x_1=\log_a\frac{x_2}{x_1}<0$$

故$f(x)=\log_a x$ 为$(0,+\infty)$内的单调减函数.

(4) $\forall x_1,x_2\in\mathbf{R}$,并设 $x_2>x_1$,有

$$f(x_2)-f(x_1)=(1-3x_2^2)-(1-3x_1^2)=3(x_1^2-x_2^2)$$

(i)当 $x_2>x_1>0$ 时,因 $x_1^2-x_2^2<0$,故$f(x_2)-f(x_1)<0$;

(ii)当 $x_1<x_2<0$ 时,因 $x_1^2-x_2^2>0$,于是$f(x_2)-f(x_1)>0$.

综上,当 $x>0$ 时,$f(x)=1-3x^2$ 为单调减函数;当 $x<0$ 时,$f(x)=1-3x^2$ 为单调增函数.

(5) $\forall x_1,x_2\in(0,+\infty)$,并设 $x_2>x_1$,有

$$f(x_2)-f(x_1)=(x_2+\lg x_2)-(x_1+\lg x_1)=(x_2-x_1)+\lg\frac{x_2}{x_1}>0$$

故当 $x>0$ 时，$y=x+\lg x$ 为单调递增函数.

注：应用导数的方法可以更方便地判断函数的单调性.

15. 试证两个偶函数的乘积是偶函数；两个奇函数的乘积是偶函数；一个偶函数与一个奇函数的乘积是奇函数.

证：我们只就第三种情形加以证明.

设 $f(x)$ 为某一对称区间上的奇函数，$g(x)$ 为同一区间上的偶函数，令 $\Phi(x)=f(x)\cdot g(x)$，于是，$\Phi(-x)=f(-x)\cdot g(-x)=-f(x)\cdot g(x)=-\Phi(x)$，即

函数 $\Phi(x)=f(x)\cdot g(x)$ 为上述区间上的奇函数.

16. 求下列函数的反函数

(1) $y=1-\sqrt{1-x^2}$ $(-1\leqslant x<0)$； (2) $y=\ln(x+\sqrt{x^2-1})$ $(x\geqslant 1)$；

(3) $y=\dfrac{1-\sqrt{1+4x}}{1+\sqrt{1+4x}}$.

解：(1) 容易求得 $x=\pm\sqrt{1-(1-y)^2}$，因 $-1\leqslant x\leqslant 0$，故反函数为

$$f^{-1}(x)=-\sqrt{1-(1-x)^2},x\in[0,1]$$

(2) 由 $x+\sqrt{x^2-1}=e^y$，于是有 $x=\dfrac{1+e^{2y}}{2e^y}$，从而反函数为

$$y=\frac{1+e^{2x}}{2e^x},x\in[0,+\infty)$$

(3) 令 $u=\sqrt{1+4x}$，则 $y=\dfrac{1-u}{1+u}$，于是

$$u=\frac{1-y}{1+y}\text{即}\sqrt{1+4x}=\frac{1-y}{1+y},x=\frac{1}{4}\left[\left(\frac{1-y}{1+y}\right)^2-1\right]=-\frac{y}{(1+y)^2}$$

故反函数为 $y=-\dfrac{x}{(1+x)^2}$.

17. 下列函数可以由哪些简单函数复合而成?

(1) $y=\sqrt{3x-1}$； (2) $y=a\sqrt[3]{1+x}$； (3) $y=(1+\ln x)^5$；

(4) $y=e^{e^{-x^2}}$； (5) $y=\sqrt{\lg\sqrt{x}}$； (6) $y=\lg^2\arccos x^3$.

解：(1) $y=\sqrt{u},u=3x-1$；

(2) $y=a\sqrt[3]{u},u=1+x$；

(3) $y=(1+u)^5,u=\ln x$；

(4) $y=e^u,u=e^v,v=-x^2$；

(5) $y=\sqrt{u},u=\lg v,v=\sqrt{x}$；

(6) $y=u^2,u=\lg v,v=\arccos t,t=x^3$.

18. 设 $f(x)$ 为定义在 $[-1,1]$ 上的任一函数，证明 $f(x)$ 可以表示为一个奇函数与一个偶函数的和.

证：构造函数. 令

$$\Phi(x)=\frac{f(x)+f(-x)}{2},\quad \psi(x)=\frac{f(x)-f(-x)}{2}.$$

不难检验,$\Phi(x)$为$[-1,1]$上的偶函数,$\psi(x)$为$[-1,1]$上的奇函数. 于是

$$f(x)=\Phi(x)+\psi(x).$$

19. 作函数 $y=\begin{cases} x^2+1, & x>1 \\ 0, & x=1 \\ x^2-1, & x<1 \end{cases}$ 的图像并讨论其单调性.

解:如图 1-1 所示.

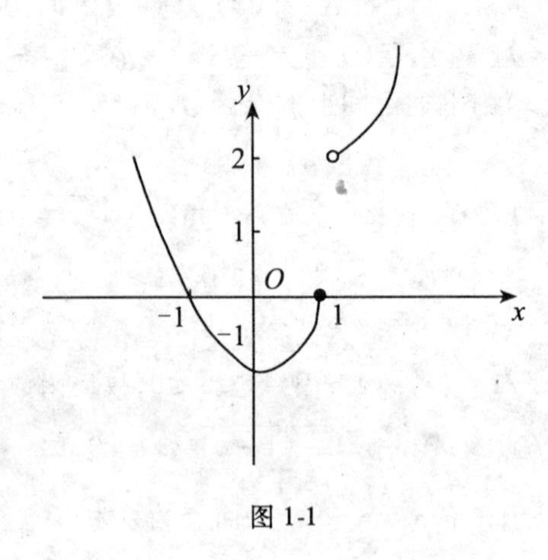

图 1-1

当 $x\leqslant 0$ 时,函数 y 单调减;当 $x>0$ 时,函数 y 单调增.

20. 某企业每天的总成本 C 是该企业的日产量 Q 的函数,$C=150+7Q$,该企业每天生产的最大能力是 100 个单位产品,试求成本函数的定义域与值域.

解:成本函数 $C=150+7Q$,定义域:$Q\in[0,100]$,值域 $C\in[150,850]$.

21. 已知产品价格 P 和需求量 Q 有关系式 $3P+Q=60$,试求:

(1)需求曲线 $Q(P)$并作图;

(2)总收益曲线 $R(Q)$并作图;

(3)求 $Q(0)$,$Q(1)$,$Q(6)$,$R(7)$,$R(1.5)$,$R(5.5)$.

解:(1)$Q=60-3P$,见图 1-2.

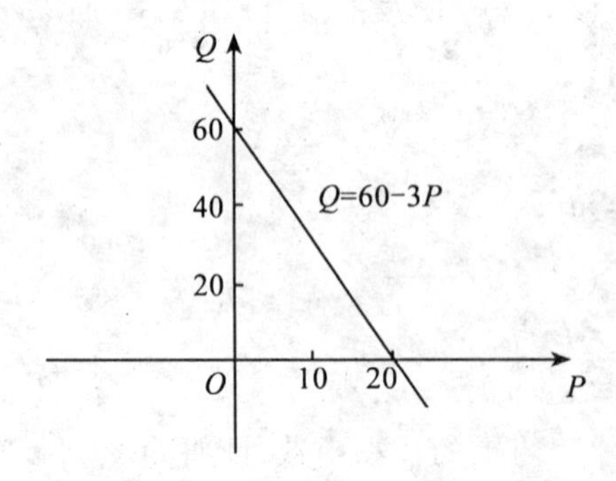

图 1-2

(2)$R(Q)=PQ=\dfrac{60-Q}{3}$,$Q=\dfrac{1}{3}(60Q-Q^2)$,见图 1-3.

(3)$Q(0)=60$;$Q(1)=57$;$Q(6)=42$;

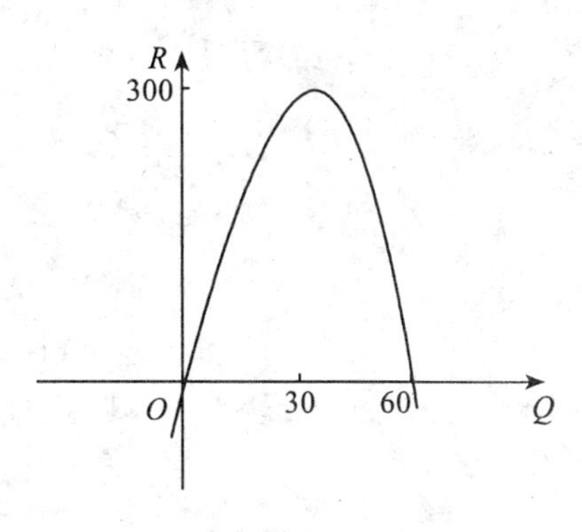

图 1-3

$R(7)=\frac{371}{3}$;$R(1.5)=\frac{117}{4}$;$R(5.5)=\frac{1199}{12}$.

22. 试证 $f(x)=\sin x^2$ 不是周期函数.

证:设 $f(x)$ 是以 T 为周期的周期函数,则应有

$$f(x+T)=\sin(x+T)^2=\sin x^2$$

但只要 $T\neq 0$,则 $\sin(x+T)^2=\sin x^2$ 总不成立. 故 $f(x)=\sin x^2$ 不是周期函数.

23. 证明:函数 $y=\frac{\sqrt{x+1}}{x+2}$ 在其定义域上有界.

证:$D(f)=\{x \mid x\geqslant -1\}$.

(1)当 $-1\leqslant x\leqslant 0$ 时,$0\leqslant\frac{\sqrt{x+1}}{x+2}\leqslant 1$;

(2)当 $x>0$ 时,显然 $x+2>\sqrt{x+1}$,从而 $0<\frac{\sqrt{x+1}}{x+2}<1$.

故函数 $y=\frac{\sqrt{x+1}}{x+2}$ 在其定义域上有界.

24. 某工厂生产某种产品,固定成本为 140 元,每增加 1 吨,成本增加 8 元,且每天最多生产 100 吨,试将每日产品总成本 C 表示为生产量 Q 的函数.

解:$C(Q)=140+8Q$,$Q\in[0,100]$.

25. 某商店销售某种商品,当销售量 Q 不超过 30 件时(含 30 件)单价为 q 元,超过 30 件时,超过部分按九折销出,试写出销售收入 R 与销售量 Q 的关系式.

解:$R=PQ=\begin{cases} q\cdot Q, & Q\leqslant 30 \\ 30q+(Q-30)\cdot q\cdot 90\%, & Q>30 \end{cases}$

26. 某工厂生产某种产品,年产量为 Q 件,分若干批进行生产,每批生产准备费为 a 元,每件的库存费为 b 元,设产品均匀投放市场(即平均库存量为每批生产量的一半),试建立总费用 C(库存费与准备费)与批量 q 的函数关系.

解:$C=\frac{1}{2}bQ+aq$.

综合练习 1

一、选择题

1. 下列集合(　)是空集.

A. $\{0,2,1\}\cap\{0,3,4\}$　　B. $\{1,2,3\}\cap\{4,5,6\}$

C. $\{(x,y)\mid y=x$ 且 $y=2x\}$　　D. $\{x\mid |x|<1$ 且 $x\geqslant 0\}$

答:选 B.

2. 函数 $f(x)=\arcsin(1-x)+\dfrac{1}{x-1}$ 的定义域是(　).

A. $\{x\mid 0\leqslant x\leqslant 2, x\neq 1\}$　　B. $\{x\mid x>1\}$

C. $\{x\mid 1<x\leqslant 2\}$　　D. $\{x\mid 0\leqslant x\leqslant 1\}$

答:选 A.

3. 函数 $f(x)=(\sin 3x)^2$ 在定义域 $(-\infty,+\infty)$ 内为(　).

A. 周期为 3π 的周期函数　　B. 周期为 $\dfrac{\pi}{3}$ 的周期函数

C. 周期为 $\dfrac{2\pi}{3}$ 的周期函数　　D. 不是周期函数

答:选 B.

4. 若 $f(x-1)=x(x-1)$,则 $f(x)=$(　).

A. $x(x+1)$　　B. $(x-1)(x-2)$

C. $x(x-1)$　　D. 不存在

答:选 A.

5. 下列函数中偶函数是(　).

A. xe^{-x}　　B. $x\cos x$

C. $\ln(e^x+e^{-x})$　　D. 5^x-5^{-x}

答:选 C.

6. 函数 $y=|\sin x+\cos x|$ 的周期是(　).

A. $\dfrac{\pi}{2}$　　B. π

C. 2π　　D. 4π

答:选 B.

7. 函数 $y=(e^x+e^{-x})\cdot\sin x$ 在 $(-\infty,+\infty)$ 内是(　).

A. 有界函数　　B. 周期函数

C. 偶函数　　D. 奇函数

答:选 D.

8. 函数 $f(x)$ 在 $(-\infty,+\infty)$ 内有定义且为奇函数,若当 $0\leqslant x<+\infty$ 时,$f(x)=x(x-1)$,则当 $-\infty<x<0$ 时,$f(x)=$(　).

A. $-x(x-1)$　　B. $x(x+1)$

C. $-x(x+1)$　　　　D. $x(x-1)$

答:选 C.

二、填空题

1. 函数 $f(x)=\dfrac{1}{x-1}$,则 $f\{f[f(x)]\}=$ $\underline{\dfrac{2-x}{2x-3}}$.

$$f[f(x)]=\frac{1}{\dfrac{1}{x-1}-1}=\frac{x-1}{2-x},$$

$$f\{f[f(x)]\}=\frac{1}{\dfrac{x-1}{2-x}-1}=\frac{2-x}{2x-3}.$$

2. 函数 $f(x)=(\sin x)^{\frac{1}{2}}+(16-x^2)^{\frac{1}{2}}$ 的定义域为 $\underline{[-4,-\pi]\cup[0,\pi]}$.

因为 $\sin x\geqslant 0$, 则 $2k\pi\leqslant x\leqslant(2k+1)\pi, k\in\mathbf{Z}$.

$16-x^2\geqslant 0$, 则 $-4\leqslant x\leqslant 4$.

于是有 $-4\leqslant x\leqslant -\pi$ 或 $0\leqslant x\leqslant\pi$.

3. 函数 $f(x)$ 的定义域为 $[-1,3]$,则 $f(x+1)+f(x-1)$ 的定义域为 $\underline{[0,2]}$.

由 $\begin{cases}-1\leqslant x+1\leqslant 3\\ -1\leqslant x-1\leqslant 3\end{cases}\Rightarrow 0\leqslant x\leqslant 2.$

4. 函数 $f(x)=|\sin x|+|\cos x|$ 的周期为 $\underline{\dfrac{\pi}{2}}$.

5. 函数 $f(x)$ 是以 3 为周期的偶函数,且 $f(-1)=5$,则 $f(7)=$ $\underline{5}$.

因 $f(-1)=f(1)=f(4)=f(7)=5$.

6. 函数 $f(x)=\begin{cases}x^2, & x\leqslant 0\\ 1-2^x, & x>0\end{cases}$ 的反函数为 $\underline{f^{-1}(x)=\begin{cases}-\sqrt{x}, & x\geqslant 0\\ \log_2(1-x), & x<0\end{cases}}$.

7. 函数 $f(\sin x)=3-\cos 2x$,则 $f(\cos x)=$ $\underline{2+2\cos^2 x}$.

8. 函数 $f(x)=\arctan(x^3)$ 的图像关于原点对称.

三、证明题

设函数 $f(x)$ 满足 $2f(x)+f\left(\dfrac{1}{x}\right)=\dfrac{1}{x}$,试证明 $f(-x)=-f(x)$.

证:原式两端以 $\dfrac{1}{x}$ 代 x,有

$$\begin{cases}2f\left(\dfrac{1}{x}\right)+f(x)=x\\ f\left(\dfrac{1}{x}\right)+2f(x)=\dfrac{1}{x}\end{cases}$$

解之得
$$f(x)=\frac{2-x^2}{3x}$$

于是
$$f(-x)=-\frac{2-x^2}{3x}=-f(x)$$

四、计算题

1. 设$f\left(1+\frac{1}{x}\right)=\frac{1}{x^2}+1$,试求$f(x)$.

解法1:$f\left(1+\frac{1}{x}\right)=\left(\frac{1}{x^2}+1\right)=\left(1+\frac{1}{x}\right)^2-2\left(1+\frac{1}{x}\right)+2$

故$f(x)=x^2-2x+2$.

解法2:记$1+\frac{1}{x}=u$,则$\frac{1}{x}=u-1$.

故
$$f(u)=(u-1)^2+1=u^2-2u+2$$
所以
$$f(x)=x^2-2x+2$$
2. 设$f(x)$满足$f^2(\ln x)-2xf(\ln x)+x^2\ln x=0(0<x<\mathrm{e})$,且$f(0)=0$,试求$f(x)$.

解:令$t=\ln x$,则$x=\mathrm{e}^t$

故$f^2(t)-2\mathrm{e}^tf(t)+t\mathrm{e}^{2t}=0$

$$f(t)=\frac{2\mathrm{e}^t\pm\sqrt{4\mathrm{e}^{2t}-4t\mathrm{e}^{2t}}}{2}=\mathrm{e}^t(1\pm\sqrt{1-t})$$

因$f(0)=0$,得$f(t)=\mathrm{e}^t(1-\sqrt{1-t})$.

故$f(x)=\mathrm{e}^x(1-\sqrt{1-x})$.

3. 设$f(x)=\frac{\mathrm{e}^x-\mathrm{e}^{-x}}{\mathrm{e}^x+\mathrm{e}^{-x}}$,试求$f^{-1}(x)$.

解:$f(x)=\frac{\mathrm{e}^{2x}-1}{\mathrm{e}^{2x}+1}$,故$\mathrm{e}^{2x}f(x)+f(x)=\mathrm{e}^{2x}-1$.

故$\mathrm{e}^{2x}=\frac{1+f(x)}{1-f(x)}$, 即$x=\frac{1}{2}\ln\frac{1+f(x)}{1-f(x)}$, 故$f^{-1}(x)=\frac{1}{2}\ln\frac{1+x}{1-x}$.

4. 设函数$f(x)$的定义域为$(-\infty,+\infty)$,且对任意实数x_1和x_2满足
$f(x_1\cdot x_2)=f(x_1)+f(x_2)$.

(1)试求$f(1),f(-1),f(0)$;

(2)讨论$f(x)$的奇偶性.

解:(1)取$x_1=x_2=1$.

则有$f(1)=f(1)+f(1)$, 故$f(1)=0$.

取$x_1=-1,x_2=-1$.

则$f((-1)(-1))=f(-1)+f(-1)$, 即$f(1)=2f(-1)$, 故$f(-1)=0$.

取$x_1=x_2=0$, 可得$f(0)=0$.

(2) $\forall x\in\mathbf{R}$,并令$x_1=x,x_2=-1$代入原式,得
$$f(-x)=f(x)+f(-1)=f(x)$$
故$f(x)$为偶函数.

习　题　2

1. 观察下列数列当 $n\to\infty$ 时的变化趋势，指出哪些有极限，极限是多少. 并指出哪些没有极限.

(1) $\{x_n\}=\left\{\frac{1}{3^n}\right\}$；　(2) $\{x_n\}=\left\{(-1)^n\frac{1}{n}\right\}$；

(3) $\{x_n\}=\left\{2+\frac{1}{n^2}\right\}$；　(4) $\{x_n\}=\left\{\frac{n-1}{n+1}\right\}$；

(5) $\{x_n\}=\{(-1)^n\cdot n\}$.

解：(1) $\{x_n\}$ 以 0 为极限；　(2) $\{x_n\}$ 以 0 为极限；

(3) $\{x_n\}$ 以 2 为极限；　(4) $\{x_n\}$ 以 1 为极限；

(5) $\{x_n\}$ 没有极限.

2. 设 $u_1=0.9, u_2=0.99, u_3=0.999, \cdots, u_n=\underbrace{0.99\cdots}_{n个}9$，$\lim\limits_{n\to\infty}u_n=1$，试问 n 应为何值时，才能使 u_n 与其极限值之差的绝对值小于 0.0001？

解：$u_n=1-\frac{1}{10^n}$.

$$\left|u_n-1\right|=\left|1-\frac{1}{10^n}-1\right|=\frac{1}{10^n}<0.0001, n>4.$$

3. 利用"ε-N"方法验证下列极限.

(1) $\lim\limits_{n\to\infty}\frac{1}{n^a}=0\quad(a>0)$；　(2) $\lim\limits_{n\to\infty}\sqrt[n]{a}=1\quad(a>0)$；

(3) $\lim\limits_{n\to\infty}(\sqrt{n+1}-\sqrt{n})=0$；　(4) $\lim\limits_{n\to\infty}\frac{n}{a^n}=0\quad(a>1)$；

(5) $\lim\limits_{n\to\infty}\left(1-\frac{1}{2^2}\right)\left(1-\frac{1}{3^2}\right)\cdots\left(1-\frac{1}{n^2}\right)=\frac{1}{2}$.

解：(1) $\forall\varepsilon>0$，要使 $\left|\frac{1}{n^a}-0\right|=\frac{1}{n^a}<\varepsilon$，只要 $n^a>\frac{1}{\varepsilon}$，　即 $n>\sqrt[a]{\frac{1}{\varepsilon}}$ 即可.

所以 $\forall\varepsilon>0$，$\exists N=\left[\sqrt[a]{\frac{1}{\varepsilon}}\right]>0$，当 $n>N$ 时，成立 $\left|\frac{1}{n^a}-0\right|<\varepsilon$，故 $\lim\limits_{n\to\infty}\frac{1}{n^a}=0$.

(2)　(i) $0<a<1$.

$\forall\varepsilon>0$，要使 $\left|\sqrt[n]{a}-1\right|<\varepsilon\Rightarrow1-\sqrt[n]{a}<\varepsilon\Rightarrow\sqrt[n]{a}>1-\varepsilon\Rightarrow\frac{1}{n}\ln a<\ln(1-\varepsilon)\Rightarrow n>\frac{\ln a}{\ln(1-\varepsilon)}$.

所以 $\forall\varepsilon>0$，$\exists N=\left[\frac{\ln a}{\ln(1-\varepsilon)}\right]>0$，当 $n>N$ 时，$\left|\sqrt[n]{a}-1\right|<\varepsilon$ 成立，故 $\lim\limits_{n\to\infty}\sqrt[n]{a}=1$.

(ii) 同理可证，当 $a>1$ 时，$\lim\limits_{n\to\infty}\sqrt[n]{a}=1$.

综合(i),(ii)可知,当 $a>0$ 时,有 $\lim\limits_{n\to\infty}\sqrt[n]{a}=1$.

(3) $\forall\varepsilon>0$,要使 $|\sqrt{n+1}-\sqrt{n}-0|=\dfrac{1}{\sqrt{n+1}+\sqrt{n}}<\dfrac{1}{2\sqrt{n}}<\dfrac{1}{\sqrt{n}}<\varepsilon$,

只要 $\sqrt{n}>\dfrac{1}{\varepsilon}\Rightarrow n>\dfrac{1}{\varepsilon^2}$ 即可.

所以 $\forall\varepsilon>0$, $\exists N=\left[\dfrac{1}{\varepsilon^2}\right]>0$,当 $n>N$ 时,$\left|\sqrt{n+1}-\sqrt{n}-0\right|<\varepsilon$ 成立,故

$$\lim_{n\to\infty}(\sqrt{n+1}-\sqrt{n})=0.$$

(4)分析:因 $a>1$,则可令 $a=1+\gamma$,γ 为某一确定的正数. 于是

$$\begin{aligned}\frac{n}{a^n}&=\frac{n}{(1+\gamma)^n}\\&=\frac{n}{1+\gamma\cdot n+\frac{1}{2}n\cdot(n-1)\gamma^2+\cdots}<\frac{n}{\gamma\cdot n+\frac{n}{2}(n-1)\gamma^2}<\frac{n}{\frac{n}{2}(n-1)\gamma^2}\\&=\frac{1}{\frac{1}{2}\gamma^2(n-1)}\end{aligned}$$

所以 $\forall\varepsilon>0$,要使 $\left|\dfrac{n}{a^n}-0\right|=\dfrac{n}{a^n}<\dfrac{1}{\frac{1}{2}\gamma^2(n-1)}<\varepsilon$,只要 $n>1+\dfrac{2}{\gamma^2\varepsilon}$ 即可.

$\forall\varepsilon>0$, $\exists N=1+\left[\dfrac{2}{\gamma^2\varepsilon}\right]>0$,当 $n>N$ 时,$\left|\dfrac{n}{a^n}-0\right|<\varepsilon$ 成立,故 $\lim\limits_{n\to\infty}\dfrac{n}{a^n}=0$.

(5)因 $1-\dfrac{1}{K^2}=\dfrac{(K-1)(K+1)}{K^2}=\dfrac{K-1}{K}\cdot\dfrac{K+1}{K}$,故

$$\begin{aligned}\left(1-\frac{1}{2^2}\right)\left(1-\frac{1}{3^2}\right)\cdots\left(1-\frac{1}{n^2}\right)&=\frac{1}{2}\cdot\frac{3}{2}\cdot\frac{2}{3}\cdot\frac{4}{3}\cdot\frac{3}{4}\cdot\frac{5}{4}\cdot\cdots\cdot\frac{n-1}{n}\cdot\frac{n+1}{n}\\&=\frac{1}{2}\cdot\frac{n+1}{n}\end{aligned}$$

故 $\forall\varepsilon>0$,要使

$$\left|\left(1-\frac{1}{2^2}\right)\left(1-\frac{1}{3^2}\right)\cdots\left(1-\frac{1}{n^2}\right)-\frac{1}{2}\right|<\varepsilon$$

即

$$\left|\frac{1}{2}\,\frac{n+1}{n}-\frac{1}{2}\right|<\varepsilon\Rightarrow\frac{1}{2n}<\varepsilon$$

只要 $n>\dfrac{1}{2\varepsilon}$ 即可, 故 $\forall\varepsilon>0$, $\exists N=\left[\dfrac{1}{2\varepsilon}\right]>0$,当 $n>N$ 时,成立

$$\left|\left(1-\frac{1}{2^2}\right)\left(1-\frac{1}{3^2}\right)\cdots\left(1-\frac{1}{n^2}\right)-\frac{1}{2}\right|<\varepsilon$$

故

$$\lim_{n\to\infty}\left(1-\frac{1}{2^2}\right)\left(1-\frac{1}{3^2}\right)\cdots\left(1-\frac{1}{n^2}\right)=\frac{1}{2}$$

4. 试用“$\varepsilon-N$”方法验证数列 $\dfrac{2n}{n+1}$ 不以 1 为极限.

证:对某一个 $\varepsilon_0=\frac{1}{2}$,有

$$\left|\frac{2n}{n+1}-1\right|=\frac{n-1}{n+1}=1-\frac{2}{n+1}$$

当 $n>5$ 时
$$\left|\frac{2n}{n+1}-1\right|=1-\frac{2}{n+1}>\frac{1}{2}=\varepsilon_0$$

故
$$\lim_{n\to\infty}\frac{2n}{n+1}\neq 1.$$

5. 对于数列 $x_n=\frac{n}{n+1}$ $(n=1,2,3,\cdots)$,给定(1)$\varepsilon=0.1$;(2)$\varepsilon=0.01$;(3)$\varepsilon=0.001$ 时,分别取怎样的 N,才能使当 $n>N$ 时,不等式 $|x_n-1|<\varepsilon$ 成立?并利用极限定义证明该数列的极限为1.

解:$|x_n-1|=\left|\frac{n}{n+1}-1\right|=\frac{1}{n+1}$

(1)$\frac{1}{n+1}<0.1,n>9$;

(2)$\frac{1}{n+1}<0.01,n>99$;

(3)$\frac{1}{n+1}<0.001,n>999$.

$\forall\varepsilon>0$,要使 $|x_n-1|=\left|\frac{n}{n+1}-1\right|=\frac{1}{n+1}<\varepsilon$,只要 $n>\frac{1}{\varepsilon}-1$ 即可.

故 $\forall\varepsilon>0,\exists N=\left[\frac{1}{\varepsilon}\right]-1>0$,当 $n>N$ 时,成立 $\left|\frac{n}{n+1}-1\right|<\varepsilon$,故 $\lim\limits_{n\to\infty}\frac{n}{n+1}=1$.

6. 求下列极限

(1) $\lim\limits_{n\to\infty}\frac{n^3+3n^2+1}{4n^3+2n+3}=\lim\limits_{n\to\infty}\frac{1+\frac{3}{n}+\frac{1}{n^3}}{4+\frac{2}{n^2}+\frac{3}{n^3}}=\frac{1}{4}$.

(2) $\lim\limits_{n\to\infty}(\sqrt{n^2+n}-n)=\lim\limits_{n\to\infty}\frac{n}{\sqrt{n^2+n}+n}=\lim\limits_{n\to\infty}\frac{1}{1+\sqrt{1+\frac{1}{n}}}=\frac{1}{2}$.

(3) $\lim\limits_{n\to\infty}\frac{1^2+2^2+\cdots+n^2}{n^3}=\lim\limits_{n\to\infty}\frac{\frac{1}{6}n(n+1)(2n+1)}{n^3}=\frac{1}{3}$.

(4) $\lim\limits_{n\to\infty}\frac{\sqrt[3]{n^2}\sin n^2}{n-1}$.

由两边夹法则,有 $0<\left|\frac{\sqrt[3]{n^2}\sin n^2}{n-1}\right|<\frac{n^{\frac{2}{3}}}{n-1}\to 0\ (n\to\infty)$.

故 $\lim\limits_{n\to\infty}\frac{\sqrt[3]{n^2}\sin n^2}{n-1}=0$.

(5) $\lim\limits_{n\to\infty}\dfrac{1+a+a^2+\cdots+a^n}{1+b+b^2+\cdots+b^n}=\lim\limits_{n\to\infty}\dfrac{\dfrac{1+a+a^2+\cdots+a^n}{b^n}}{\dfrac{1+b+b^2+\cdots+b^n}{b^n}}=0\quad(b>a>1).$

(6) $\lim\limits_{n\to\infty}\dfrac{2n-1}{2^n}.$

解法 1: 当 $x\to+\infty$ 时, 2^x 是比 $2x-1$ 更高阶的无穷大, 所以 $\lim\limits_{x\to+\infty}\dfrac{2x-1}{2^x}=0.$

当 x 取自然数的方式趋于 $+\infty$ 时, 有 $\lim\limits_{n\to\infty}\dfrac{2n-1}{n^2}=0.$

解法 2: $\lim\limits_{x\to+\infty}\dfrac{2x-1}{x^2}$ 应用洛必达法则可以求得极限.

解法 3: 因数项级数 $\sum\limits_{n=1}^{\infty}\dfrac{2n-1}{2^n}$ 收敛, 故 $\lim\limits_{n\to\infty}\dfrac{2n-1}{2^n}=0.$

7. 用极限定义证明下列极限

(1) $\lim\limits_{x\to x_0}c=c$ (c 为常数).

证: $\forall\varepsilon>0$, 因 $|c-c|=0<\varepsilon$

所以 $\forall\varepsilon>0,\exists\delta>0$, 当 $0<|x-x_0|<\delta$ 时, 成立 $|c-c|<\varepsilon$, 故 $\lim\limits_{x\to x_0}c=c.$

(2) $\lim\limits_{x\to3}(3x-4)=5.$

证: $\forall\varepsilon>0$, 要使 $|3x-4-5|=3|x-3|<\varepsilon$, 只要 $|x-3|<\dfrac{\varepsilon}{3}$ 即可, 即 $\delta=\dfrac{\varepsilon}{3}.$

所以 $\forall\varepsilon>0,\exists\delta=\dfrac{\varepsilon}{3}>0$, 当 $0<|x-3|<\delta$ 时, $|3x-4-5|<\varepsilon$ 成立, 故

$$\lim_{x\to3}(3x-4)=5.$$

(3) $\lim\limits_{x\to-1}(4x+5)=1.$

证: $\forall\varepsilon>0$, 要使 $|4x+5-1|=4|x+1|<\varepsilon$, 只要 $|x+1|<\dfrac{\varepsilon}{4}$ 即可. 取 $\delta=\dfrac{\varepsilon}{4}$,

所以 $\forall\varepsilon>0,\exists\delta=\dfrac{\varepsilon}{4}>0$, 当 $0<|x+1|<\delta$ 时, $|4x+5-1|<\varepsilon$ 成立, 故

$$\lim_{x\to-1}(4x+5)=1.$$

(4) $\lim\limits_{x\to-2}\dfrac{x^2-4}{x+2}=-4.$

证: $\forall\varepsilon>0$, 要使 $\left|\dfrac{x^2-4}{x+2}-(-4)\right|=\left|\dfrac{(x+2)^2}{x+2}\right|=|x+2|<\varepsilon$, 只需取 $\delta=\varepsilon$ 即可.

所以 $\forall\varepsilon>0,\exists\delta=\varepsilon>0$, 当 $0<|x+2|<\delta$ 时, $\left|\dfrac{x^2-4}{x+2}-(-4)\right|<\varepsilon$ 成立, 故

$$\lim_{x\to-2}\frac{x^2-4}{x+2}=-4.$$

(5) $\lim\limits_{x\to5}\dfrac{x^2-6x+5}{x-5}=4.$

证: $\forall\varepsilon>0$, 要使 $\left|\dfrac{x^2-6x+5}{x-5}-4\right|=\left|\dfrac{x^2-6x+5-4x+20}{x-5}\right|=\left|\dfrac{(x-5)^2}{x-5}\right|=|x-5|<\varepsilon.$ 只

需取 $\delta=\varepsilon$ 即可. 所以 $\forall\varepsilon>0,\exists\delta=\varepsilon>0$,当 $0<|x-5|<\delta$ 时,$\left|\frac{x^2-6x+5}{x-5}-4\right|<\varepsilon$ 成立,故

$$\lim_{x\to 5}\frac{x^2-6x+5}{x-5}=4.$$

(6) $\lim\limits_{x\to\infty}\frac{1}{x}=0$.

证: $\forall\varepsilon>0$,要使 $\left|\frac{1}{x}-0\right|=\frac{1}{|x|}<\varepsilon$,只要 $|x|>\frac{1}{\varepsilon}$ 即可.

所以 $\forall\varepsilon>0,\exists X=\frac{1}{\varepsilon}$,当 $|x|>X$ 时,$\left|\frac{1}{x}-0\right|<\varepsilon$ 成立,故 $\lim\limits_{x\to\infty}\frac{1}{x}=0$.

8. 设 $f(x)=\begin{cases}x+4, & x<1\\ 2x-1, & x\geqslant 1\end{cases}$,求 $\lim\limits_{x\to 1^-}f(x)$ 及 $\lim\limits_{x\to 1^+}f(x)$,试问 $\lim\limits_{x\to 1}f(x)$ 是否存在?

解:

$$\lim_{x\to 1^-}f(x)=\lim_{x\to 1^-}(x+4)=5$$

$$\lim_{x\to 1^+}f(x)=\lim_{x\to 1^+}(2x-1)=1$$

因 $f(1-0)\neq f(1+0)$,故 $\lim\limits_{x\to 1}f(x)$ 不存在.

9. 如果当 $x\to x_0$ 时,函数 $f(x)$ 的极限存在,证明函数 $f(x)$ 在 x_0 的某邻域(x_0 除外)内有界.

证: 已知 $\lim\limits_{x\to x_0}f(x)=A$,$A$ 为某一有限数. 根据极限定义,$\forall\varepsilon>0,\exists\varepsilon>0$,当 $0<|x-x_0|<\delta$ 时,成立 $|f(x)-A|<\varepsilon$.

不妨取 $\varepsilon=1$,则有 $A-1<f(x)<A+1$,可知 $f(x)$ 在 x_0 的某一邻域内有界.

10. 讨论当 $x\to 0$ 时,函数 $f(x)=\frac{x}{|x|}$ 是否有极限.

解:

$$\lim_{x\to 0^+}f(x)=\lim_{x\to 0^+}\frac{x}{|x|}=\lim_{x\to 0^+}\frac{x}{x}=1$$

$$\lim_{x\to 0^-}f(x)=\lim_{x\to 0^-}\frac{x}{|x|}=\lim_{x\to 0^-}\frac{x}{-x}=-1$$

因 $f(0+0)\neq f(0-0)$,故 $\lim\limits_{x\to 0}\frac{x}{|x|}$ 不存在.

11. 求下列极限

(1) $\lim\limits_{x\to 1}(3x^2-2x+1)=\lim\limits_{x\to 1}3x^2-\lim\limits_{x\to 1}2x+1=2$.

(2) $\lim\limits_{x\to 2}\frac{2x^2+x-5}{3x+1}=\frac{\lim\limits_{x\to 2}(2x^2+x-5)}{\lim\limits_{x\to 2}(3x+1)}=\frac{5}{7}$.

(3) $\lim\limits_{x\to 2}\frac{5x}{x^2-4}=\infty$ 不存在.

(4) $\lim\limits_{n\to\infty}\frac{2n^2-2n+3}{3n^2+1}=\lim\limits_{n\to\infty}\frac{2-\frac{2}{n}+\frac{3}{n^2}}{3+\frac{1}{n^2}}=\frac{2}{3}$.

12. 已知 $f(x)=\begin{cases}x-1, & x<0\\ \frac{x^2+3x-1}{x^3+1}, & x\geqslant 0\end{cases}$,试求极限 $\lim\limits_{x\to 0}f(x)$,$\lim\limits_{x\to+\infty}f(x)$,$\lim\limits_{x\to-\infty}f(x)$.

解:(1) $\lim\limits_{x\to0^-}f(x)=\lim\limits_{x\to0^-}(x-1)=-1$,

$$\lim_{x\to0^+}f(x)=\lim_{x\to0^+}\frac{x^2+3x-1}{x^3+1}=-1.$$

故$\lim\limits_{x\to0}f(x)=-1$.

(2) $\lim\limits_{x\to+\infty}f(x)=\lim\limits_{x\to+\infty}\dfrac{x^2+3x-1}{x^3+1}=0$.

(3) $\lim\limits_{x\to-\infty}f(x)=\lim\limits_{x\to-\infty}(x-1)=-\infty$.

13. 证明$\lim\limits_{x\to0}\sin x=0$,$\lim\limits_{x\to0}\cos x=1$.

证:(1) $\forall\varepsilon>0$,因$|\sin x-0|=|\sin x|<|x|<\varepsilon$. 取

$$\delta=\varepsilon.$$

所以$\forall\varepsilon>0$,$\exists\delta>0$,当$0<|x-0|<\delta$时,$|\sin x-0|<\varepsilon$成立,故$\lim\limits_{x\to0}\sin x=0$.

(2) $\forall\varepsilon>0$,因$|\cos x-1|=2\left|\sin^2\dfrac{x}{2}\right|\leqslant2\cdot\left(\dfrac{x}{2}\right)^2=\dfrac{x^2}{2}<\varepsilon$,即$|x|<\sqrt{2\varepsilon}$,取

$$\delta=\sqrt{2\varepsilon}.$$

所以$\forall\varepsilon>0$,$\exists\delta>0$,当$0<|x-0|<\delta$时,$|\cos x-1|<\varepsilon$成立,故$\lim\limits_{x\to0}\cos x=1$.

14. 求下列极限

(1) $\lim\limits_{x\to0}\dfrac{\tan x}{x}=\lim\limits_{x\to0}\dfrac{\sin x}{x}\cdot\dfrac{1}{\cos x}=1$.

(2) $\lim\limits_{x\to0}\dfrac{\sin kx}{x}=\lim\limits_{x\to0}\dfrac{\sin kx}{kx}\cdot k=k$.

(3) $\lim\limits_{x\to0}\dfrac{1-\cos x}{x^2}=\lim\limits_{x\to0}\dfrac{2\sin^2\dfrac{x}{2}}{x^2}=\lim\limits_{x\to0}\dfrac{2\cdot\left(\dfrac{x}{2}\right)^2}{x^2}=\dfrac{1}{2}$.

(4) $\lim\limits_{x\to\infty}\left(\dfrac{x^2}{x^2-1}\right)^x=\lim\limits_{x\to\infty}\left(1+\dfrac{1}{x^2-1}\right)^x=\lim\limits_{x\to\infty}\left[\left(1+\dfrac{1}{x^2-1}\right)^{x^2-1}\right]^{\frac{x}{x^2-1}}$

$$=\lim_{x\to\infty}\left[\left(1+\frac{1}{x^2-1}\right)^{x^2-1}\right]^{\lim\limits_{x\to\infty}\frac{x}{x^2-1}}=e^0=1.$$

(5) $\lim\limits_{x\to0}\dfrac{e^{x^2}\cos x}{\arcsin(1+x)}=\dfrac{1}{\arcsin1}$.

(6) $\lim\limits_{x\to0}\dfrac{\ln(1+x)}{x}=\lim\limits_{x\to0}\dfrac{x}{x}=1$

或:$\lim\limits_{x\to0}\dfrac{1}{x}\ln(1+x)=\lim\limits_{x\to0}\ln(1+x)^{\frac{1}{x}}=\ln\lim\limits_{x\to0}(1+x)^{\frac{1}{x}}=\ln e=1$.

(7) $\lim\limits_{x\to4}\dfrac{\sqrt{2x+1}-3}{\sqrt{x-2}-\sqrt{2}}=\lim\limits_{x\to4}\dfrac{2x+1-9}{\sqrt{2x+1}+3}\cdot\dfrac{\sqrt{x-2}+\sqrt{2}}{x-2-2}$

$$=\lim_{x\to4}\frac{2(x-4)}{\sqrt{2x+1}+3}\cdot\frac{\sqrt{x-2}+\sqrt{2}}{x-4}=\frac{2\sqrt{2}}{3}.$$

(8) $\lim\limits_{x\to1}\left(\dfrac{3}{1-x^3}-\dfrac{1}{1-x}\right)=\lim\limits_{x\to1}\dfrac{3-(1+x+x^2)}{1-x^3}=\lim\limits_{x\to1}\dfrac{(x+2)(1-x)}{(1-x)(1+x+x^2)}=\dfrac{3}{3}=1$.

(9) $\lim\limits_{x\to+\infty}(\sqrt{x^2+x+1}-\sqrt{x^2-x+1})=\lim\limits_{x\to+\infty}\dfrac{(x^2+x+1)-(x^2-x+1)}{\sqrt{x^2+x+1}+\sqrt{x^2-x+1}}$

$=\lim\limits_{x\to+\infty}\dfrac{2x}{\sqrt{x^2+x+1}+\sqrt{x^2-x+1}}=1.$

(10) 设 $f(x)=\sqrt{x}$，

$$\lim_{h\to0}\frac{f(x+h)-f(x)}{h}=\lim_{h\to0}\frac{\sqrt{x+h}-\sqrt{x}}{h}=\lim_{h\to0}\frac{x+h-x}{h(\sqrt{x+h}+\sqrt{x})}=\lim_{h\to0}\frac{1}{\sqrt{x+h}+\sqrt{x}}=\frac{1}{2\sqrt{x}}.$$

15. 求证：当 $x\to0$ 时，$\sin\sin x\sim\ln(1+x)$.

证：因 $\lim\limits_{x\to0}\dfrac{\sin\sin x}{\ln(1+x)}=\lim\limits_{x\to0}\dfrac{\sin x}{x}=1$，故 $\sin\sin x\sim\ln(1+x)$.

16. 已知 $\lim\limits_{x\to c}f(x)=4$，$\lim\limits_{x\to c}g(x)=1$，$\lim\limits_{x\to c}h(x)=0$，求下列极限.

(1) $\lim\limits_{x\to c}\dfrac{g(x)}{f(x)}$；

(2) $\lim\limits_{x\to c}\dfrac{h(x)}{f(x)-g(x)}$；

(3) $\lim\limits_{x\to c}[f(x)\cdot g(x)]$；

(4) $\lim\limits_{x\to c}[f(x)\cdot h(x)]$.

解：(1) $\lim\limits_{x\to c}\dfrac{g(x)}{f(x)}=\dfrac{\lim\limits_{x\to c}g(x)}{\lim\limits_{x\to c}f(x)}=\dfrac{1}{4}.$

(2) $\lim\limits_{x\to c}\dfrac{h(x)}{f(x)-g(x)}=\dfrac{\lim\limits_{x\to c}h(x)}{\lim\limits_{x\to c}f(x)-\lim\limits_{x\to c}g(x)}=0.$

(3) $\lim\limits_{x\to c}[f(x)\cdot g(x)]=\lim\limits_{x\to c}f(x)\cdot\lim\limits_{x\to c}g(x)=4\times1=4.$

(4) $\lim\limits_{x\to c}[f(x)\cdot h(x)]=\lim\limits_{x\to c}f(x)\cdot\lim\limits_{x\to c}h(x)=4\times0=0.$

17. 求下列极限

(1) $\lim\limits_{x\to2}\dfrac{x^2+5}{x-3}=\dfrac{4+5}{2-3}=-9.$

(2) $\lim\limits_{x\to-1}\dfrac{x^2+2x+5}{x^2+1}=\dfrac{1-2+5}{1+1}=2.$

(3) $\lim\limits_{x\to\sqrt{3}}\dfrac{x^2-3}{x^2+1}=\dfrac{3-3}{3+1}=0.$

(4) $\lim\limits_{x\to-1}\dfrac{x^2+2x+5}{x^2-1}=\infty$ 不存在.

(5) $\lim\limits_{x\to0}\dfrac{4x^3+2x^2+x}{3x^2+2x}=\lim\limits_{x\to0}\dfrac{4x^2+2x+1}{3x+2}=\dfrac{1}{2}.$

(6) $\lim\limits_{h\to0}\dfrac{(x+h)^2-x^2}{h}=\lim\limits_{h\to0}\dfrac{2xh+h^2}{h}=2x.$

(7) $\lim\limits_{x\to\infty}\left(2-\dfrac{1}{x}+\dfrac{1}{x^2}\right)=2.$

(8) $\lim\limits_{x\to\infty}\dfrac{x^2-1}{2x^2-x-1}=\lim\limits_{x\to\infty}\dfrac{1-\dfrac{1}{x^2}}{2-\dfrac{1}{x}-\dfrac{1}{x^2}}=\dfrac{1}{2}.$

(9) $\lim\limits_{x\to\infty}\left(1+\dfrac{1}{x}\right)\left(2-\dfrac{1}{x^2}\right)=\lim\limits_{x\to\infty}\left(1+\dfrac{1}{x}\right)\lim\limits_{x\to\infty}\left(2-\dfrac{1}{x^2}\right)=1\times2=2.$

(10) $\lim\limits_{x\to+\infty}\dfrac{\sqrt{x+\sqrt{x+\sqrt{x}}}}{\sqrt{1+x}}=\lim\limits_{x\to+\infty}\dfrac{\sqrt{x}}{\sqrt{x}}=1.$

18. 计算下列极限

(1) $\lim\limits_{x\to0}\dfrac{\sin3x}{x}=\lim\limits_{x\to0}\dfrac{\sin3x}{3x}\cdot3=3.$

(2) $\lim\limits_{n\to\infty}n\cdot\sin\dfrac{\pi}{n}=\lim\limits_{n\to\infty}\dfrac{\sin\dfrac{\pi}{n}}{\dfrac{\pi}{n}}\cdot\pi=\pi.$

(3) $\lim\limits_{x\to0}\dfrac{\sqrt{1-\cos x^2}}{\sqrt{1-\cos x}}=\lim\limits_{x\to0}\dfrac{\sqrt{2}\sin\dfrac{x^2}{2}}{\sqrt{2}\sin\dfrac{x}{2}}=\lim\limits_{x\to0}\dfrac{\dfrac{x^2}{2}}{\dfrac{x}{2}}=0$

(4) $\lim\limits_{x\to\infty}\left(1+\dfrac{1}{x+1}\right)^x=\lim\limits_{x\to\infty}\left[\left(1+\dfrac{1}{x+1}\right)^{x+1}\right]^{\frac{x}{x+1}}$

$=\lim\limits_{x\to\infty}\left[\left(1+\dfrac{1}{x+1}\right)^{x+1}\right]^{\lim\limits_{x\to\infty}\frac{x}{x+1}}=e^1=e.$

(5) $\lim\limits_{x\to\infty}\left(1+\dfrac{2}{x}\right)^{x+3}=\lim\limits_{x\to\infty}\left[\left(1+\dfrac{2}{x}\right)^{\frac{x}{2}}\right]^{\frac{2(x+3)}{x}}$

$=\lim\limits_{x\to\infty}\left[\left(1+\dfrac{2}{x}\right)^{\frac{x}{2}}\right]^{\lim\limits_{x\to\infty}\frac{2(x+3)}{x}}=e^2.$

(6) $\lim\limits_{x\to0}(1-3x)^{\frac{1}{x}}=\lim\limits_{x\to0}[(1-3x)^{-\frac{1}{3x}}]^{-3}=e^{-3}.$

19. 求下列极限

(1) $\lim\limits_{x\to+\infty}x[\ln(x+1)-\ln x]=\lim\limits_{x\to+\infty}x\ln\left(1+\dfrac{1}{x}\right)$

$=\lim\limits_{x\to+\infty}\ln\left(1+\dfrac{1}{x}\right)^x=\ln\lim\limits_{x\to+\infty}\left(1+\dfrac{1}{x}\right)^x=\ln e=1.$

(2) $\lim\limits_{x\to0^+}\dfrac{a^x-1}{x}\xlongequal{t=a^x-1}\lim\limits_{t\to0^+}\dfrac{t\ln a}{\ln(1+t)}=\ln a.$

(3) $\lim\limits_{x\to a^+}\dfrac{\ln x-\ln a}{x-a}\xlongequal{t=x-a}\lim\limits_{t\to0^+}\dfrac{\ln\left(1+\dfrac{t}{a}\right)}{t}=\lim\limits_{t\to0^+}\dfrac{\dfrac{t}{a}}{t}=\dfrac{1}{a}.$

(4) $\lim\limits_{x\to a}\dfrac{e^x-e^a}{x-a}\xlongequal{t=x-a}\lim\limits_{t\to0}\dfrac{e^{a+t}-e^a}{t}=e^a\lim\limits_{t\to0}\dfrac{e^t-1}{t}=e^a.$

20. 下列函数在什么情况下是无穷小量？什么情况下是无穷大量？

(1) $y=\dfrac{1}{x^3}$; (2) $y=\dfrac{1}{x+1}$; (3) $y=\cot x$; (4) $y=\ln x$.

解：(1) $y=\dfrac{1}{x^3}$，当 $x\to0$ 时，y 为无穷大量；当 $x\to\infty$ 时，y 为无穷小量.

(2) $y=\frac{1}{x+1}$，当 $x\to -1$ 时，y 为无穷大量；当 $x\to\infty$ 时，y 为无穷小量.

(3) $y=\cot x$，当 $x\to n\pi$ 时，y 为无穷大量；当 $x\to k\pi+\frac{\pi}{2}$ 时，y 为无穷小量.

(4) $y=\ln x$，当 $x\to 0^+$ 或 $x\to +\infty$ 时，y 为无穷大量；当 $x\to 1$ 时，y 为无穷小量.

21. 下列函数哪些是 x 的高阶无穷小量？哪些是与 x 同阶的无穷小量？哪些是 x 的低阶无穷小量？

(1) $x+\tan 2x$；　(2) $1-\cos x$；　(3) $\frac{2}{\pi}\cos\frac{\pi}{2}(1-x)$；　(4) $\sin\sqrt{x}$.

解：(1) $x+\tan 2x$.

因 $\lim\limits_{x\to 0}\frac{x+\tan 2x}{x}=1+2=3$. 故 $x+\tan 2x$ 是与 x 同阶的无穷小量.

(2) $1-\cos x$.

因
$$\lim_{x\to 0}\frac{1-\cos x}{x}=\lim_{x\to 0}\frac{2\sin^2\frac{x}{2}}{x}=\lim_{x\to 0}\frac{2\left(\frac{x}{2}\right)^2}{x}=0$$

故 $1-\cos x$ 是比 x 更高阶的无穷小量.

(3) $\frac{2}{\pi}\cos\frac{\pi}{2}(1-x)$.

因
$$\lim_{x\to 0}\frac{\frac{2}{\pi}\cos\frac{\pi}{2}(1-x)}{x}=\lim_{x\to 0}\frac{\frac{2}{\pi}\sin\frac{\pi}{2}x}{x}=1$$

故 $\frac{2}{\pi}\cos\frac{\pi}{2}(1-x)$ 是与 x 等价的无穷小量.

(4) $\sin\sqrt{x}$.

因 $\lim\limits_{x\to 0}\frac{\sin\sqrt{x}}{x}=\lim\limits_{x\to 0}\frac{\sqrt{x}}{x}=\infty$，故 $\sin\sqrt{x}$ 是比 x 低阶的无穷小量.

22. 计算下列极限

(1) $\lim\limits_{x\to 1}(x^2-1)\cos\frac{1}{x-1}=0$.

(2) $\lim\limits_{x\to\infty}(2x^3-x-1)=\infty$.

(3) $\lim\limits_{x\to\infty}\frac{\sqrt[5]{x}\sin x}{x+1}$.

当 $x\to\infty$ 时，$0<\left|\frac{\sqrt[5]{x}\sin x}{x+1}\right|<\left|\frac{\sqrt[5]{x}}{x+1}\right|\to 0$，　故 $\lim\limits_{x\to\infty}\frac{\sqrt[5]{x}\sin x}{x+1}=0$.

23. 若 $\lim\limits_{x\to 3}\frac{x^2-2x+k}{x-3}=4$，试求 k 的值.

解：因 $x\to 3$ 时，$x-3\to 0$.　所以 $\lim\limits_{x\to 3}(x^2-2x+k)=0$，故 $k=-3$.

24. 若 $\lim\limits_{x\to 1}\frac{x^2+ax+b}{1-x}=5$，试求 a,b 的值.

解:当 $x\to1$ 时 $1-x\to0$,

所以$\lim\limits_{x\to1}(x^2+ax+b)=0$,于是有 $1+a+b=0$,将 $b=-(1+a)$代入原式,得

$$\lim_{x\to1}\frac{x^2+ax-(1+a)}{1-x}=\lim_{x\to1}\frac{(x-1)(x+1+a)}{1-x}=-(2+a)=5$$

故 $a=-7,b=6$.

25. 若$\lim\limits_{x\to\infty}\left(\dfrac{x^2+1}{x+1}-ax-b\right)=0$,试求 a,b 的值.

解:$\lim\limits_{x\to\infty}x\left(\dfrac{x^2+1}{x^2+x}-a-\dfrac{b}{x}\right)=0\Rightarrow\lim\limits_{x\to\infty}\left(\dfrac{x^2+1}{x^2+x}-a-\dfrac{b}{x}\right)=0$,

故 $a=\lim\limits_{x\to\infty}\dfrac{x^2+1}{x^2+x}=1$, $b=\lim\limits_{x\to\infty}\left(\dfrac{x^2+1}{x+1}-x\right)=\lim\limits_{x\to\infty}\dfrac{x^2+1-x^2-x}{x+1}=-1$.

注:本题给出了一个求函数渐近线的方法. 设 $y=f(x)$,渐近线方程为 $y=ax+b$,a 为斜率,b 为截距,则

$$a=\lim_{x\to\infty}\frac{f(x)}{x},\quad b=\lim_{x\to\infty}[f(x)-ax].$$

综合练习 2

一、选择题

1. 数列$\{x_n\}$与$\{y_n\}$的极限分别为 A 与 B,且 $A\neq B$,则数列 $x_1,y_1,x_2,y_2,\cdots,x_n,y_n,\cdots$的极限为( ).

A. A　　B. B　　C. $A+B$　　D. 不存在

答:选 D. 根据:数列$\{a_n\}$收敛,则$\{a_n\}$的任一子序列收敛且有相同的极限.

2. $\lim\limits_{x\to0}\left(x\sin\dfrac{1}{x}-\dfrac{1}{x}\sin x\right)=($).

A. 0　　B. 1　　C. 不存在　　D. -1

答:选 D. 因

$$\lim_{x\to0}\left(x\sin\frac{1}{x}-\frac{1}{x}\sin x\right)=\lim_{x\to0}x\cdot\sin\frac{1}{x}-\lim_{x\to0}\frac{\sin x}{x}=0-1=-1.$$

3. 若 $\lim f(x)=\infty\ (x\to a)$,$\lim g(x)=\infty\ (x\to a)$,则有( ).

A. $\lim[f(x)+g(x)]=\infty\ (x\to a)$　　B. $\lim[f(x)-g(x)]=\infty\ (x\to a)$

C. $\lim\dfrac{1}{f(x)+g(x)}=\infty\ (x\to a)$　　D. $\lim kf(x)=\infty\ (x\to a)\ (k\neq0)$

答:选 D. 注意到∞包含$+\infty$与$-\infty$,故选 D 是很自然的.

4. $\lim\limits_{x\to1}\dfrac{\sin(x^2-1)}{x-1}=($).

A. 1　　B. 0　　C. 2　　D. $\dfrac{1}{2}$

答:选 C. 因

$$\lim_{x\to 1}\frac{\sin(x^2-1)}{x-1}=\lim_{x\to 1}(x+1)\frac{\sin(x+1)(x-1)}{(x+1)(x-1)}=2\times 1=2$$

5. $f(x)$在点 $x=x_0$ 处有定义，是当 $x\to x_0$ 时 $f(x)$有极限的(　).

A. 必要条件　　B. 充分条件　　C. 充要条件　　D. 无关条件

答:选 D. 因$f(x)$在 x_0 处有定义，然而$f(x)$在 x_0 处就不一定有极限. 例如

$$\mathrm{Sgn}x=\begin{cases}-1, & x<0\\ 0, & x=0\\ 1, & x>0.\end{cases}$$

显然 Sgn$x$ 在 $x=0$ 处有定义，然而$\lim\limits_{x\to 0}\mathrm{Sgn}x$ 不存在.

6. 若 $x\to\infty$ 时，$\frac{1}{ax^2+bx+c}\sim\frac{1}{x+1}$，则 a,b,c 之值一定为(　).

A. $a=0,b=1,c=1$　　B. $a=0,b=1,c$ 为任意常数

C. $a=0,b,c$ 为任意常数　　D. a,b,c 均为任意常数

答:选 B. 因当 $x\to\infty$ 时，ax^2+bx+c 是较 $x+1$ 为更高阶的无穷大量，为使$\frac{1}{ax^2+bx+c}\sim\frac{1}{x+1}$，则 $a=0,b=1,c$ 可以为任意常数.

7. 当 $x\to 0$ 时，$\sin(2x+x^2)$与 x 比较是(　).

A. 较高阶的无穷小量　　B. 较低阶的无穷小量

C. 同阶的无穷小量　　D. 等价的无穷小量

答:选 C. 因

$$\lim_{x\to 0}\frac{\sin(2x+x^2)}{x}=\lim_{x\to 0}\frac{2x+x^2}{x}=2$$

8. 设$f(x)=\begin{cases}\frac{1}{x}, & x>0\\ x\cdot\sin\frac{1}{x}, & x<0\end{cases}$，则$\lim\limits_{x\to 0}f(x)$不存在的原因是(　).

A. $f(0)$没定义　　B. $\lim\limits_{x\to 0^+}f(x)$不存在

C. $\lim\limits_{x\to 0^-}f(x)$不存在　　D. $f(0+0)$与$f(0-0)$都存在但不相等

答:选 C. 因 $\lim\limits_{x\to 0^-}x\cdot\sin\frac{1}{x}=0$.

二、填空题

1. $\lim\limits_{x\to 0}\frac{1}{x^2}\cdot\sin x^2=\lim\limits_{x\to 0}\frac{\sin x^2}{x^2}=$ __1__.

2. 已知$\lim\limits_{x\to 0}\frac{(1+x)(2-5x)(1+3x)+a}{x}=3$，则 $a=$ __-2__.

由$\lim\limits_{x\to 0}[(1+x)(2-5x)(1+3x)+a]=0$，可得 $2+a=0$，故 $a=-2$.

3. 当 $x\to\infty$ 时，无穷小量$\frac{1}{x^k}$与$\frac{1}{x^3}+\frac{1}{x^2}$等价，则 $k=$ __2__.

因 $x \to \infty$ 时，$\frac{1}{x^3}$是比$\frac{1}{x^2}$更高阶的无穷小量，而$\frac{1}{x^k}$与$\frac{1}{x^3}+\frac{1}{x^2}$等价，故 $k=2$.

4. 若 $\lim f(x)$存在，且 $f(x)=\frac{\sin x}{x-\pi}+2\lim\limits_{x\to\pi}f(x)$，则$\lim\limits_{x\to\pi}f(x)=$ __1__.

设$\lim\limits_{x\to\pi}f(x)=A$，则

$$A=\lim_{x\to\pi}\frac{\sin x}{x-\pi}+2A$$

由此，$-A=\lim\limits_{x\to\pi}\frac{\sin x}{x-\pi}=-1$，所以 $A=1$.

5. $\lim\limits_{x\to0}\frac{\sin 6x}{\sqrt{x+1}-1}=$ __12__.

$\lim\limits_{x\to0}\frac{\sin 6x}{\sqrt{x+1}-1}=\lim\limits_{x\to0}\frac{6x(\sqrt{x+1}+1)}{x+1-1}=12.$

6. 设$f(x)=\frac{ax^2+bx+5}{x-5}$.

(1)$\lim\limits_{x\to\infty}f(x)=1$，则 $a=$ __0__，$b=$ __1__；

(2)$\lim\limits_{x\to\infty}f(x)=0$，则 $a=$ __0__，$b=$ __0__；

(3)$\lim\limits_{x\to5}f(x)=1$，则 $a=$ __$\frac{2}{5}$__，$b=$ __-3__.

解：(1)由$\lim\limits_{x\to\infty}\frac{ax^2+bx+5}{x-5}=1$，可知 $a=0,b=1$；

(2)由$\lim\limits_{x\to\infty}\frac{ax^2+bx+5}{x-5}=0$，故 $a=b=0$；

(3)由$\lim\limits_{x\to5}\frac{ax^2+bx+5}{x-5}=1$，可得$\lim\limits_{x\to5}(ax^2+bx+5)=0$，故 $25a+5b+5=0$

即 $$5a+b+1=0,\quad b=-(1+5a)$$

将 $b=-(1+5a)$代入原极限式

$$\lim_{x\to5}\frac{ax^2-(1+5a)x+5}{x-5}=\lim_{x\to5}\frac{ax(x-5)-(x-5)}{x-5}=\lim_{x\to5}(ax-1)=5a-1=1$$

故 $a=\frac{2}{5}$，$b=-(1+5a)=-\left(1+5\times\frac{2}{5}\right)=-3.$

7. $\lim\limits_{x\to\infty}\left(\frac{3x+2}{3x-2}\right)^{3x}=$ __e^4__.

解：$$\lim_{x\to\infty}\left(\frac{3x+2}{3x-2}\right)^{3x}=\lim_{x\to\infty}\left(1+\frac{4}{3x-2}\right)^{3x}=\lim_{x\to\infty}\left[\left(1+\frac{4}{3x-2}\right)^{\frac{3x-2}{4}}\right]^{\frac{12x}{3x-2}}$$

$$=\lim_{x\to\infty}\left[\left(1+\frac{4}{3x-2}\right)^{\frac{3x-2}{4}}\right]^{\lim\limits_{x\to\infty}\frac{12x}{3x-2}}=e^4.$$

8. 设$\lim\limits_{x\to\infty}\left(1+\frac{2}{ax}\right)^x=e^3$，则 $a=$ __$\frac{2}{3}$__.

解：$\lim\limits_{x\to\infty}\left(1+\frac{2}{ax}\right)^x=\lim\limits_{x\to\infty}\left[\left(1+\frac{2}{ax}\right)^{\frac{ax}{2}}\right]^{\frac{2x}{ax}}=e^{\frac{2}{a}}=e^3$

故$\dfrac{2}{a}=3$，$a=\dfrac{2}{3}$.

三、计算题

1. 设$f(x)=\begin{cases}x+4, & x\leqslant 0\\ e^x+x+3, & 0<x\leqslant 2\\ (x-2)\cdot\sin\dfrac{1}{x-2}, & 2<x\end{cases}$，求：(1)$\lim\limits_{x\to 0}f(x)$；(2)$\lim\limits_{x\to 2}f(x)$.

解：(1)$\lim\limits_{x\to 0^+}f(x)=\lim\limits_{x\to 0^+}(e^x+x+3)=4$，$\lim\limits_{x\to 0^-}f(x)=\lim\limits_{x\to 0^-}(x+4)=4$，故$\lim\limits_{x\to 0}f(x)=4$.

(2)$\lim\limits_{x\to 2^+}f(x)=\lim\limits_{x\to 2^+}(x-2)\sin\dfrac{1}{x-2}=0$，$\lim\limits_{x\to 2^-}f(x)=\lim\limits_{x\to 2^-}(e^x+x+3)=e^2+5$，

故$\lim\limits_{x\to 2}f(x)$不存在.

2. 求下列极限

(1)$\lim\limits_{x\to 0}\dfrac{1}{4+e^{\frac{1}{x}}}$；

(2)$\lim\limits_{x\to 0}\left(\dfrac{1}{\sin x}-\dfrac{1}{\tan x}\right)$；

(3)$\lim\limits_{x\to 0}\left(\dfrac{e^x+e^{-x}-2}{2x}\right)$；

(4)$\lim\limits_{x\to 3}\left(\dfrac{1}{x-2}\right)^{\frac{1}{x-3}}$

(5)设$\lim\limits_{x\to 0}\dfrac{k\cdot\sin 2x-x^2\sin\dfrac{1}{x}}{x}=1$，求$k$的值.

解：(1)$\lim\limits_{x\to 0^+}\dfrac{1}{4+e^{\frac{1}{x}}}=0$，$\lim\limits_{x\to 0^-}\dfrac{1}{4+e^{\frac{1}{x}}}=\dfrac{1}{4}$，

故$\lim\limits_{x\to 0}\dfrac{1}{4+e^{\frac{1}{x}}}$不存在.

(2)$\lim\limits_{x\to 0}\left(\dfrac{1}{\sin x}-\dfrac{1}{\tan x}\right)=\lim\limits_{x\to 0}\dfrac{1-\cos x}{\sin x}=\lim\limits_{x\to 0}\dfrac{2\sin^2\dfrac{x}{2}}{x}=\lim\limits_{x\to 0}\dfrac{2\cdot\left(\dfrac{x}{2}\right)^2}{x}=0.$

(3)$\lim\limits_{x\to 0}\dfrac{e^x+e^{-x}-2}{2x}=\lim\limits_{x\to 0}\dfrac{e^x-1+e^{-x}-1}{2x}=\dfrac{1}{2}\lim\limits_{x\to 0}\left(\dfrac{e^x-1}{x}-\dfrac{e^x-1}{x}\cdot\dfrac{1}{e^x}\right)$

$=\dfrac{1}{2}(1-1)=0$

(参考习题 2 第 19 题(4)小题).

(4)$\lim\limits_{x\to 3}\left(\dfrac{1}{x-2}\right)^{\frac{1}{x-3}}=\lim\limits_{x\to 3}\left(1-\dfrac{x-3}{x-2}\right)^{\frac{1}{x-3}}=\lim\limits_{x\to 3}\left[\left(1-\dfrac{x-3}{x-2}\right)^{-\left(\frac{x-2}{x-3}\right)}\right]^{\left(\frac{-1}{x-2}\right)}=e^{-1}.$

(5)原式$=\lim\limits_{x\to 0}\left(k\cdot\dfrac{\sin 2x}{x}-x\sin\dfrac{1}{x}\right)=2k-0=1$，故$k=\dfrac{1}{2}$.

四、证明题

设$f(x)=\dfrac{\sin|x|}{x}$，证明$\lim\limits_{x\to 0}f(x)$不存在.

证:因$\lim\limits_{x\to 0^+} f(x)=\lim\limits_{x\to 0^+}\dfrac{\sin x}{x}=1$, $\lim\limits_{x\to 0^-} f(x)=\lim\limits_{x\to 0^-}\dfrac{\sin(-x)}{x}=-1$.

因$f(0+0)\neq f(0-0)$,故$\lim\limits_{x\to 0} f(x)$不存在.

五、利用极限存在准则求极限

1. 求$\lim\limits_{n\to\infty}(1+2^n+3^n)^{\frac{1}{n}}$.

解:$3<(1+2^n+3^n)^{\frac{1}{n}}<3\cdot\sqrt[n]{3}$,因$\lim\limits_{n\to\infty}\sqrt[n]{3}=1$. 由两边夹法则知

$$\lim_{n\to\infty}(1+2^n+3^n)^{\frac{1}{n}}=3$$

2. 已知$x_1=\sqrt{a}, x_2=\sqrt{a+\sqrt{a}},\cdots,x_n=\sqrt{a+\sqrt{a+\cdots+\sqrt{a}}}, a>0$,试求$\lim\limits_{n\to\infty}x_n$.

解:不难看出,数列$\{x_n\}$是单调递增的. 现证明$\{x_n\}$上有界. 应用数学归纳法证明$\{x_n\}$上有界.

当$n=1$时,$x_1=\sqrt{a}<\sqrt{a}+1$.

假设当$n=k$时,$x_k<\sqrt{a}+1$成立,则当$n=k+1$时,有

$$x_{k+1}=\sqrt{a+x_k}<\sqrt{a+\sqrt{a}+1}<\sqrt{a+2\sqrt{a}+1}=\sqrt{(\sqrt{a}+1)^2}=\sqrt{a}+1$$

所以$x_n<\sqrt{a}+1$对一切自然数都成立. 根据单调有界数列必有极限知$\{x_n\}$的极限存在. 设$\lim\limits_{n\to\infty}x_n=A$($A$为有限数).

由$x_{n+1}=\sqrt{a+x_n}$,取极限得$A=\sqrt{a+A}$,故$A=\dfrac{1}{2}(1+\sqrt{1+4a})$.

习 题 3

1. 求函数的增量

(1) $y=-x^2+\frac{x}{2}$，当 $x=1,\Delta x=0.5$.

解：

$$\begin{aligned}\Delta y&=y(1+\Delta x)-y(1)\\&=-(1+\Delta x)^2+\frac{1}{2}(1+\Delta x)+1^2-\frac{1}{2}=-\Delta x^2-\frac{3}{2}\Delta x\end{aligned}$$

故

$$\Delta y\big|_{x=1,\Delta x=0.5}=-1.$$

(2) $y=\sqrt{1+x}$，当 $x=3,\Delta x=-0.2$.

解： $\Delta y=y(3+\Delta x)-y(3)=\sqrt{1+3+\Delta x}-\sqrt{1+3}=\sqrt{4+\Delta x}-\sqrt{4}$

故

$$\Delta y\big|_{x=3,\Delta x=-0.2}=\sqrt{4-0.2}-2\approx-0.051.$$

2. 求下列函数的连续区间，并求极限

(1) $f(x)=\frac{1}{\sqrt[3]{x^2-3x+2}}$，求 $\lim\limits_{x\to0}f(x)$.

解： 由 $x^2-3x+2\neq0$，可得 $x<1$ 或 $1<x<2$ 或 $x>2$，所以连续区间为

$$(-\infty,1)\cup(1,2)\cup(2,+\infty)$$

$$\lim_{x\to0}f(x)=\lim_{x\to0}\frac{1}{\sqrt[3]{x^2-3x+2}}=\frac{1}{\sqrt[3]{2}}.$$

(2) $f(x)=\ln(2-x)$，求 $\lim\limits_{x\to-3}f(x)$.

解： 由 $2-x>0$ 得 $x<2$，所以连续区间为 $(-\infty,2)$.

$$\lim_{x\to-3}f(x)=\lim_{x\to-3}\ln(2-x)=\ln5.$$

(3) $f(x)=\sqrt{x-4}+\sqrt{6-x}$，求 $\lim\limits_{x\to5}f(x)$.

解： 由 $x-4\geqslant0$ 及 $6-x\geqslant0$，得 $4\leqslant x\leqslant6$，所以连续区间为 $[4,6]$，

$$\lim_{x\to5}f(x)=\lim_{x\to5}(\sqrt{5-4}+\sqrt{6-5})=2.$$

(4) $f(x)=\ln\arcsin x$，求 $\lim\limits_{x\to\frac{1}{2}}f(x)$.

解： 由 $\arcsin x>0$ 及 $-1\leqslant x\leqslant1$，得 $0<x\leqslant1$，所以连续区间为 $(0,1]$.

$$\lim_{x\to\frac{1}{2}}f(x)=\lim_{x\to\frac{1}{2}}\ln\arcsin x=\ln\frac{\pi}{6}.$$

3. 求下列函数 $y=f(x)$ 的间断点，并说明这些间断点是属于哪一类的. 如果是可去间断点，则补充函数的定义使之连续.

(1) $y=\frac{1}{(x+1)^2}$.

解:$x=-1$ 为无穷间断点.

(2)$y=\dfrac{x^2-1}{x^2-3x+2}$.

解:$x=2$ 为无穷间断点;因为

$$\lim_{x\to1}\frac{x^2-1}{x^2-3x+2}=\lim_{x\to1}\frac{(x-1)(x+1)}{(x-1)(x-2)}=-2$$

所以$x=1$为可去间断点.可以补充定义 $y(1)=-2$,使函数 y 在 $x=1$ 处连续.

(3)$y=\dfrac{\sin2x}{x}$.

解:因为$\lim\limits_{x\to0}\dfrac{\sin2x}{x}=2$,所以 $x=0$ 为可去间断点.可以补充定义 $y(0)=2$,使函数 y 在 $x=0$ 处连续.

(4)$y=\dfrac{x}{\sin x}$.

解:因为$\lim\limits_{x\to0}\dfrac{x}{\sin x}=1$,所以 $x=0$ 为可去间断点.可以补充定义 $y(0)=1$,使 $x=0$ 为函数的连续点. $x=k\pi$ ($k\in\mathbf{N}$ 且 $k\neq0$)为无穷间断点.

(5)$y=x\cos\dfrac{1}{x}$.

解:当 $x=0$ 时函数无定义,但$\lim\limits_{x\to0}x\cos\dfrac{1}{x}=0$(利用无穷小量与有界函数的乘积为无穷小的性质),所以 $x=0$ 为可去间断点,可以补充定义 $y(0)=0$,使函数在$x=0$处连续.

(6)$y=\dfrac{1-\cos x}{x^2}$.

解:当 $x=0$ 时函数无定义,但

$$\lim_{x\to0}\frac{1-\cos x}{x^2}=\lim_{x\to0}\frac{2\sin^2\dfrac{x}{2}}{x^2}=\frac{1}{2}$$

所以 $x=0$ 为可去间断点,可以补充定义 $y(0)=\dfrac{1}{2}$,使 $x=0$ 为函数的连续点.

(7)$y=\dfrac{x^2-1}{x^3-1}$.

解:当 $x=1$ 时函数无定义.由于

$$\lim_{x\to1}\frac{x^2-1}{x^3-1}=\lim_{x\to1}\frac{(x-1)(x+1)}{(x-1)(x^2+x+1)}=\frac{2}{3}$$

所以$x=1$为函数的可去间断点,可以补充定义 $y(1)=\dfrac{2}{3}$,使 $x=1$ 为函数的连续点.

(8)$y=\dfrac{3x^2-5x}{2x}$.

解:当 $x=0$ 时函数无定义.因为$\lim\limits_{x\to0}\dfrac{3x^2-5x}{2x}=-\dfrac{5}{2}$,所以 $x=0$ 为函数的可去间断点.可以补充定义 $y(0)=-\dfrac{5}{2}$,使 $x=0$ 成为函数的连续点.

(9) $y=\sin x\cdot\sin\frac{1}{x}$.

解:当 $x=0$ 时函数无定义,但 $\lim\limits_{x\to0}\sin x\cdot\sin\frac{1}{x}=0$,所以 $x=0$ 为函数的可去间断点. 可以补充定义 $y(0)=0$,使 $x=0$ 成为函数的连续点.

(10) $y=(x+1)^{\frac{1}{x}}$.

解:当 $x=0$ 时函数无定义. 因为 $\lim\limits_{x\to0}(1+x)^{\frac{1}{x}}=\mathrm{e}$,所以 $x=0$ 为函数的可去间断点,可以补充定义 $y(0)=\mathrm{e}$. 使 $x=0$ 为函数的连续点.

(11) $y=\frac{\tan 2x}{x}$.

解:当 $x=0$ 时函数无定义. 但 $\lim\limits_{x\to0}\frac{\tan 2x}{x}=2$,所以 $x=0$ 为函数的可去间断点. 可以补充定义 $y(0)=2$,使 $x=0$ 为函数的连续点.

4. 设 $f(x)=\begin{cases}x-1, & 0<x\leqslant1\\ 2-x, & 1<x\leqslant3\end{cases}$.

(1) $f(x)$ 当 $x\to1$ 时的左极限、右极限为何? 当 $x\to1$ 时 $f(x)$ 的极限存在吗?

(2) $f(x)$ 在 $x=1$ 处连续吗?

(3) 求 $\lim\limits_{x\to2}f(x)$ 及 $\lim\limits_{x\to\frac{1}{2}}f(x)$.

解:(1) $\lim\limits_{x\to1^-}f(x)=\lim\limits_{x\to1^-}(x-1)=0$, $\lim\limits_{x\to1^+}f(x)=\lim\limits_{x\to1^+}(2-x)=1$.
因为 $f(1+0)\neq f(1-0)$,所以 $\lim\limits_{x\to1}f(x)$ 不存在.

(2) 因 $\lim\limits_{x\to1}f(x)$ 不存在,故 $f(x)$ 于 $x=1$ 处不连续.

(3) $\lim\limits_{x\to2}f(x)=\lim\limits_{x\to2}(2-x)=0$, $\lim\limits_{x\to\frac{1}{2}}f(x)=\lim\limits_{x\to\frac{1}{2}}(x-1)=-\frac{1}{2}$.

5. 设 $f(x)=\begin{cases}x, & x<1\\ \frac{1}{2}, & x=1\\ 1, & 1<x<2\end{cases}$.

(1) 求 $f(x)$ 当 $x\to1$ 时的左极限、右极限. 当 $x\to1$ 时,该函数的极限存在吗?

(2) $f(x)$ 在 $x=1$ 处是否连续?

(3) 求 $f(x)$ 的连续区间.

解:(1) $\lim\limits_{x\to1^-}f(x)=\lim\limits_{x\to1^-}x=1$, $\lim\limits_{x\to1^+}f(x)=\lim\limits_{x\to1^+}1=1$.
所以 $\lim\limits_{x\to1}f(x)=1$.

(2) 因 $\lim\limits_{x\to1}f(x)=1\neq f(1)=\frac{1}{2}$,故 $f(x)$ 于 $x=1$ 处间断.

(3) 连续区间为 $(-\infty,1)\cup(1,2)$.

6. 设 $f(x)=\begin{cases}\mathrm{e}^x, & x<0\\ a+x, & x\geqslant0\end{cases}$,如何选择 a,使 $f(x)$ 在 $x=0$ 处连续?

解:因为 $\lim\limits_{x\to0^-}f(x)=\lim\limits_{x\to0^-}\mathrm{e}^x=1$, $\lim\limits_{x\to0^+}f(x)=\lim\limits_{x\to0^+}(a+x)=a$.

又$f(0)=a$,为使$f(x)$在$x=0$处连续,必须使$\lim\limits_{x\to0^-}f(x)=\lim\limits_{x\to0^+}f(x)=f(0)$,故$a=1$.

7. 研究下列函数的连续性,并说明不连续点的类型.

(1)$f(x)=\begin{cases}x^2, & 0\leqslant x\leqslant1\\ 2-x, & 1<x\leqslant2\end{cases}$.

解:(i)当$0\leqslant x<1$时,$f(x)=x^2$为连续函数;

当$1<x\leqslant2$时,$f(x)=2-x$为连续函数.

(ii)$\lim\limits_{x\to1^-}f(x)=\lim\limits_{x\to1^-}x^2=1$, $\lim\limits_{x\to1^+}f(x)=\lim\limits_{x\to1^+}(2-x)=1$.

所以$\lim\limits_{x\to1^-}f(x)=\lim\limits_{x\to1^+}f(x)=\lim\limits_{x\to1}f(x)=1$, $f(x)$于$x=1$处连续. 这结果说明$f(x)$在$[0,2]$上连续.

(2)$f(x)=\begin{cases}x, & |x|\leqslant1\\ 1, & |x|>1\end{cases}$.

解:(i)显然$f(x)$在$|x|<1$及$|x|>1$时连续.

(ii)$x=1$, $f(1)=1$.

$\lim\limits_{x\to1^+}f(x)=\lim\limits_{x\to1^+}1=1$, $\lim\limits_{x\to1^-}f(x)=\lim\limits_{x\to1^-}x=1$.

所以$\lim\limits_{x\to1^+}f(x)=\lim\limits_{x\to1^-}f(x)=\lim\limits_{x\to1}f(x)=1=f(1)$.

可是$x=1$为函数的连续点.

(iii)$x=-1$,$f(-1)=1$

$\lim\limits_{x\to-1^+}f(x)=\lim\limits_{x\to-1^+}x=-1$, $\lim\limits_{x\to-1^-}f(x)=\lim\limits_{x\to-1^-}1=1$

所以$\lim\limits_{x\to-1^+}f(x)\neq\lim\limits_{x\to-1^-}f(x)$,当$x=-1$时函数不连续,$x=-1$为函数的第一类间断点,其跃度为2.

(3)$f(x)=\begin{cases}\cos\dfrac{\pi x}{2}, & |x|\leqslant1\\ |x-1|, & |x|>1\end{cases}$.

解:(i)显然$f(x)$当$|x|<1$及$|x|>1$时连续.

(ii)当$x=1$时$f(1)=\cos\dfrac{\pi}{2}=0$.

$$\lim_{x\to1^+}f(x)=\lim_{x\to1^+}|x-1|=0,\quad \lim_{x\to1^-}f(x)=\lim_{x\to1^-}\cos\frac{\pi x}{2}=\cos\frac{\pi}{2}=0$$

所以$\lim\limits_{x\to1^+}f(x)=\lim\limits_{x\to1^-}f(x)=\lim\limits_{x\to1}f(x)=f(1)=0$, $x=1$为连续点.

(iii)当$x=-1$时$f(-1)=\cos\left(-\dfrac{\pi}{2}\right)=0$.

$$\lim_{x\to-1^+}f(x)=\lim_{x\to-1^+}\cos\frac{\pi}{2}x=\cos\frac{\pi}{2}=0$$

$$\lim_{x\to-1^-}f(x)=\lim_{x\to-1^-}|x-1|=2$$

因为$\lim\limits_{x\to-1^+}f(x)\neq\lim\limits_{x\to-1^-}f(x)$,所以$x=-1$为函数的第一类间断点,其跃度为2.

综上,函数$f(x)$的连续区间为$(-\infty,-1)\cup(-1,+\infty)$.

(4)$f(x)=\dfrac{2^{\frac{1}{x}}-1}{2^{\frac{1}{x}}+1}$.

解:显然,当 $x=0$ 时,函数 $f(x)$ 无定义.

$$\lim_{x\to 0^+} f(x)=\lim_{x\to 0^+}\frac{2^{\frac{1}{x}}-1}{2^{\frac{1}{x}}+1}=1,$$

$$\lim_{x\to 0^-} f(x)=\lim_{x\to 0^-}\frac{2^{\frac{1}{x}}-1}{2^{\frac{1}{x}}+1}=-1$$

故 $x=0$ 为函数的第一类间断点,在 $x=0$ 处函数有一个跃度,其值为 $1-(-1)=2$.

8. 设:(1)函数 $f(x)$ 在点 x_0 处连续,函数 $g(x)$ 在点 x_0 处不连续;(2)函数 $f(x)$ 与 $g(x)$ 在点 x_0 处均不连续.

试问:(1)函数 $f(x)+g(x)$ 在点 x_0 处是否连续?

(2)函数 $f(x)\cdot g(x)$ 在点 x_0 处是否连续?

答:(1)函数 $f(x)+g(x)$ 在点 x_0 处必不连续.

因为假定函数 $f(x)+g(x)$ 在 x_0 处连续,那么由连续函数的性质,必有

$$[f(x)+g(x)]-f(x)=g(x)$$

在 x_0 处连续,这显然是不可能的. 这里应用了反证法,所以 $f(x)+g(x)$ 必不连续.

(2) $f(x)\cdot g(x)$ 在 $x=x_0$ 可能连续,假如 $f(x)=x$, $g(x)=\begin{cases}\sin\dfrac{1}{x}, & x\neq 0\\ 0, & x=0\end{cases}$,

则由 $\lim\limits_{x\to 0} f(x)\cdot g(x)=\lim\limits_{x\to 0} x\sin\dfrac{1}{x}=0$, $f(0)\cdot g(0)=0$.

所以 $\lim\limits_{x\to 0} f(x)\cdot g(x)=f(0)\cdot g(0)$,这是连续性的定义.

另一方面, $f(x)\cdot g(x)$ 在 $x=0$ 处也可能不连续. 例如:

$f(x)=x$ 在 $x=0$ 处连续, $g(x)=\dfrac{1}{|x|}$ 在 $x=0$ 处不连续,因为 $\lim\limits_{x\to 0} f(x)\cdot g(x)=\lim\limits_{x\to 0}\dfrac{x}{|x|}$ 不存在,所以 $f(x)\cdot g(x)=\dfrac{x}{|x|}$ 在 $x=0$ 处不连续.

9. 一个在已知点 x_0 处不连续的函数平方后是否仍为不连续函数?

答:不对. 例如, $f(x)=\begin{cases}1, & x\text{ 为有理数}\\ -1, & x\text{ 为无理数}\end{cases}$ 则 $f(x)$ 处处不连续. 但当 $f^2(x)=1$ 时处处连续.

10. 设函数 $f(x)$ 是定义在区间 (a,b) 内的单调函数,且 $\lim\limits_{x\to x_0} f(x)$ 存在, $x_0\in(a,b)$. 证明 $f(x)$ 在点 x_0 处连续.

证:设 $\lim\limits_{x\to x_0} f(x)=A$,不妨设 $f(x)$ 在区间 (a,b) 内单调增. 则当 $x<x_0$ 时有 $f(x)\leqslant f(x_0)$,由极限局部保号性知 $A\leqslant f(x_0)$. 又当 $x>x_0$ 时有 $f(x)\geqslant f(x_0)$,由极限局部保号性知 $A\geqslant f(x_0)$,所以 $A=f(x_0)$,故有 $\lim\limits_{x\to x_0} f(x)=f(x_0)$. 这说明 $f(x)$ 于 x_0 处连续.

11. 设函数 $f(x)$ 在区间 $(-\infty,+\infty)$ 内连续且 $\lim\limits_{x\to\infty} f(x)=A$(有限),试证明 $f(x)$ 在区间 $(-\infty,+\infty)$ 内有界.

证:因 $\lim\limits_{x\to\infty} f(x)=A$,故 $\forall\varepsilon>0$,不妨取 $\varepsilon=1$, $\exists X>0$,当 $|x|>X$ 时 $|f(x)-A|<\varepsilon$. 即有

$$A-\varepsilon<f(x)<A+\varepsilon\Rightarrow A-1<f(x)<A+1.$$

另一方面，$f(x)$在区间$[-X,+X]$上连续，由闭区间上连续函数的性质知，$f(x)$在区间$[-X,X]$上有最大值M_1和最小值m_1. 若取$M=\max(M_1,A+1)$，$m=\min(m_1,A-1)$，则对$\forall x\in(-\infty,+\infty)$，恒成立$m<f(x)<M$，这就证明了函数$f(x)$在区间$(-\infty,+\infty)$内有界.

12. 根据连续函数的性质，证明方程$x^5-3x=1$至少有一个介于1与2之间的实根.

证：设$f(x)=x^5-3x-1$，函数$f(x)$在区间$(-\infty,+\infty)$内连续.

因为
$$f(1)=1-3-1=-3<0,\quad f(2)=2^5-6-1=32-7=25>0$$
由连续函数的取零值定理知，在区间(1,2)内必有点x_0，使$f(x_0)=0$，x_0即为方程$x^5-3x=1$的实根.

13. 试证方程$x\cdot 2^x=1$至少有一个小于1的正根.

证：设$f(x)=x\cdot 2^x-1$，连续区间为$(-\infty,+\infty)$

因为
$$f(0)=-1<1,\quad f(1)=2-1=1>0$$
由连续函数的取零值定理知，在区间(0,1)内必有方程$f(x)=0$的实根，亦即说明方程$x\cdot 2^x=1$至少有一个小于1的正根.

14. 试证方程$x=a\sin x+b$（其中$a>0,b>0$）至少有一个不超过$a+b$的正根.

证：令$f(x)=x-a\sin x-b$. 连续区间为$(-\infty,+\infty)$.

因为
$$f(0)=-b<0$$
$$f(a+b)=a+b-a\sin(a+b)-b=a[1-\sin(a+b)]\geqslant 0$$

(1)若$1-\sin(a+b)>0$，则$f(a+b)>0$. 由连续函数取零值定理知，在区间$(0,a+b)$内有方程$f(x)=0$的实根.

(2)若$1-\sin(a+b)=0$，则$f(a+b)=0$. 这说明$x=a+b$即为方程$f(x)=0$的根，这个根不超过$a+b$.

综合以上两种情形，得出结论，方程$f(x)=0$确实存在不超过$a+b$的正根.

15. 讨论函数$f(x)=\begin{cases}2-x, & x\geqslant 1\\ \dfrac{\sin(2x-2)}{x-1}, & x<1\end{cases}$在$x=1$处的连续性.

解：(1)$f(1)=1$；

(2)$\lim\limits_{x\to 1^+}f(x)=\lim\limits_{x\to 1^+}(2-x)=1$，
$$\lim_{x\to 1^-}f(x)=\lim_{x\to 1^-}\frac{\sin(2x-2)}{x-1}=\lim_{x\to 1^-}\frac{2\sin 2(x-1)}{2(x-1)}=2$$
可见，$\lim\limits_{x\to 1}f(x)$不存在. 故$f(x)$于$x=1$处不连续.

16. 设$f(x)=\begin{cases}\dfrac{a(1-\cos x)}{x^2}, & x>0\\ 2, & x=0\\ (1+bx)^{\frac{1}{x}} & x<0\end{cases}$在$x=0$处连续，求常数$a,b$.

解：因为$f(x)$于$x=0$处连续，故有$\lim\limits_{x\to 0^+}f(x)=\lim\limits_{x\to 0^-}f(x)=f(0)$.

已知$f(0)=2$.

$$\lim_{x\to0^+}f(x)=\lim_{x\to0^+}\frac{a(1-\cos x)}{x^2}=\lim_{x\to0^+}\frac{2a\sin^2\frac{x}{2}}{x^2}=\frac{a}{2}$$

$$\lim_{x\to0^-}f(x)=\lim_{x\to0^-}(1+bx)^{\frac{1}{x}}=e^b$$

令$\frac{a}{2}=e^b=2$,解得 $a=4,b=\ln2$.

17. 设$f(x)=\begin{cases}x, & x<1\\ a, & x\geqslant1\end{cases}$, $g(x)=\begin{cases}b, & x<0\\ x+2, & x\geqslant0\end{cases}$.

试问 a,b 为何值时,函数 $F(x)=f(x)+g(x)$在区间$(-\infty,+\infty)$内连续?

解:令 $F(x)=f(x)+g(x)=\begin{cases}x+b, & x<0\\ 2x+2, & 0\leqslant x<1\\ x+a+2, & 1\leqslant x\end{cases}$

(1)$x\in(-\infty,0)\cup(0,1)\cup(1,+\infty)$时,$F(x)$连续.

(2)$x=0,F(0)=2$.

$$\lim_{x\to0^-}F(x)=\lim_{x\to0^-}(x+b)=b,\quad \lim_{x\to0^+}F(x)=\lim_{x\to0^+}(2x+2)=2$$

令 $b=2$,则

$$\lim_{x\to0}F(x)=F(0)=2$$

(3)$x=1,F(1)=3+a$

$$\lim_{x\to1^-}F(x)=\lim_{x\to1^-}(2x+2)=4,\quad \lim_{x\to1^+}F(x)=\lim_{x\to1^+}(x+a+2)=3+a$$

令 $3+a=4$,则

$$\lim_{x\to1}F(x)=F(1)=4$$

当 $a=1,b=2$ 时,$F(x)=f(x)+g(x)$在区间$(-\infty,+\infty)$内连续.

综合练习 3

一、选择题

1. $\lim\limits_{x\to a^+}f(x)=\lim\limits_{x\to a^-}f(x)$是函数$f(x)$在点 $x=a$ 处连续的(　　).

A. 必要条件　　B. 充分条件　　C. 充要条件　　D. 无关条件

答:选 A.　因$\lim\limits_{x\to a^+}f(x)=\lim\limits_{x\to a^-}f(x)$,这只说明$\lim\limits_{x\to a}f(x)$存在.

2. $x=a$ 是函数$f(x)=(x-a)\sin\frac{1}{x-a}$的(　　).

A. 无穷间断点　　B. 振荡间断点

C. 可去间断点　　D. 跳跃间断点

答:选 C.　因$\lim\limits_{x\to a}(x-a)\sin\frac{1}{x-a}=0$.

3. 设函数$f(x)=\begin{cases}\frac{\sin x}{x}, & x\neq0\\ K, & x=0\end{cases}$在点 $x=0$ 处连续,则 $K=$(　　).

A. 1　　B. 0　　C. 5　　D. $\frac{1}{5}$

答:选 A. 因$\lim\limits_{x\to 0}f(x)=\lim\limits_{x\to 0}\frac{\sin x}{x}=1$. 由连续性定义,$\lim\limits_{x\to 0}f(x)=f(0)=K=1$.

4. 设函数$f(x)=\begin{cases}e^{-x}, & x<0\\ ax+b, & 0\leqslant x\leqslant 1\\ \sin\pi x, & x>1\end{cases}$ 在区间$(-\infty,+\infty)$内连续,则(　　).

A. $a=1,b=1$　　B. $a=-1,b=1$

C. $a=-1,b=-1$　　D. $a=1,b=-1$

答:选 B.

(1)$f(0)=b$.

$$\lim_{x\to 0^+}f(x)=\lim_{x\to 0^+}(ax+b)=b,\quad \lim_{x\to 0^-}f(x)=\lim_{x\to 0^-}e^{-x}=1$$

令 $b=1$,则

$$\lim_{x\to 0}f(x)=f(0)=1$$

(2)$f(1)=a+b$

$$\lim_{x\to 1^-}f(x)=\lim_{x\to 1^-}(ax+b)=a+b,\quad \lim_{x\to 1^+}f(x)=\lim_{x\to 1^+}\sin\pi x=\sin\pi=0$$

由 $b=1$ 及 $a+b=0$ 得 $a=-1$.

5. $\lim\limits_{x\to -1}e^{\arctan x^2}=$(　　).

A. e^{π}　　B. $e^{\frac{\pi}{2}}$　　C. $e^{\frac{\pi}{4}}$　　D. $e^{\frac{\pi}{8}}$

答:选 C. 因 $\lim\limits_{x\to -1}e^{\arctan x^2}=e^{\lim\limits_{x\to -1}\arctan x^2}=e^{\arctan 1}=e^{\frac{\pi}{4}}$.

6. 下列命题中正确的个数为(　　).

(1)在区间$[a,b]$上连续的函数$f(x)$,在区间$[a,b]$上只能有一个最大值点;

(2)在区间$[a,b]$上不连续的函数$f(x)$,在区间$[a,b]$上一定没有最大值点;

(3)在区间(a,b)内的函数$f(x)$一定有界;

(4)在区间$[a,b]$上不连续的函数$f(x)$一定无界.

A. 0 个　　B. 1 个　　C. 2 个　　D. 3 个

答:选 A.

先看命题(1),比如$f(x)=2,x\in[0,1]$,那么区间$[0,1]$中任何一点都是函数的最大值点,即有无穷多个最大值点,因此命题(1)错.

再看命题(2)、(4). 设$g(x)=\begin{cases}x, & x\in\left[0,\frac{1}{2}\right)\cup\left(\frac{1}{2},1\right)\\ 2, & x=\frac{1}{2}\end{cases}$,函数在区间$[0,1]$上不连续,但函数有最大值 2,故命题(2)错. 另外,函数$g(x)$在区间$[0,1]$上也有界,故命题(4)错.

令$h(x)=\frac{1}{x},x\in(0,1)$,那么函数$h(x)$在区间$(0,1)$内连续但却无界,故命题(3)错.

7. 设函数$f(x)=\begin{cases}\frac{x-\sqrt{x}}{\sqrt{x}}, & x>0\\ 1-3e^{-x}, & x\leqslant 0\end{cases}$,则$x=0$是函数$f(x)$的(　　).

A. 连续点　　B. 无穷间断点

C. 跳跃间断点　　D. 振荡间断点

答:选 C.

因 $\lim\limits_{x\to0^+}f(x)=\lim\limits_{x\to0^+}\dfrac{x-\sqrt{x}}{\sqrt{x}}=\lim\limits_{x\to0^+}(\sqrt{x}-1)=-1$，$\lim\limits_{x\to0^-}f(x)=\lim\limits_{x\to0^-}(1-3e^{-x})=-2$

故
$$f(0+0)\neq f(0-0)$$

8. 设 $f(x)=\begin{cases}x-1, & x\geqslant0\\-1, & x<0\end{cases}$，$g(x)=\begin{cases}x+1, & x<1\\-x, & x\geqslant1\end{cases}$，则 $f(x)+g(x)$ 的连续区间为(　　).

A. $(-\infty,0)\cup(0,+\infty)$　　B. $(-\infty,1)\cup(1,+\infty)$

C. $(-\infty,+\infty)$　　D. $(-\infty,-1)\cup(-1,+\infty)$

答:选 B.

因 $f(x)=\begin{cases}x-1, & x\geqslant0\\-1, & x<0\end{cases}$，该函数的连续区间为 $(-\infty,+\infty)$，而

$$g(x)=\begin{cases}x+1, & x<1\\-x, & x\geqslant1\end{cases}$$

在 $x=1$ 处不连续，即 $g(x)$ 在 $(-\infty,1)\cup(1,+\infty)$ 内连续. 故 $f(x)+g(x)$ 的连续点应为上述两集合的交集，故选 B.

二、填空题

1. 设 $f(x)=\begin{cases}(1+3x)^{\frac{2}{\sin x}}, & x>0\\a, & x=0\\\dfrac{\sin2x}{x}+b, & x<0\end{cases}$ 在点 $x=0$ 处连续，则 $a=$ <u>e^6</u>，$b=$ <u>e^6-2</u>.

解:因 $f(x)$ 于 $x=0$ 处连续，故

$$f(0+0)=f(0-0)=f(0)=a \tag{1}$$

$$f(0+0)=\lim_{x\to0^+}f(x)=\lim_{x\to0^+}(1+3x)^{\frac{2}{\sin x}}=\lim_{x\to0^+}\left[(1+3x)^{\frac{1}{3x}}\right]^{\frac{6x}{\sin x}}=e^6 \tag{2}$$

$$f(0-0)=\lim_{x\to0^-}f(x)=\lim_{x\to0^-}\left(\frac{\sin2x}{x}+b\right)=2+b \tag{3}$$

由式(1)、式(2)得 $a=e^6$，

由式(2)、式(3)得 $b+2=e^6$，故 $b=e^6-2$.

2. 设 $\lim\limits_{x\to2}\dfrac{2x^3-\alpha x^2+3x-6}{x-2}=\beta$，($\alpha,\beta$ 为常数)，则 $\alpha=$ <u>4</u>，$\beta=$ <u>11</u>.

解:由 $\lim\limits_{x\to2}(2x^3-\alpha x^2+3x-6)=0$，得 $16-4\alpha+6-6=0$. 故 $\alpha=4$.

$$\lim_{x\to2}\frac{2x^3-4x^2+3x-6}{x-2}=\lim_{x\to2}\frac{2x^2(x-2)+3(x-2)}{x-2}=\lim_{x\to2}(2x^2+3)=11$$

故 $\beta=11$.

3. 设 $f(x)=\begin{cases}1+\mathrm{e}^{\frac{1}{x}}, & x<0\\ 1, & x=0\\ 1+x\sin\dfrac{1}{x}, & x>0\end{cases}$,则 $f(x)$ 的连续区间为 $\underline{\quad(-\infty,+\infty)\quad}$.

解:因 $1+\mathrm{e}^{\frac{1}{x}}$ 为初等函数,故 $f(x)$ 在区间 $(-\infty,0)$ 内连续;又 $1+x\sin\dfrac{1}{x}$ 也为初等函数,故 $f(x)$ 在区间 $(0,+\infty)$ 内连续.

$$f(0+0)=\lim_{x\to0^+}f(x)=\lim_{x\to0^+}\left(1+x\sin\frac{1}{x}\right)=1$$

$$f(0-0)=\lim_{x\to0^-}f(x)=\lim_{x\to0^-}(1+\mathrm{e}^{\frac{1}{x}})=1,\ f(0)=1$$

所以 $f(x)$ 在 $x=0$ 处亦连续. 故 $f(x)$ 在区间 $(-\infty,+\infty)$ 内连续.

4. 函数 $f(x)=|2x-1|+|3x-1|$ 的连续区间为 $\underline{\quad(-\infty,+\infty)\quad}$.

解:因 $f(x)=|2x-1|+|3x-1|=\begin{cases}-5x+2, & x<\dfrac{1}{3}\\ x, & \dfrac{1}{3}\leqslant x<\dfrac{1}{2}\\ 5x-2, & x\geqslant\dfrac{1}{2}\end{cases}$

$$f\left(\frac{1}{3}-0\right)=\lim_{x\to\left(\frac{1}{3}\right)^-}f(x)=\lim_{x\to\left(\frac{1}{3}\right)^-}(-5x+2)=\frac{1}{3}=f\left(\frac{1}{3}\right)$$

$$f\left(\frac{1}{3}+0\right)=\lim_{x\to\left(\frac{1}{3}\right)^+}f(x)=\lim_{x\to\left(\frac{1}{3}\right)^+}x=\frac{1}{3}$$

故 $f\left(\dfrac{1}{3}\right)=f\left(\dfrac{1}{3}+0\right)=f\left(\dfrac{1}{3}-0\right)$,即 $f(x)$ 在 $x=\dfrac{1}{3}$ 处连续. 类似可证 $f\left(\dfrac{1}{2}-0\right)=f\left(\dfrac{1}{2}+0\right)=f\left(\dfrac{1}{2}\right)=\dfrac{1}{2}$,故 $f(x)$ 在 $x=\dfrac{1}{2}$ 处也连续. 又 $f(x)$ 在区间 $\left(-\infty,\dfrac{1}{3}\right),\left(\dfrac{1}{3},\dfrac{1}{2}\right),\left(\dfrac{1}{2},+\infty\right)$ 内都是初等函数,从而为连续函数. 所以 $f(x)$ 在区间 $(-\infty,+\infty)$ 内连续.

5. 设 $f(x)=\begin{cases}x+k, & x\geqslant1\\ \cos\pi x, & x<1\end{cases}$ 处处连续,则 $K=\underline{\quad-2\quad}$.

解:当 $x<1$ 时,$f(x)=\cos\pi x$;当 $x>1$ 时,$f(x)=x+k$,它们均为初等函数,因而在相应的区间内连续.

当 $x=1$ 时,　　$f(x)=x+k$,故 $f(1)=1+k$

$$f(1-0)=\lim_{x\to1^-}f(x)=\lim_{x\to1^-}\cos\pi x=-1,\quad f(1+0)=\lim_{x\to1^+}f(x)=\lim_{x\to1^+}(x+k)=1+k$$

因 $f(x)$ 处处连续,故必有 $f(1)=f(1+0)=f(1-0)$,因而有 $1+k=-1$,$k=-2$.

6. 设 $f(x)=\begin{cases}\dfrac{\ln(1+ax)}{x}, & x\neq0\\ 2, & x=0\end{cases}$ 在点 $x=0$ 处连续,则 $a=\underline{\quad2\quad}$.

解:因 $f(x)$ 在点 $x=0$ 处连续,故 $\lim\limits_{x\to0}f(x)=f(0)=2$. 而

$$\lim_{x\to0}f(x)=\lim_{x\to0}\frac{\ln(1+ax)}{x}=\lim_{x\to0}\ln(1+ax)^{\frac{1}{x}}=\ln\lim_{x\to0}[(1+ax)^{\frac{1}{ax}}]^a=a$$

令 $a=2$,则 $f(x)$ 于 $x=0$ 处连续.

7. $\lim\limits_{x\to x_0}f(x)$ 存在是函数在点 x_0 处连续的__必要__条件;$f(x)$ 在点 x_0 处连续是 $\lim\limits_{x\to x_0}f(x)$ 存在的__充分__条件.

8. 设函数 $f(x)=\begin{cases}a+bx^2, & x\leqslant 0\\ \dfrac{\sin bx}{2x}, & x>0\end{cases}$ 在点 $x=0$ 处连续,则常数 a 与 b 应满足条件__$2a=b$__.

解:因 $f(x)$ 在 $x=0$ 处连续,故有 $f(0+0)=f(0-0)=f(0)=a$.

$$f(0+0)=\lim_{x\to 0^+}f(x)=\lim_{x\to 0^+}\frac{\sin bx}{2x}=\frac{b}{2},\quad f(0-0)=\lim_{x\to 0^-}f(x)=\lim_{x\to 0^-}(a+bx^2)=a$$

故
$$a=\frac{b}{2}\quad 或\quad 2a=b$$

三、分析计算题

1. 讨论函数 $f(x)=\begin{cases}2x, & x\geqslant 1\\ \dfrac{\sin(2x-2)}{x-1}-1, & x<1\end{cases}$ 在点 $x=1$ 处的连续性.

解:$f(1+0)=\lim\limits_{x\to 1^+}f(x)=\lim\limits_{x\to 1^+}2x=2$,

$f(1-0)=\lim\limits_{x\to 1^-}f(x)=\lim\limits_{x\to 1^-}\left(\dfrac{\sin(2x-2)}{x-1}-1\right)=2-1=1.$

由于 $f(0+0)\neq f(0-0)$,故 $f(x)$ 于点 $x=1$ 处不连续.

2. 确定函数 $f(x)=\begin{cases}|x|, & |x|\leqslant 1\\ \dfrac{x}{|x|}, & 1<|x|\leqslant 3\end{cases}$ 的间断点,并求函数 $f(x)$ 在定义域内的最大值与最小值.

解:因

$$f(x)=\begin{cases}-1, & -3\leqslant x<-1\\ -x, & -1\leqslant x\leqslant 0\\ x, & 0<x\leqslant 1\\ 1, & 1<x\leqslant 3\end{cases}$$

故:(1)$f(x)$ 的定义域为 $[-3,3]$.

(2)显然,$f(x)$ 的间断点只可能在 $x=-1$,$x=0$ 和 $x=1$ 三点,但不难证明 $x=0$ 及 $x=1$ 为 $f(x)$ 的连续点.

(3)当 $x=-1$ 时,

$$f(-1+0)=\lim_{x\to -1^+}f(x)=\lim_{x\to -1^+}(-x)=1,$$
$$f(-1-0)=\lim_{x\to -1^-}f(x)=\lim_{x\to -1^-}(-1)=-1$$

故
$$f(-1+0)\neq f(-1-0),$$

所以 $x=-1$ 为 $f(x)$ 的间断点.

(4)不难看出,$f(x)_{最大值}=1$,$f(x)_{最小值}=-1$.

3. 作出函数 $f(x)=x\lim\limits_{n\to\infty}\dfrac{x^{2n}-1}{x^{2n}+1}$ 的图形,并指出函数间断点的类型.

解:先求$\lim\limits_{n\to\infty}\dfrac{x^{2n}-1}{x^{2n}+1}$. 这个极限分$|x|>1$,$|x|<1$及$|x|=1$三种情形.

(1) $|x|>1$, $\lim\limits_{n\to\infty}\dfrac{x^{2n}-1}{x^{2n}+1}=1$;

(2) $|x|<1$, $\lim\limits_{n\to\infty}\dfrac{x^{2n}-1}{x^{2n}+1}=-1$;

(3) $|x|=1$, $\lim\limits_{n\to\infty}\dfrac{x^{2n}-1}{x^{2n}+1}=0$.

综上
$$f(x)=\begin{cases}-x, & |x|<1\\ 0, & |x|=1\\ x, & |x|>1\end{cases}$$

其图形如图 3-1 所示. 由图 3-1 易知,$x=-1$ 及 $x=1$ 均为 $f(x)$ 的第一类间断点.

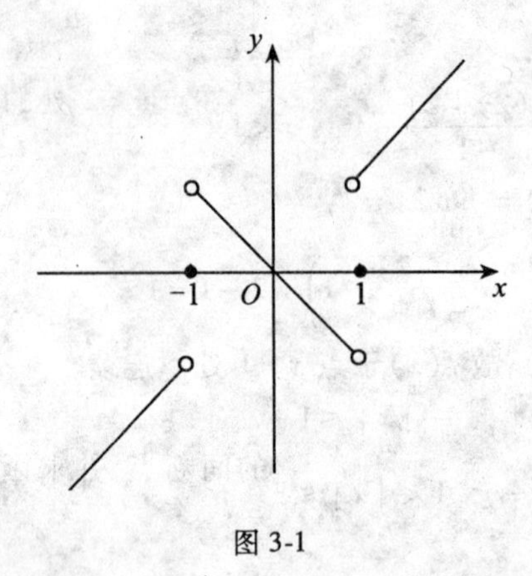

图 3-1

4. 指出函数$f(x)=\dfrac{x^2-x}{|x|(x^2-1)}$的间断点. 试问函数于间断点处能否补充定义使其连续?

解:间断点为 $x=0$,$x=\pm1$.

(1) $x=0$.

$$f(0+0)=\lim_{x\to0^+}f(x)=\lim_{x\to0^+}\frac{x^2-x}{|x|(x^2-1)}=\lim_{x\to0^+}\frac{x^2-x}{x(x^2-1)}=1$$

$$f(0-0)=\lim_{x\to0^-}f(x)=\lim_{x\to0^-}\frac{x^2-x}{|x|(x^2-1)}=\lim_{x\to0^-}\frac{x(x-1)}{-x(x^2-1)}=-1$$

$f(0+0)$ 及 $f(0-0)$ 均存在但不相等,故 $x=0$ 为 $f(x)$ 的第一类间断点.

(2) $x=-1$.

$$\lim_{x\to-1}f(x)=\lim_{x\to-1}\frac{x^2-x}{|x|(x^2-1)}=\lim_{x\to-1}\frac{x(x-1)}{-x(x+1)(x-1)}=\lim_{x\to-1}\frac{1}{-(x+1)}=\infty$$

故 $x=-1$ 为 $f(x)$ 的无穷间断点.

(3) $x=1$.

$$\lim_{x\to1}f(x)=\lim_{x\to1}\frac{x^2-x}{|x|(x^2-1)}=\lim_{x\to1}\frac{x(x-1)}{x(x+1)(x-1)}=\frac{1}{2}$$

故 $x=1$ 为 $f(x)$ 的可去间断点. 若补充定义 $f(1)=\frac{1}{2}$,则可以使 $f(x)$ 于 $x=1$ 处连续.

四、证明题

1. 设函数 $f(x)$ 在区间 $[a,b]$ 上连续,$a<x_1<x_2<\cdots<x_n<b$. 证明必有点 $\xi\in(a,b)$ 使 $f(\xi)=\frac{1}{n}\sum_{i=1}^{n}f(x_i)$.

证:因函数 $f(x)$ 在区间 $[a,b]$ 上连续,故必存在最大值 M 与最小值 m. 又

$$m\leqslant\frac{1}{n}\sum_{i=1}^{n}f(x_i)\leqslant M$$

由闭区间上连续函数的介值定理,必存在 $\xi\in[x_1,x_n]\subset[a,b]$,使

$$f(\xi)=\frac{1}{n}\sum_{i=1}^{n}f(x_i).$$

2. 设函数 $f(x)$ 是以 2π 为周期的连续函数,证明存在点 ξ 使 $f(\xi)=f(\pi+\xi)$.

证:(1) $f(\pi)\neq f(0)$

令
$$F(x)=f(x+\pi)-f(x)$$
取 $x=0$,得
$$F(0)=f(\pi)-f(0)$$
取 $x=\pi$,得
$$F(\pi)=f(2\pi)-f(\pi)=f(0)-f(\pi)$$
因 $f(x)$ 于 $[0,\pi]$ 上连续,又 $f(\pi)\neq f(0)$,故有 $F(0)\cdot F(\pi)<0$,根据闭区间上连续函数的取零值定理知,必 $\exists\xi\in(0,\pi)$,使 $F(\xi)=0$,即 $f(\xi+\pi)-f(\xi)=0$,亦即

$$f(\xi)=f(\xi+\pi).$$

(2) 若 $f(\pi)=f(0)$,结论显然成立.

3. 设函数 $f(x)$ 在 $\mathbf{R}$ 内满足 $f(x_1+x_2)=f(x_1)\cdot f(x_2)$,$\forall x_1,x_2\in\mathbf{R}$,如果函数 $f(x)$ 在点 $x=0$ 处连续,且 $f(0)\neq0$,证明函数 $f(x)$ 在 $\mathbf{R}$ 内连续.

证:设 $f(0)=a\neq0$,由题设得 $f(0)=f(0+0)=f(0)\cdot f(0)$,即 $a^2=a$. 因 $a\neq0$ 故 $a=1$.

对 $\forall x_0\in\mathbf{R}$,因

$$\lim_{\Delta x\to0^+}f(x_0+\Delta x)=\lim_{\Delta x\to0^+}f(x_0)\cdot f(\Delta x)=f(x_0)\cdot\lim_{\Delta x\to0^+}f(\Delta x)$$
$$=f(x_0)\cdot f(0)=f(x_0)$$

故 $f(x)$ 于 x_0 处连续. 又由 x_0 的任意性知 $f(x)$ 于 $\mathbf{R}$ 内连续.

4. 设函数 $f(x)$ 在区间 $[a,b]$ 上连续,且 $f(a)<a$,$f(b)>b$,证明在区间 (a,b) 内至少存在一个点 ξ,使 $f(\xi)=\xi$.

证:令 $F(x)=f(x)-x$. 显见 $F(x)$ 在区间 $[a,b]$ 上连续.

因
$$F(a)=f(a)-a<0,\ F(b)=f(b)-b>0$$
即
$$F(a)\cdot F(b)<0$$
根据闭区间上连续函数的取零值定理知,必 $\exists\xi\in(a,b)$,使 $F(\xi)=0$ 即 $f(\xi)-\xi=0$ 故有

$$f(\xi)=\xi.$$

五、杂题

设$\lim\limits_{x\to1} f(x)$存在,$f(x)=3x^2+2x\lim\limits_{x\to1} f(x)$,试求$f(x)$.

解:设$\lim\limits_{x\to1} f(x)=A$,则$f(x)=3x^2+2Ax$,故

$$\lim_{x\to1} f(x)=\lim_{x\to1}(3x^2+2Ax)$$

即
$$A=3+2A, A=-3$$

故
$$f(x)=3x^2-6x.$$

六、综合题

设$f(x)$是三次多项式,且有$\lim\limits_{x\to2a}\frac{f(x)}{x-2a}=\lim\limits_{x\to4a}\frac{f(x)}{x-4a}=1(a\neq0)$,试求$\lim\limits_{x\to3a}\frac{f(x)}{x-3a}$.

解:由题设,知$f(2a)=f(4a)=0$.

又$f(x)$为三次多项式,可设$f(x)=A(x-2a)(x-4a)(x-B)$,其中A、B为待定常数,于是

$$\lim_{x\to2a}\frac{f(x)}{x-2a}=\lim_{x\to2a}\frac{A(x-2a)(x-4a)(x-B)}{x-2a}=-2Aa(2a-B)$$

故
$$-2Aa(2a-B)=1 \tag{1}$$

$$\lim_{x\to4a}\frac{f(x)}{x-4a}=\lim_{x\to4a}\frac{A(x-2a)(x-4a)(x-B)}{x-4a}=2Aa(4a-B)$$

故
$$2Aa(4a-B)=1 \tag{2}$$

联立式(1),式(2),得
$$B=3a, A=\frac{1}{2a^2}$$

故
$$f(x)=\frac{1}{2a^2}(x-2a)(x-3a)(x-4a)$$

于是
$$\lim_{x\to3a}\frac{f(x)}{x-3a}=\lim_{x\to3a}\frac{\frac{1}{2a^2}(x-2a)(x-3a)(x-4a)}{x-3a}=-\frac{1}{2}.$$

习 题 4

1. 根据导数的定义求下列函数的导数

(1) $y=x^2+3x-1$； (2) $y=\sin(3x+1)$； (3) $y=\cos(2x-3)$.

解：(1) (i) $\Delta y=(x+\Delta x)^2+3(x+\Delta x)-1-(x^2+3x-1)$

$$=2x\Delta x+3\Delta x+\Delta x^2$$

(ii) $\dfrac{\Delta y}{\Delta x}=\dfrac{2x\Delta x+3\Delta x+\Delta x^2}{\Delta x}$

(iii) $y'=\lim\limits_{\Delta x\to 0}\dfrac{2x\Delta x+3\Delta x+\Delta x^2}{\Delta x}=2x+3.$

(2) (i) $\Delta y=\sin[3(x+\Delta x)+1]-\sin(3x+1)=2\cos\left(3x+1+\dfrac{3\Delta x}{2}\right)\sin\dfrac{3\Delta x}{2}$

(ii) $\dfrac{\Delta y}{\Delta x}=\dfrac{2\cos\left(3x+1+\frac{3}{2}\Delta x\right)\sin\frac{3}{2}\Delta x}{\Delta x}$

(iii) $y'=\lim\limits_{\Delta x\to 0}\dfrac{2\cos\left(3x+1+\frac{3}{2}\Delta x\right)\sin\frac{3}{2}\Delta x}{\Delta x}=3\cos(3x+1).$

(3) (i) $\Delta y=\cos[2(x+\Delta x)-3]-\cos(2x-3)=-2\sin(2x-3+\Delta x)\sin\Delta x$

(ii) $\dfrac{\Delta y}{\Delta x}=-\dfrac{2\sin(2x-3+\Delta x)\sin\Delta x}{\Delta x}$

(iii) $y'=\lim\limits_{\Delta x\to 0}\dfrac{-2\sin(2x-3+\Delta x)\sin\Delta x}{\Delta x}=-2\sin(2x-3).$

2. 给定函数 $f(x)=ax^2+bx+c$，a,b,c 为常数. 试求 $f'(x)$，$f'(0)$，$f'\left(\dfrac{1}{2}\right)$，$f'\left(-\dfrac{b}{2a}\right)$.

解：(1) $f'(x)=2ax+b$.

(2) $f'(0)=b$.

(3) $f'\left(\dfrac{1}{2}\right)=2a\cdot\dfrac{1}{2}+b=a+b.$

(4) $f'\left(-\dfrac{b}{2a}\right)=2a\cdot\left(-\dfrac{b}{2a}\right)+b=0.$

3. 求三次抛物线 $y=x^3$ 在点 $(2,8)$ 处的切线方程与法线方程.

解：因 $y'=3x^2$，故 $y\big|'_{x=2}=12$，过点 $(2,8)$ 的切线方程为

$$y-8=12(x-2) \quad 即 \quad 12x-y-16=0$$

法线方程为

$$y-8=-\frac{1}{12}(x-2) \quad 即 \quad x+12y-98=0.$$

4. 在抛物线 $y=x^2$ 上哪一点的切线具有下列性质？

(1)平行于 Ox 轴；(2)与 Ox 轴构成45°角.

解:(1)因 $y'=2x$,令 $y'=0$ 得 $x=0$. 故抛物线 $y=x^2$ 上的点(0,0)处的切线与 Ox 轴平行.

(2)因切线与 Ox 轴构成45°角,即斜率 $k=\tan45°=1$. 由 $y'=2x$,令 $2x=1$ 得

$$x=\frac{1}{2}, \quad y=\frac{1}{4}$$

故抛物线 $y=x^2$ 上的点 $\left(\frac{1}{2},\frac{1}{4}\right)$ 处的切线与 Ox 轴构成45°角.

5. 如果 $f(x)$ 为偶函数,且 $f'(0)$ 存在,试证 $f'(0)=0$.

证法1:因 $f(-x)=f(x)$,两边对 x 取导,得 $-f'(-x)=f'(x)$. 取 $x=0$ 得 $f'(0)=0$.

证法2: $f'(-x)=\lim\limits_{\Delta x\to 0}\dfrac{f(-x+\Delta x)-f(-x)}{\Delta x}=\lim\limits_{\Delta x\to 0}\dfrac{f(x-\Delta x)-f(x)}{\Delta x}=-f'(x)$

令 $x=0$,得 $-f'(0)=f'(0)$,故 $f'(0)=0$.

6. 给定函数 $f(x)=\begin{cases}x^2\sin\dfrac{1}{x}, & x\neq 0\\ 0, & x=0\end{cases}$,讨论 $f(x)$ 在点 $x=0$ 处的连续性与可导性.

解:(1)连续性. 已知 $f(0)=0$. 因

$$\lim_{x\to 0}f(x)=\lim_{x\to 0}x^2\sin\frac{1}{x}=0=f(0)$$

故 $f(x)$ 于 $x=0$ 处连续.

(2)可导性. 因

$$f'(0)=\lim_{\Delta x\to 0}\frac{f(0+\Delta x)-f(0)}{\Delta x}=\lim_{\Delta x\to 0}\frac{\Delta x^2\sin\frac{1}{\Delta x}}{\Delta x}=0$$

故 $f(x)$ 于 $x=0$ 处可导,导数值为0.

7. 讨论函数 $f(x)=x|x|$ 在点 $x=0$ 处的可导性.

解:

$$f(x)=\begin{cases}-x^2, & x<0\\ 0, & x=0\\ x^2, & x>0\end{cases}$$

$$f'_+(0)=\lim_{\Delta x\to 0^+}\frac{f(0+\Delta x)-f(0)}{\Delta x}=\lim_{\Delta x\to 0^+}\frac{\Delta x^2}{\Delta x}=0$$

$$f'_-(0)=\lim_{\Delta x\to 0^-}\frac{f(0+\Delta x)-f(0)}{\Delta x}=\lim_{\Delta x\to 0^-}\frac{-\Delta x^2}{\Delta x}=0$$

故 $f'_+(0)=f'_-(0)=f'(0)$. 说明函数 $y=x|x|$ 在点 $x=0$ 处可导.

8. 用导数定义求函数 $f(x)=\begin{cases}x, & x<0\\ \ln(1+x), & x\geqslant 0\end{cases}$ 在点 $x=0$ 处的导数.

解: $f'_+(0)=\lim\limits_{\Delta x\to 0^+}\dfrac{f(0+\Delta x)-f(0)}{\Delta x}=\lim\limits_{\Delta x\to 0^+}\dfrac{\ln(1+\Delta x)-0}{\Delta x}=\lim\limits_{\Delta x\to 0^+}\ln(1+\Delta x)^{\frac{1}{\Delta x}}$

$$=\ln\lim_{\Delta x\to 0^+}(1+\Delta x)^{\frac{1}{\Delta x}}=\ln e=1$$

$$f'_-(0)=\lim_{\Delta x\to 0^-}\frac{f(0+\Delta x)-f(0)}{\Delta x}=\lim_{\Delta x\to 0^-}\frac{\Delta x}{\Delta x}=1$$

故 $$f'(0)=f'_+(0)=f'_-(0)=1.$$

9. 设函数 $f(x)=\begin{cases}\ln(1+x), & -1<x\leqslant 0\\ \sqrt{1+x}-\sqrt{1-x}, & 0<x\leqslant 1\end{cases}$，讨论 $f(x)$ 在点 $x=0$ 处的连续性与可导性.

解：(1)连续性. 因

$$f(0)=0$$

$$f(0+0)=\lim_{x\to 0^+}f(x)=\lim_{x\to 0^+}(\sqrt{1+x}-\sqrt{1-x})=0$$

$$f(0-0)=\lim_{x\to 0^-}f(x)=\lim_{x\to 0^-}\ln(1+x)=0$$

因 $$f(0+0)=f(0-0)=f(0)$$

故 $f(x)$ 于 $x=0$ 处连续.

(2)可导性. 因

$$f'_+(0)=\lim_{\Delta x\to 0^+}\frac{f(0+\Delta x)-f(0)}{\Delta x}=\lim_{\Delta x\to 0^+}\frac{\sqrt{1+\Delta x}-\sqrt{1-\Delta x}}{\Delta x}$$

$$=\lim_{\Delta x\to 0^+}\frac{1+\Delta x-1+\Delta x}{\Delta x(\sqrt{1+\Delta x}+\sqrt{1-\Delta x})}=1$$

$$f'_-(0)=\lim_{\Delta x\to 0^-}\frac{f(0+\Delta x)-f(0)}{\Delta x}=\lim_{\Delta x\to 0^-}\frac{\ln(1+\Delta x)-0}{\Delta x}=1$$

所以 $f'_+(0)=f'_-(0)=f'(0)=1$，故 $f(x)$ 于 $x=0$ 处可导，导数值为1.

10. 一球在斜面上向上滚动，在 t 秒之后与开始的距离为 $S=3t-t^2$（单位为 m），试求其初速度. 又该球何时开始向下滚？

解：(1) $S'=3-2t$，这表示运动过程中时刻 t 的瞬时速度，当 $t=0$ 时表示初速度，故

$$V_0=S'(t)\big|_{t=0}=(3-2t)\big|_{t=0}=3(\text{m/s}).$$

(2)当 $V'_t=(3-2t)=0$ 时，即 $t=\frac{3}{2}$s 时球开始向下滚动.

11. 证明下列函数在点 $x=0$ 处的导数不存在.

(1) $f(x)=\begin{cases}\dfrac{\sqrt{1+x}-1}{\sqrt{x}}, & x\neq 0\\ 0, & x=0\end{cases}$.

证：$$f'_+(0)=\lim_{\Delta x\to 0^+}\frac{f(0+\Delta x)-f(0)}{\Delta x}=\lim_{\Delta x\to 0^+}\frac{\dfrac{\sqrt{1+\Delta x}-1}{\sqrt{\Delta x}}-0}{\Delta x}=\lim_{\Delta x\to 0^+}\frac{\sqrt{1+\Delta x}-1}{\Delta x\sqrt{\Delta x}}=\infty.$$

(2) $f(x)=\begin{cases}x\arctan\dfrac{1}{x}, & x\neq 0\\ 0, & x=0\end{cases}$.

证：$f'_{+}(0)=\lim\limits_{\Delta x\to0^{+}}\dfrac{f(0+\Delta x)-f(0)}{\Delta x}=\lim\limits_{\Delta x\to0^{+}}\dfrac{\Delta x\arctan\dfrac{1}{\Delta x}-0}{\Delta x}=\lim\limits_{\Delta x\to0^{+}}\arctan\dfrac{1}{\Delta x}=\dfrac{\pi}{2}$

$$f'_{-}(0)=\lim_{\Delta x\to0^{-}}\frac{f(0+\Delta x)-f(0)}{\Delta x}=\lim_{\Delta x\to0^{-}}\arctan\frac{1}{\Delta x}=-\frac{\pi}{2}$$

因为$f'_{+}(0)\neq f'_{-}(0)$，故$f'(0)$不存在.

(3)$f(x)=|\sin x|$.

证：$f'_{+}(0)=\lim\limits_{\Delta x\to0^{+}}\dfrac{f(0+\Delta x)-f(0)}{\Delta x}=\lim\limits_{\Delta x\to0^{+}}\dfrac{|\sin\Delta x|}{\Delta x}=\lim\limits_{\Delta x\to0^{+}}\dfrac{\sin\Delta x}{\Delta x}=1$

$$f'_{-}(0)=\lim_{\Delta x\to0^{-}}\frac{f(0+\Delta x)-f(0)}{\Delta x}=\lim_{\Delta x\to0^{-}}\frac{|\sin\Delta x|}{\Delta x}=\lim_{\Delta x\to0^{-}}\frac{-\sin\Delta x}{\Delta x}=-1$$

因为$f'_{+}(0)\neq f'_{-}(0)$，故$f'(0)$不存在.

12. 设函数$f(x)=\begin{cases}\dfrac{a}{1+x}, & x\leqslant0\\ 2x+b, & x>0\end{cases}$，试问$a,b$为何值时，$f(x)$在$x=0$处可导？

解：$f(0)=a$. 为使$f(x)$于$x=0$处可导，首先该函数必须满足条件

$$\left.\frac{a}{1+x}\right|_{x=0}=\lim_{x\to0^{+}}(2x+b)$$

即有
$$a=b \tag{1}$$

其次
$$f'_{+}(0)=\lim_{x\to0^{+}}\frac{(2x+b)-b}{x-0}=2$$

$$f'_{-}(0)=\left.\left(\frac{a}{1+x}\right)'\right|_{x=0}=\left.-\frac{a}{(1+x)^2}\right|_{x=0}=-a$$

由$f'_{+}(0)=f'_{-}(0)$，得 $a=-2$

代入式(1)，得 $b=-2$

13. 求下列各函数的导数(a,b,m,n,p,q为常量).

(1)$y=3x^2-5x+1$. 解：$y'=6x-5$.

(2)$y=2\sqrt{x}-\dfrac{1}{x}+\sqrt[4]{3}$. 解：$y'=\dfrac{1}{\sqrt{x}}+\dfrac{1}{x^2}$.

(3)$y=\dfrac{mx^2+nx+4p}{p+q}$. 解：$y'=\dfrac{2mx+n}{p+q}$.

(4)$y=\sqrt{2}(x^3+\sqrt{x}+1)$. 解：$y'=\sqrt{2}\left(3x^2+\dfrac{1}{2\sqrt{x}}\right)$.

(5)$y=(x+1)^2(x-1)$.

解：$y'=2(x+1)(x-1)+(x+1)^2=(x+1)(3x-1)$.

(6)$y=\dfrac{ax^3+bx+c}{(a+b)x}$.

解：$y'=\dfrac{1}{a+b}\cdot\dfrac{x(3ax^2+b)-(ax^3+bx+c)}{x^2}=\dfrac{2ax^3-c}{(a+b)x^2}$.

14. 设函数$f(x)=\dfrac{x^2-5x+1}{x^3}$，求$f'(-1)$，$f'(2)$，$f'\left(\dfrac{1}{a}\right)$.

解:因 $$f'(x)=\frac{x^3(2x-5)-3x^2(x^2-5x+1)}{x^6}=\frac{-x^2+10x-3}{x^4}$$

故 $$f'(-1)=-1-10-3=-14$$

$$f'(2)=\frac{-4+20-3}{16}=\frac{13}{16}$$

$$f'\left(\frac{1}{a}\right)=\frac{-\left(\frac{1}{a}\right)^2+10\cdot\frac{1}{a}-3}{\left(\frac{1}{a}\right)^4}=-3a^4+10a^3-a^2.$$

15. 设函数 $s(t)=\frac{3}{5-t}+\frac{t^2}{5}$,求 $s'(0)$,$s'(2)$.

解:因 $$s'(t)=\frac{3}{(5-t)^2}+\frac{2t}{5}$$

故 $$s'(0)=\frac{3}{25},\quad s'(2)=\frac{3}{9}+\frac{4}{5}=\frac{17}{15}.$$

16. 设函数 $f(x)=(1+x^3)\left(5-\frac{1}{x^2}\right)$,求 $f'(1)$,$f'(a)$.

解:因 $$f'(x)=3x^2\left(5-\frac{1}{x^2}\right)+(1+x^3)\cdot\frac{2}{x^3}$$

故 $$f'(1)=3\cdot(5-1)+2\cdot2=12+4=16$$

$$f'(a)=3a^2\left(5-\frac{1}{a^2}\right)+(1+a^3)\cdot\frac{2}{a^3}=15a^2+\frac{2}{a^3}-1.$$

17. 求下列各函数的导数

(1) $y=\frac{x+1}{x-1}$. **解**:$y'=\frac{-2}{(x-1)^2}$.

(2) $y=\frac{1-\ln x}{1+\ln x}$. **解**:$y'=-\frac{2}{x(1+\ln x)^2}$.

(3) $y=\frac{x}{1-\cos x}$. **解**:$y'=\frac{1-\cos x-x\sin x}{(1-\cos x)^2}$.

(4) $y=x\sin x+\cos x$. **解**:$y'=x\cos x$.

(5) $y=\tan x-x\cdot\cot x$. **解**:$y'=\frac{1}{\cos^2 x}+\frac{x}{\sin^2 x}-\cot x$.

(6) $y=\frac{\sin x}{x}+\frac{x}{\sin x}$. **解**:$y'=\frac{x\cos x-\sin x}{x^2}+\frac{\sin x-x\cos x}{\sin^2 x}$.

(7) $y=x\sin x\cdot\ln x$. **解**:$y'=\sin x\ln x+x\cos x\ln x+\sin x$.

(8) $y=\frac{\sin x}{1+\cos x}$. **解**:$y'=\frac{1}{(1+\cos x)}$.

(9) $y=\frac{1+\sin^2 x}{\cos(x^2)}$. **解**:$y'=\frac{\sin 2x\cdot\cos(x^2)+2x(1+\sin^2 x)\cdot\sin(x^2)}{[\cos(x^2)]^2}$.

(10) $y=\frac{\ln x}{x^n}$. **解**:$y'=\frac{1-n\ln x}{x^{n+1}}$.

(11) $y=x\cdot 2^x$. **解**:$y'=2^x+x\cdot 2^x\ln 2$.

(12) $y=\frac{1}{\sqrt{1-x^2}}$. 解: $y'=\frac{x}{(1-x^2)^{\frac{3}{2}}}$.

(13) $y=\cos^2 x$. 解: $y'=-\sin 2x$.

(14) $y=3^{\sin x}$. 解: $y'=3^{\sin x}\cdot\cos x\cdot\ln 3$.

(15) $y=\ln\tan x$. 解: $y'=\frac{1}{\sin x\cos x}=\frac{2}{\sin 2x}$.

(16) $y=\sin(2^x)$. 解: $y'=2^x\cdot\cos 2^x\cdot\ln 2$.

(17) $y=\ln(1+x+\sqrt{2x+x^2})$. 解: $y'=\frac{1}{\sqrt{2x+x^2}}$.

(18) $y=\sin^2 x\cdot\cos 3x$. 解: $y'=\sin 2x\cos 3x-3\sin^2 x\sin 3x$.

(19) $y=x^2\sin\frac{1}{x}$. 解: $y'=2x\sin\frac{1}{x}-\cos\frac{1}{x}$.

(20) $y=\arctan(1-x^2)$. 解: $y'=\frac{-2x}{1+(1-x^2)^2}$.

(21) $y=e^{-x}\cos 3x$. 解: $y'=-e^{-x}\cos 3x-3e^{-x}\sin 3x$.

(22) $y=\arccos\frac{2}{x}$. 解: $y'=-\frac{2}{x\sqrt{x^2-4}}$.

(23) $y=\arctan\sqrt{1-3x}$. 解: $y'=\frac{-3}{2(2-3x)\sqrt{1-3x}}$.

(24) $y=(\arcsin x)^2$. 解: $y'=\frac{2\arcsin x}{\sqrt{1-x^2}}$.

(25) $y=\frac{\arccos x}{x}$. 解: $y'=-\frac{x+\sqrt{1-x^2}\cdot\arccos x}{x^2\sqrt{1-x^2}}$.

(26) $y=\sqrt{x}\cdot\arctan x$. 解: $y'=\frac{1}{2\sqrt{x}}\arctan x+\frac{\sqrt{x}}{1+x^2}$.

(27) $y=\frac{\arcsin x}{\sqrt{1-x^2}}$. 解: $y'=\frac{\sqrt{1-x^2}+x\arcsin x}{(1-x^2)^{\frac{3}{2}}}$.

(28) $y=x\cdot\sin x\cdot\arctan x$. 解: $y'=\sin x\cdot\arctan x+x\cos x\arctan x+\frac{x\cdot\sin x}{1+x^2}$.

(29) $y=\arctan\frac{x+1}{x-1}$. 解: $y'=-\frac{1}{1+x^2}$.

(30) $y=e^{\arctan\sqrt{x}}$. 解: $y'=\frac{1}{2\sqrt{x}(1+x)}\cdot e^{\arctan\sqrt{x}}$.

(31) $y=x^{\sin x}$. 解: $y'=x^{\sin x}\left(\frac{\sin x}{x}+\cos x\ln x\right)$.

(32) $y=\left(\frac{x}{1+x}\right)^x$. 解: $y'=\left(\frac{x}{1+x}\right)^x\cdot\left[\ln\frac{x}{1+x}+\frac{1}{1+x}\right]$.

(33) $y=(\tan 2x)^{\cot\frac{x}{2}}$. 解: $y'=(\tan 2x)^{\cot\frac{x}{2}}\left[-\frac{1}{2}\csc^2\frac{x}{2}\ln\tan 2x+\cot\frac{x}{2}\cdot\frac{4}{\sin 4x}\right]$.

(34) $y=\sqrt[3]{\dfrac{1+x^3}{1-x^3}}$.　　解: $y'=\sqrt[3]{\dfrac{1+x^3}{1-x^3}}\cdot\dfrac{2x^2}{(1-x^3)(1+x^3)}$.

18. 求下列各隐函数的导数

(1) $x^3+y^3-3axy=0$.

解:方程两边对 x 求导,得

$$3x^2+3y^2\cdot y'-3ay-3axy'=0$$

故
$$y'=\frac{ay-x^2}{y^2-ax}.$$

(2) $y^3-3y+2ax=0$

解:方程两边对 x 求导,得

$$3y^2\cdot y'-3y'+2a=0$$

故
$$y'=\frac{2a}{3-3y^2}.$$

(3) $x^y=y^x$.

解:方程两边取对数,得 $y\ln x=x\ln y$,对 x 求导得

$$y'\ln x+\frac{y}{x}=\ln y+x\cdot\frac{1}{y}y'$$

解之得
$$y'=\frac{y(x\ln y-y)}{x(y\ln x-x)}.$$

(4) $y^2\cos x=a^2\sin 3x$.

解:方程两边对 x 取导数,得

$$2y\cdot y'\cos x-y^2\sin x=3a^2\cos 3x$$

故
$$y'=\frac{y^2\sin x+3a^2\cos 3x}{2y\cos x}.$$

(5) $\cos(xy)=x$.

解:方程两边对 x 求导,得

$$-\sin(xy)\cdot(y+xy')=1$$

故
$$y'=-\frac{1+y\sin xy}{x\sin xy}.$$

(6) $y=1+xe^y$.

解:方程两边对 x 求导,得

$$y'=e^y+xe^y\cdot y'$$

故
$$y'=\frac{e^y}{1-xe^y}.$$

(7) $y\sin x-\cos(x-y)=0$.

解:方程两边对 x 取导,得

$$y'\sin x+y\cos x+\sin(x-y)\cdot(1-y')=0$$

解之得
$$y'=-\frac{y\cos x+\sin(x-y)}{\sin x-\sin(x-y)}.$$

19. 在曲线 $y=\dfrac{1}{1+x^2}$上求一点,使通过该点的切线平行于 Ox 轴.

解:$y'=-\dfrac{2x}{(1+x^2)^2}$. 令 $y'=0$ 得 $x=0,y=1$.

故曲线 $y=\dfrac{1}{1+x^2}$上过点(0,1)的切线与 Ox 轴平行.

20. 参数 a 为何值时,曲线 $y=ax^2$ 与曲线 $y=\ln x$ 相切?

解:首先,两曲线相切则必相交,故

$$ax^2=\ln x \qquad (1)$$

其次,两曲线相切,则在交点处其斜率相等,于是有

$$2ax=\frac{1}{x}, \quad x^2=\frac{1}{2a} \qquad (2)$$

由式(2)知 a 必大于 0.

将式(2)代入式(1),得$\dfrac{1}{2}=\ln\dfrac{1}{\sqrt{2a}}$,故

$$\ln 2a=-1, \quad a=\frac{1}{2}e^{-1}.$$

21. 求下列各函数的微分

(1) $y=\sqrt{1-x^2}$.

解:$dy=\dfrac{-2x}{2\sqrt{1-x^2}}dx=-\dfrac{x}{\sqrt{1-x^2}}dx$.

(2) $y=\dfrac{x}{1-x^2}$.

解:$dy=\left[\dfrac{(1-x^2)-x(-2x)}{(1-x^2)^2}\right]dx=\dfrac{1+x^2}{(1-x^2)^2}dx$.

(3) $y=e^{-x}\cos x$.

解:$dy=(-e^{-x}\cos x-e^{-x}\sin x)dx=-e^{-x}(\cos x+\sin x)dx$.

(4) $y=\arcsin\sqrt{x}$.

解:$dy=\dfrac{1}{\sqrt{1-x}}\cdot\dfrac{1}{2\sqrt{x}}dx=\dfrac{1}{2\sqrt{x-x^2}}dx$.

(5) $y=\sin^n x$.

解:$dy=n\sin^{n-1}x\cos x dx$.

(6) $y=\tan\dfrac{x}{2}$.

解:$dy=\dfrac{1}{\cos^2\dfrac{x}{2}}\cdot\dfrac{1}{2}dx=\dfrac{1}{2}\sec^2\dfrac{x}{2}dx$.

(7) $y=(e^x+e^{-x})^2$.

解:$dy=2(e^x-e^{-x})(e^x+e^{-x})dx=2(e^{2x}-e^{-2x})dx$.

(8) $y=x+e^y$.

解:$dy=dx+e^y dy$, 故 $dy=\dfrac{1}{1-e^y}dx$.

(9) $y=f(\mathrm{e}^x\sin 2x)$.

解: $\mathrm{d}y=f'(\mathrm{e}^x\sin 2x)(\sin 2x+2\cos 2x)\mathrm{e}^x\mathrm{d}x$.

22. 求下列各式的近似值(注:近似公式为 $f(x_0+\Delta x)\approx f(x_0)+f'(x_0)\Delta x$).

(1) $\sqrt[5]{0.95}$.

解:令 $f(x)=\sqrt[5]{x}$, $x_0=1$, $\Delta x=-0.05$,故

$$f(1+\Delta x)\approx f(1)+f'(1)\Delta x=1+\frac{1}{5}\times(-0.05)=0.99$$

即
$$\sqrt[5]{0.95}\approx 0.99.$$

(2) $\sqrt[3]{8.02}$.

解:令 $f(x)=\sqrt[3]{x}$, $x_0=8$, $\Delta x=0.02$,故

$$f(8+\Delta x)\approx f(8)+f'(8)\cdot\Delta x=2+\frac{1}{3}\cdot\frac{1}{4}\times(0.02)=2+0.0016=2.0016$$

即
$$\sqrt[3]{8.02}\approx 2.0016.$$

(3) $\ln 1.01$.

解:令 $f(x)=\ln x$, $x_0=1$, $\Delta x=0.01$,故

$$f(1+\Delta x)\approx f(1)+f'(1)\cdot\Delta x=\ln 1+\frac{1}{x}\bigg|_{x=1}\cdot(0.01)=0.01$$

即
$$\ln 1.01\approx 0.01.$$

(4) $\mathrm{e}^{0.05}$.

解:令 $f(x)=\mathrm{e}^x$, $x_0=0$, $\Delta x=0.05$,故

$$f(0+\Delta x)\approx f(0)+f'(0)\cdot\Delta x=\mathrm{e}^0+\mathrm{e}^x\big|_{x=0}\cdot 0.05=1+0.05=1.05$$

即
$$\mathrm{e}^{0.05}\approx 1.05.$$

(5) $\cos 60°20'$.

解:
$$60°20'=\frac{\pi}{3}+\frac{1}{3}\times\frac{\pi}{180}=\frac{\pi}{3}+\frac{\pi}{540}$$

故
$$\cos 60°20'=\cos\left(\frac{\pi}{3}+\frac{\pi}{540}\right)$$

令
$$f(x)=\cos x,\ x_0=\frac{\pi}{3},\ \Delta x=\frac{\pi}{540}$$

故
$$f\left(\frac{\pi}{3}+\Delta x\right)\approx f\left(\frac{\pi}{3}\right)+f'\left(\frac{\pi}{3}\right)\Delta x=\cos\frac{\pi}{3}-\sin\frac{\pi}{3}\times\left(\frac{\pi}{540}\right)=0.495$$

即
$$\cos\left(\frac{\pi}{3}+\frac{\pi}{540}\right)\approx 0.495,\ \text{或}\ \cos 60°20'\approx 0.495.$$

(6) $\arctan 1.02$.

解:令 $f(x)=\arctan x$, $x_0=1$, $\Delta x=0.02$,故

$$f(1+\Delta x)=\arctan 1.02\approx f(1)+f'(1)\cdot\Delta x$$
$$=\arctan 1+\frac{1}{1+x^2}\bigg|_{x=1}\cdot 0.02=\frac{\pi}{4}+\frac{1}{2}\times 0.02\approx 0.795.$$

23. 当 $|x|$ 很小时,证明下列各近似公式成立

注:由微分近似公式 $f(x_0+\Delta x)\approx f(x_0)+f'(x_0)\Delta x$

取 $x_0=0$,得 $f(\Delta x)\approx f(0)+f'(0)\Delta x$

改写 Δx 为 x,即得 $f(x)\approx f(0)+f'(0)\cdot x.$

(1) $e^x\approx 1+x.$

解:由公式 $f(x)\approx f(0)+f'(0)x$ 有

$$e^x\approx e^0+e^0x=1+x.$$

(2) $\sqrt[n]{1+x}\approx 1+\frac{x}{n}.$

解:由公式可得

$$\sqrt[n]{1+x}\approx 1+(\sqrt[n]{1+x})'\big|_{x=0}\cdot x=1+\frac{x}{n}.$$

(3) $\sin x\approx x.$

解:由近似公式,可得

$$\sin x=\sin 0+(\sin x)'\big|_{x=0}\cdot x=0+x=x.$$

(4) $\ln(1+x)\approx x.$

解:由近似公式可得

$$\ln(1+x)\approx\ln(1+0)+(\ln(1+x))'\big|_{x=0}\cdot x=0+\frac{1}{1+x}\bigg|_{x=0}\cdot x=x.$$

24. 求下列各函数的二阶导数

(1) $y=xe^{x^2}.$

解:

$$y'=e^{x^2}+2x^2e^{x^2}=(1+2x^2)e^{x^2}$$

$$y''=4xe^{x^2}+(1+2x^2)\cdot e^{x^2}\cdot 2x=(6x+4x^3)e^{x^2}$$

(2) $y=\sqrt{a^2+x^2}.$

解:

$$y'=\frac{2x}{2\sqrt{a^2+x^2}}=\frac{x}{\sqrt{a^2+x^2}}$$

$$y''=\frac{\sqrt{a^2+x^2}-x\cdot\dfrac{2x}{2\sqrt{a^2+x^2}}}{(a^2+x^2)}=\frac{a^2}{(a^2+x^2)^{\frac{3}{2}}}.$$

(3) $y=\cos^2x\ln x.$

解:

$$y'=-2\cos x\sin x\ln x+\frac{\cos^2x}{x}=-\sin 2x\ln x+\frac{\cos^2x}{x}$$

$$y''=-2\cos 2x\ln x-\frac{\sin 2x}{x}+\frac{-2x\cos x\sin x-\cos^2x}{x^2}$$

$$=-\left(2\cos 2x\ln x+\frac{\sin 2x}{x}+\frac{x\sin 2x+\cos^2x}{x^2}\right).$$

(4) $y=\ln\sin x.$

解:$y'=\dfrac{\cos x}{\sin x}=\cot x$, $\quad y''=-\dfrac{1}{\sin^2x}.$

(5) $y=\sin(x+y).$

解：$y' = \cos(x+y)(1+y')$，故 $y' = \dfrac{\cos(x+y)}{1-\cos(x+y)}$

$$y'' = \frac{-\sin(x+y)(1+y')[1-\cos(x+y)] - \cos(x+y)\cdot\sin(x+y)(1+y')}{[1-\cos(x+y)]^2}$$

$$= \frac{\sin(x+y)}{[\cos(x+y)-1]^3}.$$

(6) $xy = e^{x+y}$.

解：$y + xy' = e^{x+y}(1+y')$，故 $y' = \dfrac{e^{x+y}-y}{x-e^{x+y}}$

$$y'' = \frac{[e^{x+y}(1+y') - y'](x-e^{x+y}) - (e^{x+y}-y)[1-e^{x+y}(1+y')]}{(x-e^{x+y})^2}$$

$$= \frac{e^{x+y}(x-y)^2}{(x-e^{x+y})^3} - \frac{2(e^{x+y}-y)}{(x-e^{x+y})^2}.$$

(7) $e^y + xy = e$，求 $y''(0)$.

解：$e^y \cdot y' + y + xy' = 0$

故
$$y' = -\frac{y}{x+e^y}$$

$$y'' = -\frac{y'(x+e^y) - y(1+e^y\cdot y')}{(x+e^y)^2}$$

因 $x=0$ 时 $y=1$，则
$$y'(0) = -\frac{1}{0+e} = -\frac{1}{e}$$

故
$$y''(0) = -\frac{-\frac{1}{e}(0+e) - \left[1+e\cdot\left(-\frac{1}{e}\right)\right]}{(0+e)^2} = \frac{1}{e^2}.$$

25. 试证导数 $s = a\sin\omega t$（a,ω 为常数）满足关系式 $\dfrac{d^2s}{dt^2} + \omega^2 s = 0$.

证：
$$\frac{ds}{dt} = a\cdot\cos\omega t\cdot\omega = a\omega\cos\omega t$$

$$\frac{d^2s}{dt^2} = -a\cdot\omega^2\sin\omega t$$

故
$$\frac{d^2s}{dt^2} + \omega^2 s = -a\omega^2\sin\omega t + \omega^2\cdot a\sin\omega t = 0.$$

26. 设 $y = f[\varphi(x)]$，其中 f 及 φ 均为三阶可微分函数，试求 $\dfrac{d^2y}{dx^2}$ 及 $\dfrac{d^3y}{dx^3}$.

解：$\dfrac{dy}{dx} = f'[\varphi(x)]\cdot\varphi'(x)$

$$\frac{d^2y}{dx^2} = f''[\varphi(x)]\cdot\varphi'^2(x) + f'[\varphi(x)]\cdot\varphi''(x);$$

$$\frac{d^3y}{dx^3} = f'''[\varphi(x)]\cdot\varphi'(x)\cdot\varphi'^2(x) + 2f''[\varphi(x)]\cdot\varphi'(x)\cdot\varphi''(x) +$$

$$f''[\varphi(x)]\cdot\varphi'(x)\cdot\varphi''(x) + f'[\varphi(x)]\cdot\varphi'''(x)$$

$$= f'''[\varphi(x)]\cdot[\varphi'(x)]^3 + 2f''[\varphi(x)]\varphi'(x)\cdot\varphi''(x) +$$

$$f''[\varphi(x)]\varphi'(x)\varphi''(x)+f'[\varphi(x)]\varphi'''(x)$$
$$=f'''[\varphi(x)][\varphi'(x)]^3+3f''[\varphi(x)]\varphi'(x)\varphi''(x)+f'[\varphi(x)]\varphi'''(x).$$

27. 求下列函数 n 阶导数的一般表达式

(1) $y=\dfrac{1-x}{1+x}$.

解: $y=\dfrac{1-x}{1+x}=\dfrac{2}{1+x}-1$

$$y'=-2(1+x)^{-2},$$
$$y''=-2\cdot(-2)(1+x)^{-3}$$
$$y'''=-2\cdot(-2)(-3)(1+x)^{-4}$$
$$\vdots$$
$$y^{(n)}=+2\cdot(-1)^n\cdot n!\ (1+x)^{-(n+1)}=(-1)^n\frac{2n!}{(1+x)^{n+1}}.$$

(2) $y=x\ln x$. **解**: $y^{(n)}=(-1)^n\dfrac{(n-2)!}{x^{n-1}}\quad(n\geqslant 2)$.

(3) $y=\sin^2 x$. **解**: $y^{(n)}=2^{n-1}\sin\left[2x+\dfrac{\pi}{2}(n-1)\right]$.

(4) $y=xe^x$. **解**: $y^{(n)}=(n+x)e^x$.

28. 证明:

(1) 可导的偶函数的导函数为奇函数;

(2) 可导的奇函数的导函数为偶函数;

(3) 可导的周期函数的导函数为周期函数,且周期不变.

证: (1) 设 $f(x)$ 为可导的偶函数,

则有 $f(-x)=f(x)$. 两边对 x 求导得

$$-f'(-x)=f'(x)$$

即 $f'(-x)=-f'(x)$. 故 $f'(x)$ 为奇函数.

(2) 同理可证,若 $f(x)$ 为可导的奇函数,有结论: $f'(-x)=f'(x)$,故 $f'(x)$ 为偶函数.

(3) 设 $f(x)$ 为以 T 为周期的可导的函数,则有 $f(x+T)=f(x)$. 两边对 x 求导得

$$f'(x+T)=f'(x)$$

这说明 $f'(x)$ 为以 T 为周期的函数.

29. 设函数 $f(x)$ 在 $(-\infty,+\infty)$ 内可导,且 $F(x)=f(x^2-1)+f(1-x^2)$,证明

$$F'(1)=F'(-1).$$

证: 因 $F'(x)=2xf'(x^2-1)-2xf'(1-x^2)$,则

$$F'(1)=2f'(0)-2f'(0)=0$$
$$F'(-1)=-2f'(0)+2f'(0)=0.$$

故
$$F'(1)=F'(-1)$$

30. 设 $f(x)=(x-a)\cdot\varphi(x)$,其中 $\varphi(x)$ 在 $x=a$ 处连续,求 $f'(a)$. 若 $f(x)=|x-a|\varphi(x)$,则 $f'(a)$ 是否存在?

解: $f'(a)=\lim\limits_{\Delta x\to 0}\dfrac{f(a+\Delta x)-f(a)}{\Delta x}=\lim\limits_{\Delta x\to 0}\dfrac{\Delta x\varphi(a+\Delta x)-0}{\Delta x}=\lim\limits_{\Delta x\to 0}\varphi(a+\Delta x)$

因 $\varphi(x)$ 在 $x=a$ 处连续,故 $\lim\limits_{\Delta x\to 0}\varphi(a+\Delta x)=\varphi(a)$,即

$$f'(a)=\varphi(a)$$

若 $f(x)=|x-a|\varphi(x)$,那么有

$$f'(a)=\lim_{\Delta x\to 0}\frac{f(a+\Delta x)-f(a)}{\Delta x}=\lim_{\Delta x\to 0}\frac{|\Delta x|\varphi(a+\Delta x)}{\Delta x},$$

$$f'_{+}(a)=\lim_{\Delta x\to 0^{+}}\frac{|\Delta x|\varphi(a+\Delta x)}{\Delta x}=\lim_{\Delta x\to 0^{+}}\frac{\Delta x\varphi(a+\Delta x)}{\Delta x}=\varphi(a)$$

$$f'_{-}(a)=\lim_{\Delta x\to 0^{-}}\frac{|\Delta x|\varphi(a+\Delta x)}{\Delta x}=\lim_{\Delta x\to 0^{-}}\frac{-\Delta x\varphi(a+\Delta x)}{\Delta x}=-\varphi(a)$$

(1)当 $\varphi(a)=0$ 时,有 $f'_{+}(a)=f'_{-}(a)=f'(a)=0$.

(2)当 $\varphi(a)\neq 0$ 时,$f'_{+}(a)\neq f'_{-}(a)$,则 $f'(a)$ 不存在.

31. 试证星形线 $x^{\frac{2}{3}}+y^{\frac{2}{3}}=a^{\frac{2}{3}}(a>0)$ 上任一点的切线介于二坐标轴之间的一段长度等于常数 a.

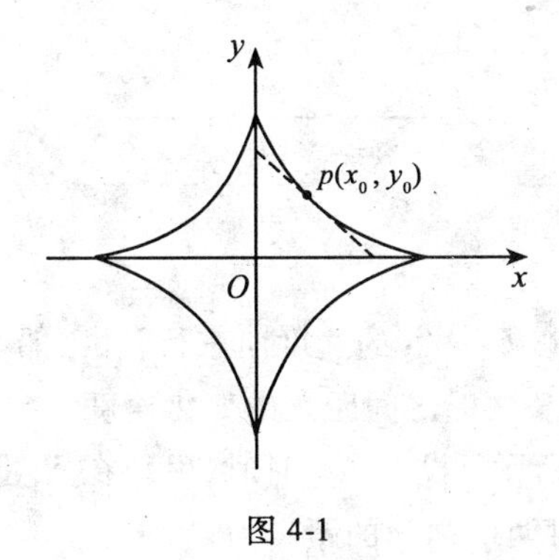

图 4-1

解:星形线 $x^{\frac{2}{3}}+y^{\frac{2}{3}}=a^{\frac{2}{3}}$ 的图形如图 4-1 所示. 由对称性,只需考虑第一象限的情形即可. 在曲线上任取一点 p,其坐标为 (x_0,y_0). 曲线在 p 点处的切线斜率可以由曲线方程求出. 曲线方程两边对 x 求导,得

$$\frac{2}{3}x^{-\frac{1}{3}}+\frac{2}{3}y^{-\frac{1}{3}}\cdot y'=0,\quad y'=-\frac{y^{\frac{1}{3}}}{x^{\frac{1}{3}}}$$

故切线斜率 $K=-x_0{}^{-\frac{1}{3}}y_0^{\frac{1}{3}}$,切线方程为

$$y-y_0=-x_0^{-\frac{1}{3}}y_0^{\frac{1}{3}}(x-x_0)$$

令 $x=0$,得
$$y=y_0+x_0^{\frac{2}{3}}y_0^{\frac{1}{3}}$$

令 $y=0$,得
$$x=x_0+x_0^{\frac{1}{3}}y_0^{\frac{2}{3}}$$

则介于两坐标轴之间的切线长度的平方为

$$\begin{aligned}\left(x_0+x_0^{\frac{1}{3}}y_0^{\frac{2}{3}}\right)^2+\left(y_0+x_0^{\frac{2}{3}}y_0^{\frac{1}{3}}\right)^2&=x_0^2+2x_0^{\frac{4}{3}}y_0^{\frac{2}{3}}+x_0^{\frac{2}{3}}y_0^{\frac{4}{3}}+y_0^2+2x_0^{\frac{2}{3}}y_0^{\frac{4}{3}}+x_0^{\frac{4}{3}}y_0^{\frac{2}{3}}\\&=x_0^2+3x_0^{\frac{4}{3}}y_0^{\frac{2}{3}}+3x_0^{\frac{2}{3}}y_0^{\frac{4}{3}}+y_0^2=\left(x_0^{\frac{2}{3}}+y_0^{\frac{2}{3}}\right)^3=a^2\end{aligned}$$

故介于两坐标轴之间的切线长为 $\sqrt{a^2}=a$.

32. 两船同时从一码头出发,甲船以 30km/h 的速度向北行驶,乙船以 40km/h 的速度向东行驶. 求两船之间的距离增加的速度.

解:设在 t 小时时,甲船至 A 处,乙船至 B 处,如图 4-2 所示. 设此时两船之间的距离为 $s(t)$,则

$$s(t)=\sqrt{(30t)^2+(40t)^2}=50t$$

距离 $s(t)$ 增加的速度即为 $s(t)$ 对 t 的导数

$$s'(t)=50(\text{km/h}).$$

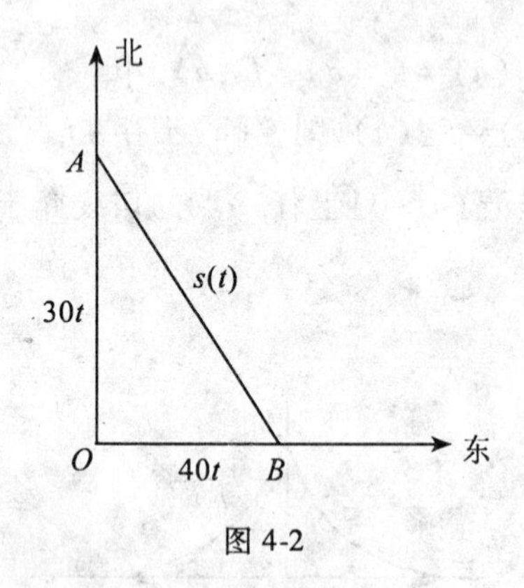

图 4-2

33. 在中午 12 点整,甲船以 6km/h 的速度向东行驶,乙船在甲船之北 16km 处以 8km/h 的速度向南行驶. 求下午 1 点整两船之间距离的变化速度.

解:建立坐标系如图 4-3 所示. 设在 t 小时时,甲船在 B 处,其航行了 $6t$ 公里,乙船在 A 处,航行了 $(16-8t)$ 公里,这时两船之间的距离为

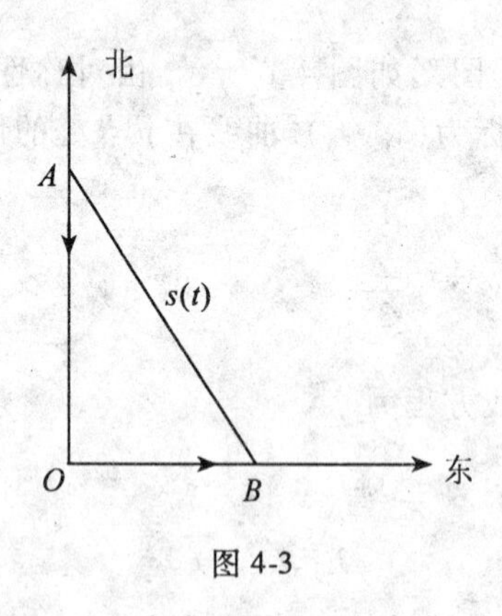

图 4-3

$$s(t)=\sqrt{(6t)^2+(16-8t)^2}=\sqrt{100t^2-256t+256}$$

因此 $$s'(t)\Big|_{t=1}=\frac{200t-256}{2\sqrt{100t^2-256t+256}}\Bigg|_{t=1}=-\frac{56}{2\times 10}=-2.8(\text{km/h}).$$

这里"-"号表示随着时间的增加两船之间的距离在逐渐变小.

34. 落在平静水面之中的石块产生同心波纹. 若最外圈的半径增大率为 6m/s,试问在 2 秒末被扰动水面面积之增大率为多少?

解:假设不受其他条件影响,波传播速度不变. 那么在两秒末,最外圈水波的半径 R 为

$$R=2\times 6=12(\mathrm{m})$$

而波纹面积 $s(t)=\pi R^2(t)$. 于是波纹面积增长率为

$$\frac{\mathrm{d}s}{\mathrm{d}t}=2\pi R(t)\frac{\mathrm{d}R}{\mathrm{d}t}$$

在 2 秒末,面积增大率为

$$\left.\frac{\mathrm{d}s}{\mathrm{d}t}\right|_{t=2}=2\pi\times 12\times 6=144\pi(\mathrm{m}^2/\mathrm{s}).$$

35. 注水入深 8m、上顶直径 8m 的正圆锥形容器中,其速度为每分钟 $4\mathrm{m}^3$,试问当水深为 5m 时,其表面上升的速度为多少?

解:设在时刻 t 容器内水深为 hm,液面半径为 rm,则 $r=\frac{h}{2}$, 水的体积

$$V=\frac{1}{3}\pi r^2 h=\frac{\pi}{12}h^3$$

所以

$$\frac{\mathrm{d}V}{\mathrm{d}t}=\frac{3\pi}{12}h^2\frac{\mathrm{d}h}{\mathrm{d}t}$$

$$\frac{\mathrm{d}h}{\mathrm{d}t}=\frac{4}{\pi h^2}\frac{\mathrm{d}V}{\mathrm{d}t}$$

于是

$$\left.\frac{\mathrm{d}h}{\mathrm{d}t}\right|_{h=5}=\frac{4}{25\pi}\times 4=\frac{16}{25\pi}\approx 0.204(\mathrm{m/min}).$$

综合练习 4

一、选择题

1. 函数 $f(x)$ 在点 $x=a$ 处连续是 $f(x)$ 在点 $x=a$ 处可导的(　　).

A. 充要条件　　B. 充分条件　　C. 必要条件　　D. 无关条件

答:选 C. 因连续不一定可导。如 $f(x)=|x|$,该函数在 $x=0$ 处连续,但不可导.

2. 设函数 $f(x)$ 在 x_0 处可导,则 $\lim\limits_{h\to 0}\frac{f(x_0+h)-f(x_0-h)}{h}=$(　　).

A. $\frac{1}{2}f'(x_0)$　　B. $-\frac{1}{2}f'(x_0)$　　C. $2f'(x_0)$　　D. $-2f'(0)$

答:选 C. 因

$$\begin{aligned}\lim_{h\to 0}\frac{f(x_0+h)-f(x_0-h)}{h}&=\lim_{h\to 0}\frac{f(x_0+h)-f(x_0)+f(x_0)-f(x_0-h)}{h}\\&=\lim_{h\to 0}\left[\frac{f(x_0+h)-f(x_0)}{h}+\frac{f(x_0-h)-f(x_0)}{-h}\right]\\&=f'(x_0)+f'(x_0)=2f'(x_0).\end{aligned}$$

3. 设$f(x)=\left|\sin x\right|$,则(　　).

A. $f'_+(0)=1, f'_-(0)=1$　　B. $f'_+(0)=1, f'_-(0)=-1$

C. $f'_+(0)=-1, f'_-(0)=-1$　　D. $f'_+(0)=-1, f'_-(0)=1$

答:选 B. 因

$$f'_+(0)=\lim_{\Delta x\to 0^+}\frac{f(0+\Delta x)-f(0)}{\Delta x}=\lim_{\Delta x\to 0^+}\frac{\left|\sin(0+\Delta x)\right|-\sin 0}{\Delta x}=\lim_{\Delta x\to 0^+}\frac{\sin\Delta x}{\Delta x}=1,$$

$$f'_-(0)=\lim_{\Delta x\to 0^-}\frac{f(0+\Delta x)-f(0)}{\Delta x}=\lim_{\Delta x\to 0^-}\frac{\left|\sin(0+\Delta x)\right|-\sin 0}{\Delta x}=\lim_{\Delta x\to 0^-}\frac{\left|\sin\Delta x\right|}{\Delta x}=\lim_{\Delta x\to 0^-}\frac{-\sin\Delta x}{\Delta x}=-1.$$

4. 设$f(x)=\begin{cases}\sin x, & x>0\\ x, & x\leqslant 0\end{cases}$,则$f'(0)=$(　　).

A. 不存在　　B. 0　　C. -1　　D. 1

答:选 D. 因

$$f'_+(0)=\lim_{\Delta x\to 0^+}\frac{f(0+\Delta x)-f(0)}{\Delta x}=\lim_{\Delta x\to 0^+}\frac{\sin(0+\Delta x)-0}{\Delta x}=1$$

$$f'_-(0)=\lim_{\Delta x\to 0^-}\frac{f(0+\Delta x)-f(0)}{\Delta x}=\lim_{\Delta x\to 0^-}\frac{\Delta x-0}{\Delta x}=1$$

故$f'_+(0)=f'_-(0)=f'(0)=1$.

5. 函数$f(x)=(e^x-1)\left|x^3-x^2+x\right|$的不可导点的个数为(　　).

A. 0　　B. 1　　C. 2　　D. 3

答:选 A. 因

$$f(x)=(e^x-1)\left|x^3-x^2+x\right|=(e^x-1)\left|x\right|\cdot\left|x^2-x+1\right|.$$

(1)e^x-1处处可导;(2)$\forall x\in\mathbf{R}, x^2-x+1>0$,即$\left|x^2-x+1\right|=x^2-x+1$也处处可导;(3)考虑在$x=0$处

$$\lim_{x\to 0}\frac{f(x)-f(0)}{x-0}=\lim_{x\to 0}\frac{(e^x-1)\left|x\right|(x^2-x+1)}{x}$$

$$=\lim_{x\to 0}\frac{e^x-1}{x}\cdot\lim_{x\to 0}\left|x\right|\cdot\lim_{x\to 0}(x^2-x+1)=0$$

即$f(x)$在$x=0$处也可导,这说明$f(x)$处处可导.

6. 设曲线$y=x^2+x-4$在M点的切线斜率为3,则M点的坐标为(　　).

A. $(1,1)$　　B. $(1,2)$　　C. $(1,-2)$　　D. $(-2,1)$

答:选 C. 因

$$y'=(x^2+x-4)'=2x+1$$

故$2x+1=3, x=1$. 于是$y=1+1-4=-2$.

7. 设$f'(x)=\dfrac{2x}{\sqrt{1-x^2}}$,则$\dfrac{df(\sqrt{1-x^2})}{dx}=$(　　).

A. -2　　B. $-\dfrac{2x}{|x|}$　　C. $-\dfrac{1}{\sqrt{1-x^2}}$　　D. $\dfrac{2}{\sqrt{1-x^2}}$

答:选 B. 因

$$\frac{\mathrm{d}f(\sqrt{1-x^2})}{\mathrm{d}x}=[f(\sqrt{1-x^2})]'=f'(\sqrt{1-x^2})\cdot\frac{-2x}{2\sqrt{1-x^2}}$$

$$=-\frac{2\sqrt{1-x^2}}{\sqrt{1-(\sqrt{1-x^2})^2}}\cdot\frac{x}{\sqrt{1-x^2}}=\frac{-2x}{\sqrt{x^2}}=-\frac{2x}{|x|}.$$

8. 设 $y-xe^y=\ln3$,则 $y'=($　　$)$.

A. $\dfrac{e^y}{xe^y-1}$　　B. $\dfrac{e^y}{1-xe^y}$　　C. $\dfrac{1-xe^y}{e^y}$　　D. $\dfrac{xe^y-1}{e^y}$

答:选 B. 方程 $y-xe^y=\ln3$ 的两边对 x 求导,得

$$y'-e^y-xe^y\cdot y'=0$$

从而

$$y'=\frac{e^y}{1-xe^y}.$$

9. 设 $f(x)=\ln(1+x^2)$, $g(x)=e^x$,则 $\{f[g(x)]\}'=($　　$)$.

A. $\dfrac{2e^{2x}}{1+e^{2x}}$　　B. $\dfrac{e^{2x}}{1+e^{2x}}$　　C. $\dfrac{2e^{2x}}{e^{2x}-1}$　　D. $\dfrac{e^{2x}}{1+e^{2x}}$

答:选 A. 因

$$f[g(x)]=\ln(1+e^{2x})$$

故

$$\{f[g(x)]\}'=[\ln(1+e^{2x})]'=\frac{2e^{2x}}{1+e^{2x}}.$$

10. 设 $f(x)=x(x+1)(x+2)\cdot\cdots\cdot(x+n)$,则 $f'(0)=($　　$)$.

A. $(n+1)!$　　B. $n!$　　C. $(n-1)!$　　D. n

答:选 B. 因

$$f'(x)=x'(x+1)(x+2)\cdot\cdots\cdot(x+n)+x\cdot(x+1)'(x+2)\cdot\cdots\cdot(x+n)+x(x+1)\cdot\cdots\cdot(x+n-1)(x+n)'$$

$$=(x+1)(x+2)\cdot\cdots\cdot(x+n)+x(x+2)\cdot\cdots\cdot(x+n)+\cdots+x(x+1)\cdot\cdots\cdot(x+n-1)$$

故

$$f'(0)=1\cdot2\cdot3\cdot\cdots\cdot n=n!.$$

11. 设 $f(x)$, $g(x)$ 为恒大于 0 的可导函数,且 $[\ln f(x)]'<[\ln g(x)]'$,则当 $a<x<b$ 时,必有(　　).

A. $\dfrac{f(x)}{f(b)}>\dfrac{g(x)}{g(b)}$　　B. $\dfrac{f(x)}{f(a)}>\dfrac{g(x)}{g(b)}$

C. $\dfrac{f(x)}{f(b)}>\dfrac{g(b)}{g(x)}$　　D. $\dfrac{f(x)}{f(a)}>\dfrac{g(a)}{g(x)}$

答:选 A. 因

$$[\ln f(x)]'<[\ln g(x)]'$$

故

$$\frac{f'(x)}{f(x)}<\frac{g'(x)}{g(x)}$$

即 $f'(x)g(x)<f(x)g'(x)$，于是有

$$\frac{f'(x)g(x)-f(x)g'(x)}{g^2(x)}<0$$

$$\left[\frac{f(x)}{g(x)}\right]'<0$$

即 $\frac{f(x)}{g(x)}$ 为减函数．因 $x<b$，故

$$\frac{f(x)}{g(x)}>\frac{f(b)}{g(b)}\Rightarrow\frac{f(x)}{f(b)}>\frac{g(x)}{g(b)}.$$

二、填空题

1. 设函数 $f(x)$ 在点 x_0 处可导，且 $\lim\limits_{h\to0}\frac{f(x_0+2h)-f(x_0-h)}{2h}=1$，则 $f'(x_0)=$ $\underline{\ \frac{2}{3}\ }$．

解：因 $\lim\limits_{x\to0}\frac{f(x_0+2h)-f(x_0-h)}{2h}=\lim\limits_{x\to0}\left[\frac{f(x_0+2h)-f(x_0)}{2h}+\frac{1}{2}\frac{f(x_0-h)-f(x_0)}{-h}\right]$

$$=f'(x_0)+\frac{1}{2}f'(x_0)=\frac{3}{2}f'(x_0)=1$$

故

$$f'(x_0)=\frac{2}{3}.$$

2. 设 $y=\cos^4x-\sin^4x$，则 $y^{(n)}=$ $\underline{\ 2^n\cos\left(2x+\frac{n\pi}{2}\right)\ }$．

解：因 $\cos^4x-\sin^4x=(\cos^2x+\sin^2x)(\cos^2x-\sin^2x)=\cos2x$

故

$$y^{(n)}=(\cos2x)^{(n)}=2^n\cos\left(2x+\frac{n\pi}{2}\right).$$

3. 设 $f(t)=\lim\limits_{x\to\infty}t\cdot\left(1+\frac{1}{x}\right)^{2tx}$，则 $f'(t)=$ $\underline{\ (1+2t)e^{2t}\ }$．

解：因 $\lim\limits_{x\to\infty}t\left(1+\frac{1}{x}\right)^{2tx}=t\lim\limits_{x\to\infty}\left(1+\frac{1}{x}\right)^{2tx}=t\cdot\lim\limits_{x\to\infty}\left[\left(1+\frac{1}{x}\right)^{x}\right]^{2t}=t\cdot e^{2t}$

故

$$f'(t)=(te^{2t})'=e^{2t}+t\cdot e^{2t}\cdot(2t)'=e^{2t}+2te^{2t}=(1+2t)e^{2t}.$$

4. 设 $ye^{xy}-x+1=0$，则 $\left.\frac{dy}{dx}\right|_{x=0}=$ $\underline{\ 0\ }$．

解：方程 $ye^{xy}-x+1=0$ 两边对 x 求导，得

$$y'e^{xy}+ye^{xy}\cdot(xy)'-1=0$$

$$y'e^{xy}+ye^{xy}(y+xy')-1=0$$

当 $x=0$ 时，$y+1=0$ 从而 $y=-1$．将 $x=0,y=-1$ 代入上式得

$$y'(0)e^0+(-1)e^0(-1+0)-1=0$$

故

$$y'(0)=0.$$

5. 设 $f(x)$ 可导，且 $y=f(\sin^2x)+f(\cos^2x)$，则 $dy=$ $\underline{\ [f'(\sin^2x)-f'(\cos^2x)]\sin2xdx\ }$．

解：因 $dy=f'(\sin^2x)d(\sin^2x)+f'(\cos^2x)d(\cos^2x)$

$$=f'(\sin^2x)\cdot2\sin x\cos xdx+f'(\cos^2x)\cdot2\cos x(-\sin x)dx$$

$$=\left[f'(\sin^2x)-f'(\cos^2x)\right]\sin2x\mathrm{d}x.$$

6. 已知 $y'(\sin x)=\cos x,0\leqslant x\leqslant\frac{\pi}{2}$,则 $y'(x)=$ $\underline{\sqrt{1-x^2}}$.

解:令 $\sin x=t$,因 $0\leqslant x\leqslant\frac{\pi}{2}$,故 $\cos x=\sqrt{1-\sin^2x}=\sqrt{1-t^2}$于是有 $y'(t)=\sqrt{1-t^2}$. 即

$$y'(x)=\sqrt{1-x^2}.$$

7. 设$f(x)=x^2+x+1,g(t)=at^3-1,\Phi(t)=f[g(t)]$,则 $\Phi^6\left(\frac{1}{a}\right)=$ $\underline{6!\ a^2}$.

解:因 $\Phi(t)=f[g(t)]=(at^3-1)^2+(at^3-1)+1,\Phi(t)$是关于 t 的 6 次多项式,其 6 次方项为 a^2t^6,故

$$\Phi^{(6)}(t)=6!\ a^2$$

$$\Phi^{(6)}\left(\frac{1}{a}\right)=6!\ a^2.$$

8. 设 $y=(\arctan\sqrt{x})^2$,则 $\mathrm{d}y=$ $\underline{\frac{\arctan\sqrt{x}}{\sqrt{x}(1+x)}\mathrm{d}x}$.

解:$\mathrm{d}y=\mathrm{d}(\arctan\sqrt{x})^2=2\arctan\sqrt{x}\mathrm{d}(\arctan\sqrt{x})$

$$=2\arctan\sqrt{x}\cdot\frac{\mathrm{d}\sqrt{x}}{1+(\sqrt{x})^2}=2\arctan\sqrt{x}\cdot\frac{1}{1+x}\cdot\frac{1}{2\sqrt{x}}\mathrm{d}x=\frac{\arctan\sqrt{x}}{\sqrt{x}(1+x)}\mathrm{d}x.$$

9. 曲线 $y=(x+3)\sqrt[3]{3-x}$在点$(-3,0)$处的切线方程为 $\underline{y=\sqrt[3]{6}(x+3)}$.

解:因 $y'=(x+3)'\sqrt[3]{3-x}+(x+3)\cdot(\sqrt[3]{3-x})'$

$$=\sqrt[3]{3-x}+(x+3)\cdot\frac{1}{3}(3-x)^{-\frac{2}{3}}\cdot(-1)$$

故

$$y\Big|'_{x=-3}=\sqrt[3]{6}$$

于是,切线方程为 $y-0=\sqrt[3]{6}(x+3)$. 即　$y=\sqrt[3]{6}(x+3)$.

10. 设曲线 $y=x^2+3x-5$ 在点 M 处的切线与直线 $y=4x-1$ 平行,则该曲线在点 M 处的切线方程为 $\underline{16x-4y-21=0}$.

解:$y'=(x^2+3x-5)'=2x+3$

因直线 $y=4x-1$ 的斜率为 4,故令 $2x+3=4$,得 $x=\frac{1}{2},y=-\frac{13}{4}$. 故

$$y\Big|'_{x=\frac{1}{2}}=2\times\frac{1}{2}+3=4.$$

所以切线方程为

$$y-\left(-\frac{13}{4}\right)=4\left(x-\frac{1}{2}\right)$$

即

$$16x-4y-21=0.$$

三、求导数 $y'(x)$

1. $y=\ln\tan\left(\frac{x}{2}+\frac{\pi}{4}\right)$.

解:$y'=\left[\ln\tan\left(\frac{x}{2}+\frac{\pi}{4}\right)\right]'=\frac{1}{\tan\left(\frac{x}{2}+\frac{\pi}{4}\right)}\cdot\left[\tan\left(\frac{x}{2}+\frac{\pi}{4}\right)\right]'$

$$=\frac{1}{\tan\left(\frac{x}{2}+\frac{\pi}{4}\right)}\cdot\frac{1}{\cos^2\left(\frac{x}{2}+\frac{\pi}{4}\right)}\cdot\frac{1}{2}=\frac{1}{2\sin\left(\frac{x}{2}+\frac{\pi}{4}\right)\cos\left(\frac{x}{2}+\frac{\pi}{4}\right)}$$

$$=\frac{1}{\sin\left(x+\frac{\pi}{2}\right)}=\frac{1}{\cos x}.$$

2. $y=\ln\sqrt{\frac{1-\sin x}{1+\sin x}}$.

解:化简得 $y=\frac{1}{2}[\ln(1-\sin x)-\ln(1+\sin x)]$,故

$$y'=\frac{1}{2}\left[\frac{-\cos x}{1-\sin x}-\frac{\cos x}{1+\sin x}\right]=\frac{1}{2}\ \frac{-2\cos x}{1-\sin^2 x}=-\frac{1}{\cos x}.$$

3. $\begin{cases}x=a\cos^3 t\\ y=a\sin^3 t\end{cases}$.

解:这是星形线 $x^{\frac{2}{3}}+y^{\frac{2}{3}}=a^{\frac{2}{3}}$的参数表达式.

$$\frac{dy}{dx}=\frac{\frac{dy}{dt}}{\frac{dx}{dt}}=\frac{(a\sin^3 t)'}{(a\cos^3 t)'}=\frac{3a\sin^2 t\cos t}{3a\cos^2 t(-\sin t)}=-\tan t.$$

4. $\sqrt{x}+\sqrt{y}=\sqrt{a}$.

解:等式两边对 x 求导,得

$$\frac{1}{2\sqrt{x}}+\frac{1}{2\sqrt{y}}\cdot y'=0$$

故
$$y'=-\sqrt{\frac{y}{x}}.$$

四、应用题

溶液自深 18cm、顶直径 12cm 的正圆锥漏斗中漏入一直径为 10cm 的圆柱形筒中。开始时,漏斗中盛满了溶液。已知当溶液在漏斗中深为 12cm 时,其表面下降的速度为 1cm/min,试问该圆柱形筒中溶液表面上升的速度为多少?

解:设在时刻 t,漏斗中水下降到高度为 $h$cm,其时水面半径为 r,则漏入圆筒中的水的体积为

$$V=\frac{\pi}{3}\cdot 6^2\cdot 18-\frac{\pi}{3}\cdot r^2 h$$

因为$\frac{r}{h}=\frac{6}{18}=\frac{1}{3}$,所以 $r=\frac{h}{3}$, 故

$$V=\frac{\pi}{3}\cdot 6^2\cdot 18-\frac{\pi}{27}\cdot h^3$$

设圆筒中这时水的高度为 Hcm,其体积为 $V=\pi R^2 H=\pi 5^2 H$. 故

$$\frac{\pi}{3}\cdot 6^2\cdot 18-\frac{\pi}{27}h^3=\pi\cdot 5^2\cdot H$$

其中 h 及 H 均为 t 的函数。两边对 t 求导,得

$$-\frac{3\pi}{27}h^2\cdot\frac{\mathrm{d}h}{\mathrm{d}t}=25\pi\frac{\mathrm{d}H}{\mathrm{d}t}$$

化简得

$$-\frac{h^2}{9}\frac{\mathrm{d}h}{\mathrm{d}t}=25\frac{\mathrm{d}H}{\mathrm{d}t}.$$

由题设,当 $h=12\mathrm{cm}$,$\frac{\mathrm{d}h}{\mathrm{d}t}=1\mathrm{cm/min}$ 时

$$-\frac{12\times 12}{9}\cdot 1=25\frac{\mathrm{d}H}{\mathrm{d}t}$$

故$\frac{\mathrm{d}H}{\mathrm{d}t}=-\frac{144}{25\times 9}\approx -0.64\mathrm{cm/min}$,这里"－"表示漏斗中水面高度随时间增大而下降,而圆筒中水面高度在上升.

五、综合题

设 $f(x)=\arcsin x$,证明 $f(x)$ 满足方程 $(1-x^2)f''(x)-xf'(x)=0$,并求 $f_{(0)}^{(n)}$.

证:(1)因 $f'(x)=(\arcsin x)'=\frac{1}{\sqrt{1-x^2}}$

故

$$\sqrt{1-x^2}f'(x)=1$$

两边对 x 再求导,得

$$\frac{-2x}{2\sqrt{1-x^2}}f'(x)+\sqrt{1-x^2}f''(x)=0$$

整理得

$$(1-x^2)f''(x)-xf'(x)=0.$$

(2)方程 $(1-x^2)f''(x)-xf'(x)=0$ 两边对 x 再求 n 阶导数,有

$$[(1-x^2)f''(x)]^{(n)}-[xf'(x)]^{(n)}=0.$$

根据莱布尼兹公式

$$[f''(x)]^{(n)}(1-x^2)+C_n^1[f''(x)]^{(n-1)}(1-x^2)'+C_n^2[f''(x)]^{(n-2)}(1-x^2)''$$

$$-[f'(x)]^{(n)}x-C_n^1[f'(x)]^{(n-1)}\cdot x'=0$$

$$(1-x^2)f_{(x)}^{(n+2)}-2nxf_{(x)}^{(n+1)}-n(n-1)f_{(x)}^{(n)}-xf_{(x)}^{(n+1)}-nf_{(x)}^{(n)}=0$$

$$(1-x^2)f_{(x)}^{(n+2)}-(2n+1)xf_{(x)}^{(n+1)}-n^2f^{(n)}(x)=0$$

令 $x=0$,得

$$f_{(0)}^{(n+2)}=n^2f^{(n)}(0)\qquad(n=0,1,2,\cdots)$$

以 $n-2$ 代替 n,代入上式,得

$$f_{(0)}^{(n)}=(n-2)^2f_{(0)}^{(n-2)}\qquad(n=2,3,\cdots)$$

由此我们可得一递推公式

$$f^{(n)}(0)=(n-2)^2(n-4)^2f_{(0)}^{(n-4)}$$

显然地:

(1)当 n 为偶数时,上式右边最后一项为 $f_{(0)}^{(0)}$,而 $f_{(0)}^{(0)}=0$,即 $f_{(0)}^{(n)}=0$.

(2)当 n 为奇数时,上式右边为 $(n-2)^2(n-4)^2\cdot\cdots\cdot 3^2\cdot 1^2\cdot f'(0)$,而$f'(0)=1$.

综合上面两种情形,有

$$f_{(0)}^{(n)}=\begin{cases}0, & n\text{ 为偶数}\\ (n-2)^2(n-4)^2\cdots 5^2\cdot 3^2\cdot 1^2=[(n-2)!!]^2, & n\text{ 为奇数.}\end{cases}$$

六、概念题

设函数 $f(x)$ 对任意 x 满足 $f(1+x)=af(x)$,且 $f'(0)=b$(a,b 为常数),证明 $f(x)$ 在 $x=1$ 处可导,且 $f'(1)=ab$.

证:取 $x=0$,得 $f(1)=af(0)$,于是

$$\begin{aligned}f'(1)&=\lim_{x\to 0}\frac{f(1+x)-f(1)}{x}=\lim_{x\to 0}\frac{af(x)-af(0)}{x}\\&=a\lim_{x\to 0}\frac{f(x)-f(0)}{x}=af'(0)=ab.\end{aligned}$$

习 题 5

1. 验证罗尔定理对函数$f(x)=\ln\sin x$在区间$\left[\frac{\pi}{6},\frac{5\pi}{6}\right]$上的正确性,并求$\xi$.

解:函数$f(x)=\ln\sin x$在闭区间$\left[\frac{\pi}{6},\frac{5\pi}{6}\right]$上满足:

(1)在$\left[\frac{\pi}{6},\frac{5\pi}{6}\right]$上连续;

(2)在$\left(\frac{\pi}{6},\frac{5\pi}{6}\right)$内可导;

(3)$\ln\sin\frac{\pi}{6}=\ln\sin\frac{5\pi}{6}=\ln\frac{1}{2}$.

故函数$f(x)=\ln\sin x$在闭区间$\left[\frac{\pi}{6},\frac{5\pi}{6}\right]$上满足罗尔定理的全部条件,于是至少存在一个$\xi\in\left(\frac{\pi}{6},\frac{5\pi}{6}\right)$,使$f'(\xi)=0$,即

$$(\ln\sin x)\Big|_{\xi}'=0$$

解之,$\frac{-\cos\xi}{\sin\xi}=0,\xi=\frac{\pi}{2}$.

2. 验证拉格朗日中值定理对函数$f(x)=4x^3-5x^2+x-2$在区间$[0,1]$上的正确性,并求ξ.

解:函数$f(x)=4x^3-5x^2+x-2$在区间$[0,1]$上满足:

(1)在$[0,1]$上连续;

(2)在$(0,1)$内可导.

故函数$y=4x^3-5x^2+x-2$在$[0,1]$上满足拉格朗日定理的全部条件,于是至少存在一个$\xi\in(0,1)$,使

$$f'(\xi)=\frac{f(1)-f(0)}{1-0}$$

解之得

$$(4x^3-5x^2+x-2)\Big|_{\xi}'=\frac{(4-5+1-2)-(-2)}{1}$$

$$12\xi^2-10\xi+1=0,\quad \xi_1=\frac{5+\sqrt{13}}{12},\quad \xi_2=\frac{5-\sqrt{13}}{12}.$$

3. 对函数$f(x)=\sin x$及$F(x)=x+\cos x$在区间$\left[0,\frac{\pi}{2}\right]$上验证柯西中值定理的正确性.

解:$f(x)=\sin x,F(x)=x+\cos x$在区间$\left[0,\frac{\pi}{2}\right]$上满足:

(1)两函数在闭区间$\left[0,\frac{\pi}{2}\right]$上连续;

(2)两函数在开区间$\left(0,\frac{\pi}{2}\right)$内可导;

(3) $\forall x\in\left(0,\frac{\pi}{2}\right)$, $F'(x)\neq 0$.

故$f(x)$及$F(x)$在$\left[0,\frac{\pi}{2}\right]$上满足柯西中值定理的全部条件,则至少存在一个$\xi\in\left(0,\frac{\pi}{2}\right)$,使

$$\frac{f\left(\frac{\pi}{2}\right)-f(0)}{F\left(\frac{\pi}{2}\right)-F(0)}=\frac{f'(\xi)}{F'(\xi)}$$

成立.

4. 按下述方法证明柯西中值定理是否正确?并说明理由.

"因为$f(x)$,$F(x)$均在$[a,b]$上满足拉格朗日定理的条件,从而由拉格朗日中值定理,存在$\xi\in(a,b)$使得

$$f'(\xi)=\frac{f(b)-f(a)}{b-a}$$

$$F'(\xi)=\frac{F(b)-F(a)}{b-a}$$

因$F'(\xi)\neq 0$,$F(b)-F(a)\neq 0$. 将上述两式相除即得定理结论."

答:这种做法是错误的。原因叙述如下:对$f(x)$,$F(x)$在$[a,b]$上分别应用拉格朗日中值定理,得到的点ξ并不一定相同. 具体地说

$$f(b)-f(a)=f'(\xi_1)(b-a)$$

$$F(b)-F(a)=F'(\xi_2)(b-a)$$

显然两式相除的结果并不是柯西中值定理.

5. 不用求出函数$f(x)=(x-1)(x-2)(x-3)(x-4)$的导数,说明方程$f'(x)=0$有几个实根,并指出根所在的区间.

解:函数$f(x)$在闭区间$[1,2]$,$[2,3]$,$[3,4]$上满足罗尔定理的全部条件,因之在三个区间内均至少存在一点ξ,使$f'(\xi)=0$. 这个ξ即为方程$f'(x)=0$的根。因为$f'(x)=0$为三次方程,$f'(x)=0$只能有三个实根。因此方程$f'(x)=0$有三个实根,依次在$(1,2)$、$(2,3)$、$(3,4)$内.

6. 证明方程$x^3-3x+c=0$在开区间$(0,1)$内不含两个相异的实根,其中c为常数.

证:用反证法. 设x_1,x_2是方程$x^3-3x+c=0$在区间$(0,1)$内的两相异实根,记$f(x)=x^3-3x+c$,则有

$$f(x_1)=f(x_2)=0$$

显然函数$f(x)$在闭区间$[x_1,x_2]$上满足罗尔定理的三个条件,所以至少存在一个$\xi\in(x_1,x_2)\subset(0,1)$,使

$$f'(\xi)=0$$

即

$$3\xi^2-3=0$$

解之得　$\xi=\pm 1$,这个解不在区间$(0,1)$的内部. 故方程$f(x)=0$不可能在$(0,1)$内含

两个相异的实根.

7. 设$\frac{a_0}{n+1}+\frac{a_1}{n}+\cdots+\frac{a_{n-1}}{2}+a_n=0$,证明:方程 $a_0x^n+a_1x^{n-1}+\cdots+a_{n-1}x+a_n=0$ 在(0,1)内至少有一个根.

证:构造函数

$$f(x)=\frac{a_0}{n+1}x^{n+1}+\frac{a_1}{n}x^n+\cdots+\frac{a_{n-1}}{2}x^2+a_nx$$

则函数$f(x)$在[0,1]上满足:

(1)在[0,1]上连续;

(2)在(0,1)内可导;

(3)$f(0)=0$, $f(1)=\frac{a_0}{n+1}+\frac{a_1}{n}+\cdots+\frac{a_{n-1}}{2}+a_n=0$,即$f(0)=f(1)$.

故函数$f(x)$在[0,1]上满足罗尔定理的全部条件,由罗尔定理,至少存在一个$\xi\in(0,1)$,使$f'(\xi)=0$. 因

$$f'(x)=a_0x^n+a_1x^{n-1}+\cdots+a_{n-1}x+a_n$$

故$f'(\xi)=0$　亦说明$x=\xi$为方程$a_0x^n+a_1x^{n-1}+\cdots+a_{n-1}x+a_n=0$的根.

8. 如果函数$f(x)$在区间(a,b)内具有二阶导数,且$f(x_1)=f(x_2)=f(x_3)$,其中$a<x_1<x_2<x_3=b$. 证明:在区间(x_1,x_3)内至少存在一点ξ,使得$f''(\xi)=0$.

证:显然函数$f(x)$在闭区间$[x_1,x_2]$和$[x_2,x_3]$上满足罗尔定理的全部条件,于是由罗尔定理知:

(1)至少存在一个$\xi_1\in(x_1,x_2)$,使$f'(\xi_1)=0$;

(2)至少存在一个$\xi_2\in[x_2,x_3]$,使$f'(\xi_2)=0$.

其次,函数$f'(x)$在闭区间$[\xi_1,\xi_2]\subset(a,b)$上:

(1)因$f(x)$在(a,b)内二阶可导,故$f'(x)$连续;

(2)$f'(x)$在(ξ_1,ξ_2)内可导;

(3)$f'(\xi_1)=f'(\xi_2)$.

由罗尔定理知,至少存在一个$\xi\in(\xi_1,\xi_2)\subset(a,b)$使$f''(\xi)=0$.

9. 设$f(x)$在[0,1]上连续,在(0,1)内可导,且$f(0)=f(1)=0$, $f\left(\frac{1}{2}\right)=\frac{1}{2}$. 证明:在(0,1)内至少存在一点$\xi$,使$f'(\xi)=\eta$,其中$0<\eta<1$.

证:令$\Phi(x)=f(x)-\eta x(0<\eta<1)$. 则

$$\Phi\left(\frac{1}{2}\right)=f\left(\frac{1}{2}\right)-\frac{1}{2}\eta=\frac{1}{2}-\frac{1}{2}\eta>0$$

$$\Phi(1)=f(1)-\eta=0-\eta<0$$

由介值定理知,存在一个$\xi\in\left(\frac{1}{2},1\right)$,使$\Phi(\xi)=0$. 又$\Phi(0)=0$,由罗尔定理可得,存在一个$\xi_1\in(0,\xi)\subset(0,1)$,使$\Phi'(\xi_1)=0$.

因$\Phi'(x)=f'(x)-\eta$,故$\Phi'(\xi)=f'(\xi)-\eta=0$,即$f'(\xi)=\eta$.

10. 设$f(x)$,$g(x)$在$[a,b]$上连续,在(a,b)内可导,证明在(a,b)内存在一点ξ,使

$$\begin{vmatrix} f(a) & f(b) \\ g(a) & g(b) \end{vmatrix} = (b-a)\begin{vmatrix} f(a) & f'(\xi) \\ g(a) & g'(\xi) \end{vmatrix}.$$

证:记
$$F(x) = \begin{vmatrix} f(a) & f(x) \\ g(a) & g(x) \end{vmatrix}$$

显然,$F(x)$在$[a,b]$上连续,在(a,b)内可导。由拉格朗日中值定理,存在一点$\xi \in (a,b)$,使

$$F(b) - F(a) = (b-a)F'(\xi)$$

这里,$F(a) = 0, F'(\xi) = \begin{vmatrix} f(a) & f'(\xi) \\ g(a) & g'(\xi) \end{vmatrix}$,故

$$F(b) = \begin{vmatrix} f(a) & f(b) \\ g(a) & g(b) \end{vmatrix} = (b-a)\begin{vmatrix} f(a) & f'(\xi) \\ g(a) & g'(\xi) \end{vmatrix}.$$

11. 证明:若函数$f(x)$在$(-\infty, +\infty)$内满足关系式$f'(x) = f(x)$,且$f(0) = 1$,则$f(x) = e^x$.

证:令 $F(x) = \dfrac{f(x)}{e^x}$. 故

$$F'(x) = \frac{e^x f'(x) - e^x f(x)}{e^{2x}} = \frac{e^x f(x) - e^x f(x)}{e^{2x}} = 0$$

所以 $F(x) = C$,即$f(x) = Ce^x$. 又$f(0) = 1$,故 $C = 1$,最后得$f(x) = e^x$.

12. 证明下列不等式

(1) $|\arctan a - \arctan b| \leqslant |a - b|$.

证:令$f(x) = \arctan x$,取定区间$[b,a]$. 不难证明$f(x)$在闭区间$[b,a]$上连续,在开区间(b,a)内可导,由拉格朗日中值定理,至少存在一个$\xi \in (b,a)$,使

$$f'(\xi) = \frac{f(a) - f(b)}{a - b}.$$

即
$$\arctan a - \arctan b = f'(\xi)(a-b) = \frac{1}{1+\xi^2}(a-b)$$

故
$$|\arctan a - \arctan b| = \left|\frac{1}{1+\xi^2}(a-b)\right| \leqslant |a-b|.$$

(2) $\dfrac{a-b}{a} < \ln\dfrac{a}{b} < \dfrac{a-b}{b} \quad (a > b > 0)$.

证:令$f(x) = \ln x$,取定区间$[b,a] \quad (a > b > 0)$.

显然,$f(x) = \ln x$在闭区间$[b,a]$上连续,在开区间(b,a)内可导,由拉格朗日中值定理知,至少存在一个$\xi \in (b,a)$使

$$\frac{f(a) - f(b)}{a - b} = f'(\xi) = \frac{1}{\xi}$$

即
$$\ln a - \ln b = \frac{a-b}{\xi}, b < \xi < a$$

故
$$\frac{a-b}{a} < \ln a - \ln b < \frac{a-b}{b}$$

最后有
$$\frac{a-b}{a} < \ln\frac{a}{b} < \frac{a-b}{b}.$$

(3)当 $a>b>0,n>1$ 时,$nb^{n-1}(a-b)<a^n-b^n<na^{n-1}(a-b)$.

证:令 $f(x)=x^n$,取定区间 $[b,a]$,$a>b>0$.

因为函数 $f(x)=x^n$ 在闭区间 $[b,a]$ 上连续,在开区间 (b,a) 内可导,由拉格朗日中值定理知,至少存在一个 $\xi\in(b,a)$ 使

$$f(a)-f(b)=f'(\xi)(a-b)$$

即
$$a^n-b^n=n\xi^{n-1}(a-b)$$

因
$$b<\xi<a,$$

故
$$nb^{n-1}(a-b)<a^n-b^n<na^{n-1}(a-b).$$

13. 证明恒等式:$\arcsin x+\arccos x=\dfrac{\pi}{2}$, $-1\leqslant x\leqslant 1$.

证:令
$$f(x)=\arcsin x+\arccos x$$

因
$$f'(x)=\frac{1}{\sqrt{1-x^2}}-\frac{1}{\sqrt{1-x^2}}=0$$

故
$$f(x)\equiv C$$

即
$$\arcsin x+\arccos x=C$$

上式说明,对于 $[-1,1]$ 上的任一 x, $f(x)$ 恒为常数,故取 $x=1$,有

$$\arcsin 1+\arccos 1=\frac{\pi}{2}+0=\frac{\pi}{2}=C$$

所以
$$\arcsin x+\arccos x=\frac{\pi}{2}.$$

14. 求下列极限

(1) $\lim\limits_{x\to 0}\dfrac{\ln\cos ax}{x^2}$;　　(2) $\lim\limits_{x\to 0}\dfrac{\ln(1+x)-x}{\tan^2 x}$;

(3) $\lim\limits_{x\to\frac{\pi}{2}}\dfrac{\ln\sin x}{(\pi-2x)^2}\xlongequal{t=\frac{\pi}{2}-x}\lim\limits_{t\to 0}\dfrac{\ln\cos t}{4t^2}$;　　(4) $\lim\limits_{x\to 0}\left(\dfrac{1}{x}-\dfrac{1}{e^x-1}\right)$;

(5) $\lim\limits_{x\to+\infty}\dfrac{\ln\left(1+\dfrac{1}{x}\right)}{\operatorname{arccot}x}$;　　(6) $\lim\limits_{x\to 0}\dfrac{\ln(1+x^2)}{\sec x-\cos x}$;

(7) $\lim\limits_{x\to+\infty}x\left(\ln\dfrac{2}{\pi}\arctan x\right)$;　　(8) $\lim\limits_{x\to 0^+}(e^x-1)\ln x$;

(9) $\lim\limits_{x\to 1}(2-x)^{\tan\frac{\pi x}{2}}$;　　(10) $\lim\limits_{x\to 0^+}\left(\dfrac{1}{x}\right)^{\sin x}$.

解:(1) $\lim\limits_{x\to 0}\dfrac{\ln\cos ax}{x^2}=\lim\limits_{x\to 0}\dfrac{-a\cdot\dfrac{\sin ax}{\cos ax}}{2x}=\lim\limits_{x\to 0}\left(-\dfrac{a}{2}\right)\dfrac{\sin ax}{x}\cdot\dfrac{1}{\cos ax}=-\dfrac{a^2}{2}$.

(2) $\lim\limits_{x\to 0}\dfrac{\ln(1+x)-x}{\tan^2 x}=\lim\limits_{x\to 0}\dfrac{\ln(1+x)-x}{x^2}$(因当 $x\to 0$ 时 $\tan^2 x\sim x^2$)

$$=\lim_{x\to 0}\frac{\dfrac{1}{1+x}-1}{2x}=\lim_{x\to 0}\frac{-x}{2x(1+x)}=-\frac{1}{2}.$$

(3) $\lim\limits_{x\to\frac{\pi}{2}}\dfrac{\ln\sin x}{(\pi-2x)^2}\xlongequal{t=\frac{\pi}{2}-x}\lim\limits_{t\to 0}\dfrac{\ln\cos t}{4t^2}=\lim\limits_{t\to 0}\dfrac{-\tan t}{8t}=-\dfrac{1}{8}.$

(4) $\lim\limits_{x\to 0}\left(\dfrac{1}{x}-\dfrac{1}{e^x-1}\right)=\lim\limits_{x\to 0}\dfrac{e^x-x-1}{x(e^x-1)}=\lim\limits_{x\to 0}\dfrac{e^x-1}{e^x-1+xe^x}=\lim\limits_{x\to 0}\dfrac{e^x}{e^x+e^x+xe^x}=\dfrac{1}{2}.$

(5) $\lim\limits_{x\to+\infty}\dfrac{\ln\left(1+\dfrac{1}{x}\right)}{\operatorname{arccot}x}=\lim\limits_{x\to+\infty}\dfrac{\dfrac{1}{x}}{\operatorname{arccot}x}$,因为 $x\to+\infty$ 时 $\ln\left(1+\dfrac{1}{x}\right)\backsim\dfrac{1}{x}$

$$=\lim_{x\to+\infty}\frac{-\dfrac{1}{x^2}}{-\dfrac{1}{1+x^2}}=1.$$

(6) $\lim\limits_{x\to 0}\dfrac{\ln(1+x^2)}{\sec x-\cos x}=\lim\limits_{x\to 0}\dfrac{x^2\cos x}{1-\cos^2x}=\lim\limits_{x\to 0}\left(\dfrac{x}{\sin x}\right)^2\cos x$

$$=\lim_{x\to 0}\left(\frac{x}{\sin x}\right)^2\cdot\lim_{x\to 0}\cos x=1.$$

(7) $\lim\limits_{x\to+\infty}x\left(\ln\dfrac{2}{\pi}\arctan x\right)=\lim\limits_{x\to+\infty}\dfrac{\ln\dfrac{2}{\pi}+\ln\arctan x}{\dfrac{1}{x}}=\lim\limits_{x\to+\infty}\dfrac{\dfrac{1}{\arctan x}\cdot\dfrac{1}{1+x^2}}{-\dfrac{1}{x^2}}$

$$=\lim_{x\to+\infty}\frac{-x^2}{(1+x^2)\arctan x}=\lim_{x\to+\infty}-\frac{x^2}{1+x^2}\cdot\lim_{x\to+\infty}\frac{1}{\arctan x}=-1\times\frac{2}{\pi}$$

$$=-\frac{2}{\pi}.$$

(8) $\lim\limits_{x\to 0^+}(e^x-1)\ln x=\lim\limits_{x\to 0^+}\dfrac{e^x-1}{\dfrac{1}{\ln x}}=\lim\limits_{x\to 0^+}\dfrac{e^x}{-\dfrac{1}{x(\ln x)^2}}=-\lim\limits_{x\to 0^+}e^x\cdot\lim\limits_{x\to 0^+}\dfrac{(\ln x)^2}{\dfrac{1}{x}}$

$$=-\lim_{x\to 0}\frac{2\ln x\cdot\dfrac{1}{x}}{-\dfrac{1}{x^2}}=2\lim_{x\to 0^+}\frac{\ln x}{\dfrac{1}{x}}=2\lim_{x\to 0^+}\frac{\dfrac{1}{x}}{-\dfrac{1}{x^2}}$$

$$=2\lim_{x\to 0^+}(-x)=0.$$

(9) $\lim\limits_{x\to 1}(2-x)^{\tan\frac{\pi x}{2}}\xlongequal{t=x-1}\lim\limits_{t\to 0}(1-t)^{\tan\left(\frac{\pi}{2}+\frac{\pi t}{2}\right)}=\lim\limits_{t\to 0}(1-t)^{-\cot\frac{\pi t}{2}}$

$$=\lim_{t\to 0}\left[(1-t)^{-\frac{1}{t}}\right]^{t\cdot\cot\frac{\pi}{2}t}$$

因 $$\lim_{t\to 0}t\cdot\cot\frac{\pi}{2}t=\lim_{t\to 0}\frac{t\cdot\cos\dfrac{\pi}{2}t}{\sin\dfrac{\pi}{2}t}=\lim_{t\to 0}\frac{\dfrac{2}{\pi}\cdot\dfrac{\pi}{2}t}{\sin\dfrac{\pi}{2}t}\cdot\cos\frac{\pi}{2}t=\frac{2}{\pi}$$

故 $$\lim_{t\to 0}\left[(1-t)^{-\frac{1}{t}}\right]^{t\cdot\cot\frac{\pi}{2}t}=\lim_{t\to 0}\left[(1-t)^{-\frac{1}{t}}\right]^{\lim\limits_{t\to 0}t\cdot\cot\frac{\pi t}{2}}=e^{\frac{2}{\pi}}.$$

(10) 令 $y=\left(\dfrac{1}{x}\right)^{\sin x}$, $\ln y=\ln\left(\dfrac{1}{x}\right)^{\sin x}=\sin x\ln\left(\dfrac{1}{x}\right).$

故 $$\lim_{x\to0^+}\ln y=\lim_{x\to0^+}\sin x\ln\left(\frac{1}{x}\right)DW=-\lim_{x\to0^+}\frac{\ln x}{\frac{1}{\sin x}}=-\lim_{x\to0^+}\frac{\frac{1}{x}}{-\frac{\cos x}{\sin^2 x}}=\lim_{x\to0^+}\frac{\sin^2 x}{x\cos x}=0$$

于是 $$\lim_{x\to0^+}y=e^0=1.$$

15. 验证下列极限存在，但不能用洛必达法则得出

(1) $\lim\limits_{x\to0}\dfrac{x^3\sin\frac{1}{x}}{\sin^2 x}$；　(2) $\lim\limits_{x\to\infty}\dfrac{x+\cos x}{x-\cos x}$；　(3) $\lim\limits_{x\to1}\dfrac{2\sin^2\frac{\pi x}{2}}{\pi(2-x)}$.

解：(1)(i) $\lim\limits_{x\to0}\dfrac{x^3\sin\frac{1}{x}}{\sin^2 x}=\lim\limits_{x\to0}\dfrac{x^3\sin\frac{1}{x}}{x^2}=\lim\limits_{x\to0}x\sin\dfrac{1}{x}=0.$

可见该极限存在.

(ii) 该极限不能由洛必达法则求得，原因是洛必达法则中关键的一条为 $\lim\limits_{x\to a}\dfrac{F'(x)}{f'(x)}$ 存在. 而本题中，应用了两次洛必达法则后

$$\lim_{x\to0}\frac{x^3\sin\frac{1}{x}}{\sin^2 x}=\lim_{x\to0}\frac{3x^2\sin\frac{1}{x}+x^3\cos\frac{1}{x}\left(-\frac{1}{x^2}\right)}{\sin 2x}=\lim_{x\to0}\frac{3x^2\sin\frac{1}{x}-x\cos\frac{1}{x}}{\sin 2x}$$

$$=\lim_{x\to0}\frac{6x\sin\frac{1}{x}+3x^2\cos\left(\frac{1}{x}\right)\left(-\frac{1}{x^2}\right)-\cos\frac{1}{x}+x\sin\frac{1}{x}\left(-\frac{1}{x^2}\right)}{2\cos 2x}$$

$$=\lim_{x\to0}\frac{6x\sin\frac{1}{x}-3\cos\frac{1}{x}-\cos\frac{1}{x}-\frac{1}{x}\sin\frac{1}{x}}{2\cos 2x}$$

当 $x\to0$ 时，分母的极限为 2，而分子的极限不存在。故该极限不能由洛必达法则求得极限.

(2) 显然，$\lim\limits_{x\to\infty}\dfrac{x+\cos x}{x-\cos x}=1$，但该极限却不能应用洛必达法则来求极限，原因是 $\lim\limits_{x\to\infty}\dfrac{1-\sin x}{1+\sin x}$ 不存在.

(3) 该极限不是未定式，故不能应用洛必达法则求极限. 事实上

$$\lim_{x\to1}\frac{2\sin^2\frac{\pi}{2}x}{\pi(2-x)}=\frac{2\sin^2\frac{\pi}{2}}{\pi(2-1)}=\frac{2}{\pi}.$$

16. 用泰勒公式求极限

(1) $\lim\limits_{x\to0}\dfrac{\cos x-e^{-\frac{x^2}{2}}}{x^4}$；　(2) $\lim\limits_{x\to\infty}\left[x-x^2\ln\left(1+\dfrac{1}{x}\right)\right]$；

(3) $\lim\limits_{x\to0}\dfrac{\tan x\cdot\arctan x-x^2}{x^6}$；　(4) $\lim\limits_{x\to\infty}\left(\sqrt[6]{x^6+x^5}-\sqrt[6]{x^6-x^5}\right)$.

解：(1) 因 $$\cos x=1-\frac{x^2}{2!}+\frac{x^4}{4!}+O(x^4)$$

$$e^{-\frac{x^2}{2}}=1+\left(-\frac{x^2}{2}\right)+\frac{1}{2}\left(-\frac{x^2}{2}\right)^2+O(x^4)$$

故 $\cos x - e^{-\frac{x^2}{2}} = 1 - \frac{x^2}{2!} + \frac{x^4}{4!} + O(x^4) - 1 + \frac{x^2}{2} - \frac{x^4}{8} + O(x^4) = -\frac{1}{12}x^4 + O(x^4)$

于是
$$\lim_{x\to 0}\frac{\cos x - e^{-\frac{x^2}{2}}}{x^4} = \lim_{x\to 0}\frac{-\frac{1}{12}x^4 + O(x^4)}{x^4} = -\frac{1}{12}.$$

(2)因
$$\ln\left(1+\frac{1}{x}\right) = \frac{1}{x} - \frac{1}{2}\left(\frac{1}{x}\right)^2 + O\left(\frac{1}{x^2}\right)$$

故
$$x - x^2\ln\left(1+\frac{1}{x}\right) = x - x^2\left[\frac{1}{x} - \frac{1}{2x^2} + O\left(\frac{1}{x^2}\right)\right]$$
$$= x - x + \frac{1}{2} - O\left(\frac{1}{x}\right) = \frac{1}{2} + O\left(\frac{1}{x}\right)$$

于是
$$\lim_{x\to\infty}\left[x - x^2\ln\left(x+\frac{1}{x}\right)\right] = \lim_{x\to\infty}\left[\frac{1}{2} + O\left(\frac{1}{x}\right)\right] = \frac{1}{2}.$$

(3)由泰勒公式,有
$$\tan x = x + \frac{1}{3}x^3 + \frac{2}{15}x^5 + O(x^5)$$
$$\arctan x = x - \frac{1}{3}x^3 + \frac{1}{5}x^5 + O(x^5)$$

故
$$\tan x\arctan x = x^2 + \frac{2}{15}x^6 - \frac{1}{9}x^6 + \frac{1}{5}x^6 + O(x^6) = x^2 + \frac{2}{9}x^6 + O(x^6)$$
$$原式 = \lim_{x\to 0}\frac{x^2 + \frac{2}{9}x^6 + O(x^6) - x^2}{x^6} = \frac{2}{9}.$$

(4)原式 $= \lim_{x\to\infty}\left(x\cdot\sqrt[6]{1+\frac{1}{x}} - x\cdot\sqrt[6]{1-\frac{1}{x}}\right) \xlongequal{t=\frac{1}{x}} \lim_{t\to 0}\frac{(1+t)^{\frac{1}{6}} - (1-t)^{\frac{1}{6}}}{t}$

$$= \lim_{t\to 0}\frac{\left[1+\frac{1}{6}t + O(t)^2\right] - \left[1 - \frac{1}{6}t + O(t^2)\right]}{t} = \lim_{t\to 0}\frac{\frac{1}{3}t + O(t^2)}{t} = \frac{1}{3}.$$

17. 用适当方法求下列极限

(1) $\lim_{x\to\infty}\frac{x^2\sin\frac{1}{x}}{2x-1}$;　　(2) $\lim_{x\to 0}\frac{(1+x)^{\frac{1}{x}} - e}{x}$;

(3) $\lim_{x\to 0}\frac{e^x - e^{\sin x}}{x - \sin x}$;　　(4) $\lim_{x\to 0}\frac{1-\cos x^2}{x^3\sin x}$;

(5) $\lim_{n\to\infty}(3^n + 2^n + 1)^{\frac{1}{n}}$;　　(6)已知 $\lim_{x\to 0}\frac{\sin 6x + xf(x)}{x^3} = 0$,求 $\lim_{x\to 0}\frac{6 + f(x)}{x^2}$.

解:(1)原式 $= \lim_{x\to\infty}\frac{x}{2x-1}\cdot\frac{\sin\frac{1}{x}}{\frac{1}{x}} = \lim_{x\to\infty}\frac{x}{2x-1}\cdot\lim_{x\to\infty}\frac{\sin\frac{1}{x}}{\frac{1}{x}} = \frac{1}{2}\times 1 = \frac{1}{2}.$

(2)因 $[(1+x)^{\frac{1}{x}}]' = [e^{\frac{1}{x}\ln(1+x)}]' = e^{\frac{1}{x}\ln(1+x)}\cdot\left[\frac{\ln(1+x)}{x}\right]'$

$$=(1+x)^{\frac{1}{x}}\cdot\frac{\frac{x}{1+x}-\ln(1+x)}{x^2}$$

$$=(1+x)^{\frac{1}{x}}\cdot\frac{x-(1+x)\ln(1+x)}{x^2(1+x)},$$

故

$$\text{原式}=\lim_{x\to0}\frac{[(1+x)^{\frac{1}{x}}-\mathrm{e}]'}{x'}=\lim_{x\to0}(1+x)^{\frac{1}{x}}\cdot\frac{x-(1+x)\ln(1+x)}{x^2(1+x)}$$

$$=\mathrm{e}\cdot\lim_{x\to0}\frac{1-\ln(1+x)-1}{2x+3x^2}=\mathrm{e}\lim_{x\to0}\frac{-\ln(1+x)}{2x+3x^2}$$

$$=-\mathrm{e}\lim_{x\to0}\frac{\frac{1}{1+x}}{2+6x}=-\mathrm{e}\times\frac{1}{2}=-\frac{\mathrm{e}}{2}.$$

(3)原式 $=\lim\limits_{x\to0}\dfrac{\mathrm{e}^x-\mathrm{e}^{\sin x}\cdot\cos x}{1-\cos x}=\lim\limits_{x\to0}\dfrac{\mathrm{e}^x-\mathrm{e}^{\sin x}\cos^2x+\mathrm{e}^{\sin x}\cdot\sin x}{\sin x}$

$$=\lim_{x\to0}\frac{\mathrm{e}^x-\mathrm{e}^{\sin x}\cdot\cos^3x+\mathrm{e}^{\sin x}.2\cos x\cdot\sin x+\mathrm{e}^{\sin x}\cdot\sin x\cos x+\mathrm{e}^{\sin x}\cdot\cos x}{\cos x}$$

$=1-1+1=1.$

(4)因 $\cos x^2=1-\frac{1}{2}x^4+O(x^4)$,故

$$\text{原式}=\lim_{x\to0}\frac{1-\left[1-\frac{1}{2}x^4+O(x^4)\right]}{x^4}(x\to0\text{ 时 }\sin x\sim x)$$

$$=\lim_{x\to0}\frac{\frac{1}{2}x^4+O(x^4)}{x^4}=\frac{1}{2}.$$

(5) $\lim\limits_{n\to\infty}(3^n+2^n+1)^{\frac{1}{n}}$

原式 $=\lim\limits_{n\to\infty}3\left[1+\left(\frac{2}{3}\right)^n+\left(\frac{1}{3}\right)^n\right]^{\frac{1}{n}}=3\lim\limits_{n\to\infty}\left[1+\left(\frac{2}{3}\right)^n+\left(\frac{1}{3}\right)^n\right]$

$$=3\lim_{n\to\infty}\left\{\left[1+\left(\frac{2}{3}\right)^n+\left(\frac{1}{3}\right)^n\right]^{\frac{1}{(\frac{2}{3})^n+(\frac{1}{3})^n}}\right\}^{\frac{(\frac{2}{3})^n+(\frac{1}{3})^n}{n}}$$

$$=3\lim_{n\to\infty}\left\{\left[1+\left(\frac{2}{3}\right)^n+\left(\frac{1}{3}\right)^n\right]^{\frac{1}{(\frac{2}{3})^n+(\frac{1}{3})^n}}\right\}^{\lim\limits_{n\to\infty}\frac{(\frac{2}{3})^n+(\frac{1}{3})^n}{n}}=3\mathrm{e}^0=3.$$

注:本题也可以用两边夹法则求极限。

(6)已知 $\lim\limits_{x\to0}\dfrac{\sin6x+xf(x)}{x^3}=0$,求 $\lim\limits_{x\to0}\dfrac{6+f(x)}{x^2}$.

由于 $f(x)$ 的性质不明确,故不能用洛必达法则.

方法 1:由 $\lim\limits_{x\to0}\dfrac{\sin6x-6x+6x+xf(x)}{x^3}=0$ 得

$$\lim_{x\to0}\frac{6x+xf(x)}{x^3}=\lim_{x\to0}\frac{6+f(x)}{x^2}=\lim_{x\to0}\frac{6x-\sin6x}{x^3}=36.$$

方法 2:应用 Taylor 公式

$$\sin 6x=(6x)-\frac{1}{3!}(6x)^3+O(x^3)$$

$$\lim_{x\to 0}\frac{\sin 6x+xf(x)}{x^3}=\lim_{x\to 0}\frac{6x-\frac{1}{3!}(6x)^3+O(x^3)+xf(x)}{x^3}=0$$

故
$$\lim_{x\to 0}\frac{6x+xf(x)}{x^3}=\lim_{x\to 0}\frac{6+f(x)}{x^2}=\lim_{x\to 0}\frac{\frac{1}{3!}(6x)^3+O(x^3)}{x^3}=36.$$

18. 讨论函数 $f(x)=\begin{cases}\left[\dfrac{(1+x)^{\frac{1}{x}}}{e}\right]^{\frac{1}{x}}, & x>0\\ e^{-\frac{1}{2}}, & x\leqslant 0\end{cases}$ 在点 $x=0$ 处的连续性.

解:令 $y=\left[\dfrac{(1+x)^{\frac{1}{x}}}{e}\right]^{\frac{1}{x}}$,取对数得

$$\ln y=\frac{1}{x}\ln\frac{(1+x)^{\frac{1}{x}}}{e}=\frac{1}{x}\left[\frac{1}{x}\ln(1+x)-\ln e\right]=\frac{\ln(1+x)-x}{x^2}$$

故
$$\lim_{x\to 0}\ln y=\lim_{x\to 0}\frac{\ln(1+x)-x}{x^2}=\lim_{x\to 0}\frac{\frac{1}{1+x}-1}{2x}=\lim_{x\to 0}\frac{-x}{2x(1+x)}=-\frac{1}{2}$$

故
$$\lim_{x\to 0}y=e^{-\frac{1}{2}}$$

又因
$$f(0)=e^{-\frac{1}{2}}$$

故
$$\lim_{x\to 0}f(x)=f(0)=e^{-\frac{1}{2}}$$

所以函数 $f(x)=\begin{cases}\left[\dfrac{(1+x)^{\frac{1}{x}}}{e}\right]^{\frac{1}{x}}, & x>0\\ e^{-\frac{1}{2}}, & x\leqslant 0\end{cases}$ 在点 $x=0$ 处连续.

19. 单调函数的导函数是否必为单调函数?研究例子:$f(x)=2x+\sin x$.

答:单调函数的导函数未必是单调函数.

把所考虑的函数改为 $f(x)=2x+\sin x$ 更易于说明问题. 对 $f(x)$ 求导,得 $f'(x)=2+\cos x>0$,故 $f(x)$ 单调增大。

$f''(x)=-\sin x$. $f''(x)$ 的符号不定,故 $f'(x)$ 不是单调函数.

当然,单调函数的导函数仍可能是单调函数,例如 $\Phi(x)=e^x$ 就是这种函数.

20. 证明方程 $\sin x=x$ 只有一个实根.

证:令 $f(x)=x-\sin x$,则 $f(x)$ 在 $(-\infty,+\infty)$ 内处处连续可导.

$$f'(x)=1-\cos x\geqslant 0.$$

(1) $1-\cos x=0$,得 $x=k\pi(k=0,\pm 1,\pm 2,\cdots)$

当 $k=0$ 时,$x=0$,这显然是方程 $f(x)=x-\sin x=0$ 的一个解;当 $k\neq 0$ 时,$x=k\pi$ 不是方程 $f(x)=0$ 的解,这说明方程 $f(x)=x-\sin x=0$ 解的存在.

(2)$1-\cos x>0$,即$f'(x)>0$,那么$f(x)=x-\sin x$在0点的一个邻域内严格单调增,这保证了解的唯一性.

综上, $x=0$是方程$f(x)=x-\sin x=0$的唯一实数解.

21. 讨论方程$\ln x=ax(a>0)$有几个实根.

解:令$f(x)=\ln x-ax$

$$f'(x)=\frac{1}{x}-a.$$

令$f'(x)=0$得$x=\frac{1}{a}$, $f\left(\frac{1}{a}\right)=\ln\frac{1}{a}-1$.

当$x\to\left(\frac{1}{a}\right)^{+}$时,$f'(x)>0$;$x\to\left(\frac{1}{a}\right)^{-}$时$f'(x)<0$,所以$x=\frac{1}{a}$是函数$f(x)=\ln x-ax$的唯一极大值点。

(1)$f\left(\frac{1}{a}\right)>0$,即当$\ln\frac{1}{a}-1>0$时方程$f(x)=0$有两个实根,这时$0<a<\frac{1}{e}$;

(2)$f\left(\frac{1}{a}\right)=0$,即当$\ln\frac{1}{a}-1=0$时方程$f(x)=0$有唯一一个实根,这时$a=\frac{1}{e}$;

(3)$f\left(\frac{1}{a}\right)<0$,即当$\ln\frac{1}{a}-1<0$时方程$f(x)=0$无实根,这时$a>\frac{1}{e}$.

22. 确定下列函数的单调区间

(1)$f(x)=2x^2-\ln x\quad(x>0)$;　　(2)$f(x)=x-2\sin x\quad(0\leqslant x\leqslant 2\pi)$;

(3)$f(x)=2x^3-6x^2-18x-7$;　　(4)$f(x)=(x-1)(x+1)^3$;

(5)$f(x)=x^n e^{-x}(n>0,x\geqslant 0)$;　　(6)$f(x)=x\sqrt{(x+1)^3}$.

解:(1)函数$f(x)$的定义域为$(0,+\infty)$,且$f'(x)=4x-\frac{1}{x}$. 令$f'(x)=0$,解得$x=\frac{1}{2}$ $\left(x=-\frac{1}{2}\text{舍去}\right)$.

当$0<x<\frac{1}{2}$时,$f'(x)<0$;当$x>\frac{1}{2}$时,$f'(x)>0$,故函数$f(x)$在$\left(0,\frac{1}{2}\right)$内单调减,在$\left(\frac{1}{2},+\infty\right)$内单调增.

(2)函数$f(x)$的定义域为$[0,2\pi]$,$f'(x)=1-2\cos x$.

令$f'(x)=0$解得$x=\frac{\pi}{3}$.

当$0<x<\frac{\pi}{3}$及$\frac{5\pi}{3}<x<2\pi$时,$f'(x)>0$;当$\frac{\pi}{3}<x<\frac{5\pi}{3}$时,$f'(x)<0$,所以函数

$f(x)$在$\left(0,\frac{\pi}{3}\right)$及$\left(\frac{5\pi}{3},2\pi\right)$内单调减,在$\left(\frac{\pi}{3},\frac{5\pi}{3}\right)$内单调增.

(3)函数$f(x)$的定义域为$(-\infty,+\infty)$.

$f'(x)=6x^2-12x-18=6(x+1)(x-3)$

令 $f'(x)=0$ 得 $x_1=-1, x_2=3$,列表如表 5-1 所示.

表 5-1

x	$(-\infty,-1)$	-1	$(-1,3)$	3	$(3,+\infty)$
$f'(x)$	+	0	−	0	+
$f(x)$	↗	3	↘	−61	↗

表 5-1 显示,函数 $f(x)$ 在 $(-\infty,-1)$ 及 $(3,+\infty)$ 内单调增,在 $(-1,3)$ 内单调减。

(4) 函数 $f(x)$ 的定义域为 $(-\infty,+\infty)$.

$$f'(x)=(x+1)^3+3(x-1)(x+1)^2=(x+1)^2(x+1+3x-3)$$
$$=2(x+1)^2(2x-1)$$

令 $f'(x)=0$ 得 $x_1=-1, x_2=\frac{1}{2}$. 列表如表 5-2 所示.

表 5-2

x	$(-\infty,-1)$	-1	$\left(-1,\frac{1}{2}\right)$	$\frac{1}{2}$	$\left(\frac{1}{2},+\infty\right)$
$f'(x)$	−	0	−	0	+
$f(x)$	↘	0	↘	$-\frac{27}{16}$	↗

函数 $f(x)$ 在 $\left(-\infty,\frac{1}{2}\right)$ 内单调减,在 $\left(\frac{1}{2},+\infty\right)$ 内单调增.

(5) 函数 $f(x)$ 的定义域为 $[0,+\infty)$.

$$f'(x)=nx^{n-1}\mathrm{e}^{-x}-x^n\mathrm{e}^{-x}=\mathrm{e}^{-x}\cdot x^{n-1}(n-x)$$

令 $f'(x)=0$ 得唯一驻点 $x=n$.

当 $x<n$ 时 $f'(x)>0$, $x>n$ 时 $f'(x)<0\ (x>0)$. 所以函数 $f(x)$ 在 $[0,n)$ 内 $f(x)$ 单调增,在 $(n,+\infty)$ 内单调减.

(6) $f(x)=x\sqrt{(x+1)^3}$.

函数 $f(x)$ 的定义域为 $[-1,+\infty)$.

$$f'(x)=(x+1)^{\frac{3}{2}}+\frac{3}{2}x(x+1)^{\frac{1}{2}}=(x+1)^{\frac{1}{2}}\left[x+1+\frac{3}{2}x\right]=\frac{1}{2}(x+1)^{\frac{1}{2}}(5x+2)$$

令 $f'(x)=0$,得 $x_1=-1, x_2=-\frac{2}{5}$. 列表如表 5-3 所示.

表 5-3

x	-1	$\left(-1,-\frac{2}{5}\right)$	$-\frac{2}{5}$	$\left(-\frac{2}{5},+\infty\right)$
$f'(x)$		$-$		$+$
$f(x)$	0	↘	$-\frac{6}{25}\sqrt{\frac{3}{5}}$	↗

函数$f(x)$在$-1\leqslant x\leqslant -\frac{2}{5}$上单调减,在$x>-\frac{2}{5}$时单调增.

23. 证明下列不等式

(1)当$x>0$时,$1+\frac{1}{2}x>\sqrt{1+x}$;(2)当$x>0$时,$1+x\ln(x+\sqrt{1+x^2})>\sqrt{1+x^2}$;(3)当$0<x<\frac{\pi}{2}$时,$\sin x+\tan x>2x$;(4)当$0<x<\frac{\pi}{2}$时,$\tan x>x+\frac{x^3}{3}$;(5)当$x>4$时,$2^x>x^2$.

证:(1)当$x>0$时,$1+\frac{1}{2}x>\sqrt{1+x}$;

设$f(x)=1+\frac{1}{2}x-\sqrt{1+x}$,则$f'(x)=\frac{1}{2}-\frac{1}{2\sqrt{1+x}}$.

因$x>0$,故$f'(x)>0$.故$f(x)$在$x>0$时严格单调增.又$f(0)=1-1=0$,故当$x>0$时有$f(x)>f(0)=0$即$f(x)>0$,亦即$1+\frac{1}{2}x>\sqrt{1+x}$.

(2)当$x>0$时,$1+x\ln(x+\sqrt{1+x^2})>\sqrt{1+x^2}$;

$$f(x)=1+x\ln(x+\sqrt{1+x^2})-\sqrt{1+x^2}$$

设$$f'(x)=\ln(x+\sqrt{1+x^2})+\frac{x\cdot\left(1+\frac{2x}{2\sqrt{1+x^2}}\right)}{x+\sqrt{1+x^2}}-\frac{2x}{2\sqrt{1+x^2}}$$

$$=\ln(x+\sqrt{1+x^2})+\frac{x}{\sqrt{1+x^2}}-\frac{x}{\sqrt{1+x^2}}=\ln(x+\sqrt{1+x^2}).$$

因$x>0$,故$f'(x)>0$.故$f(x)$在$x>0$时严格单调增.由增函数定义,当$x>0$时,有$f(x)>f(0)$.又

$$f(0)=1-1=0$$

故$f(x)>f(0)=0$,即

$$1+x\ln(x+\sqrt{1+x^2})>\sqrt{1+x^2}.$$

(3)当$0<x<\frac{\pi}{2}$时,$\sin x+\tan x>2x$

设
$$f(x)=\sin x+\tan x-2x$$

$$f'(x)=\cos x+\frac{1}{\cos^2 x}-2$$

$$f''(x)=-\sin x+\frac{-2\cos x\cdot(-\sin x)}{\cos^4 x}=-\sin x+\frac{2\sin x}{\cos^3 x}=\sin x\left(\frac{2}{\cos^3 x}-1\right)$$

因 $0<x<\frac{\pi}{2}$,故 $\frac{2}{\cos^3 x}>2$,故 $f''(x)>0$,

则当 $0<x<\frac{\pi}{2}$ 时,$f'(x)$ 单调增.

又 $f'(0)=1+1-2=0$,因单调增定义,

当 $x>0$ 时,$f'(x)>f'(0)=0$. 由此知函数 $f(x)$ 当 $0<x<\frac{\pi}{2}$ 时单调增. 又 $f(0)=0$,故

当 $0<x<\frac{\pi}{2}$ 时 $f(x)>f(0)=0$ 即

$$f(x)>0$$

亦即

$$\sin x+\tan x>2x.$$

(4)当 $0<x<\frac{\pi}{2}$ 时,$\tan x>x+\frac{x^3}{3}$,设

$$f(x)=\tan x-x-\frac{x^3}{3}$$

$$f'(x)=\frac{1}{\cos^2 x}-1-x^2=\tan^2 x-x^2=(\tan x+x)(\tan x-x)$$

因当 $0<x<\frac{\pi}{2}$ 时,$x<\tan x$, 故 $f'(x)>0$, $f(x)$ 在 $0<x<\frac{\pi}{2}$ 内严格单调增.

又 $f(0)=0$,所以当 $0<x<\frac{\pi}{2}$ 时,$f(x)>f(0)=0$ 即 $f(x)>0$,亦即

$$\tan x>x+\frac{x^3}{3}.$$

注:本题若用二阶导数同样可以证明.

(5)当 $x>4$ 时,$2^x>x^2$. 要证 $2^x>x^2$,即证 $x\ln 2>2\ln x$. 令

$$f(x)=x\ln 2-2\ln x.$$

$$f'(x)=\ln 2-\frac{2}{x}.$$

因 $x>4$,故 $f'(x)=\ln 2-\frac{2}{x}>0$,即当 $x>4$ 时,$f(x)$ 严格单调增. 又

$$f(4)=4\ln 2-2\ln 4=4\ln 2-4\ln 2=0$$

故由单调增定义,当 $x>4$ 时,$f(x)>f(4)=0$ 即 $f(x)>0$,亦即 $x\ln 2-2\ln x>0$,故

$$2^x>x^2.$$

24. 求下列函数的极值点与极值

(1)$f(x)=(x-3)^2(x+1)^3$;

(2)$f(x)=\arctan x-\frac{1}{2}\ln(1+x^2)$;

(3)$f(x)=\frac{2x}{1+x^2}$;

(4)$f(x)=2-(x-1)^{\frac{2}{3}}$;

(5)$y=x^{\frac{1}{x}}$;

(6)$y=x+\tan x$.

解:(1)$f(x)=(x-3)^2(x+1)^3$.

$$f'(x)=2(x-3)(x+1)^3+3(x-3)^2(x+1)^2$$
$$=(x-3)(x+1)^2[2(x+1)+3(x-3)]=(x-3)(x+1)^2(5x-7)$$

令 $f'(x)=0$，得 $x_1=-1, x_2=\frac{7}{5}, x_3=3$. 列表如表 5-4 所示.

表 5-4

x	$(-\infty,-1)$	-1	$\left(-1,\frac{7}{5}\right)$	$\frac{7}{5}$	$\left(\frac{7}{5},3\right)$	3	$(3,+\infty)$
$f'(x)$	+	0	+	0	−	0	+
$f(x)$	↗	0	↗	$\frac{64\times12^3}{5^5}$	↘	0	↗

当 $x=\frac{7}{5}$ 时，函数取得极大值 $f\left(\frac{7}{5}\right)=\frac{64\times12^3}{5^5}$；

当 $x=3$ 时，函数取得极小值 $f(3)=0$.

(2) $f(x)=\arctan x-\frac{1}{2}\ln(1+x^2)$.

$$f'(x)=\frac{1}{1+x^2}-\frac{1}{2}\cdot\frac{2x}{1+x^2}=\frac{1-x}{1+x^2}$$

令 $f'(x)=0$　得 $x=1$.

当 $x<1$ 时　$f'(x)>0$；当 $x>1$ 时　$f'(x)<0$，所以 $x=1$ 为函数 $f(x)$ 的一个极大值点，

$$f_{极大}(1)=\frac{\pi}{4}-\frac{1}{2}\ln 2.$$

(3) $f(x)=\frac{2x}{1+x^2}$.

$$f'(x)=2\frac{1+x^2-x\cdot 2x}{(1+x^2)^2}=\frac{2(1-x^2)}{(1+x^2)^2}.$$

令 $f'(x)=0$，得 $x_1=-1, x_2=1$. 列表如表 5-5 所示.

表 5-5

x	$(-\infty,-1)$	-1	$(-1,1)$	1	$(1,+\infty)$
$f'(x)$	−	0	+	0	−
$f(x)$	↘	−1	↗	1	↘

当 $x=-1$ 时，函数取得极小值 $f(-1)=-1$；

当 $x=1$ 时，函数取得极大值 $f(1)=1$.

(4) $f(x)=2-(x-1)^{\frac{2}{3}}$.

$$f'(x)=-\frac{2}{3}(x-1)^{-\frac{1}{3}}.$$

本题中,没有使 $f'(x)=0$ 的点,但当 $x=1$ 时 $f'(x)=\infty$.

显然,当 $x<1$ 时, $f'(x)>0$;当 $x>1$ 时 $f'(x)<0$. 又 $f(1)$ 有意义,故 $x=1$ 为函数的一个极大值点, $f_{极大}(1)=2$.

(5) $y=x^{\frac{1}{x}}$.

$$y=e^{\frac{1}{x}\ln x},\quad y'=x^{\frac{1}{x}}\left[\frac{x\cdot\frac{1}{x}-\ln x}{x^2}\right]=x^{\frac{1}{x}}\cdot\frac{1-\ln x}{x^2}.$$

当 $x=0$ 时函数 $y=x^{\frac{1}{x}}$ 无意义,故 $x=0$ 不可能为函数的极值点. 令 $y'=0$,得

$$1-\ln x=0,\ x=e.$$

当 $x<e$ 时, $y'>0$;当 $x>e$ 时, $y'<0$,所以 $x=e$ 为函数的一个极大值点, $f_{极大}(e)=e^{\frac{1}{e}}$.

(6) $y=x+\tan x$.

$$y'=1+\frac{1}{\cos^2x}$$

(i)在区间 $(-\infty,+\infty)$ 内没有使 $y'=0$ 的点,其次,当 $x=k\pi+\frac{\pi}{2}(k=0,\pm1,\pm2,\cdots)$ 时 y' 不存在,且函数亦无意义. 可见,函数 $y=x+\tan x$ 没有极值.

(ii)我们也可以这样来理解:因

$$y'=1+\frac{1}{\cos^2x}>0,\ \forall\quad x\in(-\infty,+\infty)$$

故函数 $y=x+\tan x$ 在区间 $(-\infty,+\infty)$ 内严格单调增,故无极值.

25. 证明:如果函数 $f(x)=ax^3+bx^2+cx+d$ 满足条件 $b^2-3ac<0$,那么该函数没有极值

证:

$$f'(x)=3ax^2+2bx+c$$

$$\Delta=4b^2-12ac=4(b^2-3ac)$$

因 $b^2-3ac<0$,故 $\Delta<0$.

于是 $f'(x)=0$ 无实根。这说明在实数范围内没有使 $f'(x)=0$ 的点. 另一方面 $f(x)$ 是一个三次多项式,处处连续可导,没有使 $f'(x)$ 不存在的点。故在条件 $b^2-3ac<0$ 时,函数 $f(x)=ax^3+bx^2+cx+d$ 没有极值.

26. 试问 a 为何值时,函数 $f(x)=a\sin x+\frac{1}{3}\sin 3x$ 在 $x=\frac{\pi}{3}$ 处取得极值? 这个极值是极大值还是极小值? 并求其极值.

解:因函数 $f(x)=a\sin x+\frac{1}{3}\sin 3x$ 在 $x=\frac{\pi}{3}$ 处取得极值,由费马定理知 $f'\left(\frac{\pi}{3}\right)=0$.

$$f'(x)=a\cos x+\cos 3x$$

故

$$f'\left(\frac{\pi}{3}\right)=\frac{a}{2}-1=0,\ a=2.$$

即

$$f(x)=2\sin x+\frac{1}{3}\sin 3x.$$

$$f'(x)=2\cos x+\cos 3x$$

$$f''(x) = -2\sin x - 3\sin 3x,\ f''\left(\frac{\pi}{3}\right) = -\sqrt{3} < 0$$

所以$f(x)$在$x=\frac{\pi}{3}$处取得极大值，

$$f_{极大}\left(\frac{\pi}{3}\right) = 2\times\frac{\sqrt{3}}{2}+\frac{1}{3}\times 0=\sqrt{3}.$$

27. 求下列函数在给定区间上的最大值与最小值.

(1)$y=2x^3-3x^2,\ -1\leqslant x\leqslant 4$;　　(2)$y=x^4-8x^2+2,\ -1\leqslant x\leqslant 3$;

(3)$y=x+\sqrt{1-x},\ -5\leqslant x\leqslant 1$;　　(4)$y=\frac{x^2}{1+x},\ -\frac{1}{2}\leqslant x\leqslant 1$.

解:(1)$y=2x^3-3x^2,\ -1\leqslant x\leqslant 4$.

$$y'=6x^2-6x=6x(x-1)$$

令$y'=0$,得$x=0,x=1$.

$$f(-1)=-2-3=-5,\quad f(0)=0,\quad f(1)=2-3=-1$$

$$f(4)=2\times 4^3-3\times 4^2=128-48=80$$

故

$$f_{\max}(4)=80,\quad f_{\min}(-1)=-5.$$

(2)$y=x^4-8x^2+2,\ -1\leqslant x\leqslant 3$.

$$y'=4x^3-16x=4x(x+2)(x-2)$$

令$y'=0$得$x_1=0,x_2=2,x_3=-2$(舍去)

$$y(-1)=-5,\quad f(0)=2,\quad f(2)=-14,\quad f(3)=11$$

故

$$f_{\max}(3)=11,\quad f_{\min}(2)=-14.$$

(3)$y=x+\sqrt{1-x},\ -5\leqslant x\leqslant 1$.

$$y'=1-\frac{1}{2\sqrt{1-x}}=\frac{2\sqrt{1-x}-1}{2\sqrt{1-x}}.$$

令$y'=0$,得$2\sqrt{1-x}-1=0$,故$x=\frac{3}{4}$.

当$x=1$时,$y'=\infty$.

$$y(-5)=-5+\sqrt{6},\quad y\left(\frac{3}{4}\right)=\frac{5}{4},y(1)=1$$

故

$$y_{\max}\left(\frac{3}{4}\right)=\frac{5}{4},\quad y_{\min}(-5)=-5+\sqrt{6}.$$

(4)$y=\frac{x^2}{1+x},\ -\frac{1}{2}\leqslant x\leqslant 1$.

$$y'=\frac{2x(1+x)-x^2}{(1+x)^2}=\frac{x(x+2)}{(1+x)^2}$$

令$y'=0$,得$x_1=0,x_2=-2$(舍去).

另,$x=-1$时$y'=\infty$,但$x=-1\in\left[-\frac{1}{2},1\right]$,故舍去.

$$f\left(-\frac{1}{2}\right)=\frac{1}{2},\quad f(0)=0,\quad f(1)=\frac{1}{2}.$$

函数 $y=\frac{x^2}{1+x}$ 在 $x=-\frac{1}{2}$ 及 $x=1$ 处同时取得最大值 $\frac{1}{2}$，在 $x=0$ 处取得最小值 0.

28. 求数列 $\left\{\frac{\sqrt{n}}{n+10000}\right\}$ 的最大项.

解：设

$$f(x)=\frac{\sqrt{x}}{x+10^4},\quad f'(x)=\frac{10^4-x}{2\sqrt{x}(x+10^4)^2}.$$

令 $f'(x)=0$，得 $x=10^4$. 这为唯一的最大值点.

故当 $x=10^4$ 时 $f(x)$ 取得最大值. 由此知，$\frac{\sqrt{n}}{n+10^4}(n=1,2,\cdots)$ 的最大项为

$$f(10^4)=\frac{100}{10^4+10^4}=\frac{1}{200}.$$

29. 讨论方程 $x^3+px+q=0$ 有唯一实根和有三个相异实根的条件.

解：令 $f(x)=x^3+px+q$，则 $f'(x)=3x^2+p$.

(1) 当 $p>0$ 时，$f'(x)>0$，故 $f(x)$ 严格单调增.

又当 $x\to-\infty$ 时，$f(x)\to-\infty$；当 $x\to+\infty$ 时，$f(x)\to+\infty$，所以由函数的单调性知，在 $p>0$ 时方程 $f(x)=0$ 有唯一实根.

(2) 当 $p<0$ 时：

若
$$|x|<\sqrt{-\frac{p}{3}},\quad 3x^2+p<0,\quad f'(x)<0$$

若
$$|x|>\sqrt{-\frac{p}{3}},\quad 3x^2+p>0,\quad f'(x)>0$$

又
$$f\left(-\sqrt{-\frac{p}{3}}\right)=-\left(-\frac{p}{3}\right)^{\frac{3}{2}}-p\left(-\frac{p}{3}\right)^{\frac{1}{2}}+q=-\frac{2p\sqrt{-p}}{3\sqrt{3}}+q$$

$$f\left(\sqrt{-\frac{p}{3}}\right)=\left(-\frac{p}{3}\right)^{\frac{3}{2}}+p\left(-\frac{p}{3}\right)^{\frac{1}{2}}+q=\frac{2p\sqrt{-p}}{3\sqrt{3}}+q$$

所以仅当 $f\left(-\sqrt{-\frac{p}{3}}\right)>0$ 及 $f\left(\sqrt{-\frac{p}{3}}\right)<0$ 同时成立时，方程 $f(x)=0$ 有三个实根.

条件 $f\left(-\sqrt{-\frac{p}{3}}\right)\cdot f\left(\sqrt{-\frac{p}{3}}\right)<0$ 可以化为

$$\left(-\frac{2p\sqrt{-p}}{3\sqrt{3}}+q\right)\left(\frac{2p\sqrt{-p}}{3\sqrt{3}}+q\right)<0$$

即
$$\frac{p^3}{27}+\frac{q^2}{4}<0.$$

30. 欲做一个容积为 300m^3 的无盖圆柱形水箱，已知箱底单位造价为周围单位造价的两倍. 试问应如何设计，可以使总造价最低？

解：设圆柱形水箱底面积半径为 Rm，高为 hm. 又设水箱周围单位造价为 p 元，则总造价为

$$Q=2\pi R^2P+2\pi Rhp$$

已知 $\pi R^2h=300$，故 $h=\frac{300}{\pi R^2}$，从而

$$Q = 2\pi R^2 p + 2\pi R \cdot \frac{300}{\pi R^2} p = 2\pi R^2 p + \frac{600}{R} p$$

因 $Q' = 4\pi R p - \frac{600}{R^2} p$,令 $Q' = 0$,解得

$$R = \sqrt[3]{\frac{150}{\pi}}$$

又 $Q'' = 4\pi p + \frac{1200}{R^3} p$,$Q''\left(\sqrt[3]{\frac{150}{\pi}}\right) > 0$,所以 $R = \sqrt[3]{\frac{150}{\pi}}$ 为所论问题的唯一的极小值点,亦即最小值点,这时

$$h = \frac{300}{\pi R^2} = \frac{300}{\pi \cdot \sqrt[3]{\left(\frac{150}{\pi}\right)^2}} = 2\sqrt[3]{\frac{150}{\pi}}$$

可见,当圆柱形水箱的高为底面半径的两倍时总造价最低.

31. 一汽船拖载重量相等的小船若干只,在两港之间来回运送货物. 已知每次拖 4 只小船一日能来回 16 次,每次拖 7 只小船则一日能来回 10 次. 如果小船增多的只数与来回减少的次数成正比,试问每日来回多少次,每次拖多少只小船能使运货总量达到最大?

解:设小船增多的只数为 x 只,来回减少的次数为 y 次,则每次应拖的小船只数为 $x+4$,来回次数为 $16-y$. 又由于小船增多的只数与来回减少的次数成正比,所以 $x = ky$(k 为比例常数).

由 $(7-4) = k(16-10)$,得 $k = \frac{1}{2}$,故 $y = 2x$.

于是,运货总量为

$$Q = (4+x)(16-y) = (4+x)(16-2x) = -2x^2 + 8x + 64.$$

$$Q' = -4x + 8$$

令 $Q' = 0$ 得 $x = 2$.

$$Q'' = -4 < 0$$

所以 $x = 2$ 为问题的唯一的极大值点亦即最大值点,这时,$y = 2x = 4$.

亦即,汽船每次拖 6 只小船,每天来回 12 次能使运货总量达到最大.

32. 甲船以每小时 20km 的速度向东行驶,同一时间乙船在甲船正北 82km 处以每小时 16km 的速度向南行驶. 试问经过多少时间两船距离最近?

解:经过 t 小时,甲船行驶了 $20t$km,乙船行驶了 $16t$km,这时两船间的距离为

$$S(t) = \sqrt{(20t)^2 + (82-16t)^2}$$

$$S'(t) = \frac{800t + 2(82-16t)\cdot(-16)}{2\sqrt{(20t)^2 + (82-16t)^2}}$$

令 $S'(t) = 0$,解得 $t = 2$(小时).

33. 对物体的长度进行了 n 次测量,得 n 个数 $x_1, x_2, \cdots, x_n$,现在要确定一个量 x,使得 x 与测量的数值之差的平方和为最小,x 应是多少?

解:依题意,设 $S = (x-x_1)^2 + (x-x_2)^2 + \cdots + (x-x_n)^2$. 我们要确定,当 x 为多少时 S 取最小值.

$$S'=2(x-x_1)+2(x-x_2)+\cdots+2(x-x_n)$$

令 $S'=0$,得 $x=\dfrac{x_1+x_2+\cdots+x_n}{n}$.

$$S''=2+2+\cdots+2=2n>0$$

所以 $x=\dfrac{x_1+x_2+\cdots+x_n}{n}$为所求的唯一极小值点亦即为最小值点.

34. 某工厂生产某种商品,其年销售量为100万件,每批生产需增加准备费1000元,而每件的库存费为0.05元。如果年销售率是均匀的,且上批销售完后,立即再生产下一批(此时商品库存量为批量的一半),试问应分几批生产,能使生产准备费及库存费之和最小?

解:设总费用为 Q 元,共分 x 批生产,则

$$Q=1000x+\frac{10^6}{2x}\times 0.05=1000x+\frac{25000}{x}$$

因
$$Q'=1000-\frac{25000}{x^2}$$

令 $Q'=0$,解之得 $x=5$,$x=-5$(舍去).

又 $Q''=\dfrac{2\times 25000}{x^3}$,$Q''(5)>0$. 所以 $x=5$ 是所论问题的唯一极小值点亦即最小值点.

这时

$$Q=1000\times 5+\frac{25000}{5}=5000+5000=10000(\text{元}).$$

35. 某商店每年销售某种商品 a 件,每次购进的手续费为 b 元,而每件商品的库存费为 c 元/年. 若该商品均匀销售,且上一批销售完后,立即进下一批货,试问商店应分几批购进这种商品,能使所用的手续费及库存费总和最小?

解:设所花费的总费用为 Q,批数为 x,则

$$Q=bx+\frac{a}{2x}\cdot c=bx+\frac{ac}{2x}$$

$$Q'=b-\frac{ac}{2}\cdot\frac{1}{x^2}$$

令 $Q'=0$,得 $x=\sqrt{\dfrac{ac}{2b}}$为所求,即批数为$\sqrt{\dfrac{ac}{2b}}$批.

36. 判定下列曲线的凹凸性及拐点

(1) $y=x+\dfrac{1}{x}$;　　(2) $y=x\arctan x$;

(3) $y=\ln(1+x^2)$;　　(4) $y=\dfrac{2x}{1+x^2}$;

(5) $y=xe^{-x}$;　　(6) $y=x^4(12\ln x-7)$.

解:(1) $y'=1-\dfrac{1}{x^2}$,$y''=\dfrac{2}{x^3}$.

显然,当 $x>0$ 时,$y''>0$;当 $x<0$ 时,$y''<0$,所以函数在$(0,+\infty)$内向上凹;在$(-\infty,0)$内向下凹. 由于 $x=0$ 时函数无定义,故函数无拐点.

(2)
$$y' = \arctan x + \frac{x}{1+x^2}.$$

$$y'' = \frac{1}{1+x^2} + \frac{1-x^2}{(1+x^2)^2} = \frac{2}{(1+x^2)^2}.$$

对 $\forall x \in (-\infty, +\infty)$,恒有 $y''>0$. 故函数在$(-\infty, +\infty)$内向上凹,无拐点.

(3)$y' = \dfrac{2x}{1+x^2}$, $y'' = \dfrac{2(1-x^2)}{(1+x^2)^2} = \dfrac{2(1+x)(1-x)}{(1+x^2)^2}$.

令 $y''=0$ 解之得 $x_1=-1, x_2=1$.

列表如表 5-6 所示.

表 5-6

x	$(-\infty,-1)$	-1	$(-1,1)$	1	$(1,+\infty)$
y''	$-$	0	$+$	0	$-$
y	⌒	ln2	◡	ln2	⌒

函数在$(-\infty,-1)\cup(1,+\infty)$内向下凹,在$(-1,1)$内向上凹. 拐点有两个,其坐标分别为$(-1,\ln 2)$和$(1,\ln 2)$.

(4)$y' = 2\dfrac{1+x^2-x\cdot 2x}{(1+x^2)^2} = 2\dfrac{1-x^2}{(1+x^2)^2}$.

$$y'' = 2\frac{-2x(1+x^2)^2-(1-x^2)\cdot 2(1+x^2)\cdot 2x}{(1+x^2)^4}$$

$$= 2\frac{-2x(1+x^2)-4x(1-x^2)}{(1+x^2)^3}$$

$$= 2\frac{-2x-2x^3-4x+4x^3}{(1+x^2)^3} = 4\frac{x(x^2-3)}{(1+x^2)^3} = \frac{4x(x+\sqrt{3})(x-\sqrt{3})}{(1+x^2)^3}.$$

令 $y''=0$,解之得 $x_1=0, x_2=-\sqrt{3}, x_3=\sqrt{3}$.

列表如表 5-7 所示.

表 5-7

x	$(-\infty,-\sqrt{3})$	$-\sqrt{3}$	$(-\sqrt{3},0)$	0	$(0,\sqrt{3})$	$\sqrt{3}$	$(\sqrt{3},+\infty)$
y''	$-$	0	$+$	0	$-$	0	$+$
y	⌒	$-\frac{\sqrt{3}}{2}$	◡	0	⌒	$\frac{\sqrt{3}}{2}$	◡

函数 y 在区间$(-\infty,-\sqrt{3})\cup(0,\sqrt{3})$内严格向下凹,在区间$(-\sqrt{3},0)\cup(\sqrt{3},+\infty)$内

严格向上凹．有三个拐点，其坐标依次为$\left(-\sqrt{3},-\frac{\sqrt{3}}{2}\right)$、$(0,0)$和$\left(\sqrt{3},\frac{\sqrt{3}}{2}\right)$.

(5)
$$y'=e^{-x}-xe^{-x}=e^{-x}(1-x),$$
$$y''=-e^{-x}(1-x)-e^{-x}=-e^{-x}(2-x).$$

令$y''=0$，解得$x=2$.

当$x<2$时，$y''<0$；当$x>2$时，$y''>0$. 故$(2,2e^{-2})$为其拐点．函数在$(-\infty,2)$内向下凹，在$(2,+\infty)$内向上凹．

(6)$y'=4x^3(12\ln x-7)+x^4\cdot\frac{12}{x}=48x^3\ln x-28x^3+12x^3=48x^3\ln x-16x^3$,

$y''=144x^2\ln x+48x^2-48x^2=144x^2\ln x$,

令$y''=0$，解之得$x=1.(x>0)$

当$0<x<1$时，$y''<0$；当$x>1$时，$y''>0$，所以函数y在区间$(0,1)$内向下凹，在$(1,+\infty)$内向上凹，$(1,-7)$为拐点．

37. 利用函数图形的凸凹性，证明不等式

(1)$\frac{1}{2}(x^n+y^n)>\left(\frac{x+y}{2}\right)^n\quad(x>0,y>0,x\neq y,n>1)$；

(2)$\frac{e^x+e^y}{2}>e^{\frac{x+y}{2}},(x\neq y)$.

证：(1)$\frac{1}{2}(x^n+y^n)>\left(\frac{x+y}{2}\right)^n\quad(x>0,y>0,x\neq y,n>1)$.

设$f(x)=x^n$

因$f'(x)=nx^{n-1},f''(x)=n(n-1)x^{n-2}$,

因$x>0,n>1$，故$f''(x)>0$

故函数$f(x)$在区间$(0,+\infty)$内严格向上凹．

$\forall x,y\in(0,+\infty)$，由函数向上凹的定义，有

$$f\left(\frac{x+y}{2}\right)<\frac{f(x)+f(y)}{2}$$

即
$$\left(\frac{x+y}{2}\right)^n<\frac{1}{2}\left(x^n+y^n\right),x>0,y>0,n>1.$$

(2)$\frac{e^x+e^y}{2}>e^{\frac{x+y}{2}}\quad(x\neq y)$.

设$f(x)=e^x$.

$f'(x)=e^x,f''(x)=e^x$，不论x取何值，均有$f''(x)>0$，所以$f(x)$在$(-\infty,+\infty)$内向上凹．$\forall x,y\in(-\infty,+\infty)$，由函数向上凹的定义，有

$$f\left(\frac{x+y}{2}\right)<\frac{1}{2}\left(f(x)+f(y)\right)$$

故
$$e^{\frac{x+y}{2}}<\frac{1}{2}(e^x+e^y).$$

38. 证明曲线$y=\frac{x-1}{x^2+1}$有三个拐点位于同一直线上．

证:$y' = \frac{(1+x^2)-(x-1)\cdot 2x}{(1+x^2)^2} = \frac{1+2x-x^2}{(1+x^2)^2}$,

$$y'' = \frac{(1+2x-x^2)'(1+x^2)^2-(1+2x-x^2)\left[(1+x^2)^2\right]'}{(1+x^2)^4}$$

$$= \frac{2(x^3-3x^2-3x+1)}{(1+x^2)^3} = \frac{2(x+1)(x^2-4x+1)}{(1+x^2)^3}.$$

令 $y''=0$,解之得 $x_1=-1, x_2=2-\sqrt{3}, x_3=2+\sqrt{3}$.

列表如表 5-8 所示.

表 5-8

x	$(-\infty,-1)$	-1	$(-1,2-\sqrt{3})$	$2-\sqrt{3}$	$(2-\sqrt{3},2+\sqrt{3})$	$2+\sqrt{3}$	$(2+\sqrt{3},+\infty)$
y''	$-$	0	+	0	$-$	0	+
y	⌒	-1	◡	$\frac{1-\sqrt{3}}{4(2-\sqrt{3})}$	⌒	$\frac{1+\sqrt{3}}{4(2+\sqrt{3})}$	◡

函数 y 在区间 $(-\infty,-1)$ 内向下凹,在 $(-1,2-\sqrt{3})$ 内向上凹,在 $(2-\sqrt{3},2+\sqrt{3})$ 内向下凹,在 $(2+\sqrt{3},+\infty)$ 内向上凹.可见点 $A(-1,-1)$, $B\left(2-\sqrt{3},\frac{1-\sqrt{3}}{4(2-\sqrt{3})}\right)$, $C\left(2+\sqrt{3},\frac{1+\sqrt{3}}{4(2+\sqrt{3})}\right)$ 确为函数的三个拐点.

其次,连接点 A,B 的直线的斜率为

$$\frac{\frac{1-\sqrt{3}}{4(2-\sqrt{3})}+1}{2-\sqrt{3}+1} = \frac{1}{4}$$

连接点 A、C 的直线的斜率为

$$\frac{\frac{1+\sqrt{3}}{4(2+\sqrt{3})}+1}{2+\sqrt{3}+1} = \frac{1}{4}$$

所以直线 $AB /\!/ AC$,从而证明直线 AB 与直线 AC 重合.故函数的三个拐点 A,B,C 位于同一直线上.

39. 试问 a,b 为何值时,点 $(1,3)$ 为曲线 $y=ax^3+bx^2$ 的拐点?

解:因点 $(1,3)$ 为曲线 y 的拐点,这个拐点必在曲线上,故

$$a+b=3 \tag{1}$$

其次,因 $y=ax^3+bx^2$ 有连续的二阶导数,该函数在拐点处,二阶导数为 0,因此,$y'=3ax^2+2bx$, $y''=6ax+2b$,于是

$$6a+2b=0 \tag{2}$$

联立解式(1),式(2)得 $a=-\frac{3}{2},b=\frac{9}{2}$.

40. 试决定曲线方程 $y=ax^3+bx^2+cx+d$ 中的 a,b,c,d,使得点$(-2,44)$为驻点,点$(1,-10)$为拐点。

解:因函数 y 为 4 次多项式,具有连续的导数,因之在驻点处一阶导数为零,在拐点处二阶导数为零. 依题意得

$$y\Big|'_{x=-2}=12a-4b+c=0 \tag{1}$$

$$y\Big|''_{x=1}=6a+2b=0 \tag{2}$$

$$-8a+4b-2c+d=44 \tag{3}$$

$$a+b+c+d=-10 \tag{4}$$

联立解方程(1),(2),(3),(4),得

$$a=1,b=-3,c=-24,d=16.$$

41. 试决定 $y=k(x^2-3)^2$ 中的 k 的值,使曲线在拐点处的法线通过原点.

解:因为函数 y 为 4 次多项式,具有连续的二阶导数,因之在拐点处二阶导数为 0.

$$y'=2k(x^2-3)\cdot 2x=4kx(x^2-3)$$

$$y''=4k(x^2-3)+4kx\cdot 2x=12k(x^2-1)$$

令 $y''=0$,得 $x=-1,x=1$.

当 $x=-1$ 时 $y=4k$;当 $x=1$ 时 $y=4k$.

经检验,点$(-1,4k)$和$(1,4k)$均为曲线的拐点.

(1)在拐点$(-1,4k)$处,$y\Big|'_{x=-1}=8k$. 所以过这点的法线斜率为 $-\frac{1}{8k}$. 法线方程为

$$y-4k=-\frac{1}{8k}(x+1)$$

$$y=-\frac{1}{8k}x+4k-\frac{1}{8k}$$

因法线方程过坐标原点,故有 $4k-\frac{1}{8k}=0$,即

$$k^2=\frac{1}{32},$$

故

$$k=\pm\frac{1}{4\sqrt{2}}.$$

(2)在拐点$(1,4k)$处,$y\Big|'_{x=1}=-8k$,故过这点的法线斜率为$\frac{1}{8k}$,法线方程为

$$y-4k=\frac{1}{8k}(x-1)$$

$$y=\frac{1}{8k}x+4k-\frac{1}{8k}$$

因法线过坐标原点,故 $4k-\frac{1}{8k}=0$,解之得 $k=\pm\frac{1}{4\sqrt{2}}$.

42. 设 $y=f(x)$ 在 $x=x_0$ 的某邻域内具有三阶连续导数，如果 $f'(x_0)=f''(x_0)=0$，$f'''(x_0)\neq 0$，试问 $x=x_0$ 是否为极值点？为什么？又 $(x_0,f(x_0))$ 是否为拐点？为什么？

答：(1)点 $x=x_0$ 不是极值点．由泰勒公式

$$f(x)=f(x_0)+\frac{f'(x_0)}{1!}(x-x_0)+\frac{f''(x_0)}{2!}(x-x_0)^2+\frac{f'''(\xi)}{3!}(x-x_0)^3,(x_0<\xi<x)$$

因 $f'(x_0)=f''(x_0)=0$，故 $f(x)-f(x_0)=\dfrac{f'''(\xi)}{3!}(x-x_0)^3$.

又因 $f'''(x_0)\neq 0$，由连续函数的保号性知在 x_0 的某邻域内，$f'''(\xi)$ 保持同一符号，不妨设 $f'''(\xi)>0$. 于是：

当 $x<x_0$ 时，$f(x)-f(x_0)<0$，

当 $x>x_0$ 时，$f(x)-f(x_0)>0$

可见 $x=x_0$ 不是函数的极值点．

(2)点 $(x_0,f(x_0))$ 为函数的拐点．考虑二阶导数在点 x_0 两侧符号的变化．

$$f''(x)=f''(x_0)+\frac{f''(\xi)}{1!}(x-x_0)=f'''(\xi)(x-x_0)$$

仿(1)，仍设 $f'''(\xi)>0$，则：

当 $x<x_0$ 时，$f''(x)<0$；

当 $x>x_0$ 时，$f''(x)>0$，

于是 $f''(x)$ 在点 x_0 的两侧改变符号，因此点 $(x_0,f(x_0))$ 为曲线的拐点．

43. 作出下列函数的图形

(1) $f(x)=1+\dfrac{36x}{(x+3)^2}$；　　(2) $f(x)=\dfrac{x^3}{(x-1)^2}$.

解：(1) $f(x)=1+\dfrac{36x}{(x+3)^2}$.

(i)函数的定义域为 $(-\infty,-3)\cup(-3,+\infty)$

(ii) $f'(x)=\dfrac{36(3-x)}{(x+3)^3}$

令 $f'(x)=0$，得 $x=3$. 当 $x=-3$ 时，$f'(x)=\infty$.

(iii) $f''(x)=\dfrac{72(x-6)}{(x+3)^4}$.

令 $f''(x)=0$，得 $x=6$. 当 $x=-3$ 时，$f''(x)=\infty$.

(iv)当 $x\to\infty$ 时，$f(x)\to 1$. 所以函数有一条水平渐近线 $y=1$.

当 $x\to-3$ 时，$f(x)\to\infty$. 所以函数有一条铅直渐近线 $x=-3$. 因

$$\lim_{x\to\infty}\frac{f(x)}{x}=\lim_{x\to\infty}\frac{1+\dfrac{36x}{(x+3)^2}}{x}=\lim_{x\to\infty}\frac{(x+3)^2+36x}{x(x+3)^2}=0$$

故函数无斜渐近线．

(v)下面列表讨论如表 5-9 所示．

表 5-9

x	$(-\infty,-3)$	-3	$(-3,3)$	3	$(3,6)$	6	$(6,+\infty)$
$f'(x)$	$-$	∞	$+$	0	$-$		$-$
$f''(x)$	$-$	∞	$-$		$-$	0	$+$
$f(x)$	↘	∞	↗	4	↘	$\frac{11}{3}$	↘

从表 5-9 可以看出,函数在$(-\infty,-3)$内是单调减向下凹,在$(-3,3)$内单调增向下凹,在$(3,6)$内单调减向下凹,在$(6,+\infty)$内单调减向上凹．$x=3$ 为函数的极大值点,极大值为 4;点$\left(6,\frac{11}{3}\right)$为拐点．

(vi)作图如图 5-1 所示．

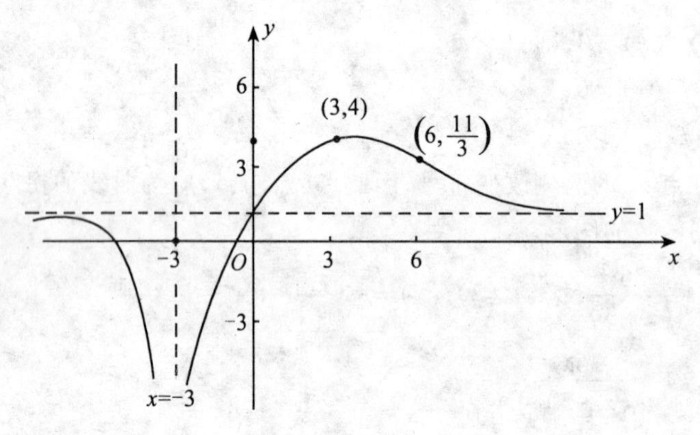

图 5-1

(2)$f(x)=\frac{x^3}{(x-1)^2}$.

(i)函数的定义域为$(-\infty,1)\cup(1,+\infty)$.

(ii)$f'(x)=\frac{x^2(x-3)}{(x-1)^3}$.

令 $f'(x)=0$ 解得 $x_1=0,x_2=3$. 当 $x=1$ 时, $f'(x)=\infty$.

(iii)$f''(x)=\frac{(3x^2-6x)(x-1)^3-3(x-1)^2(x^3-3x^2)}{(x-1)^6}=\frac{6x}{(x-1)^4}$.

令 $f''(x)=0$,得 $x=0$. 当 $x=1$ 时, $f''(x)=\infty$.

(iv)当 $x\to1$ 时 $f(x)\to\infty$,所以函数有一条铅直渐近线 $x=1$,无水平渐近线．因

$$\lim_{x\to\infty}\frac{f(x)}{x}=\lim_{x\to\infty}\frac{x^3}{x(x-1)^2}=1$$

$$\lim_{x\to\infty}\left[f(x)-x\right]=\lim_{x\to\infty}\left[\frac{x^3}{(x-1)^2}-x\right]=\lim_{x\to\infty}\frac{2x^2-x}{(x-1)^2}=2$$

所以函数有一条斜渐近线 $y=x+2$.

(v)列表讨论如表 5-10 所示.

表 5-10

x	$(-\infty,0)$	0	$(0,1)$	1	$(1,3)$	3	$(3,+\infty)$
$f'(x)$	+	0	+	∞	-	0	+
$f''(x)$	-	0	+	∞	+		+
$f(x)$	↗	0	↗	∞	↘	$\frac{27}{4}$	↗

显见,函数在区间$(-\infty,0)$内单调增向下凹,在区间$(0,1)$内单调增向上凹,在区间$(1,3)$内单调减向上凹,在区间$(3,+\infty)$内单调增向上凹. 在点 $x=0$ 的两侧函数的凹性相反,所以点$(0,0)$为拐点,在点 $x=3$ 处函数取得极小值,极小值为$\frac{27}{4}$.

(vi)作图如图 5-2 所示.

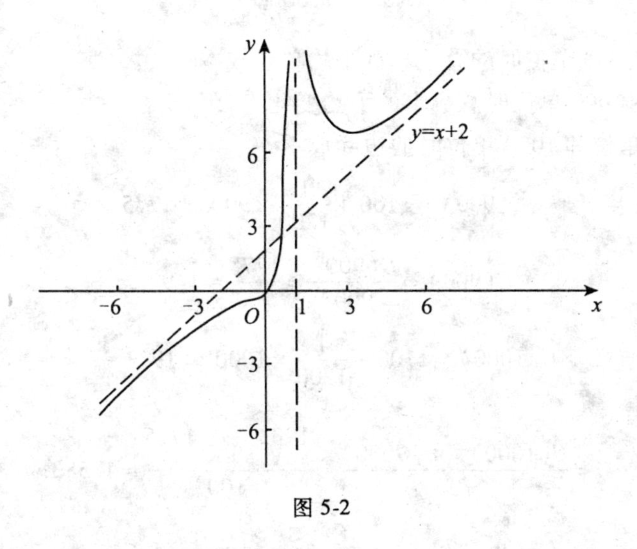

图 5-2

44. 某商店以每件 100 元的进价购进一批衣服. 设这种商品的需求函数为 $Q=400-2P$(其中 Q 为需求量,单位为件;P 为销售价格,单位为元). 试问应将售价定为多少才可以获得最大利润? 最大利润是多少?

解:当需求量(即销售量)为 Q 时总收入函数为

$R=PQ=400P-2P^2$,这时总成本函数为

$$C=100Q=40000-200P$$

所以利润函数为

$$L(P)=R(P)-C(P)=-2P^2+600P-40000$$

令 $L'(P)=0$,有 $-4P+600=0$. 解之得 $P=150$.

因 $L''(150)=-4<0$,所以 $P=150$ 为函数 $L(P)$ 的唯一极大值点即最大值点,$L_{max}(150)=-2\times150^2+600\times150-40000=5000$(元).

45. 某化工厂日产能力最高为1000吨,每日产品的总成本 C(单位:元)是日产量 x(单位:吨)的函数:

$$C=C(x)=1000+7x+50\sqrt{x}\quad x\in[0,1000]$$

(1)求当日产量为100吨时的边际成本;

(2)求当日产量为100吨时的平均单位成本.

解:(1)边际成本函数为

$$C'(x)=7+\frac{25}{\sqrt{x}}$$

故
$$C'(100)=7+\frac{25}{\sqrt{100}}=9.5(\text{元})$$

(2)$\overline{C}(100)=\frac{C(100)}{100}=\frac{1000+7\times100+50\times\sqrt{100}}{100}=22$(元).

46. 某产品生产 x 单位的总成本 C 为 x 的函数

$$C=C(x)=1100+\frac{1}{1200}x^2$$

试求:(1)生产900单位时的总成本和平均单位成本;

(2)生产900~1000单位时总成本的平均变化率;

(3)生产900单位和1000单位时的边际成本.

解:(1)
$$C(900)=1100+\frac{1}{1200}\times900^2=1775$$

$$\overline{C}(900)=\frac{C(900)}{900}=\frac{1775}{900}\approx1.97.$$

(2)
$$C(1000)=1100+\frac{1}{1200}\times1000^2=1933\frac{1}{3}$$

$$\overline{C}=\frac{C(1000)-C(9000)}{100}=\frac{1933\frac{1}{3}-1775}{100}\approx1.583.$$

(3)
$$C'=\frac{1}{1200}\times2x=\frac{x}{600}$$

$$C'(900)=\frac{900}{600}=1.5$$

$$C'(1000)=\frac{1000}{600}\approx1.67.$$

47. 设某产品生产 x 单位的总收益 R 为 x 的函数

$$R=R(x)=200x-0.01x^2$$

试求:生产50单位产品时的总收益及平均单位产品的收益和边际收益.

解:
$$R(50)=200\times50-0.01\times50^2=9975$$

$$\overline{R}(50)=\frac{R(50)}{50}=\frac{9975}{50}=199.5$$

$$R'(x)=200-0.02x$$

$$R'(50)=200-0.02\times50=199.$$

48. 生产某种商品 x 单位的利润是

$$L(x)=5000+x-0.00001x^2(\text{元})$$

试问生产多少单位时获得的利润最大?

解:$L'(x)=1-0.00002x$

令 $L'(x)=0$,解之得　$x=50000$.

又 $L''(50000)=-0.00002<0$

所以 $x=50000$ 是极大值点也是最大值点. 可见生产 50000 单位时获得的利润最大.

49. 某工厂每批生产某种商品 x 单位的费用为

$$C(x)=5x+200(\text{元})$$

得到的收益是

$$R(x)=10x-0.01x^2(\text{元})$$

试问每批应生产多少单位时才能使利润最大?

解:$L(x)=R(x)-C(x)=5x-0.01x^2-200$

$L'(x)=5-0.02x$,令 $L'(x)=0$ 得 $x=250$.

$$L''(250)=-0.02<0$$

所以 $x=250$ 是 $L(x)$ 的唯一极大值点也是最大值点. 因此每批生产 250 单位时能使利润最大.

50. 某商品的价格 P 与需求量 Q 的关系为

$$P=10-\frac{Q}{5}$$

(1)试求需求量为 20 与 30 时的总收益 R、平均收益 $\overline{R}$ 及边际收益 R';

(2)Q 为多少时总收益最大?

解:(1)

$$R=PQ=10Q-\frac{Q^2}{5}$$

$$R(20)=10\times20-\frac{1}{5}\times20^2=120$$

$$R(30)=10\times30-\frac{1}{5}\times30^2=120$$

$$\overline{R}(20)=\frac{R(20)}{20}=\frac{120}{20}=6$$

$$\overline{R}(30)=\frac{R(30)}{30}=\frac{120}{30}=4$$

$$R'(Q)=10-\frac{2}{5}Q$$

$$R'(20)=10-\frac{2}{5}\times20=2$$

$$R'(30)=10-\frac{2}{5}\times 30=-2.$$

(2) $$\text{令 } R'(Q)=0,\text{得 } Q=25$$

$$R''(25)=-\frac{2}{5}<0$$

所以 $Q=25$ 是 $R(Q)$ 的唯一极大值点也是最大值点．即 $Q=25$ 时总收益最大.

51. 某工厂生产某产品，日总成本为 C 元，其中固定成本为 200 元，每多生产一单位产品，成本增加 10 元．该商品的需求函数为 $Q=50-2P$，求 Q 为多少时工厂日总利润 L 最大.

解：设生产 Q 个单位时，总成本为

$$C(Q)=200+10Q$$

收益为 $$R(Q)=PQ=25Q-\frac{1}{2}Q^2$$

总利润为

$$L(Q)=R(Q)-C(Q)=25Q-\frac{1}{2}Q^2-10Q-200=15Q-\frac{1}{2}Q^2-200$$

令 $L'(Q)=0$ 得 $15-Q=0$，所以 $Q=15$.

因 $L''(15)=-1<0$，所以 $Q=15$ 为 $L(Q)$ 的极大值点也是最大值点．所以当 $Q=15$ 时工厂日总利润 L 最大.

52. 设某商品需求量 Q 对价格 P 的函数关系为

$$Q=f(P)=1600\left(\frac{1}{4}\right)^P$$

试求需求量 Q 对于价格 P 的弹性函数.

解：$\eta(P)=-Q'\cdot\frac{P}{Q}=-1600\left(\frac{1}{4}\right)^P\cdot\ln\frac{1}{4}\cdot\frac{P}{1600\left(\frac{1}{4}\right)^P}=2P\ln 2.$

53. 设某商品需求函数为 $Q=\mathrm{e}^{-\frac{P}{4}}$，试求需求弹性函数及 $P=3, P=4, P=5$ 时的需求弹性.

解： $$\eta(P)=-Q'\cdot\frac{P}{Q}=-\left(-\frac{1}{4}\right)\mathrm{e}^{-\frac{P}{4}}\cdot\frac{P}{\mathrm{e}^{-\frac{P}{4}}}=\frac{P}{4}.$$

$$\eta(3)=\frac{3}{4},\quad \eta(4)=1,\quad \eta(5)=\frac{5}{4}.$$

54. 某商品的需求函数为 $Q=Q(P)=75-P^2$.

(1) 试求当 $P=4$ 时的边际需求、弹性需求，并分别说明其经济意义；

(2) 当 $P=4$ 及 $P=6$ 时，若价格上涨 1%，总收益将变化多少？是增加还是减少？

(3) P 为多少时，总收益最大？

解：(1) $Q'(P)=-2P$ 所以 $Q'(4)=-8$. 这说明当价格为 4 个单位时，若增加一个单位，需求将减少 8 个单位.

$$\eta'(P)=-Q'(P)\cdot\frac{P}{Q}=-(-2P)\cdot\frac{P}{75-P^2}=\frac{2P^2}{75-P^2}$$

$$\eta'(4)=\frac{2\times 4^2}{75-4^2}=\frac{32}{75-16}=\frac{32}{59}\approx 0.54$$

其经济意义为:当价格 P 为 4 个单位时,价格每上涨 1% 时需求增加 0.54%.

(2)收益函数　$R(P)=Q\cdot P=(75-P^2)\cdot P=75P-P^3$

收益弹性函数　$\dfrac{E(R)}{E(P)}=R'\cdot\dfrac{P}{R}=\dfrac{(75-3P^2)\cdot P}{75P-P^3}$

$$\left.\frac{E(R)}{E(P)}\right|_{P=4}=\frac{(75-3\times16)\times4}{75\times4-4^3}\approx0.46$$

$$\left.\frac{E(R)}{E(P)}\right|_{P=6}=\frac{(75-3\times36)\times6}{75\times6-6^3}\approx-0.85$$

当 $P=4$ 时,价格上涨 1%,总收益将增加 0.46%;当 $P=6$ 时,价格上涨 1%,总收益将减少 0.85%.

(3)$R'(P)=75-3P^2$

令 $R'(P)=0$,得 $P=5$,

$$R''(5)=-6\times5=-30<0$$

所以 $P=5$ 为 $R(P)$ 的唯一极大值点也是最大值点. 所以当 $P=5$ 时总收益最大.

55. 设某商品的总成本(单位:万元)是产量 Q(单位:台)的函数

$$C=C(Q)=0.4Q^2+3.8Q+38.4$$

试求使平均成本最低的产量及最低平均成本.

解:$\overline{C}(Q)=\dfrac{C(Q)}{Q}=\dfrac{0.4Q^2+3.8Q+38.4}{Q}=0.4Q+3.8+\dfrac{38.4}{Q}$

$$\overline{C}'(Q)=0.4-\frac{38.4}{Q^2}$$

令 $\overline{C}'(Q)=0$,得 $Q^2=96$,$Q=4\sqrt{6}$.

又 $\overline{C}''(Q)=\dfrac{2\times38.4}{Q^3}$,$\overline{C}''(4\sqrt{6})>0$

所以 $Q=4\sqrt{6}$ 为 $\overline{C}(Q)$ 的唯一极小值点也是最小值点. 故当 $Q=4\sqrt{6}$ 时平均成本最低.

56. 某商品,若定价每件 5 元,可以卖出 1000 件,假若每件降低 0.01 元,估计可多卖出 10 件. 试问在此情形下,每件售价为多少时,可以获最大收益,最大收益是多少?

解法 1:设卖出的件数为 Q,每件售价应降低

$$\frac{Q-1000}{10}\times0.01=0.001Q-1\text{(元)}$$

从而,每件售价为

$$P=5-(0.001Q-1)\text{(元/件)}$$

收益函数

$R=P\cdot Q=[5-(0.001Q-1)]Q=6Q-0.001Q^2$

因
$$\frac{\mathrm{d}R}{\mathrm{d}Q}=6-0.002Q\begin{cases}>0, & Q<3000\\=0, & Q=3000\\<0, & Q>3000\end{cases}$$

故当 $Q=3000$ 件时,收益最大,其值为

$$R\Big|_{Q=3000}=(6Q-0.001Q^2)\Big|_{Q=3000}=9000\text{(元)}$$

收益最大时的商品售价为

$$P\Big|_{Q=3000}=(6-0.001Q)\Big|_{Q=3000}=3(\text{元})$$

解法 2:利用需求价格弹性求解,设卖出的件数为 Q,则价格函数为

$$P=6-0.001Q(\text{见解法 }1)$$

从而,需求函数为 $Q=6000-1000P$,因需求价格弹性

$$E=-\frac{P}{Q}\cdot Q'=-\frac{P}{6000-1000P}\cdot(-1000)=\frac{P}{6-P}$$

令 $E=1$,得 $6-P=P,P=3$(元/件)

收益函数 $R=P\cdot Q=P(6000-1000P)=6000P-1000P^2$ 当 $P=3$ 时,收益最大,其值

$$R\Big|_{P=3}=9000(\text{元})$$

解法 3:设 Q 为超过 1000 的件数. 若卖出的商品为 $1000+Q$,每件售价应降低 $0.01\times\frac{Q}{10}$(元),从而商品的售价为 $P=5-0.01\times\frac{Q}{10}$(元/件)

这时,总收益函数 $R=R(Q)=(1000+Q)\left(5-0.01\times\frac{Q}{10}\right)=5000+4Q-0.001Q^2$

因

$$\frac{dR}{dQ}=4-0.002Q\begin{cases}>0,Q<2000\\=0,Q=2000\\<0,>2000\end{cases}$$

故 $Q=2000$ 件时,收益最大,其值 $R\Big|_{Q=2000}=9000$(元).

商品售价 $P\Big|_{Q=2000}=5-\frac{0.01\times2000}{10}=3$(元/件).

57. 厂商的总收益函数和总成本函数分别为

$$R(Q)=30Q-3Q^2$$
$$C(Q)=Q^2+2Q+2$$

厂商追求最大利润,政府对商品征税. 试求

(1)厂商纳税前的最大利润及此时的产量和价格;

(2)征税收益最大值及此时的税率 t(单位产品的税收金额);

(3)厂商纳税后的最大利润及此时的产品价格;

(4)税率 t 由消费者和厂商承担,确定各承担多少.

解:(1)显然,纳税前,当产量 $Q_0=\frac{7}{2}$时,可获最大利润,其值 $L=47$. 此时产品的价格

$$P_0=19\frac{1}{2}.$$

(2)征税目标函数　　$T=tQ$

纳税后的总成本函数为　$C_t=C_t(Q)=Q^2+2Q+2+tQ$

因 $R'(Q)=30-6Q,C'_t=2Q+2+t$,

由取极值的必要条件　$R'(Q)=C'_t(Q)$,即

$$30-6Q=2Q+2+t$$

解得 $$Q_t=\frac{28-t}{8}$$

又因 $$R''(Q)=-6, C''_t(Q)=2$$

显然有 $$R''(Q)<C''_t(Q)\text{（对任何 }Q\text{ 都成立）}$$

所以，纳税后厂商获最大利润的产出水平为 $Q_t=\frac{28-t}{8}$.

这时，征税收益函数 $T=tQ_t=\frac{1}{8}(28t-t^2)$

由此式确定税率 t，以使 T 取最大值.

根据极大值存在的条件，因为 $\frac{\mathrm{d}T}{\mathrm{d}t}=\frac{1}{8}(28-2t)=0$ 时，$t_0=14$

$$\frac{\mathrm{d}^2T}{\mathrm{d}t^2}=-\frac{1}{4}<0$$

所以，当税率 $t_0=14$ 时，这时 $Q_t=\frac{28-14}{8}=\frac{7}{4}$，征税收益最大，其值是

$$T=t_0Q_t=14\times\frac{7}{4}=24\frac{1}{2}.$$

(3)纳税后，利润函数

$$L_t=R(Q)-C_t(Q)=-4Q^2+(28-t)Q-2$$

当 $Q_t=\frac{7}{4}, t_0=14$ 时最大利润 $L_t=10\frac{1}{4}$.

此时，产品的价格

$$P_t=\frac{R(Q)}{Q}\bigg|_{Q=\frac{7}{4}}=(30-3Q)\bigg|_{Q=\frac{7}{4}}=24\frac{3}{4}$$

比较以上计算，因产品纳税，产出由 $\frac{7}{2}$ 下降为 $\frac{7}{4}$，而价格由 $19\frac{1}{2}$ 上升为 $24\frac{3}{4}$；最大利润由 47 减为 $\frac{41}{4}$.

(4)税前产品的价格 $P=19\frac{1}{2}$，税后产品的价格 $P_t=24\frac{3}{4}$. 因此，消费者承担的税收是

$$P_t-P_0=24\frac{3}{4}-19\frac{1}{2}=\frac{21}{4}$$

从而厂商承担的部分是

$$t_o-(P_t-P_0)=14-\frac{21}{4}=\frac{35}{4}$$

综合练习 5

一、选择题

1. 下列函数中在给定的区间上满足罗尔中值定理条件的是（　　）.

A. $f(x)=(x-1)^{\frac{2}{3}}$　　$[0,2]$

B. $f(x)=x^2-4x+3 \quad [1,3]$

C. $f(x)=x\cos x \quad [0,\pi]$

D. $f(x)=\begin{cases} x+1, & x<3 \\ 1 & x\geqslant 3 \end{cases} \quad [0,3]$

答:罗尔中值定理的三个条件为

(i)$f(x)$在闭区间$[a,b]$上连续;

(ii)$f(x)$在开区间(a,b)内可导;

(iii)$f(a)=f(b)$.

显然,A 式$f(x)$于$x=1$处不可导,C 式不满足定理的(iii)条件;D 式$f(x)$不满足罗尔定理的任一条件. 只有 B 式所表示的函数满足罗尔定理的全部条件. 故选 B.

2. 函数$f(x)=x^2-2x$在$[0,4]$上满足拉格朗日中值定理条件的点$\xi=$(　　).

A. 1　　B. 2　　C. 3　　D. $\frac{5}{2}$

答:由拉格朗日中值定理,我们有

$f(4)-f(0)=f'(\xi)(4-0),\xi\in(0,4)$

则$(4^2-2\times4)-0=(2x-2)\Big|_{x=\xi}\times4$

$8=8(\xi-1)$,所以$\xi=2$.

故选 B.

3. 若$f(x)$在$[a,b]$上连续,在(a,b)内可导,但$f(a)\neq f(b)$,则(　　).

A. 一定不存在点$\xi\in(a,b)$,使$f'(\xi)=0$

B. 至少存在一点$\xi\in(a,b)$,使$f'(\xi)=0$

C. 至多存在一点$\xi\in(a,b)$,使$f'(\xi)=0$

D. 可能存在一点$\xi\in(a,b)$,使$f'(\xi)=0$

答:显然,A,B,C 三个答案都是错误的. 故选 D.

4. 设$f(x)$在$[a,b]$上连续,在(a,b)内可导,且$f'(x)>0$. 如果$f(b)<0$,则在(a,b)内$f(x)$(　　).

A. <0　　B. >0　　C. $\geqslant0$　　D. $=0$

答:因$f'(x)>0$. $\forall x\in(a,b)$,故$f(x)$在(a,b)内单调增. 于是,当$x<b$时,有$f(x)<f(b)<0$,故所以$f(x)<0$. 选 A.

5. 对任意x,下列不等式正确的是(　　).

A. $e^{-x}\leqslant1-x$　　B. $e^{-x}\leqslant1+x$

C. $e^{-x}\geqslant1-x$　　D. $e^{-x}\geqslant1+x$

答:当$x=0$时以上四式等号成立.

当$x\neq0$时,令$f(x)=e^{-x}$.

(i)$x>0$,显然$f(x)=e^{-x}$在$[0,x]$上满足拉格朗日中值定理条件,于是

$f(x)-f(0)=f'(\xi)\cdot x$,即　$e^{-x}-e^0=-e^{-\xi}\cdot x,\xi\in(0,x)$

因$e^{-\xi}<e^0=1$,故$-e^{-\xi}x>-x$,所以$e^{-x}-1>-x$,即$e^{-x}>1-x$

(ii)$x<0$,同理可证$e^{-x}>1-x$.

故对一切 x,都有 $e^{-x}\geq 1-x$. 故选 C.

6. 设 $\lim\limits_{x\to a}\dfrac{f(x)-f(a)}{(x-a)^2}=-2$,则在 $x=a$ 处 $f(x)$(　　).

A. 可导且 $f'(a)=-2$　　B. 不可导

C. 取得极小值　　D. 取得极大值

答:原极限式可变形为

$$\lim_{x\to a}\frac{\dfrac{f(x)-f(a)}{x-a}}{x-a}=-2,\text{则有}$$

$$\lim_{x\to a}\frac{f(x)-f(a)}{x-a}=0,\text{即} f'(a)=0$$

这结果说明 A,B 都不对.

其次,由极限的局部保号性知,在 a 的某一邻域内有 $\dfrac{f(x)-f(a)}{(x-a)^2}<0$. 由此有 $f(x)-f(a)<0$,这说明 $f(a)$ 为 $f(x)$ 的一个极大值. 故选 D.

7. 设 $f(x)$ 在 (a,b) 内可导,x_1,x_2 是 (a,b) 内任意两点,则必有(　　).

A. $f(x_2)-f(x_1)=f'(\xi)(x_2-x_1),x_1\leq\xi\leq x_2$

B. $f(x_2)-f(x_1)=f'(\xi)(x_2-x_1),\xi\in[a,x_1]$ 或 $\xi\in[x_2,b]$

C. $f(x_2)-f(x_1)=f'(\xi)(x_2-x_1),\xi\in(x_1,x_2)$

D. $f(x_2)-f(x_1)=f'(\xi)(x_1-x_2),\xi\in(x_1,x_2)$

答:由拉格朗日中值定理,易判断 C 是正确的. 故选 C.

8. 设 $f(x)$ 在 $[a,b]$ 上连续,在 (a,b) 内可导,且 $f'(x)>0$, $f(b)<0$,则在 (a,b) 内, $f(x)$(　　).

A. >0　　B. <0　　C. ≥ 0　　D. ≤ 0

答:因 $f'(x)>0,x\in(a,b)$,故 $f(x)$ 在 (a,b) 内单调增,所以当 $x<b$ 时,有 $f(x)<f(b)$. 又 $f(b)<0$, $f(x)<0$. 故选 B.

9. 设函数 $y=f(x)$ 满足方程 $f''(x)-2f'(x)+f(x)=0$. 如果 $f(x)>0$,且 $f'(x_0)=0$,则函数 $f(x)$ 在点 x_0 处(　　).

A. 有极大值　　B. 有极小值

C. 某邻域内单调增加　　D. 某邻域内单调减小

答:由已知条件,有 $f''(x_0)-2f'(x_0)+f(x_0)=0$,故 $f''(x_0)=-f(x_0)<0$. 因 $f(x)$ 二阶连续可导,且 $f'(x_0)=0$, $f''(x_0)<0$,故 x_0 为 $f(x)$ 的一个极大值点,即 $f(x_0)$ 为极大值. 故选 A.

10. 下列求极限问题能使用洛必达法则的是(　　).

A. $\lim\limits_{x\to 0}\dfrac{x^2\sin\dfrac{1}{x}}{\sin x}$　　B. $\lim\limits_{x\to\frac{\pi}{2}}\dfrac{\sec x}{\tan x}$

C. $\lim\limits_{x\to 0}(1-3x)^{\frac{1}{2x}}$　　D. $\lim\limits_{x\to+\infty}\dfrac{x}{\sqrt{x^2+1}}$

答:对 A 式应用洛必达法则,有

$\lim\limits_{x\to 0}\dfrac{2x\sin\dfrac{1}{x}-\cos\dfrac{1}{x}}{\cos x}$不存在,而$\lim\limits_{x\to 0}\dfrac{x^2\sin\dfrac{1}{x}}{\sin x}=\lim\limits_{x\to 0}\dfrac{x^2\sin\dfrac{1}{x}}{x}=0$

故不能用洛必达法则. B 式和 D 式均为定式,不是未定式. 故选 C.

11. 设$f(x)$在(a,b)内二次可导,且$xf''(x)-f'(x)<0$,则在(a,b)内,$\dfrac{f'(x)}{x}$是(　　).

A. 单调增加　　　　B. 单调减少

C. 有增有减　　　　D. 有界函数

答:因$\left(\dfrac{f'(x)}{x}\right)'=\dfrac{xf''(x)-f'(x)}{x^2}<0$,所以函数$f(x)$在$(a,b)$内为单调减函数. 故选 B.

12. 设函数$y=f(x)$在点x_0处满足条件$f'(x_0)=f''(x_0)=0$, $f'''(x_0)>0$,则下述结论中正确的是(　　).

A. $f(x_0)$是$f(x)$的极大值

B. $f(x_0)$是$f(x)$的极小值

C. $f'(x_0)$是$f'(x)$的极大值

D. $(x_0, f(x_0))$是曲线$y=f(x)$的拐点

答:记 $\Phi(x)=f'(x)$

因$\Phi'(x_0)=f''(x_0)=0$,

$\Phi''(x_0)=f'''(x_0)>0$

故x_0是$f'(x)$的极小值点,故 C 错.

由泰勒公式

$$f(x)-f(x_0)=f'(x_0)(x-x_0)+\frac{f''(x_0)}{2!}(x-x_0)^2+\frac{f'''(\xi)}{3!}(x-x_0)^3$$

$$=\frac{f'''(\xi)}{3!}(x-x_0)^3,\ (x<\xi<x_0)$$

$$=\frac{f'''(x_0)+\alpha}{3!}(x-x_0)^3,\ (\text{当 } x\to x_0 \text{ 时 } \alpha\to 0)$$

因$f'''(x_0)>0$,故$\dfrac{f'''(x_0)+\alpha}{3!}>0$.

于是,当$x<x_0$时, $f(x)-f(x_0)<0$, $x>x_0$时, $f(x)-f(x_0)>0$.

所以x_0不是$f(x)$的极值点.

其次, $f''(x)=f''(x_0)+\dfrac{f'''(\xi)}{1!}(x-x_0)$, $x<\xi<x_0$

故$f''(x)=f'''(\xi)(x-x_0)=\left[f'''(x_0)+d\right](x-x_0)$

其中当在 $x\to x_0$ 时以零为极限. 根据极限的局部保号性知, $f'''(x_0)>0$ 则有$f'''(x_0)+\alpha>0$

故当$x<x_0$时, $f''(x)<0$; $x>x_0$时$f''(x)>0$

$(x_0, f(x_0))$为$f(x)$的拐点. 故选 D.

二、填空题

1. 设某种产品的要求函数为$Q=e^{-\frac{P}{4}}$,则当$P=4$时的需求弹性为<u>　1　</u>.

解：$\eta = -Q' \cdot \frac{P}{Q} = -\left(-\frac{1}{4}\right)e^{-\frac{P}{4}} \cdot \frac{P}{e^{-\frac{P}{4}}} = \frac{P}{4}$.

故 $\eta\Big|_{P=4} = \frac{4}{4} = 1$.

2. 设 $f(x) = bx^3 - 6bx^2 + c$ 在区间 $[-1,2]$ 上的最大值为 3，最小值为 -29，又 $b>0$，则 $b =$ __2__ ，$c =$ __3__ .

解：$f'(x) = 3bx^2 - 12bx = 3bx(x-4)$.

令 $f'(x)=0$，得 $x=0, x=4$（舍去）. 因

$$f(-1) = -b - 6b + c = c - 7b,$$

$$f(0) = c,$$

$$f(2) = 8b - 24b + c = c - 16b.$$

$b>0$，可见 $f(0)=c$ 为最大值，$f(2)=c-16b$ 为最小值，故 $c=3, b=2$.

3. 曲线 $f(x) = \frac{x^2-1}{x(2x+1)}$ 的垂直渐近线是 __$x=0, x=-\frac{1}{2}$__ ，水平渐近线是 __$y=\frac{1}{2}$__ .

解：(1) $\lim\limits_{x\to 0}\frac{x^2-1}{x(2x+1)} = \infty$, $\lim\limits_{x\to -\frac{1}{2}}\frac{x^2-1}{x(2x+1)} = \infty$

所以曲线的垂直渐近线有两条，一条为 $x=0$，另一条为 $x=-\frac{1}{2}$.

(2) 因 $\lim\limits_{x\to\infty}\frac{x^2-1}{x(2x+1)} = \frac{1}{2}$，所以曲线的水平渐近线为 $y=\frac{1}{2}$.

4. 设 $f(x)$ 二次可微，且 $f(0)=0$，$f'(0)=1$，$f''(0)=2$，则 $\lim\limits_{x\to 0}\frac{f(x)-x}{x^2} =$ __1__ .

解：由罗必达法则，有

$$\lim_{x\to 0}\frac{f(x)-x}{x^2} = \lim_{x\to 0}\frac{f'(x)-1}{2x} = \lim_{x\to 0}\frac{f''(x)}{2} = \frac{f''(0)}{2} = 1.$$

5. 函数 $f(x) = \frac{1}{3}x^3 + \frac{1}{2}x^2 - 6x + 100$ 的单调减少区间为 __$(-3,2)$__ .

解：$f'(x) = x^2 + x - 6 = (x+3)(x-2)$.

令 $f'(x)=0$，得 $x_1=-3, x_2=2$，列表如表 5-11 所示.

表 5-11

x	$(-\infty,-3)$	-3	$(-3,2)$	2	$(2,+\infty)$
$f'(x)$	+	0	−	0	+
$f(x)$	↗		↘		↗

故函数 $f(x)$ 的单调减少区间为 $(-3,2)$.

6. 对函数 $f(x)=\ln(1+x)$ 在区间 $[0,x]$ 上应用拉格朗日中值定理，得 $\ln(1+x)-\ln 1=\frac{1}{1+\theta x}\cdot x$，其中 $\theta x=\xi$，$0<\theta<1$. 当 $x\to 0$ 时，$\lim\limits_{x\to 0}\theta=$ $\underline{\quad\frac{1}{2}\quad}$.

解：由题设，有

$$\ln(1+x)=\frac{x}{1+\theta x}$$

故

$$1+\theta x=\frac{x}{\ln(1+x)},$$

从而

$$\theta=\frac{1}{x}\left(\frac{x}{\ln(1+x)}-1\right)=\frac{x-\ln(1+x)}{x\ln(1+x)}$$

$$\lim_{x\to 0}\theta=\lim_{x\to 0}\frac{x-\ln(1+x)}{x\ln(1+x)}=\lim_{x\to 0}\frac{1-\frac{1}{1+x}}{\ln(1+x)+\frac{x}{1+x}}=\lim_{x\to 0}\frac{x}{x+(1+x)\ln(1+x)}$$

$$=\lim_{x\to 0}\frac{1}{1+\ln(1+x)+1}=\frac{1}{2}.$$

7. 曲线 $y=2x^3+3x^2-12x+14$ 的拐点为 $\underline{\left(-\frac{1}{2},\frac{41}{2}\right)}$.

解：

$$y'=6x^2+6x-12$$

$$y''=12x+6=6(2x+1)$$

令 $y''=0$，得 $x=-\frac{1}{2}$.

当 $x<-\frac{1}{2}$ 时，$y''<0$；$x>-\frac{1}{2}$ 时 $y''>0$. 故 $\left(-\frac{1}{2},\frac{41}{2}\right)$ 为函数的拐点.

8. 平面上通过一个已知点 $P(1,4)$ 引一条直线，使该直线在两个坐标轴上截距都为正，且使两截距之和为最小，则该直线的方程为 $\underline{\quad 2x+y-6=0\quad}$.

解法 1：设过点 $P(1,4)$ 的直线方程为

$$y-4=k(x-1).$$

令 $x=0$，得 $y=4-k$，令 $y=0$，得 $x=1-\frac{4}{k}$，记

$$f(k)=4-k+1-\frac{4}{k}=5-k-\frac{4}{k}.$$

$$f'(k)=-1+\frac{4}{k^2}.$$

令 $f'(k)=0$，得 $\frac{4}{k^2}=1$，$k=-2$，$k=2$

当 $k=2$ 时 $x=1-2=-1<0$ 不合题意，故舍去. 则所求直线方程为

$$y-4=-2(x-1)$$

即

$$2x+y-6=0$$

解法 2：设所求直线方程为

$$\frac{x}{a}+\frac{y}{b}=1,\ a>0,\ b>0.$$

因直线过点(1,4),故$\frac{1}{a}+\frac{4}{b}=1$,$a=\frac{b}{b-4}$,记

$$f(b)=\frac{b}{b-4}+b=1+b+\frac{4}{b-4}$$

$$f'(b)=1-\frac{4}{(b-4)^2}$$

令$f'(b)=0$,得$(b-4)^2=4$,故$b-4=\pm2$,$b_1=6$,$b_2=2$.

当$b=2$时,$a<0$不合题意,故舍去.$a=\frac{6}{6-4}=3$,故所求直线方程为

$$\frac{x}{3}+\frac{y}{6}=1$$

即
$$2x+y-6=0$$

三、计算题

1. $\lim\limits_{x\to+\infty}x^2\left(1-x\sin\frac{1}{x}\right)$.

解:令$\frac{1}{x}=t$,当$x\to+\infty$时$t\to+0$,故

原极限$=\lim\limits_{t\to0^+}\dfrac{1-\frac{\sin t}{t}}{t^2}=\lim\limits_{t\to+0}\dfrac{t-\sin t}{t^3}=\lim\limits_{t\to+0}\dfrac{1-\cos t}{3t^2}=\lim\limits_{t\to+0}\dfrac{\sin t}{6t}=\dfrac{1}{6}$.

2. 设$f(t)=\lim\limits_{x\to\infty}\left(\frac{x+t}{x-t}\right)^x$,求$f'(t)$.

解:$\lim\limits_{x\to\infty}\left(\dfrac{x+t}{x-t}\right)^x=\lim\limits_{x\to\infty}\left(1+\dfrac{2t}{x-t}\right)^x=\lim\limits_{x\to\infty}\left[\left(1+\dfrac{2t}{x-t}\right)^{\frac{x-t}{2t}}\right]^{\frac{2tx}{x-t}}$

$$=\lim_{x\to\infty}\left[\left(1+\frac{2t}{x-t}\right)^{\frac{x-t}{2t}}\right]^{\lim\limits_{x\to\infty}\frac{2tx}{x-t}}=e^{2t},$$

故$f'(t)=(e^{2t})'=2e^{2t}$.

3. 设$y=(\ln x)^x$,求dy

解法1:$\ln y=x\ln x$

故$\frac{dy}{y}=\ln x dx+dx=(1+\ln x)dx$

$dy=y(1+\ln x)dx=(\ln x)^x(1+\ln x)dx$.

解法2:$y=e^{x\ln x}$

$dy=e^{x\ln x}\cdot d(x\ln x)=(\ln x)^x(1+\ln x)dx$.

4. 曲线$y=(ax-b)^3$在点$(1,(a-b)^3)$处有拐点,试确定a与b的关系.

解:$y'=3a(ax-b)^2$,

$y''=6a^2(ax-b)$.

令$y''=0$,得$ax-b=0$,故$x=\frac{b}{a}$. 由已知条件,$(1,(a-b)^3)$为拐点,这时$x=1$,则$\frac{b}{a}=1$,故$a=b$.

四、应用题

设商品的平均收益与总成本函数分别为

$$\overline{R}=\frac{R(Q)}{Q}=a-bQ \quad (a>0,b>0),$$

$$C(Q)=\frac{1}{3}Q^3-7Q^2+100Q+500,$$

当边际收益 $R'(Q)=67$,需求价格弹性 $\eta=\frac{89}{22}$时,其利润最大. 试求

(1)利润最大时的产量;

(2)确定 a,b 的值.

解:(1)边际成本函数

$C'(Q)=Q^2-14Q+100.$

当利润最大时应有 $R'(Q)=C'(Q)$,

即 $67=Q^2-14Q+100$

解之得 $Q_1=3,Q_2=11.$

因 $C''(Q)=2Q-14$

故$C''(3)=6-14=-8<0,$

　$C''(11)=22-14=8>0.$

又 $R=P\cdot Q=\overline{R}\cdot Q=(a-bQ)Q=aQ-bQ^2$

$R''(Q)=-2b<0(b>0).$

故当 $Q=11$ 时,有 $R''(Q)<C''(Q)$,而当 $Q=3$ 时无法判断 $R''(3)$与 $C''(3)$的大小,故 $Q=3$ 舍去.

从而,利润最大时,产量 $Q=11.$

(2)因 $R'(Q)=(Q\cdot P(Q))'=P+Q\cdot P'=P\left(1+\frac{QP'}{P}\right)=P\left(1+\cfrac{1}{\cfrac{P\cdot Q'}{Q}}\right)$

$$=P\left(1-\frac{1}{\eta}\right)$$

所以 $67=P\left(1-\frac{22}{89}\right)$解之得 $P=89.$

因 $\overline{R}(Q)=a-bQ$,故 $R(Q)=aQ-bQ^2,R'(Q)=a-2bQ$

将 $R'(Q)=67,P=\overline{R}(Q)=89,Q=11$ 代入 $R(Q)$及 $R'(Q)$,得

$$\begin{cases}a-22b=67\\a-11b=89\end{cases}$$

解之得 $a=111,b=2.$

五、证明题

1. 设函数$f(x),g(x)$在区间$[a,b]$上连续,可导,在区间(a,b)内有 $f'(x)<g'(x)$,且 $f(b)=g(b)$,证明在(a,b)内一定有$f(x)>g(x)$.

证:令 $\Phi(x)=f(x)-g(x)$

则 $\Phi(x)$在$[a,b]$上连续可导,

因 $\Phi'(x)=f'(x)-g'(x)<0$

故 $\Phi(x)$在(a,b)内为单调减的函数.

又当 $x=b$ 时 $\Phi(b)=f(b)-g(b)=0$ 故当 $x<b$ 时,由减函数的定义有

$\Phi(x)>\Phi(b)=0$,

即　$f(x)-g(x)>0$,亦即　$f(x)>g(x)$.

2. 设$f(x)$二阶连续可导,且 $\lim\limits_{x\to 0}\dfrac{f(x)}{x}=0$, $f(1)=0$,证明存在 $\xi\in(0,1)$,使$f''(\xi)=0$.

证:因 $\lim\limits_{x\to 0}\dfrac{f(x)}{x}=0$,故 $\lim\limits_{x\to 0}f(x)=0$.

由 $f(x)$的连续性知 $\lim\limits_{x\to 0}f(x)=0=f(0)$. 又 $f(1)=0$.

易知函数$f(x)$在闭区间$[0,1]$上满足罗尔定理的全部条件,所以存在 $\xi_1\in(0,1)$,使$f'(\xi_1)=0$. 其次,

$$f'(0)=\lim_{x\to 0}\frac{f(x)-f(0)}{x-0}=\lim_{x\to 0}\frac{f(x)-0}{x-0}=0$$

因 $f(x)$二阶连续可导,故 $f'(x)$在闭区间$[0,\xi_1]$上也满足罗尔定理的条件,所以存在

$$\xi\in(0,\xi_1)\subset(0,1),使f''(\xi)=0.$$

3. 设$f(x)$在$[0,1]$上连续,在$(0,1)$内可导,且 $f(0)=0$, $f(1)=1$,试证:对任意给定的正数 a,b,在$(0,1)$内存在不同的 ξ,η,使

$$\frac{a}{f'(\xi)}+\frac{b}{f'(\eta)}=a+b$$

证:$\forall a,b>0$,有 $0<\dfrac{a}{a+b}<1$. 由介值定理,$\exists\tau\in(0,1)$,使 $f(\tau)=\dfrac{a}{a+b}$. 对$f(x)$分别在$(0,\tau)$与$(\tau,1)$上应用拉格朗日中值定理,有

$$f(\tau)-f(0)=f'(\xi)(\tau-0),\xi\in(0,\tau)$$
$$f(1)-f(\tau)=f'(\eta)(1-\tau),\eta\in(\tau,1)$$

联立上述两式,可解得

$$\frac{a}{f'(\xi)}+\frac{b}{f'(\eta)}=a+b.$$

六、综合题

试求一个当 $x=1$ 时取极大值 6,$x=3$ 时取极小值 2 的次数最低的多项式.

解:因多项式处处连续可导,且 $x=1$,$x=3$ 为极值点,故有 $P'(1)=P'(3)=0$. 所以 $P'(x)$至少是一个二次多项式,$P(x)$至少是一个三次多项式. 设

$$P'(x)=A(x-1)(x-3)$$

则

$$P(X)=A\left(\frac{x^3}{3}-2x^2+3x\right)+B$$

由 $P(1)=6$,$P(3)=2$,代入上式得

$$A\left(\frac{1}{3}-2+3\right)+B=6$$

$$A(9-18+9)+B=2$$

解之得 $B=2, A=3$,所以

$$P(x)=3\left(\frac{x^3}{3}-2x^2+3x\right)+2=x^3-6x^2+9x+2.$$

习　题　6

1. 已知一物体自由下落，$t=0$ 时的位置为 S_0，初速度为 V_0，试求物体下落的规律。

解：设物体在下落过程中任一时刻 t 的速度为 V，则 $V(t)=V_0+gt$. 这时下落的路程为

$$S(t)=\int v(t)\mathrm{d}t=\int(v_0+gt)\mathrm{d}t=v_0t+\frac{1}{2}gt^2+C$$

因 $S(t)\big|_{t=0}=S_0$，所以 $C=S_0$，故　$S(t)=v_0t+\dfrac{1}{2}gt^2+S_0$.

2. 求一曲线 $y=f(x)$，该曲线在点 $(x,f(x))$ 处的切线斜率为 $2x$，且通过点(2,5).

解：依题意有 $f'(x)=2x$，故 $y=\int f'(x)\mathrm{d}x=\int 2x\mathrm{d}x=x^2+C$.

因曲线过点(2,5)，故 $5=2^2+C$，$C=1$，所求曲线为 $y=x^2+1$.

3. 某静止物体以速度 $v=at$（$a>0$ 是常数）作匀加速运动，且已知 $S_0=S\big|_{t=t_0}$，试求该物体的运动规律.

解：由已知条件，可得

$$S(t)=\int v(t)\mathrm{d}t=\int at\mathrm{d}t=\frac{1}{2}at^2+C$$

因 $t=t_0$ 时　$S(t_0)=S_0$，所以 $S_0=\dfrac{1}{2}at_0^2+C$，$C=S_0-\dfrac{1}{2}at_0^2$，故

$$S(t)=\frac{1}{2}a(t^2-t_0^2)+S_0.$$

4. 已知某产品产量的变化率是时间 t 的函数 $f(t)=at+b$（a,b 为常数）。设该产品的产量函数为 $P(t)$，又 $P(0)=0$，试求 $P(t)$.

解：产量函数为 $P(t)$，其变化率为

$$P'(t)=f(t)=at+b$$

故

$$P(t)=\int P'(t)\mathrm{d}t=\int(at+b)\mathrm{d}t=\frac{1}{2}at^2+bt+C$$

当 $t=0$ 时　$P(0)=0$，所以 $C=0$. 故 $P(t)=\dfrac{1}{2}at^2+bt$.

5. 求下列不定积分

(1) $\int\dfrac{1}{x^3}\mathrm{d}x$；　(2) $\int x\sqrt{x}\mathrm{d}x$；　(3) $\int\dfrac{1}{\sqrt{2gh}}\mathrm{d}h$；

(4) $\int\sqrt[m]{t^n}\mathrm{d}t$；　(5) $\int(a-bx^2)^3\mathrm{d}x$；　(6) $\int\dfrac{(1-x)^2}{\sqrt[3]{x}}\mathrm{d}x$；

(7) $\int(\sqrt{x}+1)(\sqrt{x^3}-\sqrt{x}+1)\mathrm{d}x$；　(8) $\int\dfrac{x^2}{x^2+1}\mathrm{d}x$；

(9) $\int \frac{x^2+\sqrt{x^3}+3}{\sqrt{x}}dx$; (10) $\int \sin^2\frac{x}{2}dx$; (11) $\int \cot^2 x dx$;

(12) $\int \sqrt{x\sqrt{x\sqrt{x}}}dx$; (13) $\int \frac{e^{2x}-1}{e^x-1}dx$; (14) $\int \frac{\cos 2x}{\cos x+\sin x}dx$;

(15) $\int \frac{dx}{x^2(1+x^2)}$; (16) $\int (e^x-3\cos x)dx$; (17) $\int 2^x\cdot e^x dx$;

(18) $\int \frac{x^4}{1+x^2}dx$; (19) $\int \frac{1+x+x^2}{x(1+x^2)}dx$; (20) $\int \tan^2 x dx$;

(21) $\int \sin^2\frac{x}{2}dx$; (22) $\int \frac{dx}{\sin^2\frac{x}{2}\cos^2\frac{x}{2}}$; (23) $\int \frac{1}{\cos^2 x\sin^2 x}dx$.

解:(1) $\int \frac{1}{x^3}dx = \int x^{-3}dx = -\frac{1}{2}x^{-2}+C.$

(2) $\int x\sqrt{x}dx = \int x^{\frac{3}{2}}dx = \frac{2}{5}x^{\frac{5}{2}}+C.$

(3) $\int \frac{1}{\sqrt{2gh}}dh = \frac{1}{\sqrt{2g}}\int h^{-\frac{1}{2}}dh = \frac{2}{\sqrt{2g}}h^{\frac{1}{2}}+C = \sqrt{\frac{2h}{g}}+C.$

(4) $\int \sqrt[m]{t^n}dt = \int t^{\frac{n}{m}}dt = \frac{1}{\frac{n}{m}+1}t^{\frac{n}{m}+1}+C = \frac{m}{n+m}t^{\frac{n}{m}+1}+C.$

(5) $$\int (a-bx^2)^3dx = \int (a^3-3a^2bx^2+3ab^2x^4-b^3x^6)dx$$
$$= a^3x-a^2bx^3+\frac{3}{5}ab^2x^5-\frac{1}{7}b^3x^7+C.$$

(6) $$\int \frac{(1-x)^2}{\sqrt[3]{x}}dx = \int \frac{(1-2x+x^2)}{\sqrt[3]{x}}dx = \int (x^{-\frac{1}{3}}-2x^{\frac{2}{3}}+x^{\frac{5}{3}})dx$$
$$= \frac{3}{2}x^{\frac{3}{2}}-\frac{6}{5}x^{\frac{5}{3}}+\frac{3}{8}x^{\frac{8}{3}}+C.$$

(7) $$\int (\sqrt{x}+1)(\sqrt{x^3}-\sqrt{x}+1)dx = \int (x^2+x^{\frac{3}{2}}-x-x^{\frac{1}{2}}+x^{\frac{1}{2}}+1)dx$$
$$= \int (x^2+x^{\frac{3}{2}}-x+1)dx$$
$$= \frac{1}{3}x^3+\frac{2}{5}x^{\frac{5}{2}}-\frac{1}{2}x^2+x+C.$$

(8) $\int \frac{x^2}{x^2+1}dx = \int \frac{x^2+1-1}{x^2+1}dx = \int \left(1-\frac{1}{1+x^2}\right)dx = x-\arctan x+C.$

(9) $\int \frac{x^2+\sqrt{x^3}+3}{\sqrt{x}}dx = \int (x^{\frac{3}{2}}+x+3x^{-\frac{1}{2}})dx = \frac{2}{5}x^{\frac{5}{2}}+\frac{1}{2}x^2+6x^{\frac{1}{2}}+C.$

(10) $\int \sin^2\frac{x}{2}dx = \int \frac{1}{2}(1-\cos x)dx = \frac{1}{2}(x-\sin x)+C.$

(11) $\int \cot^2 x dx = \int \left(\frac{1}{\sin^2 x}-1\right)dx = -\cot x-x+C.$

(12) $\int \sqrt{x\sqrt{x\sqrt{x}}}\mathrm{d}x = \int x^{\frac{7}{8}}\mathrm{d}x = \frac{8}{15}x^{\frac{15}{8}} + C.$

(13) $\int \frac{\mathrm{e}^{2x}-1}{\mathrm{e}^{x}-1}\mathrm{d}x = \int(\mathrm{e}^{x}+1)\mathrm{d}x = \mathrm{e}^{x}+x+C.$

(14) $\int \frac{\cos 2x}{\cos x+\sin x}\mathrm{d}x = \int \frac{\cos^2 x-\sin^2 x}{\cos x+\sin x}\mathrm{d}x = \int(\cos x-\sin x)\mathrm{d}x = \sin x+\cos x+C.$

(15) $\int \frac{\mathrm{d}x}{x^2(1+x^2)} = \int\left(\frac{1}{x^2}-\frac{1}{1+x^2}\right)\mathrm{d}x = -\frac{1}{x}-\arctan x+C.$

(16) $\int(\mathrm{e}^{x}-3\cos x)\mathrm{d}x = \mathrm{e}^{x}-3\sin x+C.$

(17) $\int 2^{x}\cdot\mathrm{e}^{x}\mathrm{d}x = \int(2\mathrm{e})^{x}\mathrm{d}x = \frac{(2\mathrm{e})^{x}}{\ln 2\mathrm{e}}+C.$

(18) $\int \frac{x^4}{1+x^2}\mathrm{d}x = \int \frac{x^4-1+1}{1+x^2}\mathrm{d}x = \int\left[(x^2-1)+\frac{1}{1+x^2}\right]\mathrm{d}x$

$= \frac{1}{3}x^3-x+\arctan x+C.$

(19) $\int \frac{1+x+x^2}{x(1+x^2)}\mathrm{d}x = \int\left(\frac{1}{x}+\frac{1}{1+x^2}\right)\mathrm{d}x = \ln|x|+\arctan x+C.$

(20) $\int \tan^2 x\mathrm{d}x = \int\left(\frac{1}{\cos^2 x}-1\right)\mathrm{d}x = \tan x-x+C.$

(21) $\int \sin^2\frac{x}{2}\mathrm{d}x = \frac{1}{2}\int(1-\cos x)\mathrm{d}x = \frac{1}{2}(x-\sin x)+C.$

(22) $\int \frac{\mathrm{d}x}{\sin^2\frac{x}{2}\cos^2\frac{x}{2}} = \int\frac{4}{\sin^2 x}\mathrm{d}x = -4\cot x+C.$

(23) $\int \frac{1}{\cos^2 x\sin^2 x}\mathrm{d}x = \int\frac{\cos^2 x+\sin^2 x}{\cos^2 x\cdot\sin^2 x}\mathrm{d}x = \int\left(\frac{1}{\sin^2 x}+\frac{1}{\cos^2 x}\right)\mathrm{d}x = \tan x-\cot x+C.$

6. 求下列不定积分

(1) $\int \frac{3}{(1-2x)^2}\mathrm{d}x$;　(2) $\int \frac{\mathrm{d}x}{\sqrt[3]{(3-2x)}}$;　(3) $\int a^{3x}\mathrm{d}x$;

(4) $\int \frac{2x}{1+x^2}\mathrm{d}x$;　(5) $\int t\cdot\sqrt{t^2-5}\mathrm{d}t$;　(6) $\int \frac{\mathrm{e}^{\frac{1}{x}}}{x^2}\mathrm{d}x$;

(7) $\int \frac{x^2}{\sqrt[3]{(x^3-5)^2}}\mathrm{d}x$;　(8) $\int(\ln x)^2\cdot\frac{1}{x}\mathrm{d}x$;　(9) $\int \frac{2x-1}{x^2-x+3}\mathrm{d}x$;

(10) $\int \frac{\mathrm{d}x}{x\ln x}$;　(11) $\int \frac{\mathrm{e}^{x}}{1+\mathrm{e}^{x}}\mathrm{d}x$;　(12) $\int \frac{x-1}{x^2+1}\mathrm{d}x$;

(13) $\int \frac{\mathrm{d}x}{4+9x^2}$;　(14) $\int \frac{\mathrm{d}x}{4x^2+4x+5}$;　(15) $\int \frac{\mathrm{d}x}{4-9x^2}$;

(16) $\int \frac{\mathrm{d}x}{x^2-x-6}$;　(17) $\int \frac{\mathrm{d}x}{\sqrt{4-9x^2}}$;　(18) $\int \frac{\mathrm{d}x}{\sqrt{5-2x-x^2}}$;

(19) $\int \sin 3x\mathrm{d}x$;　(20) $\int \sin^2 3x\mathrm{d}x$;　(21) $\int \mathrm{e}^{\sin x}\cos x\mathrm{d}x$;

(22) $\int e^x \cos e^x dx$; (23) $\int \sin^3 x dx$; (24) $\int \sin^4 x dx$;

(25) $\int \sin^2 x \cos^5 x dx$; (26) $\int \tan^4 x dx$; (27) $\int \frac{dx}{\sin^4 x}$;

(28) $\int x^3 (1+x^2)^{\frac{1}{2}} dx$; (29) $\int \frac{dx}{x(x^6+4)}$; (30) $\int \tan^3 x dx$;

(31) $\int \frac{dx}{e^x + e^{-x}}$.

解:(1) 原式 $= 3\int \frac{dx}{(1-2x)^2} = -\frac{3}{2}\int \frac{d(1-2x)}{(1-2x)^2} = \frac{3}{2(1-2x)} + C.$

(2) 原式 $= \int (3-2x)^{-\frac{1}{3}} dx = -\frac{1}{2}\int (3-2x)^{-\frac{1}{3}} d(3-2x) = -\frac{3}{4}(3-2x)^{\frac{2}{3}} + C.$

(3) 原式 $= \int (a^3)^x dx = \frac{a^{3x}}{\ln a^3} + C = \frac{a^{3x}}{3\ln a} + C.$

或 原式 $= \frac{1}{3}\int a^{3x} d3x = \frac{1}{3}\frac{a^{3x}}{\ln a} + C.$

(4) 原式 $= \int \frac{dx^2}{1+x^2} = \int \frac{d(1+x^2)}{1+x^2} = \ln(1+x^2) + C.$

(5) 原式 $= \int \frac{1}{2}(t^2-5)^{\frac{1}{2}} dt^2 = \frac{1}{2}\int (t^2-5)^{\frac{1}{2}} d(t^2-5) = \frac{1}{3}(t^2-5)^{\frac{3}{2}} + C.$

(6) 原式 $= -\int e^{\frac{1}{x}} d\frac{1}{x} = -e^{\frac{1}{x}} + C.$

(7) 原式 $= \frac{1}{3}\int \frac{dx^3}{(x^3-5)^{\frac{2}{3}}} = \frac{1}{3}\int (x^3-5)^{-\frac{2}{3}} d(x^3-5) = (x^3-5)^{\frac{1}{3}} + C.$

(8) 原式 $= \int (\ln x)^2 d\ln x = \frac{1}{3}(\ln x)^3 + C.$

(9) 原式 $= \int \frac{d(x^2-x+3)}{x^2-x+3} = \ln(x^2-x+3) + C.$

(10) 原式 $= \int \frac{d\ln x}{\ln x} = \ln|\ln x| + C.$

(11) 原式 $= \int \frac{d(1+e^x)}{1+e^x} = \ln(1+e^x) + C.$

(12) 原式 $= \int \left(\frac{x}{x^2+1} - \frac{1}{x^2+1}\right) dx = \frac{1}{2}\int \frac{d(x^2+1)}{x^2+1} - \arctan x$

$= \frac{1}{2}\ln(1+x^2) - \arctan x + C.$

(13) 原式 $= \frac{1}{4}\int \frac{dx}{1+(\frac{3}{2}x)^2} = \frac{1}{4} \cdot \frac{\frac{2}{3} \cdot d\left(\frac{3}{2}x\right)}{1+\left(\frac{3}{2}x\right)^2} = \frac{1}{6}\arctan\frac{3}{2}x + C.$

(14) 原式 $= \int \frac{dx}{4+(2x+1)^2} = \frac{1}{4}\int \frac{dx}{1+\left(x+\frac{1}{2}\right)^2} = \frac{1}{4}\arctan\left(x+\frac{1}{2}\right) + C.$

(15) 原式 $=\int\frac{dx}{(2+3x)(2-3x)}=\frac{1}{4}\int\left(\frac{1}{2+3x}+\frac{1}{2-3x}\right)dx$

$=\frac{1}{4}\left[\frac{1}{3}\ln|2+3x|-\frac{1}{3}\ln|2-3x|\right]+C=\frac{1}{12}\ln\left|\frac{2+3x}{2-3x}\right|+C.$

(16) 原式 $=\int\frac{dx}{(x-3)(x+2)}=\frac{1}{5}\int\left(\frac{1}{x-3}-\frac{1}{x+2}\right)dx=\frac{1}{5}\ln\left|\frac{x-3}{x+2}\right|+C.$

(17) 原式 $=\frac{1}{2}\int\frac{dx}{\sqrt{1-\left(\frac{3}{2}x\right)^2}}=\frac{1}{2}\int\frac{\frac{2}{3}d\left(\frac{3}{2}x\right)}{\sqrt{1-\left(\frac{3}{2}x\right)^2}}=\frac{1}{3}\arcsin\frac{3}{2}x+C.$

(18) 原式 $=\int\frac{dx}{\sqrt{6-(x+1)^2}}=\frac{1}{\sqrt{6}}\int\frac{dx}{\sqrt{1-\left[\frac{(x+1)}{\sqrt{6}}\right]^2}}=\int\frac{d\left(\frac{x+1}{\sqrt{6}}\right)}{\sqrt{1-\left(\frac{x+1}{\sqrt{6}}\right)^2}}$

$=\arcsin\frac{x+1}{\sqrt{6}}+C.$

(19) 原式 $=\frac{1}{3}\int\sin3x\,d(3x)=-\frac{1}{3}\cos3x+C.$

(20) 原式 $=\frac{1}{2}\int(1-\cos6x)dx=\frac{1}{2}x-\frac{1}{12}\sin6x+C.$

(21) 原式 $=\int e^{\sin x}d\sin x=e^{\sin x}+C.$

(22) 原式 $=\int\cos e^x de^x=\sin e^x+C.$

(23) 原式 $=-\int\sin^2x\,d\cos x=\int(\cos^2x-1)d\cos x=\frac{1}{3}\cos^3x-\cos x+C.$

(24) 原式 $=\int(\sin^2x)^2dx=\int\left(\frac{1-\cos2x}{2}\right)^2dx=\frac{1}{4}\int(1-2\cos2x+\cos^22x)dx$

$=\frac{1}{4}x-\frac{1}{4}\sin2x+\frac{1}{4}\int\frac{1+\cos4x}{2}dx$

$=\frac{1}{4}x-\frac{1}{4}\sin2x+\frac{1}{8}\left(x+\frac{1}{4}\sin4x\right)+C$

$=\frac{3}{8}x-\frac{1}{4}\sin2x+\frac{1}{32}\sin4x+C.$

(25) 原式 $=\int\sin^2x\cos^4x\,d\sin x=\int\sin^2x(1-\sin^2x)^2d\sin x$

$=\int(\sin^2x-2\sin^4x+\sin^6x)d\sin x=\frac{1}{3}\sin^3x-\frac{2}{5}\sin^5x+\frac{1}{7}\sin^7x+C.$

(26) 原式 $=\int\frac{\sin^4x}{\cos^4x}dx=\int\frac{\sin^2x(1-\cos^2x)}{\cos^4x}dx=\int\left(\frac{\sin^2x}{\cos^4x}-\frac{\sin^2x}{\cos^2x}\right)dx$

$=\int\tan^2x\,d\tan x-\int\frac{1-\cos^2x}{\cos^2x}dx=\frac{1}{3}\tan^3x-\tan x+x+C.$

(27) 原式 $= \int \frac{\sin^2 x + \cos^2 x}{\sin^4 x} dx = \int \left(\frac{1}{\sin^2 x} + \frac{\cos^2 x}{\sin^2 x} \cdot \frac{1}{\sin^2 x} \right) dx$

$= -\cot x - \int \cot^2 x d\cot x = -\cot x - \frac{1}{3}\cot^3 x + C.$

(28) 原式 $= \int x(1+x^2)^{\frac{1}{2}}(1+x^2-1)dx = \int \left[x(1+x^2)^{\frac{3}{2}} - x(1+x^2)^{\frac{1}{2}} \right] dx$

$= \frac{1}{2}\int \left[(1+x^2)^{\frac{3}{2}} - (1+x^2)^{\frac{1}{2}} \right] d(1+x^2)$

$= \frac{1}{5}(1+x^2)^{\frac{5}{2}} - \frac{1}{3}(1+x^2)^{\frac{3}{2}} + C.$

(29) 因 $\frac{1}{x(x^6+4)} = \frac{1}{4}\left[\frac{(4+x^6)-x^6}{x(x^6+4)} \right]$,故

原式 $= \frac{1}{4}\int \left(\frac{1}{x} - \frac{x^5}{x^6+4} \right) dx = \frac{1}{4}\int \frac{1}{x}dx - \frac{1}{4} \cdot \frac{1}{6}\int \frac{d(x^6+4)}{x^6+4}$

$= \frac{1}{4}\ln|x| - \frac{1}{24}\ln(x^6+4) + C.$

(30) 原式 $= \int \frac{\sin^3 x}{\cos^3 x} dx = -\int \frac{(1-\cos^2 x)d\cos x}{\cos^3 x} = \int \left(\frac{1}{\cos x} - \frac{1}{\cos^3 x} \right) d\cos x$

$= \ln|\cos x| + \frac{1}{2\cos^2 x} + C.$

(31) 原式 $= \int \frac{e^x}{e^{2x}+1} dx = \int \frac{de^x}{e^{2x}+1} = \arctan e^x + C.$

7. 求下列不定积分

(1) $\int \sqrt[3]{x+a}\,dx$; (2) $\int x\sqrt{x+1}\,dx$; (3) $\int x\sqrt[4]{2x+3}\,dx$;

(4) $\int \frac{dx}{\sqrt{2x-3}+1}$; (5) $\int \frac{dx}{\sqrt{x}+\sqrt[3]{x^2}}$; (6) $\int (1-x^2)^{-\frac{3}{2}} dx$;

(7) $\int \frac{dx}{(1+x^2)^2}$; (8) $\int \frac{dx}{(a^2+x^2)^{\frac{3}{2}}}$; (9) $\int \frac{dx}{x\sqrt{x^2-1}}$;

(10) $\int \frac{\sqrt{x^2-a^2}}{x} dx$; (11) $\int \frac{x^2}{\sqrt{1-x^2}} dx$; (12) $\int \frac{dx}{\sqrt{9x^2-4}}$;

(13) $\int \frac{dx}{\sqrt{9x^2-6x+7}}$; (14) $\int \frac{dx}{\sqrt{1+e^x}}$.

解:(1) 原式 $= \int (x+a)^{\frac{1}{3}} d(x+a) = \frac{3}{4}(x+a)^{\frac{4}{3}} + C.$

(2) 令 $u = \sqrt{x+1}, x = u^2 - 1, dx = 2udu$,故

原式 $= \int (u^2-1) \cdot u \cdot 2udu = 2\int (u^4 - u^2) du = 2\left[\frac{1}{5}u^5 - \frac{1}{3}u^3 \right] + C$

$= \frac{2}{5}(x+1)^{\frac{5}{2}} - \frac{2}{3}(x+1)^{\frac{3}{2}} + C.$

(3) 令 $u = \sqrt[4]{2x+3}$, $x = \frac{1}{2}(u^4 - 3), dx = 2u^3 du$,故

$$\text{原式}=\int\frac{1}{2}(u^4-3)\cdot u\cdot 2u^3\mathrm{d}u=\int(u^8-3u^4)\mathrm{d}u$$

$$=\frac{1}{9}(2x+3)^{\frac{9}{4}}-\frac{3}{5}\cdot(2x+3)^{\frac{5}{4}}+C.$$

(4) 令 $u=\sqrt{2x-3}, x=\frac{1}{2}(u^2+3), \mathrm{d}x=u\mathrm{d}u$, 故

$$\text{原式}=\int\frac{u\mathrm{d}u}{u+1}=\int\left(1-\frac{1}{u+1}\right)\mathrm{d}u=u-\ln(1+u)+C$$

$$=\sqrt{2x-3}-\ln(1+\sqrt{2x-3})+C.$$

(5) 令 $u=\sqrt[6]{x}, x=u^6, \mathrm{d}x=6u^5\mathrm{d}u$,故

$$\text{原式}=\int\frac{6u^5}{u^3+u^4}\mathrm{d}u=6\int\frac{u^2}{1+u}\mathrm{d}u=6\int\frac{u^2-1+1}{1+u}\mathrm{d}u=6\int\left[(u-1)+\frac{1}{1+u}\right]\mathrm{d}u$$

$$=6\left[\frac{(u-1)^2}{2}+\ln(1+u)\right]+C=3(\sqrt[6]{x}-1)^2+6\ln(1+\sqrt[6]{x})+C.$$

(6) 令 $x=\sin t, \mathrm{d}x=\cos t\mathrm{d}t$,故

$$\text{原式}=\int\cos^{-3}t\cdot\cos t\mathrm{d}t=\tan t+C.$$

因 $x=\sin t, \cos t=\sqrt{1-x^2}$,所以 $\tan t=\frac{x}{\sqrt{1-x^2}}$,故,原积分 $=\frac{x}{\sqrt{1-x^2}}+C.$

(7) 令 $x=\tan t, \mathrm{d}x=\frac{1}{\cos^2 t}\mathrm{d}t$,故

$$\text{原式}=\int\frac{1}{\sec^4 t}\cdot\frac{1}{\cos^2 t}\mathrm{d}t=\int\cos^2 t\mathrm{d}t=\frac{1}{2}\int(1+\cos 2t)\mathrm{d}t=\frac{1}{2}\left(t+\frac{1}{2}\sin 2t\right)+C.$$

因 $\tan t=x, \cos t=\frac{1}{\sqrt{1+x^2}}, \sin t=\frac{x}{\sqrt{1+x^2}}, t=\arctan x$,故

$$\sin 2t=2\sin t\cdot\cos t=2\cdot\frac{x}{\sqrt{1+x^2}}\cdot\frac{1}{\sqrt{1+x^2}}=\frac{2x}{(1+x^2)}$$

$$\text{原积分}=\frac{1}{2}\left[\arctan x+\frac{x}{1+x^2}\right]+C.$$

(8) 令 $x=a\tan t, \mathrm{d}x=a\sec^2 t\mathrm{d}t$,故

$$\text{原积分}=\int\frac{a\sec^2 t\mathrm{d}t}{a^3\sec^3 t}=\frac{1}{a^2}\int\cos t\mathrm{d}t=\frac{1}{a^2}\sin t+C.$$

因 $\tan t=\frac{x}{a}$,所以 $\cos^2 t=\frac{a^2}{a^2+x^2}$,从而 $\sin t=\frac{x}{\sqrt{a^2+x^2}}$, 故

$$\text{原积分}=\frac{1}{a^2}\cdot\frac{x}{\sqrt{a^2+x^2}}+C.$$

(9) $\text{原式}=\int\frac{\mathrm{d}x}{x^2\sqrt{1-\frac{1}{x^2}}}=-\int\frac{\mathrm{d}\left(\frac{1}{x}\right)}{\sqrt{1-\left(\frac{1}{x}\right)^2}}=-\arcsin\frac{1}{x}+C=\arccos\frac{1}{x}+C.$

(10) 令 $x = a\sec t, dx = \frac{a\sin t}{\cos^2 t}dt$,故

$$原式 = \int \frac{a\tan t}{a\sec t} \cdot \frac{a\sin t}{\cos^2 t}dt = a\int \tan^2 t dt = a(\tan t - t) + C. \ [见5.(20)题]$$

因 $\sec t = \frac{x}{a}$,所以 $\tan t = \frac{1}{a}\sqrt{x^2 - a^2}$,故

$$原积分 = a\left[\frac{\sqrt{x^2 - a^2}}{a} - \arccos\frac{a}{x}\right] + C.$$

(11) 令 $x = \sin t, dx = \cos t dt$,故

$$原式 = \int \frac{\sin^2 t}{\cos t} \cdot \cos t dt = \frac{1}{2}\int (1 - \cos 2t) dt = \frac{1}{2}\left[t - \frac{1}{2}\sin 2t\right] + C.$$

因 $\sin t = x$,所以 $\cos t = \sqrt{1 - x^2}$,故

$$\sin 2t = 2 \cdot \sin t\cos t = 2x\sqrt{1 - x^2}$$

$$原积分 = \frac{1}{2}[\arcsin x - x\sqrt{1 - x^2}] + C.$$

(12) 经变形,原式 $= \frac{1}{2}\int \frac{dx}{\sqrt{\left(\frac{3}{2}x\right)^2 - 1}}$.

令 $\frac{3}{2}x = \sec t, x = \frac{2}{3}\sec t, dx = \frac{2}{3} \cdot \frac{\sin t}{\cos^2 t}dt$,故

$$原积分 = \frac{1}{2}\int \frac{1}{\tan t} \cdot \frac{2}{3}\frac{\sin t}{\cos^2 t}dt = \frac{1}{3}\int \frac{dt}{\cos t} = \frac{1}{3}[\ln|\sec t + \tan t|] + C.$$

因 $\sec t = \frac{3}{2}x$,所以 $\tan t = \frac{1}{2}\sqrt{9x^2 - 4}$,故

$$原积分 = \frac{1}{3}\left[\ln\left|\frac{3}{2}x + \frac{1}{2}\sqrt{9x^2 - 4}\right|\right] + C.$$

(13) 原式 $= \int \frac{dx}{\sqrt{(3x-1)^2 + 6}} = \frac{1}{\sqrt{6}}\int \frac{dx}{\sqrt{\left(\frac{3x-1}{\sqrt{6}}\right)^2 + 1}}$

令 $\frac{3x-1}{\sqrt{6}} = \tan t, x = \frac{1}{3}(1 + \sqrt{6}\tan t), dx = \frac{\sqrt{6}}{3}\sec^2 t dt$,故

$$原积分 = \frac{1}{\sqrt{6}}\int \frac{1}{\sec t} \cdot \frac{\sqrt{6}}{3}\sec^2 t dt = \frac{1}{3}\int \sec t dt = \frac{1}{3}[\ln|\sec t + \tan t|] + C.$$

因 $\tan t = \frac{3x-1}{\sqrt{6}}$,所以 $\sec t = \sqrt{1 + \tan^2 t} = \frac{1}{\sqrt{6}}\sqrt{9x^2 - 6x + 7}$,故

$$原积分 = \frac{1}{3}\ln\left|\frac{\sqrt{9x^2 - 6x + 7} + 3x - 1}{\sqrt{6}}\right| + C.$$

(14) 令 $u = \sqrt{1 + e^x}, x = \ln(u^2 - 1), dx = \frac{2u}{u^2 - 1}du$,故

原积分 $= \int \frac{1}{u} \cdot \frac{2u}{u^2-1} du = \int \left(\frac{1}{u-1} - \frac{1}{u+1}\right) du = \ln\left(\frac{u-1}{u+1}\right) + C$

$$= \ln \frac{\sqrt{1+e^x}-1}{\sqrt{1+e^x}+1} + C = x - 2\ln(1+\sqrt{1+e^x}) + C.$$

8. 求下列不定积分

(1) $\int \ln(x^2+1)dx$;(2) $\int \arctan x dx$;(3) $\int xe^x dx$;

(4) $\int x\sin x dx$;　　(5) $\int \frac{\ln x}{x^2}dx$;(6) $\int x^n \ln x dx (n \neq -1)$;

(7) $\int x^2 e^{-x} dx$;　　(8) $\int x^3(\ln x)^2 dx$;(9) $I = \int e^{ax}\cos bx dx$;

(10) $\int \frac{x+\sin x}{1+\cos x}dx$;(11) $\int e^{\sqrt{x}}dx$;(12) $\int \frac{xe^x}{\sqrt{1+e^x}}dx$.

解:(1) 原式 $= x\ln(x^2+1) - \int x \cdot \frac{2x}{1+x^2}dx = x\ln(x^2+1) - 2\int\left(1 - \frac{1}{1+x^2}\right)dx$

$$= x\ln(x^2+1) - 2x + 2\arctan x + C.$$

(2) 原式 $= x\arctan x - \int x \cdot \frac{1}{1+x^2}dx = x \cdot \arctan x - \frac{1}{2}\int \frac{d(x^2+1)}{1+x^2}$

$$= x\arctan x - \frac{1}{2}\ln(1+x^2) + C.$$

(3) 原式 $= \int x de^x = xe^x - \int e^x dx = xe^x - e^x + C = e^x(x-1) + C.$

(4) 原式 $= -\int x d\cos x = -x\cos x + \int \cos x dx = -x\cos x + \sin x + C.$

(5) 原式 $= -\int \ln x d\left(\frac{1}{x}\right) = -\frac{1}{x}\ln x + \int \frac{1}{x} \cdot \frac{1}{x}dx = -\frac{1}{x}\ln x - \frac{1}{x} + C$

$$= -\frac{1}{x}(1+\ln x) + C.$$

(6) 原式 $= \frac{1}{n+1}\int \ln x dx^{n+1} = \frac{1}{n+1}x^{n+1}\ln x - \frac{1}{n+1}\int x^{n+1} \cdot \frac{1}{x}dx$

$$= \frac{1}{n+1}x^{n+1}\ln x - \frac{1}{(n+1)} \cdot \frac{1}{(n+1)}x^{n+1} + C$$

$$= \frac{1}{n+1}x^{n+1}\ln x - \frac{1}{(n+1)^2}x^{n+1} + C.$$

(7) 原式 $= -\int x^2 de^{-x} = -x^2e^{-x} + 2\int xe^{-x}dx = -x^2e^{-x} - 2\int xde^{-x}$

$$= -x^2e^{-x} - 2xe^{-x} + 2\int e^{-x}dx = -x^2e^{-x} - 2xe^{-x} - 2e^{-x} + C$$

$$= -e^{-x}(x^2+2x+2) + C.$$

(8) 原式 $= \frac{1}{4}\int (\ln x)^2 dx^4 = \frac{1}{4}x^4(\ln x)^2 - \frac{1}{4}\int x^4 \cdot 2\ln x \cdot \frac{1}{x}dx$

$$= \frac{1}{4}x^4(\ln x)^2 - \frac{1}{2}\int x^3 \ln x dx = \frac{1}{4}x^4(\ln x)^2 - \frac{1}{8}\int \ln x dx^4$$

$$= \frac{1}{4}x^4(\ln x)^2 - \frac{1}{8}x^4\ln x + \frac{1}{8}\int x^4 \cdot \frac{1}{x}dx$$

$$= \frac{1}{4}x^4(\ln x)^2 - \frac{1}{8}x^4\ln x + \frac{1}{32}x^4 + C = \frac{x^4}{32}[8(\ln x)^2 - 4\ln x + 1] + C.$$

(9) $I = \frac{1}{b}\int e^{ax}d\sin bx = \frac{1}{b}e^{ax}\sin bx - \frac{a}{b}\int e^{ax}\sin bx dx = \frac{1}{b}e^{ax}\sin bx + \frac{a}{b^2}\int e^{ax}d\cos bx$

$$= \frac{1}{b}e^{ax}\sin bx + \frac{a}{b^2}e^{ax}\cos bx - \frac{a^2}{b^2}\int e^{ax}\cos bx dx$$

移项得

$$\left(1 + \frac{a^2}{b^2}\right)I = \frac{1}{b}e^{ax}\sin bx + \frac{a}{b^2}e^{ax}\cos bx$$

$$I = \frac{e^{ax}(b\sin bx + a\cos bx)}{a^2 + b^2} + C.$$

(10) 原式 $= \int \frac{2\sin\frac{x}{2}\cos\frac{x}{2} + x}{2\cos^2\frac{x}{2}}dx = \int\left(\tan\frac{x}{2} + \frac{x}{2\cos^2\frac{x}{2}}\right)dx$

$$= \int\tan\frac{x}{2}dx + \int\frac{x}{\cos^2\frac{x}{2}}d\left(\frac{x}{2}\right) = \int\tan\frac{x}{2}dx + \int x d\tan\frac{x}{2}$$

$$= \int\tan\frac{x}{2}dx + x\tan\frac{x}{2} - \int\tan\frac{x}{2} + C = x\tan\frac{x}{2} + C.$$

(11) 令 $u = \sqrt{x}, x = u^2, dx = 2udu$,故

原积分 $= 2\int e^u \cdot udu = 2\int ude^u = 2e^u(u - 1) + C = 2e^{\sqrt{x}}(\sqrt{x} - 1) + C.$

(12) 原式 $= \int\frac{x}{\sqrt{1 + e^x}}de^x = 2\int xd\sqrt{1 + e^x} = 2x\sqrt{1 + e^x} - 2\int\sqrt{1 + e^x}dx$

记 $I = \int\sqrt{1 + e^x}dx$. 令 $u = \sqrt{1 + e^x}, x = \ln(u^2 - 1), dx = \frac{2u}{u^2 - 1}du$,故

$I = \int u \cdot \frac{2u}{u^2 - 1}du = 2\int\left(1 + \frac{1}{u^2 - 1}\right)du = 2\int\left[1 + \frac{1}{2}\left(\frac{1}{u - 1} - \frac{1}{u + 1}\right)\right]du$

$= 2u + \ln\frac{u - 1}{u + 1} = 2\sqrt{1 + e^x} + \ln\frac{\sqrt{1 + e^x} - 1}{\sqrt{1 + e^x} + 1}$

$= 2\sqrt{1 + e^x} + x - 2\ln(\sqrt{1 + e^x} + 1)$

原积分 $= 2x\sqrt{1 + e^x} - 2[2\sqrt{1 + e^x} + x - 2\ln(\sqrt{1 + e^x} + 1)] + C$

$= 2x\sqrt{1 + e^x} - 4\sqrt{1 + e^x} - 2x + 4\ln(1 + \sqrt{1 + e^x}) + C.$

9. 求下列不定积分

(1) $\int\frac{dx}{1 + x^3}$;　(2) $\int\frac{x + 1}{(x - 1)^3}dx$; (3) $\int\frac{3x + 2}{(x + 2)(x + 3)^2}dx$;

(4) $\int\frac{dx}{(x^2 + 1)(x^2 + 4)}$; (5) $\int\frac{dx}{1 + \sin x}$; (6) $\int\frac{dx}{1 + e^x}$;

(7) $\int \frac{dx}{1+\tan x}$;　(8) $\int \frac{x^3 dx}{\sqrt{1+x^2}}$; (9) $\int \frac{dx}{x\sqrt{x^2-1}}$;

(10) $\int \sqrt{\frac{a+x}{a-x}}dx$; (11) $\int \frac{1}{x^4-1}dx$; (12) $\int \frac{xdx}{\sqrt{1+\sqrt[3]{x^2}}}$;

(13) $\int \frac{\sin x}{1+\sin x}dx$; (14) $\int \frac{dx}{2+5\cos x}$; (15) $\int f'(ax+b)dx$;

(16) $\int xf''(x)dx$; (17) $\int \frac{x\arctan x}{\sqrt{1+x^2}}dx$; (18) $\int \frac{\ln\tan x}{\sin x\cos x}dx$.

解: (1) $\frac{1}{1+x^3} = \frac{1}{(1+x)(1-x+x^2)} = \frac{A}{1+x} + \frac{Bx+C}{1-x+x^2}$

$$= \frac{A(1-x+x^2)+(Bx+c)(1+x)}{(1+x)(1-x+x^2)}$$

我们有 $(A+B)x^2+(-A+B+C)x+(A+C)=1$, 比较两边系数, 得

$$\begin{cases} A+B=0 \\ -A+B+C=0 \\ A+C=1 \end{cases}$$

解之得　$A=\frac{1}{3}, B=-\frac{1}{3}, C=\frac{2}{3}$, 故

$$\frac{1}{1+x^3} = \frac{1}{3(x+1)} + \frac{1}{3}\frac{-x+2}{x^2-x+1}$$

原积分 $= \frac{1}{3}\int\frac{dx}{x+1} - \frac{1}{3}\int\frac{x-2}{x^2-x+1}dx = \frac{1}{3}\ln|x+1|, -\frac{1}{3}\int\frac{x-2}{x^2-x+1}dx$

记 $I = \int\frac{x-2}{x^2-x+1}dx$, 则

$$I = \frac{1}{2}\int\frac{2x-1+1}{x^2-x+1}dx - 2\int\frac{dx}{x^2-x+1} = \frac{1}{2}\int\frac{2x-1}{x^2-x+1}dx - \frac{3}{2}\int\frac{dx}{x^2-x+1}$$

$$= \frac{1}{2}\int\frac{d(x^2-x+1)}{x^2-x+1} - \frac{3}{2}\int\frac{dx}{\left(x-\frac{1}{2}\right)^2+\frac{3}{4}}$$

$$= \frac{1}{2}\int\frac{d(x^2-x+1)}{x^2-x+1} - \frac{3}{2}\cdot\frac{4}{3}\int\frac{dx}{1+\left(\frac{2x-1}{\sqrt{3}}\right)^2}$$

$$= \frac{1}{2}\ln(x^2-x+1) - \sqrt{3}\arctan\frac{2x-1}{\sqrt{3}} + C$$

于是　原积分 $= \frac{1}{3}\ln|x+1| - \frac{1}{6}\ln(x^2-x+1) + \frac{\sqrt{3}}{3}\arctan\frac{2x-1}{\sqrt{3}} + C.$

(2) $\frac{x+1}{(x-1)^3} = \frac{A}{x-1} + \frac{B}{(x-1)^2} + \frac{C}{(x-1)^3}$

有 $A(x-1)^2+B(x-1)+C=x+1$

令 $x=1$, 得 $C=2$

令 $x=0$,得 $A-B+C=1$

令 $x=-1$,得 $4A-2B+C=0$

解之得 $A=0,B=1,C=2$,故

$$原积分=\int\left[\frac{1}{(x-1)^2}+\frac{2}{(x-1)^3}\right]dx=-\frac{1}{x-1}-\frac{1}{(x-1)^2}+C$$

$$=-\frac{x}{(x-1)^2}+C.$$

(3) 分项,有

$$\frac{3x+2}{(x+2)(x+3)^2}=\frac{A}{x+2}+\frac{B}{x+3}+\frac{C}{(x+3)^2}$$

根据待定系数法,解得 $A=-4,B=4,C=7$,故

$$原积分=-4\int\frac{1}{x+2}dx+4\int\frac{dx}{x+3}+7\int\frac{dx}{(x+3)^2}$$

$$=-4\ln|x+2|+4\ln|x+3|-\frac{7}{x+3}+C=\ln\left(\frac{x+3}{x+2}\right)^4-\frac{7}{x+3}+C.$$

(4) 分项有

$$\frac{1}{(x^2+1)(x^2+4)}=\frac{Ax+B}{x^2+1}+\frac{Cx+D}{x^2+4}$$

由待定系数法,解得 $A=0,B=\frac{1}{3},C=0,D=-\frac{1}{3}$,故

$$原积分=\frac{1}{3}\int\left(\frac{1}{x^2+1}-\frac{1}{x^2+4}\right)dx=\frac{1}{3}\int\frac{dx}{x^2+1}-\frac{1}{3}\cdot\frac{1}{4}\int\frac{dx}{1+\left(\frac{x}{2}\right)^2}$$

$$=\frac{1}{3}\arctan x-\frac{1}{6}\arctan\frac{x}{2}+C.$$

(5) 令 $t=\tan\frac{x}{2}$,则 $\sin x=\frac{2t}{1+t^2}$,$dx=\frac{2}{1+t^2}dt$,故

$$原式=\int\frac{1}{1+\frac{2t}{1+t^2}}\cdot\frac{2}{1+t^2}dt=\int\frac{2}{1+2t+t^2}dt=\int\frac{2}{(1+t)^2}dt$$

$$=-\frac{2}{1+t}+C=-\frac{2}{1+\tan\frac{x}{2}}+C.$$

(6) **解法 1:**令 $u=e^x$,则 $x=\ln u$,$dx=\frac{du}{u}$,故

$$原积分=\int\frac{1}{1+u}\cdot\frac{1}{u}du=\int\left(\frac{1}{u}-\frac{1}{1+u}\right)du=\ln\frac{u}{1+u}+C=\ln\frac{e^x}{1+e^x}+C.$$

解法 2:原积分 $=\int\frac{e^x dx}{e^x(1+e^x)}=\int\frac{de^x}{e^x(1+e^x)}\overset{u=e^x}{=\!=}\int\frac{du}{u(1+u)}$

$$=\int\left(\frac{1}{u}-\frac{1}{u+1}\right)du=\ln\frac{u}{1+u}+C=\ln\frac{e^x}{1+e^x}+C.$$

(7) 令 $t=\tan x$,则 $x=\arctan t$,$dx=\frac{dt}{1+t^2}$,故

$$\text{原积分}=\int\frac{1}{1+t}\cdot\frac{1}{1+t^2}\mathrm{d}t=\frac{1}{2}\int\left(\frac{1}{1+t}-\frac{t-1}{1+t^2}\right)\mathrm{d}t$$

$$=\frac{1}{2}\int\left(\frac{1}{1+t}-\frac{t}{1+t^2}+\frac{1}{1+t^2}\right)\mathrm{d}t$$

$$=\frac{1}{2}\left[\ln|1+t|-\frac{1}{2}\ln(1+t^2)+\arctan t\right]+C$$

$$=\frac{1}{2}\ln|1+\tan x|-\frac{1}{2}\ln|\sec x|+\frac{1}{2}x+C$$

$$=\frac{1}{2}\left[\ln|1+\tan x|-\ln|\sec x|+x\right]+C$$

$$=\frac{1}{2}\left[\ln|\sin x+\cos x|+x\right]+C.$$

(8) $\text{原积分}=\frac{1}{2}\int\frac{x^2\mathrm{d}x^2}{\sqrt{1+x^2}}\overset{u=x^2}{=\!=\!=}\frac{1}{2}\int\frac{u\mathrm{d}u}{\sqrt{1+u}}=\frac{1}{2}\int\left(\sqrt{1+u}-\frac{1}{\sqrt{1+u}}\right)\mathrm{d}u$

$$=\frac{1}{2}\cdot\frac{2}{3}(1+u)^{\frac{3}{2}}-\frac{1}{2}\cdot 2(1+u)^{\frac{1}{2}}+C$$

$$=\frac{1}{3}(1+x^2)^{\frac{3}{2}}-(1+x^2)^{\frac{1}{2}}+C.$$

(9) $\text{原积分}=\int\frac{\mathrm{d}x}{x^2\sqrt{1-\left(\frac{1}{x}\right)^2}}=-\int\frac{\mathrm{d}\left(\frac{1}{x}\right)}{\sqrt{1-\left(\frac{1}{x}\right)^2}}=-\arcsin\frac{1}{x}+C.$

(10) $\int\sqrt{\frac{a+x}{a-x}}\mathrm{d}x=\int\frac{a+x}{\sqrt{a^2-x^2}}\mathrm{d}x=a\int\frac{\mathrm{d}x}{\sqrt{a^2-x^2}}+\int\frac{x\mathrm{d}x}{\sqrt{a^2-x^2}}$

$$=a\arcsin\frac{x}{a}-\frac{1}{2}\int\frac{\mathrm{d}(a^2-x^2)}{\sqrt{a^2-x^2}}$$

$$=a\arcsin\frac{x}{a}-\sqrt{a^2-x^2}+C.$$

(11) $\text{原积分}=\frac{1}{2}\int\left(\frac{1}{x^2-1}-\frac{1}{x^2+1}\right)\mathrm{d}x=\frac{1}{4}\int\left(\frac{1}{x-1}-\frac{1}{x+1}\right)\mathrm{d}x-\frac{1}{2}\int\frac{1}{x^2+1}\mathrm{d}x$

$$=\frac{1}{4}\ln\left|\frac{x-1}{x+1}\right|-\frac{1}{2}\arctan x+C.$$

(12) 令 $u=x^{\frac{2}{3}}$，则 $x=u^{\frac{3}{2}}$，$\mathrm{d}x=\frac{3}{2}u^{\frac{1}{2}}\mathrm{d}u$，故

$$\text{原积分}=\int\frac{u^{\frac{3}{2}}\cdot\frac{3}{2}u^{\frac{1}{2}}\mathrm{d}u}{\sqrt{1+u}}=\frac{3}{2}\int\frac{u^2}{\sqrt{1+u}}\mathrm{d}u\overset{t=\sqrt{1+u}}{=\!=\!=\!=}\frac{3}{2}\int\frac{(t^2-1)^2}{t}\cdot 2t\mathrm{d}t$$

$$=3\int(t^4-2t^2+1)\mathrm{d}t=3\left[\frac{1}{5}t^5-\frac{2}{3}t^3+t\right]+C$$

$$=\frac{3}{5}(1+x^{\frac{2}{3}})^{\frac{5}{2}}-2(1+x^{\frac{2}{3}})^{\frac{3}{2}}+3(1+x^{\frac{2}{3}})^{\frac{1}{2}}+C.$$

(13) 令 $t = \tan\frac{x}{2}$,则 $\sin x = \frac{2t}{1+t^2}, dx = \frac{2}{1+t^2}dt$,故

$$\text{原积分} = \int \frac{\frac{2t}{1+t^2}}{1+\frac{2t}{1+t^2}} \cdot \frac{2}{1+t^2}dt = \int \frac{4t}{(1+t)^2} \cdot \frac{1}{1+t^2}dt$$

因 $\frac{t}{(1+t^2)(1+t)^2} = \frac{1}{2}\left[\frac{1}{1+t^2} - \frac{1}{(1+t)^2}\right]$,故

$$\text{原积分} = 2\int\left[\frac{1}{1+t^2} - \frac{1}{(1+t)^2}\right]dt = 2\left(\arctan t + \frac{1}{1+t}\right) + C$$

$$= 2\left(\frac{x}{2} + \frac{1}{1+\tan\frac{x}{2}}\right) + C = x + \frac{2\cos\frac{x}{2}}{\cos\frac{x}{2} + \sin\frac{x}{2}} + C$$

$$= x + 2\left(1 + \tan\frac{x}{2}\right)^{-1} + C.$$

(14) 令 $t = \tan\frac{x}{2}$,则

$$I = \int \frac{1}{2+5\frac{1-t^2}{1+t^2}} \cdot \frac{2}{1+t^2}dt = \int \frac{2}{7-3t^2}dt = \int \frac{2dt}{(\sqrt{7}+\sqrt{3}t)(\sqrt{7}-\sqrt{3}t)}$$

$$= \frac{1}{\sqrt{7}}\int\left(\frac{7}{\sqrt{7}+\sqrt{3}t} + \frac{1}{\sqrt{7}-\sqrt{3}t}\right)dt = \frac{1}{\sqrt{21}}[\ln(\sqrt{7}+\sqrt{3}t) - \ln(\sqrt{7}-\sqrt{3}t)] + C$$

$$= \frac{1}{\sqrt{21}}\ln\left|\frac{\sqrt{7}+\sqrt{3}\tan\frac{x}{2}}{\sqrt{7}-\sqrt{3}\tan\frac{x}{2}}\right| + C.$$

(15) 原积分 $= \int f'(ax+b) \cdot \frac{1}{a}d(ax+b) = \frac{1}{a}f(ax+b) + C.$

(16) 原积分 $= \int x df'(x) = xf'(x) - \int f'(x)dx = xf'(x) - f(x) + C.$

(17) 原积分 $= \frac{1}{2}\int \frac{\arctan x}{\sqrt{1+x^2}}dx^2 = \int \arctan x d\sqrt{1+x^2}$

$$= \sqrt{1+x^2} \cdot \arctan x - \int \frac{dx}{\sqrt{1+x^2}}$$

$$= \sqrt{1+x^2} \cdot \arctan x - \ln(x + \sqrt{1+x^2}) + C.$$

注:本题也可以令 $u = \tan x$,求不定积分.

(18) 原积分 $= \int \frac{\frac{\ln\tan x}{\cos^2 x}}{\frac{\sin x \cdot \cos x}{\cos^2 x}}dx = \int \frac{\ln\tan x}{\tan x}d\tan x = \int \ln\tan x d\ln\tan x$

$$= \frac{1}{2}[\ln\tan x]^2 + C.$$

10. 设某商品需求量 Q 是价格 P 的函数，该商品的最大需求量为 1000(即当 $P=0$ 时 $Q=1000$)。已知需求量的变化率(边际需求)为

$$Q'(P)=-1000\ln 3\cdot\left(\frac{1}{3}\right)^{P},$$

试求需求量 Q 与价格 P 的函数关系.

解：$Q(P)=\int Q'(P)\,\mathrm{d}P=-\int 1000\ln 3\cdot\left(\frac{1}{3}\right)^{P}\mathrm{d}P=-\dfrac{1000\ln 3\cdot\left(\frac{1}{3}\right)^{P}}{\ln\frac{1}{3}}+C$

$=1000\left(\frac{1}{3}\right)^{P}+C$

因当 $P=0$ 时 $Q(0)=1000$，代入上式，得 $C=0$.

最后得需求量与价格之间的函数关系为

$$Q(P)=1000\left(\frac{1}{3}\right)^{P}.$$

11. 设生产某产品 x 单位的总成本 C 是 x 的函数 $C(x)$，固定成本(即 $C(0)$)为20元，边际成本函数为 $C'(x)=2x+10$(元／单位)，求总成本函数 $C(x)$.

解：$$C(x)=\int C'(x)\,\mathrm{d}x=\int(2x+10)\,\mathrm{d}x=x^{2}+10x+C$$

因 $C(0)=20$，故有 $C=20$，于是，$C(x)=x^{2}+10x+20$.

12. 一只空的盛水桶，当盛水的高度为 x 时，水的体积 V 满足关系 $\frac{\mathrm{d}v}{\mathrm{d}x}=\pi(3+2x)^{2}$. 求 v 关于 x 的表达式；当 $x=3$ 时，v 的值是多少？

解：(1) $v(x)=\int\mathrm{d}v=\int\pi(3+2x)^{2}\mathrm{d}x=\frac{\pi}{6}(3+2x)^{3}+C.$

依题意，当 $x=0$ 时 $v(0)=0$. 代入上式得 $C=-\frac{9}{2}\pi$

故 $$v(x)=\frac{\pi}{6}(3+2x)^{3}-\frac{9}{2}\pi.$$

(2) $v(3)=\frac{\pi}{6}(3+2\times 3)^{3}-\frac{9}{2}\pi=117\pi.$

13. $\int\frac{\cos x}{\sin x}\mathrm{d}x=\int\frac{1}{\sin x}\mathrm{d}(\sin x)=\frac{\sin x}{\sin x}-\int\sin x\,\mathrm{d}\left(\frac{1}{\sin x}\right)=1+\int\frac{\cos x}{\sin x}\mathrm{d}x$

从而得出 $0=1$。说明上述运算错在哪里？

答：上列运算的过程正确。只是“从而有 $0=1$”这个结论错误。即是说，由

$$\int\frac{\cos x}{\sin x}\mathrm{d}x=1+\int\frac{\cos x}{\sin x}\mathrm{d}x$$

不能得出 $0=1$。这是因为不定积分是原函数的一般表达式，其中含有一个任意常数 C. 适当地选取 C，可以得到一个原函数. 我们可以写等式左边的

$$\int\frac{\cos x}{\sin x}\mathrm{d}x=\ln|\sin x|+C_{1}$$

写等式右边为 $1+\ln|\sin x|+C_{2}$，于是有关系数 $C_{1}=1+C_{2}$. 对于任一个固定的 C_{1}，有 C_{2}

与之对应;反之对于任一固定的 C_2,有 C_1 与之对应,所以

$$\int \frac{\cos x}{\sin x}\mathrm{d}x = 1 + \int \frac{\cos x}{\sin x}\mathrm{d}x$$

成立. 但不能由此推出 $1 = 0$。因 $\int \frac{\cos x}{\sin x}\mathrm{d}x$ 不是指某一个固定的原函数,而是指 $\frac{\cos x}{\sin x}$ 的任一个原函数可以用 $\int \frac{\cos x}{\sin x}\mathrm{d}x$ 来表示. 这个等式解释为左边 $\int \frac{\cos x}{\sin x}\mathrm{d}x$ 所表示的原函数与等式右边 $\int \frac{\cos x}{\sin x}\mathrm{d}x$ 所表示的原函数相差一个常数 1.

综合练习 6

一、选择题

1. 如果 $F(x)$ 是 $f(x)$ 的一个原函数,C 为常数,那么(　　)也是 $f(x)$ 的原函数。

A. $F(cx)$　　B. $F\left(\frac{x}{c}\right)$　　C. $CF(x)$　　D. $c + F(x)$

答: 选 D. 因 $(c + 1 = (x))' = F'(x) = f(x)$.

2. 函数 $\frac{1}{\sqrt{x^2 - 1}}$ 的原函数是(　　).

A. $\arcsin x$　　B. $-\arcsin x$

C. $\ln|x + \sqrt{x^2 - 1}|$　　D. $\ln|x - \sqrt{x^2 - 1}|$

答: 显然 A,B 均不对. 因

$$(\ln|x + \sqrt{x^2 - 1}|)' = \frac{1 + \frac{x}{\sqrt{x^2 - 1}}}{x + \sqrt{x^2 - 1}} = \frac{1}{\sqrt{x^2 - 1}}.$$ 故选 C.

3. 若 $f(x)$ 为连续函续,且 $\int f(x)\mathrm{d}x = F(x) + C$,则下列各式中正确的是(　　).

A. $\int f(ax + b)\mathrm{d}x = F(ax + b) + C$

B. $\int f(x^n)x^{n-1}\mathrm{d}x = F(x^n) + C$

C. $\int f(\ln ax)\frac{1}{x}\mathrm{d}x = F(\ln ax) + C$

D. $\int f(\mathrm{e}^{-x})\mathrm{e}^{-x}\mathrm{d}x = F(\mathrm{e}^{-x}) + C$

答: $\int f(ax + b)\mathrm{d}x = \frac{1}{a}F(ax + b) + C.$

$$\int f(x^n)x^{n-1}\mathrm{d}x = \frac{1}{n}\int f(x^n)\mathrm{d}x^n = \frac{1}{n}F(x^n) + C$$

$$\int f(\ln ax)\frac{1}{x}\mathrm{d}x = \int f(\ln ax)\mathrm{d}(\ln a + \ln x) = \int f(\ln ax)\mathrm{d}(\ln ax) = F(\ln ax) + C$$

$\int f(e^{-x})e^{-x}dx = -\int f(e^{-x})de^{-x} = -F(e^{-x}) + C$. 故选 C.

4. 设函数 $f(x)$ 可导,则下列各式中正确的是( ).

A. $\int f'(x)dx = f(x)$　　B. $\frac{d}{dx}\int f(x)dx = f(x)$

C. $d\int f'(x)dx = f'(x)$　　D. $\int f'(2x)dx = f(2x) + C$

答:$\int f'(x)dx = f(x) + C$　$d\int f'(x)dx = f'(x)dx$　$\int f'(2x)dx = \frac{1}{2}f(2x) + C$

故选 B.

5. 下列函数中是函数 $2(e^{2x} - e^{-2x})$ 的原函数的是( ).

A. $(e^{x} + e^{-x})^2$　　B. $4(e^{2x} + e^{-2x})$

C. $2(e^{2x} - e^{-2x})$　　D. $e^{2x} - e^{-2x}$

答:因 $[(e^{x} + e^{-x})^2]' = 2(e^{x} + e^{-x})(e^{x} - e^{-x}) = 2(e^{2x} - e^{-2x})$

故选 A.

6. 设 $f'(\ln x) = \frac{1}{x}(x > 0)$,则 $f(x) = $( ).

A. $\ln x + C$　B. $e^{x} + C$　C. $-e^{-x} + C$　D. $e^{-x} + C$

答:令 $\ln x = t$,则 $x = e^{t}$,故

$$f(t) = \int f'(t)dt = \int \frac{1}{e^{t}}dt = -\frac{1}{e^{t}} + C$$

$$f(x) = -\frac{1}{e^{x}} + C$$

故选 C。

7. 设 $\int f(x)dx = \frac{1}{x^2} + C$,则 $\int f(\sin x)\cos x dx = $( ).

A. $-\frac{1}{\sin^2 x} + C$　B. $\frac{1}{\cos^2 x} + C$　C. $\frac{1}{\sin^2 x} + C$　D. $-\frac{1}{\cos^2 x} + C$.

答:已知 $\int f(x)dx = \frac{1}{x^2} + C$,故

$$\int f(\sin x)\cos x dx = \int f(\sin x)d\sin x = \frac{1}{\sin^2 x} + C$$

故选 C.

8. 若 $\int df(x) = \int dg(x)$,则下列各式中不成立的是( ).

A. $f(x) = g(x)$　　B. $f'(x) = g'(x)$

C. $df(x) = dg(x)$　　D. $d\int f'(x)dx = d\int g'(x)dx$

答:已知 $\int df(x) = \int dg(x)$. 这说明 $f(x)$ 与 $g(x)$ 之间可以相差一个常数,显然 A 不成立。又,B,C,D 三式都是作求导或微分运算,$f(x)$ 与 $g(x)$ 之间相差的常数在上述运算下为0,所以 B,C,D 三式是成立的。故选 A.

9. 若$f(x)=e^{-2x}$,则$\int\frac{f'(\ln x)}{x}dx=($　　$)$.

A. $\frac{1}{x^2}+C$　　B. $-\frac{1}{x^2}+C$　　C. $-\ln x+C$　　D. $\ln x+C$

答:因$\int\frac{f'(\ln x)}{x}dx=\int f'(\ln x)d\ln x=f(\ln x)+C$

又$f(x)=e^{-2x}$,所以

$$f(\ln x)=e^{-2\ln x}=e^{\ln x^{-2}}=\frac{1}{x^2},\quad \int\frac{f'(\ln x)}{x}dx=\frac{1}{x^2}+C$$

故选 A.

10. 设一个三次函数的导数为x^2-2x-8,则该函数的极大值与极小值之差为(　　).

A. -36　　B. 12　　C. 36　　D. $-17\frac{1}{3}$

答:由题设知$f(x)=\frac{x^3}{3}-x^2-8x+C$,$C$为任意常数。

因$f'(x)=x^2-2x-8$,令$f'(x)=0$,得$x_1=-2$,$x_2=4$. $f''(x)=2x-2$,
又$f''(-2)=-6<0$,$f''(4)=6>0$,故

$$f_{极大}(-2)=-\frac{8}{3}-4+16+C=\frac{28}{3}+C$$

$$f_{极小}(4)=\frac{64}{3}-16-32+C=-\frac{80}{3}+C$$

$$f_{极大}(-2)-f_{极小}(4)=\frac{108}{3}=36$$

故选 C.

二、填空题

1. 设$\sin x$是$f(x)$的一个原函数,则$\int xf(x)dx=\underline{x\sin x+\cos x+C}$.

因$(\sin x)'=f(x)$　故$d\sin x=f(x)dx$,于是

$$\int xf(x)dx=\int xd\sin x=x\sin x-\int\sin xdx=x\sin x+\cos x+C.$$

2. 设$\int f(x)dx=F(x)+C$,则$\int e^{-x}f(e^{-x})dx=\underline{-F(e^{-x})+C}$.

因
$$\int e^{-x}f(e^{-x})dx=-\int f(e^{-x})d(e^{-x})$$

由已知条件$\int f(x)dx=F(x)+C$,故

$$\int e^{-x}f(e^{-x})dx=-F(e^{-x})+C.$$

3. 已知e^{-x^2}是$f(x)$的一个原函数,则$\int f(\tan x)\sec^2xdx=\underline{e^{-\tan^2x}+C}$.

因$\int f(\tan x)\sec^2xdx=\int f(\tan x)d\tan x$,由已知条件,可得

$$\int f(\tan x)\sec^2 x\mathrm{d}x = \mathrm{e}^{-\tan^2 x} + C.$$

4. 设$\int f(x)\mathrm{d}x = \dfrac{1-x}{1+x} + C$，则$f(x) = \underline{-\dfrac{2}{(1+x)^2}}$.

$$f(x) = \left(\frac{1-x}{1+x} + C\right)' = -\frac{2}{(1+x)^2}.$$

5. 若$f'(x^2) = \dfrac{1}{x}(x>0)$，则$f(x) = \underline{2\sqrt{x} + C}$.

由$f'(x^2) = \dfrac{1}{x}$，可得$f'(t) = \dfrac{1}{\sqrt{t}}$，故

$$f(t) = \int f'(t)\mathrm{d}t = \int \frac{1}{\sqrt{t}}\mathrm{d}t = 2\sqrt{t} + C$$

即

$$f(x) = 2\sqrt{x} + C.$$

6. 设$f(x) = \cos x$，则$\int \dfrac{f'\left(\frac{1}{x}\right)}{x^2}\mathrm{d}x = \underline{-\cos\dfrac{1}{x} + C}$.

$$\int \frac{f'\left(\frac{1}{x}\right)}{x^2}\mathrm{d}x = -\int f'\left(\frac{1}{x}\right)\mathrm{d}\frac{1}{x} = -f\left(\frac{1}{x}\right) + C$$

因$f(x) = \cos x$，所以$f\left(\dfrac{1}{x}\right) = \cos\dfrac{1}{x}$

故

$$\text{原积分} = -\cos\frac{1}{x} + C.$$

7. 已知$\dfrac{x}{\ln x}$是$f(x)$的一个原函数，则$\int xf'(x)\mathrm{d}x = \underline{-\dfrac{x}{(\ln x)^2} + C}$.

因$\left(\dfrac{x}{\ln x}\right)' = f(x) = \dfrac{\ln x - 1}{(\ln x)^2}$，又$\int f(x)\mathrm{d}x = \dfrac{x}{\ln x} + C$，故

$$\int xf'(x)\mathrm{d}x = \int x\mathrm{d}f(x) = xf(x) - \int f(x)\mathrm{d}x = \frac{x(\ln x - 1)}{(\ln x)^2} - \frac{x}{\ln x} + C = -\frac{x}{(\ln x)^2} + C.$$

8. 若$f'(\cos x) = \sin x$，$|x| \leqslant 1$，$f(1) = \dfrac{\pi}{4}$，则$f(x) = \underline{\dfrac{1}{2}\arcsin x + \dfrac{x}{2}\sqrt{1-x^2}}$.

由题设$f'(\cos x) = \sin x = \sqrt{1-\cos^2 x}$，所以$f'(x) = \sqrt{1-x^2}$，$|x| \leqslant 1$. 故

$$f(x) = \int \sqrt{1-x^2}\mathrm{d}x \xlongequal{x=\sin t} \int \cos t \cdot \cos t\mathrm{d}t = \frac{1}{2}\int(1+\cos 2t)\mathrm{d}t = \frac{t}{2} + \frac{1}{4}\sin 2t + C$$

$$= \frac{t}{2} + \frac{1}{2}\sin t\cos t + C = \frac{1}{2}\arcsin x + \frac{x}{2}\sqrt{1-x^2} + C$$

因$f(1) = \dfrac{\pi}{4}$ 得$C = 0$，故

$$f(x) = \frac{1}{2}\arcsin x + \frac{x}{2}\sqrt{1-x^2}.$$

9. 若$\int f(x)\mathrm{d}x = x^2 + C$，则$\int xf(1-x^2)\mathrm{d}x = \underline{-\dfrac{1}{2}(1-x^2)^2 + C}$.

因$\int xf(1-x^2)\mathrm{d}x=-\frac{1}{2}\int f(1-x^2)\mathrm{d}(-x^2+1)$,由题设可得

$$\int xf(1-x^2)\mathrm{d}x=-\frac{1}{2}(1-x^2)^2+C.$$

10. 在积分曲线族$\int\frac{2}{x\sqrt{x}}\mathrm{d}x$中,过点(1,0)的积分曲线的方程是$\underline{-4x^{-\frac{1}{2}}+4}$.

由
$$y=\int\frac{2}{x\sqrt{x}}\mathrm{d}x=2\int x^{-\frac{3}{2}}\mathrm{d}x=-4x^{-\frac{1}{2}}+C$$

因曲线过点(1,0),即 $-4+C=0$ 故 $C=4$

故过点(1,0)的曲线方程为$y=-4x^{-\frac{1}{2}}+4$.

三、计算题

1. $\int\frac{\arcsin\sqrt{x}}{\sqrt{x(1-x)}}\mathrm{d}x$.

解:$I=\int\frac{\arcsin\sqrt{x}}{\sqrt{x(1-x)}}\mathrm{d}x=2\int\frac{\arcsin\sqrt{x}}{\sqrt{1-x}}\mathrm{d}\sqrt{x}=2\int\arcsin\sqrt{x}\mathrm{d}\arcsin\sqrt{x}$

$=(\arcsin\sqrt{x})^2+C.$

2. $\int\frac{\mathrm{d}x}{\sqrt{x+1}+\sqrt{x-1}}$.

解:$I=\int\frac{\sqrt{x+1}-\sqrt{x-1}}{(\sqrt{x+1})^2-(\sqrt{x-1})^2}\mathrm{d}x=\frac{1}{2}\int(\sqrt{x+1}-\sqrt{x-1})\mathrm{d}x$

$=\frac{1}{3}\left[(x+1)^{\frac{3}{2}}-(x-1)^{\frac{3}{2}}\right]+C.$

3. $\int\frac{x^5}{x^6-x^3-2}\mathrm{d}x$.

解:$I=\frac{1}{3}\int\frac{x^3\mathrm{d}x^3}{x^6-x^3-2}\overset{t=x^3}{=\!=}\frac{1}{3}\int\frac{t\mathrm{d}t}{t^2-t-2}=\frac{1}{9}\int\left(\frac{2}{t-2}+\frac{1}{t+1}\right)\mathrm{d}t$

$=\frac{1}{9}[2\ln|t-2|+\ln|t+1|]+C=\frac{1}{9}\ln|(x^3-2)^2(x^3+1)|+C.$

4. $\int\frac{\ln\tan x}{\sin x\cos x}\mathrm{d}x$.

解:$I=\int\frac{\frac{\ln\tan x}{\cos^2x}}{\frac{\sin x\cos x}{\cos^2x}}\mathrm{d}x=\int\frac{\ln\tan x}{\tan x}\mathrm{d}\tan x=\int\ln\tan x\mathrm{d}(\ln\tan x)=\frac{1}{2}(\ln\tan x)^2+C.$

5. $\int\frac{1+\sin x}{\sin x(1+\cos x)}\mathrm{d}x$.

解:令$t=\tan\frac{x}{2}$,则$\sin x=\frac{2t}{1+t^2}$,$\cos x=\frac{1-t^2}{1+t^2}$,$\mathrm{d}x=\frac{2}{1+t^2}\mathrm{d}t$,故

$$I=\int\frac{1+\frac{2t}{1+t^2}}{\frac{2t}{1+t^2}\left(1+\frac{1-t^2}{1+t^2}\right)}\cdot\frac{2}{1+t^2}\mathrm{d}t=\frac{1}{2}\int\frac{1+2t+t^2}{t}\mathrm{d}t$$

$$=\frac{1}{2}\left(\ln|t|+2t+\frac{t^2}{2}\right)+C=\frac{1}{2}\left(\ln\left|\tan\frac{x}{2}\right|+2\tan\frac{x}{2}+\frac{1}{2}\tan^2\frac{x}{2}\right)+C.$$

6. $\int(\arcsin x)^2\mathrm{d}x$.

解:$I=\int(\arcsin x)^2\mathrm{d}x=x(\arcsin x)^2-\int 2x\cdot\arcsin x\cdot\frac{\mathrm{d}x}{\sqrt{1-x^2}}$

$$=x(\arcsin x)^2+\int\frac{\arcsin x}{\sqrt{1-x^2}}\mathrm{d}(1-x^2)=x(\arcsin x)^2+2\int\arcsin x\mathrm{d}\sqrt{1-x^2}$$

$$=x(\arcsin x)^2+2\arcsin x\sqrt{1-x^2}-2\int\frac{\sqrt{1-x^2}}{\sqrt{1-x^2}}\mathrm{d}x$$

$$=x(\arcsin x)^2+2\arcsin x\cdot\sqrt{1-x^2}-2x+C.$$

7. $\int\frac{1+x}{x(1+xe^x)}\mathrm{d}x$.

解:$I=\int\frac{1+x}{x(1+xe^x)}\mathrm{d}x=\int\frac{(1+x)e^x}{xe^x(1+xe^x)}\mathrm{d}x=\int\frac{\mathrm{d}(xe^x)}{xe^x(1+xe^x)}\xlongequal{t=xe^x}\int\frac{\mathrm{d}t}{t(1+t)}$

$$=\ln\left|\frac{t}{1+t}\right|+C=\ln\left|\frac{xe^x}{1+xe^x}\right|+C.$$

8. $\int\frac{\ln(1+x)-\ln x}{x(1+x)}\mathrm{d}x$.

解:$I=\int[\ln(1+x)-\ln x]\mathrm{d}[\ln x-\ln(1+x)]=-\frac{1}{2}[\ln(1+x)-\ln x]^2+C$

$$=-\frac{1}{2}\ln^2\left|\frac{1+x}{x}\right|+C.$$

四、证明题

如果$f(x)$的一个原函数是$\frac{\sin x}{x}$,则有

$$\int xf'(x)\mathrm{d}x=\cos x-\frac{2\sin x}{x}+C.$$

证:因$f(x)=\left(\frac{\sin x}{x}\right)'=\frac{x\cos x-\sin x}{x^2}$,故

$$\int xf'(x)\mathrm{d}x=\int x\mathrm{d}f(x)=xf(x)-\int f(x)\mathrm{d}x=x\cdot\frac{x\cos x-\sin x}{x^2}-\frac{\sin x}{x}+C$$

$$=\cos x-\frac{2\sin x}{x}+C.$$

五、应用题

一物体由静止开始运动,经t秒后的速度为$3t^2$(m/s),试问:

(1) 经过 3 秒后物体离开出发点的距离是多少?

(2) 物体离开出发点的距离为 1000m 时,经过了多少时间?

解:设物体经过 t 秒后走过的路程为 s,由已知条件 $\frac{\mathrm{d}s}{\mathrm{d}t} = 3t^2$, 故

$$s = \int 3t^2 \mathrm{d}t = t^3 + C.$$

由 $s\big|_{t=0} = 0$,得 $c = 0$,从而 $s(t) = t^3$.

(1) 经过 3 秒后物体离开出发点的距离为 $s(3) = 27(\mathrm{m})$.

(2) 当 $s(t) = 1000\mathrm{m}$ 时,有 $t^3 = 1000$,故 $t = 10(\mathrm{s})$.

六、综合题

设函数 $f(x)$ 满足下列条件,试求 $f(x)$.

(1)$f(0) = 2, f(-2) = 0$;

(2)$f(x)$ 在 $x = -1, x = 5$ 处有极值;

(3)$f(x)$ 的导函数是 x 的二次函数.

解:因 $x = -1, x = 5$ 为 $f(x)$ 的极值点,可设

$$f'(x) = A(x+1)(x-5) = A(x^2 - 4x - 5)$$

故

$$f(x) = \int f'(x)\mathrm{d}x = A\left(\frac{x^3}{3} - 2x^2 - 5x\right) + C.$$

因 $f(0) = 2$,得 $C = 2$

$f(-2) = 0$,有 $A\left(-\frac{8}{3} - 8 + 10\right) + 2 = 0, A = 3.$

故

$$f(x) = x^3 - 6x^2 - 15x + 2.$$

习　题　7

1. 利用定积分的定义计算下列积分

(1) $\int_0^4 (2x+3)\mathrm{d}x$；　　(2) $\int_0^1 \mathrm{e}^x \mathrm{d}x$.

解：(1) $\int_0^4 (2x+3)\mathrm{d}x = \lim\limits_{n\to\infty}\sum\limits_{i=0}^{n-1}(2x_i+3)\Delta V_i$

取 $\Delta x_i = \dfrac{4}{n}, x_i = \dfrac{4i}{n}(i=0,1,2,\cdots,(n-1))$，则

$$\int_0^4 (2x+3)\mathrm{d}x = \lim_{n\to\infty}\sum_{i=0}^{n-1}\left(\frac{8i}{n}+3\right)\cdot\frac{4}{n} = \lim_{n\to\infty}\frac{32}{n^2}\sum_{i=0}^{n-1} i + \lim_{n\to\infty}\sum_{i=0}^{n-1}\frac{12}{n}$$

$$= \lim_{n\to\infty}\frac{32}{n^2}\cdot\frac{n(n-1)}{2} + 12 = 16 + 12 = 28.$$

(2) $\int_0^1 \mathrm{e}^x \mathrm{d}x = \lim\limits_{n\to\infty}\sum\limits_{i=0}^{n-1}\mathrm{e}^{x_i}\Delta x_i$

取 $\Delta x_i = \dfrac{1}{n}, x_i = \dfrac{i}{n}\quad(i=0,1,2,\cdots,n-1)$，则

$$\int_0^1 \mathrm{e}^x \mathrm{d}x = \lim_{n\to\infty}\sum_{i=0}^{n-1}\mathrm{e}^{\frac{i}{n}}\cdot\frac{1}{n} = \lim_{n\to\infty}\frac{1}{n}\left[1+\mathrm{e}^{\frac{1}{n}}+\mathrm{e}^{\frac{2}{n}}+\cdots+\mathrm{e}^{\frac{n-1}{n}}\right]$$

$$= \lim_{n\to\infty}\frac{1}{n}\,\frac{1-(\mathrm{e}^{\frac{1}{n}})^n}{1-\mathrm{e}^{\frac{1}{n}}} = (\mathrm{e}-1)\lim_{n\to\infty}\frac{1}{n(\mathrm{e}^{\frac{1}{n}}-1)} = (\mathrm{e}-1)\lim_{n\to\infty}\frac{1}{\dfrac{\mathrm{e}^{\frac{1}{n}}-1}{\dfrac{1}{n}}}$$

$$= (\mathrm{e}-1)\frac{1}{\lim\limits_{t\to0}\dfrac{\mathrm{e}^t-1}{t}} = \mathrm{e}-1.\quad\left(令\ t=\frac{1}{n}\right)$$

2. 将图 7-1 中各曲边梯形面积用定积分表示

解：(1) $s = \int_{-\frac{\pi}{2}}^{\frac{\pi}{2}}\cos x\mathrm{d}x$；　(2) $s = \int_1^2 \dfrac{x^2}{4}\mathrm{d}x$；　(3) $s = \int_{\mathrm{e}}^{\mathrm{e}+2}\ln x\mathrm{d}x$.

3. 不计算积分，比较下列各组积分值的大小

(1) $\int_0^1 x^2\mathrm{d}x > \int_0^1 x^3\mathrm{d}x$；　　(2) $\int_1^2 x^2\mathrm{d}x < \int_1^2 x^3\mathrm{d}x$；

(3) $\int_1^2 \ln x\mathrm{d}x > \int_1^2 (\ln x)^2\mathrm{d}x$；　　(4) $\int_3^4 \ln x\mathrm{d}x < \int_3^4 (\ln x)^3\mathrm{d}x$；

(5) $\int_0^1 \mathrm{e}^x\mathrm{d}x > \int_0^1 \mathrm{e}^{x^2}\mathrm{d}x$；　　(6) $\int_{-\frac{\pi}{2}}^0 \sin x\mathrm{d}x < \int_0^{\frac{\pi}{2}}\sin x\mathrm{d}x$.

4. 利用定积分的性质估计下列各积分值

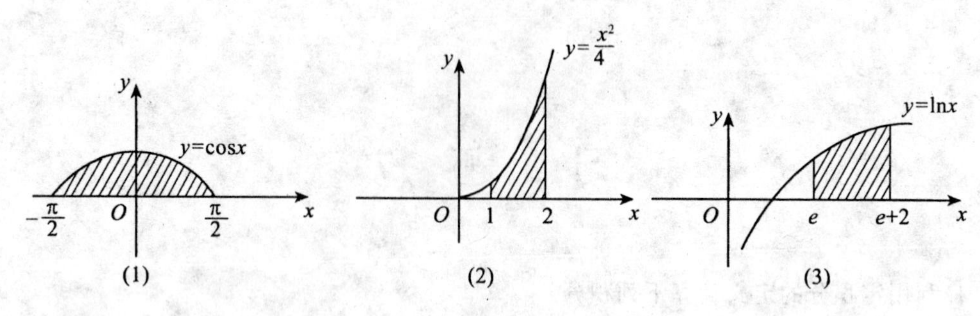

图 7-1

(1) $\int_{\frac{\pi}{4}}^{\frac{5\pi}{4}}(1+\sin^2 x)\mathrm{d}x$;　　(2) $\int_0^2 \mathrm{e}^{x^2-x}\mathrm{d}x$;

(3) $\int_{\frac{1}{\sqrt{3}}}^{\sqrt{3}} x\arctan x\mathrm{d}x$;　　(4) $\int_{\frac{\pi}{4}}^{\frac{\pi}{2}}\frac{\sin x}{x}\mathrm{d}x$.

解:在 $\left[-\frac{\pi}{4},\frac{5\pi}{4}\right]$ 上,函数 $f(x)=1+\sin^2 x$ 的最大值 $M=2$,最小值 $m=1$,故

$$1\cdot\left[\left(\frac{5\pi}{4}-\frac{\pi}{4}\right)\right]\leqslant\int_{-\frac{\pi}{4}}^{\frac{5}{4}\pi}(1+\sin^2 x)\mathrm{d}x\leqslant 2\cdot\left(\frac{5}{4}\pi-\frac{\pi}{4}\right)$$

即
$$\pi\leqslant\int_{-\frac{\pi}{4}}^{\frac{5\pi}{4}}(1+\sin^2 x)\mathrm{d}x\leqslant 2\pi.$$

(2) $f(x)=\mathrm{e}^{x^2-x}$,求出函数 $f(x)$ 在 $[0,2]$ 上的最大值与最小值.

$f'(x)=(2x-1)\mathrm{e}^{x^2-x}$

令 $f'(x)=0$,得 $x=\frac{1}{2}$. 因

$f(0)=1,\quad f\left(\frac{1}{2}\right)=\mathrm{e}^{\frac{1}{4}-\frac{1}{2}}=\mathrm{e}^{-\frac{1}{4}},\quad f(2)=\mathrm{e}^{4-2}=\mathrm{e}^2$

故
$$f_{\max}(2)=\mathrm{e}^2,\ f_{\min}\left(\frac{1}{2}\right)=\mathrm{e}^{-\frac{1}{4}}$$

所以
$$2\mathrm{e}^{-\frac{1}{4}}<\int_0^2\mathrm{e}^{x^2-x}\mathrm{d}x<2\mathrm{e}^2.$$

(3) $f(x)=x\arctan x$,求出函数 $f(x)$ 在 $\left[\frac{1}{\sqrt{3}},\sqrt{3}\right]$ 上的最大值与最小值. 因

$f'(x)=\arctan x+\frac{x}{1+x^2}>0,\quad x\in\left(\frac{1}{\sqrt{3}},\sqrt{3}\right)$

故
$$f_{\max}(\sqrt{3})=\sqrt{3}\arctan\sqrt{3}=\frac{\sqrt{3}\pi}{3}$$

$$f_{\min}(x)=f\left(\frac{1}{\sqrt{3}}\right)=\frac{1}{\sqrt{3}}\arctan\frac{1}{\sqrt{3}}=\frac{1}{\sqrt{3}}\frac{\pi}{6}=\frac{\pi}{6\sqrt{3}}.$$

又
$$\sqrt{3}-\frac{1}{\sqrt{3}}=\frac{2}{\sqrt{3}}$$

所以
$$\frac{\pi}{9}<\int_{\frac{1}{\sqrt{3}}}^{\sqrt{3}}x\arctan x\mathrm{d}x<\frac{2}{3}\pi.$$

(4) 不难证明，当 $0<x<\frac{\pi}{2}$ 时，$\tan x>x$，故

$$\left(\frac{\sin x}{x}\right)'=\frac{x\cos x-\sin x}{x^2}=\frac{\cos x}{x^2}(x-\tan x)<0$$

即函数 $\frac{\sin x}{x}$ 在 $\left[\frac{\pi}{4},\frac{\pi}{2}\right]$ 上是单调减的。所以

$$f_{\max}\left(\frac{\pi}{4}\right)=\frac{\sin\frac{\pi}{4}}{\frac{\pi}{4}}=\frac{2\sqrt{2}}{\pi},$$

$$f_{\min}\left(\frac{\pi}{2}\right)=\frac{\sin\frac{\pi}{2}}{\frac{\pi}{2}}=\frac{2}{\pi}.$$

又 $\frac{\pi}{2}-\frac{\pi}{4}=\frac{\pi}{4}$，故

$$\frac{2}{\pi}\cdot\frac{\pi}{4}<\int_{\frac{\pi}{4}}^{\frac{\pi}{2}}\frac{\sin x}{x}\mathrm{d}x<\frac{2\sqrt{2}}{\pi}\cdot\frac{\pi}{4}$$

即
$$\frac{1}{2}<\int_{\frac{\pi}{4}}^{\pi}\frac{\sin x}{x}\mathrm{d}x<\frac{\sqrt{2}}{2}.$$

5. 求下列函数的导数

(1) $\Phi(x)=\int_0^x\sqrt{1+t^2}\mathrm{d}t$；　　(2) $\Phi(x)=\int_x^{-1}te^{-t}\mathrm{d}t$；

(3) $\Phi(x)=\int_0^{x^2}\frac{1}{\sqrt{1+t^4}}\mathrm{d}t$；　　(4) $\Phi(x)=\int_{x^3}^{x^2}\sin t^2\mathrm{d}t$.

解：(1) $\Phi'(x)=\sqrt{1+x^2}$.

(2) $\Phi'(x)=-xe^{-x}$.

(3) $\Phi'(x)=\frac{2x}{\sqrt{1+x^8}}$.

(4) $\Phi'(x)=2x\sin x^4-3x^2\sin x^6$.

6. 计算下列定积分

(1) $\int_2^6(x^2-1)\mathrm{d}x$；　(2) $\int_{-1}^1(x^3-3x^2)\mathrm{d}x$；　(3) $\int_1^2\left(x^2+\frac{1}{x^4}\right)\mathrm{d}x$；

(4) $\int_1^2\left(x+\frac{1}{x}\right)^2\mathrm{d}x$；　(5) $\int_0^a(\sqrt{a}-\sqrt{x})^2\mathrm{d}x$；　(6) $\int_{-2}^2(x-1)^2\mathrm{d}x$；

(7) $\int_0^5\frac{x^3}{x^2+1}\mathrm{d}x$；　(8) $\int_0^1\frac{x}{x^2+1}\mathrm{d}x$；　(9) $\int_{-1}^1\frac{x\mathrm{d}x}{(x^2+1)^2}$；

(10) $\int_1^2\frac{e^{\frac{1}{x}}}{x^2}\mathrm{d}x$；　(11) $\int_0^{\pi}\cos^2\left(\frac{x}{2}\right)\mathrm{d}x$；　(12) $\int_0^3|x-2|\mathrm{d}x$；

(13) $\int_0^{2\pi} |\sin x| \mathrm{d}x$； (14) $\int_{-1}^{0} \frac{3x^4+3x^2+1}{x^2+1}\mathrm{d}x$.

解：(1) $\int_2^6 (x^2-1)\mathrm{d}x = \left(\frac{x^3}{3}-x\right)\Big|_2^6 = \left(\frac{6^3}{3}-6\right)-\left(\frac{2^3}{3}-2\right) = 65\frac{1}{3}$.

(2) $\int_{-1}^{1} (x^3-3x^2)\mathrm{d}x = \left(\frac{x^4}{4}-x^3\right)\Big|_{-1}^{1} = \left(\frac{1}{4}-1\right)-\left(\frac{1}{4}+1\right) = -2$.

(3) $\int_1^2 \left(x^2+\frac{1}{x^4}\right)\mathrm{d}x = \left(\frac{x^3}{3}-\frac{1}{3x^3}\right)\Big|_1^2 = \left(\frac{8}{3}-\frac{1}{24}\right)-\left(\frac{1}{3}-\frac{1}{3}\right) = \frac{63}{24}$.

(4) $\int_1^2 \left(x+\frac{1}{x}\right)^2\mathrm{d}x = \int_1^2\left(x^2+2+\frac{1}{x^2}\right)\mathrm{d}x = \left(\frac{x^3}{3}+2x-\frac{1}{x}\right)\Big|_1^2$

$= \left(\frac{8}{3}+4-\frac{1}{2}\right)-\left(\frac{1}{3}+2-1\right) = \frac{29}{6}$.

(5) $\int_0^a (\sqrt{a}-\sqrt{x})^2\mathrm{d}x = \int_0^a (a-2\sqrt{ax}+x)\mathrm{d}x = \left(ax-\frac{4\sqrt{a}}{3}x^{\frac{3}{2}}+\frac{x^2}{2}\right)\Big|_0^a$

$= a^2-\frac{4}{3}a^2+\frac{a^2}{2} = \frac{a^2}{6}$.

(6) $\int_{-2}^{2} (x-1)^2\mathrm{d}x = \frac{1}{3}(x-1)^3\Big|_{-2}^{2} = \frac{1}{3}[1-(-3)^3] = \frac{28}{3}$.

(7) $\int_0^5 \frac{x^3}{x^2+1}\mathrm{d}x = \int_0^5\left(x-\frac{x}{x^2+1}\right)\mathrm{d}x = \int_0^5 x\mathrm{d}x-\frac{1}{2}\int_0^5\frac{1}{x^2+1}\mathrm{d}(x^2+1)$

$= \frac{x^2}{2}\Big|_0^5-\frac{1}{2}\ln(x^2+1)\Big|_0^5 = \frac{25}{2}-\frac{1}{2}\ln 26 = \frac{1}{2}(25-\ln 26)$.

(8) $\int_0^1 \frac{x}{x^2+1}\mathrm{d}x = \frac{1}{2}\int_0^1\frac{1}{x^2+1}\mathrm{d}(x^2+1) = \frac{1}{2}\ln(x^2+1)\Big|_0^1 = \frac{1}{2}\ln 2$.

(9) 因$\frac{x}{(x^2+1)^2}$为奇函数，故$\int_{-1}^{1}\frac{x\mathrm{d}x}{(x^2+1)^2} = 0$.

(10) $\int_1^2 \frac{\mathrm{e}^{\frac{1}{x}}}{x^2}\mathrm{d}x = -\int_1^2 \mathrm{e}^{\frac{1}{x}}\mathrm{d}\left(\frac{1}{x}\right) = -\mathrm{e}^{\frac{1}{x}}\Big|_1^2 = \mathrm{e}-\mathrm{e}^{\frac{1}{2}}$.

(11) $\int_0^{\pi} \cos^2\frac{x}{2}\mathrm{d}x = 2\int_0^{\pi}\cos^2\frac{x}{2}\mathrm{d}\left(\frac{x}{2}\right) = \int_0^{\pi}(1+\cos x)\mathrm{d}\left(\frac{x}{2}\right)$

$= \left(\frac{x}{2}+\frac{\sin x}{2}\right)\Big|_0^{\pi} = \frac{\pi}{2}$.

(12) $\int_0^3 |x-2|\mathrm{d}x = \int_0^2(2-x)\mathrm{d}x+\int_2^3(x-2)\mathrm{d}x$

$= \left(2x-\frac{x^2}{2}\right)\Big|_0^2+\frac{1}{2}(x-2)^2\Big|_2^3$

$= (4-2)+\frac{1}{2} = \frac{5}{2}$.

(13) $\int_0^{2\pi} |\sin x|\mathrm{d}x = \int_0^{\pi}\sin x\mathrm{d}x-\int_{\pi}^{2\pi}\sin x\mathrm{d}x = -\cos x\Big|_0^{\pi}+\cos x\Big|_{\pi}^{2\pi}$

$= -(-1-1)+[1-(-1)] = 2+2 = 4$.

$$(14)\int_{-1}^{0}\frac{3x^4+3x^2+1}{x^2+1}dx=\int_{-1}^{0}\left(3x^2+\frac{1}{x^2+1}\right)dx=(x^3+\arctan x)\Big|_{-1}^{0}$$

$$=0-\left(-1-\frac{\pi}{4}\right)=1+\frac{\pi}{4}.$$

7. 计算下列定积分

(1) $\int_0^4\frac{dt}{1+\sqrt{t}}$; (2) $\int_2^{-13}\frac{dx}{\sqrt[5]{(3-x)^4}}$; (3) $\int_0^a x^2\sqrt{a^2-x^2}dx$;

(4) $\int_0^1\frac{x^2}{(1+x^2)^2}dx$; (5) $\int_0^1(1+x^2)^{-\frac{3}{2}}dx$; (6) $\int_1^2\frac{\sqrt{x^2-1}}{x}dx$;

(7) $\int_0^3\frac{x^2}{\sqrt{1+x}}dx$; (8) $\int_0^9 x\sqrt[3]{1-x}dx$; (9) $\int_0^{\ln 3}\frac{dx}{\sqrt{e^x+1}}$;

(10) $\int_0^{\frac{\pi}{4}}\tan^3 x dx$.

解:(1) 令 $x=\sqrt{t}$,则 $t=x^2$,$dt=2xdx$,当 t 从 $0\to 4$ 时,x 从 $0\to 2$,故

原积分 $=\int_0^2\frac{2x}{1+x}dx=2\int_0^2\left(1-\frac{1}{1+x}\right)dx=2[x-\ln(1+x)]\Big|_0^2=2(2-\ln 3)$.

(2) 原积分 $=\int_2^{-13}(3-x)^{-\frac{4}{5}}dx=-\int_2^{-13}(3-x)^{-\frac{4}{5}}d(3-x)$

$$=-5(3-x)^{\frac{1}{5}}\Big|_{+2}^{-13}=-5[\sqrt[5]{16}-1]=5(1-\sqrt[5]{16}).$$

(3) 令 $x=a\sin t$,$\sqrt{a^2-x^2}=a\cos t$,$dx=a\cos tdt$ 当 x 从 $0\to a$ 时 t 从 $0\to\frac{\pi}{2}$. 故

原积分 $=\int_0^{\frac{\pi}{2}}a^2\sin^2 t\cdot a\cos t\cdot a\cos tdt=a^4\int_0^{\frac{\pi}{2}}\sin^2 t\cos^2 tdt=\frac{a^4}{4}\int_0^{\frac{\pi}{2}}\sin^2 2tdt$

$$=\frac{a^4}{4}\int_0^{\frac{\pi}{2}}\frac{1-\cos 4t}{2}dt=\frac{a^4}{8}\left(t-\frac{\sin 4t}{4}\right)\Big|_0^{\frac{\pi}{2}}=\frac{\pi a^4}{16}.$$

$$(4)\int_0^1\frac{x^2}{(1+x^2)^2}dx=\int_0^1\left[\frac{1}{1+x^2}-\frac{1}{(1+x^2)^2}\right]dx=\int_0^1\frac{1}{1+x^2}dx$$

$$-\int_0^1\frac{1}{(1+x^2)^2}dx=\arctan x\Big|_0^1-I_2$$

$$\left(I_2=\int_0^1\frac{dx}{(1+x^2)^2}=\frac{\pi}{4}-I_2.\right)$$

利用递推公式

$$I_n=\int\frac{dx}{(x^2+a^2)^2}=\frac{x}{2(n-1)a^2(x^2+a^2)^{n-1}}+\frac{2(n-1)-1}{2(n-1)a^2}I_n-1$$

则当 $a=1,n=1$ 时得 $I_1=\int\frac{dx}{x^2+1}=\arctan x$. 当 $n=2$ 时

$$I_2=\frac{x}{2(x^2+1)}+\frac{2-1}{2}I_1=\frac{x}{2(x^2+1)}+\frac{1}{2}I_1$$

故 $$I_2=\frac{x}{2(x^2+1)}\Big|_0^1+\frac{1}{2}\arctan x\Big|_0^1=\frac{1}{4}+\frac{1}{2}\cdot\frac{\pi}{4}=\frac{1}{4}+\frac{\pi}{8}.$$

(5) 令 $x = \tan t, 1 + x^2 = \sec^2 t, dx = \sec^2 t dt$,当 x 从 $0 \to 1$ 时,t 从 $0 \to \frac{\pi}{4}$,故

$$原积分 = \int_0^{\frac{\pi}{4}} \sec^{-3} t \cdot \sec^2 t dt = \int_0^{\frac{\pi}{4}} \cos t dt = \sin t \Big|_0^{\frac{\pi}{4}} = \frac{\sqrt{2}}{2}.$$

(6) 令 $x = \sec t, \sqrt{x^2 - 1} = \tan t, dx = \sin t \sec^2 t dt$,故

$$原积分 = \int_{\mathrm{arcsec}1}^{\mathrm{arcsec}2} \cdot \frac{\tan t}{\sec t} \cdot \sin t \cdot \sec^2 t dt = \int_{\mathrm{arcsec}1}^{\mathrm{arcsec}2} \tan^2 t dt = (\tan t - t) \Big|_{\mathrm{arcsec}1}^{\mathrm{arcsec}2}$$

$$= \tan \mathrm{arcsec}2 - \tan \mathrm{arcsec}1 - \mathrm{arcsec}2 + \mathrm{arcsec}1$$

$$= \sqrt{3} - \mathrm{arcsec}2 + \mathrm{arcsec}1.$$

(7) 令 $t = \sqrt{1 + x}, x = t^2 - 1, dx = 2t dt$,当 x 从 $0 \to 3$ 时 t 从 $1 \to 2$,故

$$原积分 = \int_1^2 \frac{(t^2 - 1)^2}{t} \cdot 2t dt = 2\int_1^2 (t^4 - 2t^2 + 1) dt = 2\left[\frac{t^5}{5} - \frac{2}{3}t^3 + t\right]_1^2$$

$$= 2\left[\frac{32}{5} - \frac{16}{3} + 2 - \frac{1}{5} + \frac{2}{3} - 1\right] = \frac{76}{15}.$$

(8) 令 $\sqrt[3]{1 - x} = t, x = 1 - t^3, dx = -3t^2 dt$,当 x 从 $0 \to 9$ 时,t 从 $1 \to -2$,故

$$原积分 = \int_1^{-2} (1 - t^3) \cdot t \cdot (-3t^2) dt = 3\int_1^{-2} (t^6 - t^3) dt = 3\left[\frac{t^7}{7} - \frac{t^4}{4}\right]_1^{-2}$$

$$= 3\left(\frac{-128}{7} - \frac{16}{4} - \frac{1}{7} + \frac{1}{4}\right) = \frac{1863}{28}.$$

(9) 令 $\sqrt{e^x + 1} = u$,则 $x = \ln(u^2 - 1), dx = \frac{2u}{u^2 - 1} du$,当 x 从 $0 \to \ln 3$ 时,t 从 $\sqrt{2} \to 2$,故

$$原积分 = \int_{\sqrt{2}}^2 \frac{1}{u} \cdot \frac{2u}{u^2 - 1} du = \int_{\sqrt{2}}^2 \left(\frac{1}{u - 1} - \frac{1}{u + 1}\right) du = \ln\left(\frac{u - 1}{u + 1}\right) \Big|_{\sqrt{2}}^2$$

$$= \ln\frac{1}{3} - \ln\frac{\sqrt{2} - 1}{\sqrt{2} + 1} = \ln\frac{1}{3} - 2\ln(\sqrt{2} - 1).$$

(10) 令 $\tan x = t$,则 $x = \arctan t, dx = \frac{dt}{1 + t^2}$,当 x 从 $0 \to \frac{\pi}{4}$ 时,t 从 $0 \to 1$,故

$$原积分 = \int_0^1 t^3 \cdot \frac{dt}{1 + t^2} = \int_0^1 \left(t - \frac{t}{t^2 + 1}\right) dt = \left[\frac{t^2}{2} - \frac{1}{2}\ln(t^2 + 1)\right]_0^1$$

$$= \frac{1}{2}(1 - \ln 2).$$

8. 计算下列定积分

(1) $\int_1^e \ln x dx$; (2) $\int_0^{\ln 2} x e^{-x} dx$; (3) $\int_1^e x \ln x dx$;

(4) $\int_1^e (\ln x)^3 dx$; (5) $\int_0^{\frac{\pi}{2}} e^x \cos x dx$; (6) $\int_0^1 x \cdot \arctan x dx$;

(7) $\int_0^{\pi} x^2 \sin 2x dx$; (8) $\int_{\frac{\pi}{4}}^{\frac{\pi}{3}} \frac{x}{\sin^2 x} dx$; (9) $\int_{\frac{1}{e}}^{e} |\ln x| dx$;

(10) $\int_0^{\frac{1}{2}} (\arcsin x)^2 dx$.

解:(1) 原积分 $= x\ln x\Big|_1^e - \int_1^e x\cdot\frac{1}{x}dx = e-(e-1)=1.$

(2) 原积分 $= -\int_0^{\ln 2} x de^{-x} = -xe^{-x}\Big|_0^{\ln 2} + \int_0^{\ln 2} e^{-x}dx = -xe^{-x}\Big|_0^{\ln 2} - e^{-x}\Big|_0^{\ln 2}$

$= -e^{-x}(1+x)\Big|_0^{\ln 2} = -\frac{1}{2}(1+\ln 2)+1 = \frac{1}{2}(1-\ln 2).$

(3) 原积分 $= \frac{1}{2}\int_1^e \ln x dx^2 = \frac{1}{2}x^2\ln x\Big|_1^e - \frac{1}{2}\int_1^e x^2\cdot\frac{1}{x}dx = \frac{1}{2}e^2 - \frac{1}{4}x^2\Big|_1^e$

$= \frac{1}{2}e^2 - \frac{1}{4}e^2 + \frac{1}{4} = \frac{1}{4}(1+e^2).$

(4) 原积分 $= x(\ln x)^3\Big|_1^e - 3\int_1^e x(\ln x)^2\cdot\frac{1}{x}dx = e - 3\int_1^e(\ln x)^2dx = e - 3x(\ln x)^2\Big|_1^e +$

$6\int_1^e x\cdot\ln x\cdot\frac{1}{x}dx = e - 3e + 6\int_1^e \ln x dx = -2e + 6x\ln x\Big|_1^e - 6\int_1^e x\cdot\frac{1}{x}dx$

$= -2e + 6e - 6(e-1) = 2(3-e).$

(5) 由公式 $\int e^{ax}\cos bx dx = \frac{(a\cos bx + b\sin bx)}{a^2+b^2}e^{ax} + C$. 取 $a=1, b=1$ 代入,则

$$原积分 = \frac{\cos x + \sin x}{2}e^x\Big|_0^{\frac{\pi}{2}} = \frac{1}{2}(e^{\frac{\pi}{2}} - 1).$$

(6) 原积分 $= \frac{1}{2}\int_0^1 \arctan x dx^2 = \frac{1}{2}x^2\arctan x\Big|_0^1 - \frac{1}{2}\int_0^1 \frac{x^2}{1+x^2}dx$

$= \frac{\pi}{8} - \frac{1}{2}\int_0^1\left(1 - \frac{1}{1+x^2}\right)dx = \frac{\pi}{8} - \frac{1}{2}[x - \arctan x]_0^1$

$= \frac{\pi}{8} - \frac{1}{2}\left[1 - \frac{\pi}{4}\right] = \frac{\pi}{4} - \frac{1}{2}.$

(7) 原积分 $= -\frac{1}{2}\int_0^\pi x^2 d(\cos 2x) = -\frac{1}{2}x^2\cos 2x\Big|_0^\pi + \int_0^\pi x\cos 2x dx$

$= -\frac{\pi^2}{2} + \frac{1}{2}\int_0^\pi x d(\sin 2x) = -\frac{\pi^2}{2} + \frac{1}{2}x\sin 2x\Big|_0^\pi - \frac{1}{2}\int_0^\pi \sin 2x dx$

$= -\frac{\pi^2}{2} + \frac{1}{4}\cos 2x\Big|_0^\pi = -\frac{\pi^2}{2}.$

(8) 原积分 $= -\int_{\frac{\pi}{4}}^{\frac{\pi}{3}} x d(\cot x) = -x\cot x\Big|_{\frac{\pi}{4}}^{\frac{\pi}{3}} + \int_{\frac{\pi}{4}}^{\frac{\pi}{3}}\cot x dx = -\frac{\pi}{3}\cdot\frac{\sqrt{3}}{3} + \frac{\pi}{4} + (\ln\sin x)\Big|_{\frac{\pi}{4}}^{\frac{\pi}{3}}$

$= \frac{9-4\sqrt{3}}{36}\pi + \ln\frac{\sqrt{3}}{2} - \ln\frac{\sqrt{2}}{2} = \frac{9-4\sqrt{3}}{36}\pi + \frac{1}{2}\ln\frac{3}{2}.$

(9) 原积分 $= \int_{\frac{1}{e}}^1 -\ln x dx + \int_1^e \ln x dx$

因 $\int \ln x dx = x\ln x - x + C$,故

原积分 $= -(x\ln x - x)\Big|_{\frac{1}{e}}^1 + (x\ln x - x)\Big|_1^e = 1 - \frac{2}{e} + 1 = 2\left(1 - \frac{1}{e}\right).$

(10) 原积分 $= x(\arcsin x)^2\Big|_0^{\frac{1}{2}} - 2\int_0^{\frac{1}{2}} x\cdot\arcsin x\cdot\frac{1}{\sqrt{1-x^2}}dx$

$$= \frac{\pi^2}{72} + \int_0^{\frac{1}{2}} \arcsin x \cdot \frac{d(1-x^2)}{\sqrt{1-x^2}} = \frac{\pi^2}{72} + 2\int_0^{\frac{1}{2}} \arcsin x d\sqrt{1-x^2}$$

$$= \frac{\pi^2}{72} + 2\sqrt{1-x^2}\arcsin x \Big|_0^{\frac{1}{2}} - 2\int_0^{\frac{1}{2}} \sqrt{1-x^2} \cdot \frac{1}{\sqrt{1-x^2}} dx$$

$$= \frac{\pi^2}{72} + \frac{\sqrt{3}\pi}{6} - 2 \cdot \frac{1}{2} = \frac{\pi^2}{72} + \frac{\sqrt{3}\pi}{6} - 1.$$

9. 求下列极限

(1) $\lim\limits_{x\to 0} \dfrac{\int_0^x \cos^2 t dt}{x}$; (2) $\lim\limits_{x\to 0^+} \dfrac{\int_0^{\tan x} \sqrt{\sin t} dt}{\int_0^{\sin x} \sqrt{\tan t} dt}$.

解:(1) 原式 $= \lim\limits_{x\to 0} \cos^2 x = 1$.

(2) 原式 $= \lim\limits_{x\to 0^+} \dfrac{\frac{1}{\cos^2 x} \cdot \sqrt{\sin\tan x}}{\cos x \sqrt{\tan\sin x}} = \lim\limits_{x\to 0^+} \dfrac{\sqrt{\sin\tan x}}{\sqrt{\tan\sin x}} = \lim\limits_{x\to 0^+} \dfrac{\sqrt{\sin x}}{\sqrt{\tan x}} = \lim\limits_{x\to 0^+} \dfrac{\sqrt{x}}{\sqrt{x}} = 1.$

(当 $x \to 0$ 时 $\sin x \sim x \sim \tan x$).

10. 求函数 $F(x) = \int_0^x t(t-4) dt$ 在区间 $[-1,5]$ 上的最大值与最小值.

解:$f'(x) = x(x-4)$. 令 $F'(x) = 0$,得 $x_1 = 0, x_2 = 4$,因

$$F(-1) = \int_0^{-1} t(t-4) dt = \left(\frac{t^3}{3} - 2t^2\right)\Big|_0^{-1} = -\frac{7}{3}$$

$$F(0) = 0$$

$$F(4) = \int_0^4 t(t-4) dt = \left(\frac{t^3}{3} - 2t^2\right)\Big|_0^4 = -\frac{32}{3}$$

$$F(5) = \int_0^5 t(t-4) dt = \left(\frac{t^3}{3} - 2t^2\right)\Big|_0^5 = \frac{-25}{3}$$

故 $$F_{\max}(0) = 0, \quad F_{\min}(4) = -\frac{32}{3}.$$

11. 求 c 的值,使 $\lim\limits_{x\to+\infty} \left(\dfrac{x+c}{x-c}\right)^x = \int_{-\infty}^c te^{2t} dt$.

解:$\lim\limits_{x\to+\infty} \left(\dfrac{x+c}{x-c}\right)^x = \lim\limits_{x\to+\infty} \left(1 + \dfrac{2c}{x-c}\right)^x = \lim\limits_{x\to+\infty} \left[\left(1 + \dfrac{2c}{x-c}\right)^{\frac{x-c}{2c}}\right]^{\frac{2cx}{x-c}}$

$$= \lim_{x\to+\infty} \left[\left(1 + \frac{2c}{x-c}\right)^{\frac{x-c}{2c}}\right]^{\lim\limits_{x\to+\infty} \frac{2cx}{x-c}} = e^{2c}$$

$$\int_{-\infty}^c te^{2t} dt = \frac{1}{2}\int_{-\infty}^c t de^{2t} = \frac{1}{2} te^{2t} \Big|_{-\infty}^c - \frac{1}{2}\int_{-\infty}^c e^{2t} dt$$

$$= \frac{1}{2} ce^{2c} - \lim_{t\to-\infty} te^{2t} - \frac{1}{4} e^{2t} \Big|_{-\infty}^c = \frac{1}{2} ce^{2c} - 0 - \frac{1}{4} e^{2c}$$

$$= \frac{1}{2} ce^{2c} - \frac{1}{4} e^{2c}$$

所以 $e^{2c}=\frac{1}{2}ce^{2c}-\frac{1}{4}e^{2c}\quad c=\frac{5}{2}$.

$$\lim_{t\to-\infty}te^{2t}\xlongequal{x=-t}\lim_{x\to+\infty}\frac{-x}{e^{2x}}=0.$$

12. 求 c 的值,使$\int_0^1(x^2+cx+c)^2\mathrm{d}x$ 最小.

解:记$f(c)=\int_0^1(x^2+cx+c)^2\mathrm{d}x$,则

$$\begin{aligned}f(c)&=\int_0^1(x^4+c^2x^2+c^2+2cx^3+2cx^2+2c^2x)\mathrm{d}x\\&=\left(\frac{x^5}{5}+\frac{c^2x^3}{3}+c^2x+\frac{2cx^4}{4}+\frac{2cx^3}{3}+c^2x^2\right)\Big|_0^1\\&=\frac{1}{5}+\frac{c^2}{3}+c^2+\frac{c}{2}+\frac{2c}{3}+c^2=\frac{7}{3}c^2+\frac{7}{6}c+\frac{1}{5}\end{aligned}$$

因$f'(c)=\frac{14}{3}c+\frac{7}{6}$,令$f'(c)=0$,得 $c=-\frac{1}{4}$,又$f''\left(-\frac{1}{4}\right)=\frac{14}{3}>0$,

故 $c=-\frac{1}{4}$ 为$f(c)$ 的唯一极小值点,即使$f(c)$ 取得最小值的点,故 $c=-\frac{1}{4}$.

13. 设当 $x\geqslant0$ 时$f(x)$ 连续,且$\int_0^{x^2}f(t)\mathrm{d}t=x^2(1+x)$,试求$f(4)$.

解:对条件中等式两边求导数,得

$$2x\cdot f(x^2)=2x+3x^2$$

所以$f(x^2)=1+\frac{3}{2}x$,因 $x\geqslant0$,故

$$f(x)=1+\frac{3}{2}\sqrt{x},\quad f(4)=1+\frac{3}{2}\sqrt{4}=4.$$

14. 计算下列定积分

(1)$\int_{-\frac{1}{2}}^{\frac{1}{2}}\frac{x\arcsin x}{\sqrt{1-x^2}}\mathrm{d}x$;　　(2)$\int_{-5}^{5}\frac{x^3\sin^2x}{(x^4+2x^2+1)^2}\mathrm{d}x$.

解:(1) 因被积函数是偶函数,故

$$\begin{aligned}\text{原积分}&=2\int_0^{\frac{1}{2}}\frac{x\arcsin x}{\sqrt{1-x^2}}\mathrm{d}x=2\left(-\frac{1}{2}\right)\int_0^{\frac{1}{2}}\arcsin x\frac{\mathrm{d}(-x^2)}{\sqrt{1-x^2}}\\&=-2\int_0^{\frac{1}{2}}\arcsin x\mathrm{d}\sqrt{1-x^2}=-2\arcsin x\cdot\sqrt{1-x^2}\Big|_0^{\frac{1}{2}}+2\int_0^{\frac{1}{2}}\sqrt{1-x^2}\cdot\frac{\mathrm{d}x}{\sqrt{1-x^2}}\\&=-2\times\frac{\pi}{6}\times\sqrt{\frac{3}{4}}+2\left(\frac{1}{2}-0\right)=1-\frac{\sqrt{3}\pi}{6}.\end{aligned}$$

(2) 因被积函数是奇函数,积分区间为对称区间,故原积分 = 0.

15. 若$f(x)$ 为连续的奇函数,证明$\int_0^xf(t)\mathrm{d}t$ 为偶函数;若$f(x)$ 为连续的偶函数,证明$\int_0^xf(t)\mathrm{d}t$ 为奇函数.

证:因 $f(x)$ 为连续函数,则 $f(x)$ 必定可积. 记

$$F(x)=\int_0^x f(t)\,\mathrm{d}t$$

(1) 设 $f(x)$ 为奇函数. 因

$$F(-x)=\int_0^{-x} f(t)\,\mathrm{d}t=\int_0^{-x}-f(-t)\,\mathrm{d}t \xlongequal{u=-t} \int_0^x -f(u)(-\mathrm{d}u)=\int_0^x f(u)\,\mathrm{d}u$$
$$=F(x)$$

所以 $F(x)$ 为偶函数.

(2) 设 $f(x)$ 为偶函数,仿上述可证 $F(x)$ 为奇函数.

16. 设 $f(x)$ 是以 T 为周期的连续函数,证明 $\int_a^{a+T} f(x)\,\mathrm{d}x$ 的值与 a 无关。

证:利用定积分的可加性,有

$$\int_a^{a+T} f(x)\,\mathrm{d}x=\int_a^0 f(x)\,\mathrm{d}x+\int_0^T f(x)\,\mathrm{d}x+\int_T^{a+T} f(x)\,\mathrm{d}x$$

记 $I=\int_T^{a+T} f(x)\,\mathrm{d}x$,因 $f(x)$ 是以 T 为周期的连续函数,故 $f(x)=f(x-T)$ 且可积,故

$$I=\int_T^{a+T} f(x)\,\mathrm{d}x=\int_T^{a+T} f(x-T)\,\mathrm{d}x \xlongequal{u=x-T} \int_0^a f(u)\,\mathrm{d}u=\int_0^a f(x)\,\mathrm{d}x$$

所以
$$\int_a^{a+T} f(x)\,\mathrm{d}x=\int_a^0 f(x)\,\mathrm{d}x+\int_0^T f(x)\,\mathrm{d}x+\int_0^a f(x)\,\mathrm{d}x=\int_0^T f(x)\,\mathrm{d}x$$

上述结果显然与 a 无关.

17. 设 $f(x)$ 为连续可导的函数,且满足 $f(x)=x^2-\int_0^a f(x)\,\mathrm{d}x$,$(a\neq -1)$ 证明

$$\int_0^a f(x)\,\mathrm{d}x=\frac{a^3}{3(1+a)}.$$

证法 1: 令 $A=\int_0^a f(x)\,\mathrm{d}x$,则原式为 $f(x)=x^2-A$,此式两边对 x 从 0 到 a 积分,得

$$\int_0^a f(x)\,\mathrm{d}x=\int_0^a x^2\,\mathrm{d}x-A\int_0^a \mathrm{d}x$$

即
$$A=\frac{1}{3}a^3-Aa$$

于是有 $(1+a)A=\frac{1}{3}a^3$,所以

$$A=\int_0^a f(x)\,\mathrm{d}x=\frac{a^3}{3(1+a)}.$$

证法 2: 等式两边对 x 求导,得 $f'(x)=2x$,故 $f(x)=x^2+C$,从而有

$$x^2+c=x^2-\int_0^a (x^2+c)\,\mathrm{d}x$$

于是
$$c=-\left(\frac{1}{3}x^3+cx\right)\Big|_0^a=-\frac{1}{3}a^3-ac$$

故
$$(1+a)c=-\frac{1}{3}a^3,\quad c=-\frac{a^3}{3(1+a)}$$

另一方面
$$c=-\int_0^a f(x)\,\mathrm{d}x$$

故
$$\int_0^a f(x)\,dx = -c = \frac{a^3}{3(1+a)}.$$

18. 证明 $\left[\int_0^1 (x^2+ax+b)\,dx\right]^2 < \int_0^1 (x^2+ax+b)^2 dx.$

证:设
$$f(x) = x^2+ax+b$$
作积分
$$I = \int_0^1 (\lambda f+1)^2 dx.$$
因 $(\lambda f+1)^2 > 0$,故
$$I = \lambda^2\int_0^1 f^2 dx + 2\lambda\int_0^1 f dx + 1$$
记 $A = \int_0^1 f^2 dx, B = \int_0^1 f dx$,则
$$I = A\lambda^2 + 2B\lambda + 1 > 0 \quad (A > 0),$$
于是有
$$\Delta = (2B)^2 - 4A\cdot 1 < 0$$
即
$$B^2 - A < 0$$
因此有
$$\left(\int_0^1 f(x)\,dx\right)^2 < \int_0^1 f^2(x)\,dx$$
即
$$\left[\int_0^1 (x^2+ax+b)\,dx\right]^2 < \int_0^1 (x^2+ax+b)^2 dx.$$

19. 求下列各题中平面图形的面积

(1) 曲线 $y = a - x^2 (a > 0)$ 与 Ox 轴所围成的图形;

解:所求面积为图 7-2 中阴影部分. 由对称性
$$S = 2\int_0^{\sqrt{a}} (a-x^2)\,dx = 2\left[ax - \frac{x^3}{3}\right]_0^{\sqrt{a}} = 2\left[a^{\frac{3}{2}} - \frac{1}{3}a^{\frac{3}{2}}\right] = \frac{4}{3}a^{\frac{3}{2}}.$$

(2) 曲线 $y = x^2+3$ 在区间$[0,1]$上的曲边梯形面积.

解:$S = \int_0^1 (x^2+3)\,dx = \left(\frac{x^3}{3}+3x\right)\Big|_0^1 = \frac{1}{3}+3 = \frac{10}{3}.$

(3) 曲线 $y = x^2$ 与曲线 $y = 2-x^2$ 所围成的图形面积.

解:所求面积为图 7-3 中阴影所示面积:令 $x^2 = 2-x^2$ 解之得 $x = \pm 1$ 由对称性,所求面积为
$$S = 2\int_0^1 (2-x^2-x^2)\,dx = 2\int_0^1 (2-2x^2)\,dx = 2\left(2x - \frac{2}{3}x^3\right)\Big|_0^1 = 2\left(2-\frac{2}{3}\right) = \frac{8}{3}.$$

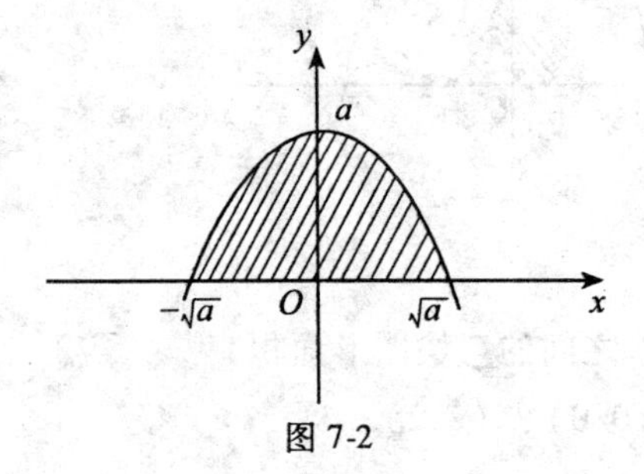

图 7-2

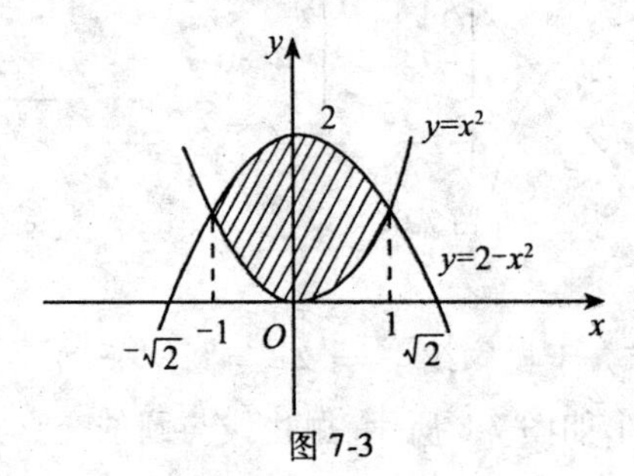

图 7-3

(4) 曲线 $y=x^3$ 与直线 $x=0,y=1$ 所围成的图形面积.

解:如图 7-4 所示 $S=\int_0^1\sqrt[3]{y}\mathrm{d}y=\frac{3}{4}y^{\frac{4}{3}}\Big|_0^1=\frac{3}{4}$.

(5) 在区间 $\left[0,\frac{\pi}{2}\right]$ 上,曲线 $y=\sin x$ 与直线 $x=0,y=1$ 所围成的图形面积.

解:如图 7-5 所示 $S=\int_0^{\frac{\pi}{2}}(1-\sin x)\mathrm{d}x=(x+\cos x)\Big|_0^{\frac{\pi}{2}}=\frac{\pi}{2}-1$.

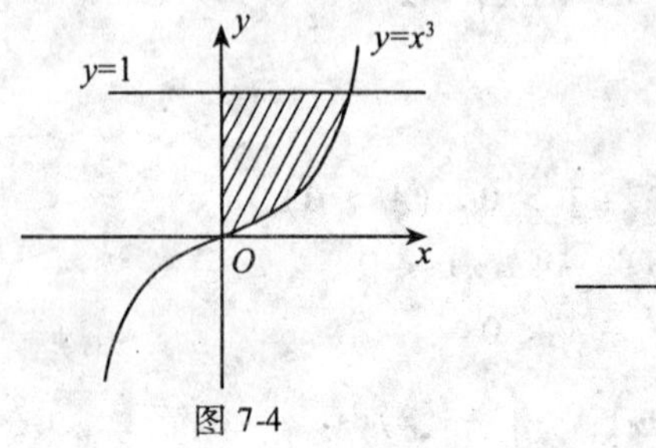

图 7-4

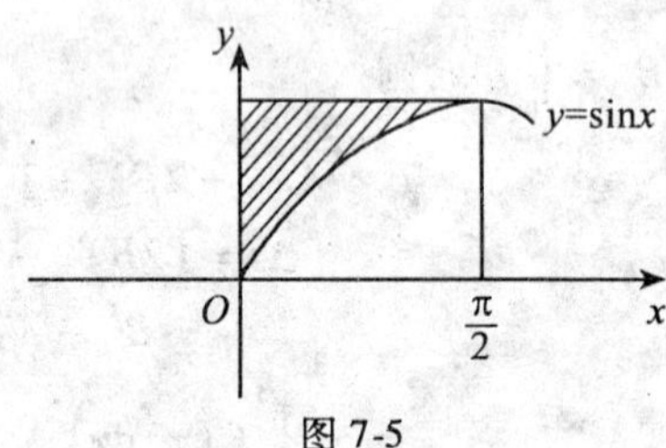

图 7-5

(6) 曲线 $y=\frac{1}{x}$ 与直线 $y=x,x=2$ 所围成的图形面积.

解:如图 7-6 所示,$S=\int_0^1 x\mathrm{d}x+\int_1^2\frac{1}{x}\mathrm{d}x=\frac{1}{2}x^2\Big|_0^1+(\ln x)\Big|_1^2=\frac{1}{2}+\ln 2$.

(7) 曲线 $y=x^3-3x+2$ 在 Ox 轴上介于两极值点之间的曲边梯形面积.

解:依函数作图步骤,作出函数 $y=x^3-3x+2$ 的图形,如图 7-7 所示. $x=-1$ 为其极大值点,$f_{极大}(-1)=4$;$x=1$ 为其极小值点,$f_{极小}(1)=0$,$(0,2)$ 为拐点,则

$$S=\int_{-1}^1(x^3-3x+2)\mathrm{d}x=\int_{-1}^1 2\mathrm{d}x=2\int_0^1 2\mathrm{d}x=4.$$

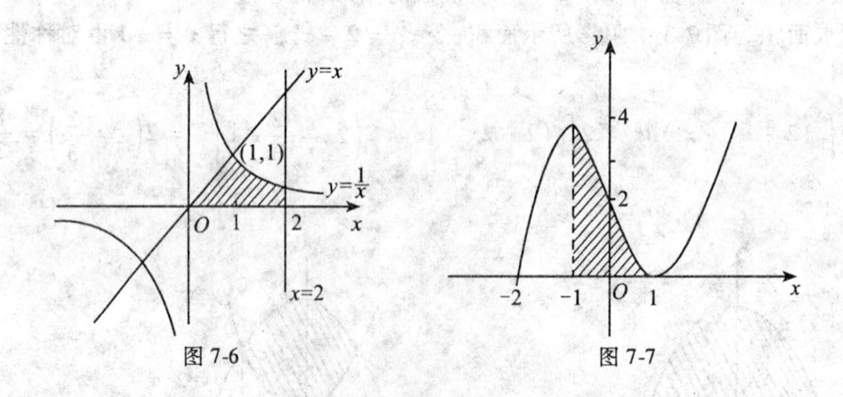

图 7-6　　图 7-7

(8) 分别求介于抛物线 $y^2=2x$ 与圆 $y^2=4x-x^2$ 之间的三块图形面积.

解:三块图形如图 7-8 所示. 抛物线与圆的交点为$(0,0)$与$(2,2)$.

由对称性知 $S_1=S_2$.

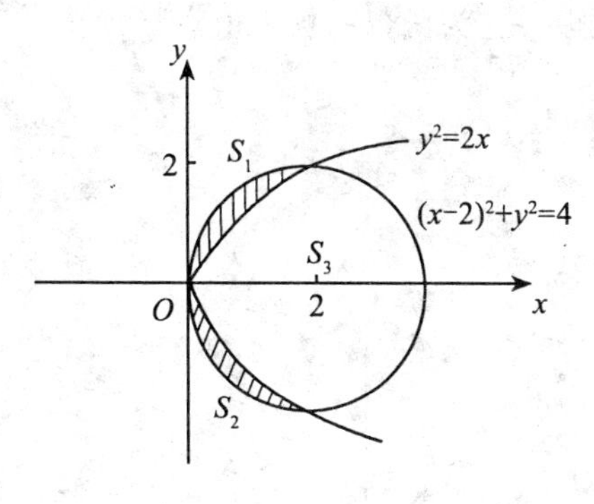

图 7-8

$$S_1 = \int_0^2 (\sqrt{4x - x^2} - \sqrt{2x})\mathrm{d}x = \int_0^2 \sqrt{4 - (x-2)^2}\mathrm{d}x - \int_0^2 \sqrt{2x}\mathrm{d}x$$
$$= \int_0^2 \sqrt{4 - (x-2)^2}\mathrm{d}x - \frac{8}{3}$$

记 $I = \int_0^2 \sqrt{4 - (x-2)^2}\mathrm{d}x$,令 $x - 2 = 2\sin t, \mathrm{d}x = 2\cos t\mathrm{d}t$,当 x 从 $0 \to 2$ 时 t 从 $-\frac{\pi}{2} \to 0$,故

$$I = \int_{-\frac{\pi}{2}}^{0} 2\cos t \cdot 2\cos t\mathrm{d}t = 2\int_{-\frac{\pi}{2}}^{0}(1 + \cos 2t)\mathrm{d}t = 2\left(t + \frac{1}{2}\sin 2t\right)\Big|_{-\frac{\pi}{2}}^{0} = 2 \cdot \frac{\pi}{2} = \pi$$

故 $S_1 = S_2 = \pi - \frac{8}{3}$. 其次,圆的面积 $S = \pi \cdot 2^2 = 4\pi$,故

$$S_3 = S - S_1 - S_2 = 4\pi - \left(2\pi - \frac{16}{3}\right) = 2\pi + \frac{16}{3}.$$

(9) 曲线 $y = x^3 - x$ 与曲线 $y = x - x^2$ 所围成图形的面积.

解:首先,我们按函数作图步骤,作出函数 $y = x^3 - x$ 的图形.

①$y' = 3x^2 - 1 = 3\left(x + \frac{1}{\sqrt{3}}\right)\left(x - \frac{1}{\sqrt{3}}\right)$,令 $y' = 0$,得 $x_1 = -\frac{1}{\sqrt{3}}, x_2 = \frac{1}{\sqrt{3}}$;

②$y'' = 6x$,令 $y'' = 0$,得 $x_3 = 0$;

③ 无渐近线;

④ 列表讨论,如表 7-1 所示.

表 7-1

x	$\left(-\infty, -\frac{1}{\sqrt{3}}\right)$	$-\frac{1}{\sqrt{3}}$	$\left(-\frac{1}{\sqrt{3}}\right),0$	0	$\left(0, \frac{1}{\sqrt{3}}\right)$	$\frac{1}{\sqrt{3}}$	$\left(\frac{1}{\sqrt{3}}, \infty\right)$
y'	+	0	−		−	0	+
y''	−		−	0	+		+
y	↗	$\frac{2}{3\sqrt{3}}$	↘	0	↘	$-\frac{2}{3\sqrt{3}}$	↗

表 7-1 分析给出结论：$x=-\frac{1}{\sqrt{3}}$为函数的极大值点，$f_{极大}=\frac{2}{3\sqrt{3}}$；$x=\frac{1}{\sqrt{3}}$为其极小值点，$f_{极小}=-\frac{2}{3\sqrt{3}}$；(0,0) 为拐点。

⑤ 作图如图 7-9 所示。

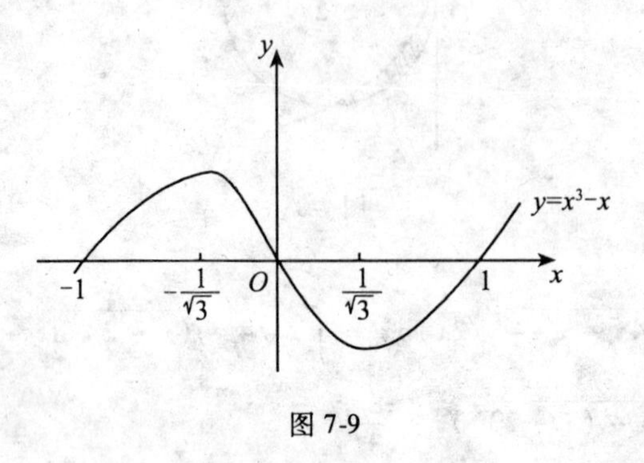

图 7-9

其次，函数 $y=x-x^2$ 为一条抛物线，顶点坐标为$\left(\frac{1}{2},\frac{1}{4}\right)$，该抛物线与函数$y=x^3-x$ 相交于下列三点：(0,0)，(1,0)，(−2，−8).

⑥ 综合以上分析，则两曲线所围的面积为

$$\begin{aligned}S&=\int_{-2}^{0}[(x^3-x)-(x-x^2)]\mathrm{d}x+\int_{0}^{1}[(x-x^2)-(x^3-x)]\mathrm{d}x\\&=\int_{-2}^{0}(x^3+x^2-2x)\mathrm{d}x+\int_{0}^{1}(2x-x^2-x^3)\mathrm{d}x\\&=\left(\frac{1}{4}x^4+\frac{1}{3}x^3-x^2\right)\Big|_{-2}^{0}+\left(x^2-\frac{1}{3}x^3-\frac{1}{4}x^4\right)\Big|_{0}^{1}\\&=-\left(\frac{1}{4}\times16-\frac{1}{3}\times8-4\right)+\left(1-\frac{1}{3}-\frac{1}{4}\right)=\frac{8}{3}+\frac{5}{12}=\frac{37}{12}.\end{aligned}$$

20. 求 $c(c>0)$ 的值，使两曲线 $y=x^2$ 与 $y=cx^3$ 所围成的图形的面积为$\frac{2}{3}$.

解：先求出两曲线的交点：令 $x^2=cx^3$，解之得 $x=0,x=\frac{1}{c}$. 于是所求的面积为

$$S=\int_0^{\frac{1}{c}}(x^2-cx^3)\mathrm{d}x$$

由已知条件，有

$$\int_0^{\frac{1}{c}}(x^2-cx^3)\mathrm{d}x=\frac{2}{3},\quad\left(\frac{1}{3}x^3-\frac{c}{4}x^4\right)\Big|_0^{\frac{1}{c}}=\frac{2}{3},\quad\frac{1}{3c^3}-\frac{c}{4c^4}=\frac{2}{3}$$

整理后得 $c^3=\frac{1}{8}$，所以 $c=\frac{1}{2}$.

21. 求旋转体的体积.

(1) 曲线 $y=x^3$ 与直线 $x=2,y=0$ 所围成的图形分别绕 Ox 轴与 Oy 轴旋转一周.

解：(i) 所围图形(见图 7-10) 绕 Ox 轴旋转

$$V = \int_0^2 \pi f^2(x)\,dx = \pi\int_0^2 (x^3)^2 dx = \pi\left(\frac{1}{7}x^7\right)\Big|_0^2 = \frac{128\pi}{7}.$$

(ii) 所围图形(见图 7-10) 绕 Oy 轴旋转

$$V = \pi\cdot 2^2\cdot 8 - \int_0^8 \pi x^2(y)\,dy = 32\pi - \int_0^8 \pi\cdot y^{\frac{2}{3}}dy = 32\pi - \pi\left(\frac{3}{5}y^{\frac{5}{3}}\right)\Big|_0^8$$

$$= 32\pi - \frac{96\pi}{5} = \frac{64\pi}{5}.$$

(2) 圆 $x^2 + y^2 = R^2$ 绕直线 $x = -b(b > R > 0)$ 旋转一周.

解:平面图形如图 7-11 所示。

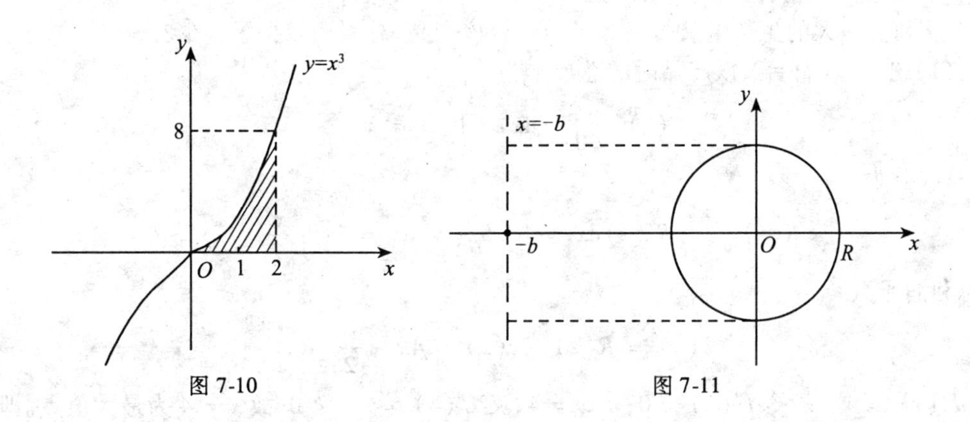

图 7-10　　　　图 7-11

考虑到对称性,则所求的旋转体体积为

$$V = 2\pi\int_0^R \left[\left(\sqrt{R^2-y^2}+b\right)^2 - \left(-\sqrt{R^2-y^2}+b\right)^2\right]dy = 8\pi b\int_0^R \sqrt{R^2-y^2}\,dy$$

$$\xlongequal{y = R\sin t} 8\pi b\int_0^{\frac{\pi}{2}} R\cos t\cdot R\cos t\,dt = 8\pi R^2 b\cdot\int_0^{\frac{\pi}{2}}\frac{1+\cos 2t}{2}dt$$

$$= 4\pi R^2 b\left[t + \frac{1}{2}\sin 2t\right]\Big|_0^{\frac{\pi}{2}} = 2\pi^2 R^2 b.$$

22. 已知某产品总产量的变化率是时间 t(单位:年) 的函数 $f(t) = 2t + 5, t \geqslant 0$,求第一个五年和第二个五年的总产量各为多少 .

解:第一个五年的总产量为

$$Q = \int_0^5 f(t)\,dt = \int_0^5 (2t+5)\,dt = (t^2+5t)\Big|_0^5 = 50.$$

第二个五年的总产量为

$$Q = \int_5^{10} f(t)\,dt = \int_5^{10}(2t+5)\,dt = (t^2+5t)\Big|_5^{10} = 150 - 50 = 100.$$

23. 已知某产品生产 x 个单位时,总收益 R 的变化率(边际收益) 为

$$R' = R'(x) = 200 - \frac{x}{100}\quad x \geqslant 0$$

(1) 试求生产了 50 个单位该产品时的总收益;

(2) 如果已经生产了 100 个单位该产品,试求再生产 100 个单位该产品时的总收益 .

解:(1) 生产了 50 个单位该产品时的总收益为

$$R = \int_0^{50} R'(x)\,\mathrm{d}x = \int_0^{50}\left(200 - \frac{x}{100}\right)\mathrm{d}x = \left(200x - \frac{x^2}{200}\right)\Big|_0^{50} = 9987.5$$

(2) 已经生产了 100 个单位该产品,再生产 100 个单位该产品时的总收益为

$$R = \int_{100}^{200} R'(x)\,\mathrm{d}x = \int_{100}^{200}\left(200 - \frac{x}{100}\right)\mathrm{d}x = \left(200x - \frac{x^2}{200}\right)\Big|_{100}^{200} = 19850$$

24. 某产品的总成本 C(万元) 的变化率(边际成本)$C' = 1$,总收益 R(万元) 的变化率(边际收益) 为生产量 x(百台) 的函数.

$$R' = R'(x) = 5 - x$$

(1) 试求生产量等于多少时,总利润 $L = R - C$ 为最大?

(2) 从利润最大的生产量又多生产了 100 台该产品,总利润减少了多少?

解:(1) 生产 x(百台) 该产品时的总成本为

$$C(x) = \int_0^x c'\mathrm{d}x = \int_0^x \mathrm{d}x = x$$

这时的总收益为

$$R(x) = \int_0^x R'(x)\,\mathrm{d}x = \int_0^x (5 - x)\,\mathrm{d}x = 5x - \frac{x^2}{2}.$$

因此,总利润函数

$$L(x) = R(x) - c(x) = 4x - \frac{x^2}{2}$$

因 $L'(x) = 4 - x$,令 $L'(x) = 0$,得 $x = 4$,又 $L''(4) = -1 < 0$,故 $x = 4$ 为最大值点。即生产 4 百台时总利润最大.

$$L_{\max}(4) = 8(\text{万元}).$$

(2) 从利润最大的生产量 $x = 4$ 又多生产了100 台,即生产量为500 台,这时的总成本为

$$C(5) = 5(\text{万元})$$

总收益 $$R(5) = 5 \times 5 - \frac{1}{2} \times 5^2 = 12.5(\text{万元})$$

总利润 $$L(5) = R(5) - C(5) = 12.5 - 5 = 7.5(\text{万元})$$

$$L_{\max}(4) - L(5) = 8 - 7.5 = 0.5(\text{万元})$$

可见这时的总利润减少了 5000 元.

25. 生产某产品的固定成本为 50,边际成本和边际收益分别为

$$C' = C'(Q) = Q^2 - 14Q + 111$$
$$R' = R'(Q) = 100 - 2Q$$

试确定厂商的最大利润.

解:先确定获得最大利润的产出水平. 由极值存在的必要条件

$$R'(Q) = C'(Q)$$

得 $$Q^2 - 14Q + 111 = 100 - 2Q$$

即 $$Q^2 - 12Q + 11 = 0$$

解之得 $$Q_1 = 1, Q_2 = 11$$

由极值存在的充分条件

$$R''(Q) < C''(Q)$$

因 $$R''(Q) = -2, \quad C''(Q) = 2Q - 14$$

显然,当 $Q=1$ 时　$R''(1)>C''(1)$,故 $Q=1$ 舍去.

当 $Q=11$ 时　$R''(11)=-2<C''(11)=8$.

因此,获得最大利润时的产出水平为 $Q=11$.

其次,求最大利润

$$L=\int_0^{11}[R'(Q)-C'(Q)]dQ-50$$

$$=\int_0^{11}[(100-2Q)-(Q^2-14Q+111)]dQ-50=111\frac{1}{3}.$$

26. 求下列广义积分

(1) $\int_{\frac{2}{\pi}}^{+\infty}\frac{1}{x^2}\sin\frac{1}{x}\mathrm{d}x$;　(2) $\int_0^{+\infty}xe^{-x^2}\mathrm{d}x$;　(3) $\int_0^{+\infty}\frac{\mathrm{d}x}{\sqrt{x}(1+x)}$;

(4) $\int_{-\infty}^{+\infty}\frac{\mathrm{d}x}{x^2+2x+2}$;　(5) $\int_1^2\frac{x\mathrm{d}x}{\sqrt{x-1}}$;　(6) $\int_0^{+\infty}e^{-ax}\sin bx\mathrm{d}x\quad(a>0)$;

(7) $\int_0^{+\infty}e^{-ax}\cos bx\mathrm{d}x$;　(8) $\int_0^{+\infty}\frac{x^2}{1+x^4}\mathrm{d}x$.

解:(1) $I=\int_{\frac{2}{\pi}}^{+\infty}-\sin\frac{1}{x}\mathrm{d}\frac{1}{x}=\cos\frac{1}{x}\Big|_{\frac{2}{\pi}}^{+\infty}=1-\cos\frac{\pi}{2}=1.$

(2) $I=\frac{1}{2}\int_0^{+\infty}e^{-x^2}\mathrm{d}x^2=-\frac{1}{2}e^{-x^2}\Big|_0^{+\infty}=-\frac{1}{2}(0-1)=\frac{1}{2}.$

(3) $I=2\int_0^{+\infty}\frac{\mathrm{d}\sqrt{x}}{1+x}=2\arctan\sqrt{x}\Big|_0^{+\infty}=2\times\frac{\pi}{2}=\pi.$

(4) $I=2\int_0^{+\infty}\frac{\mathrm{d}x}{(x+1)^2+1}=2\arctan(x+1)\Big|_0^{+\infty}=2\left[\frac{\pi}{2}-\arctan2\right].$

(5) $I\xlongequal{t=\sqrt{x-1}}\int_0^1\frac{t^2+1}{t}\cdot2t\mathrm{d}t=2\left[\frac{t^3}{3}+t\right]_0^1=\frac{8}{3}.$

(6) 由公式 $\int e^{ax}\sin bx\mathrm{d}x=\frac{a\sin bx-b\cos bx}{a^2+b^2}e^{ax}+C$,故

$$I=\int_0^{+\infty}e^{-ax}\sin bx\mathrm{d}x=\frac{-a\sin bx-b\cos bx}{a^2+b^2}e^{-ax}\Big|_0^{+\infty}=0-\left[\frac{-b}{a^2+b^2}\right]=\frac{b}{a^2+b^2}.$$

(7) 由公式 $\int e^{ax}\cos bx\mathrm{d}x=\frac{a\cos bx+b\sin bx}{a^2+b^2}e^{ax}+C$,故

$$I=\int_0^{+\infty}e^{-ax}\cos bx\mathrm{d}x=\frac{-a\cos bx+b\sin bx}{a^2+b^2}e^{-ax}\Big|_0^{+\infty}=0-\left[\frac{-a}{a^2+b^2}\right]=\frac{a}{a^2+b^2}.$$

(8) $I=\int_0^{+\infty}\frac{x^2}{1+x^4}\mathrm{d}x\xlongequal{x=\frac{1}{t}}\int_{+\infty}^0\frac{\frac{1}{t^2}}{1+\frac{1}{t^4}}\cdot\left(-\frac{1}{t^2}\right)\mathrm{d}t=\int_0^{+\infty}\frac{1}{1+t^4}\mathrm{d}t$

$$2I=\int_0^{+\infty}\frac{x^2}{1+x^4}\mathrm{d}x+\int_0^{+\infty}\frac{1}{1+x^4}\mathrm{d}x=\int_0^{+\infty}\frac{1+x^2}{1+x^4}\mathrm{d}x=\int_0^{+\infty}\frac{1+\frac{1}{x^2}}{x^2+\frac{1}{x^2}}\mathrm{d}x$$

$$= \int_0^{+\infty} \frac{\mathrm{d}\left(x - \frac{1}{x}\right)}{\left(x - \frac{1}{x}\right)^2 + 2} = \frac{\sqrt{2}}{2}\int_0^{+\infty} \frac{\mathrm{d}\left(\frac{x - \frac{1}{x}}{\sqrt{2}}\right)}{1 + \left(\frac{x - \frac{1}{x}}{\sqrt{2}}\right)^2} = \frac{\sqrt{2}}{2}\arctan \frac{x - \frac{1}{x}}{\sqrt{2}}\Bigg|_0^{+\infty}$$

$$= \frac{\sqrt{2}}{2}\left[\frac{\pi}{2} - \left(-\frac{\pi}{2}\right)\right] = \frac{\sqrt{2}}{2}\pi$$

故

$$I = \frac{\sqrt{2}}{4}\pi.$$

27. 利用 $\Gamma\left(\frac{1}{2}\right)$计算$\left(\Gamma\left(\frac{1}{2}\right) = \sqrt{\pi}\right)$.

(1) $\int_0^{+\infty} \mathrm{e}^{-a^2x^2}\mathrm{d}x \quad (a > 0)$.

解: $I = \int_0^{+\infty} \mathrm{e}^{-(ax)^2}\mathrm{d}x$

令 $(ax)^2 = t$,因 $a > 0, x > 0$,故 $x = \frac{1}{a}\sqrt{t}$. 所以

$$I = \int_0^{+\infty} \mathrm{e}^{-t} \cdot \frac{1}{2a\sqrt{t}}\mathrm{d}t = \frac{1}{2a}\int_0^{+\infty} t^{\frac{1}{2}-1}\mathrm{e}^{-t}\mathrm{d}t = \frac{1}{2a}\Gamma\left(\frac{1}{2}\right) = \frac{\sqrt{\pi}}{2a}.$$

(2) $\int_{-\infty}^{+\infty} \frac{1}{\sqrt{2\pi}}\mathrm{e}^{-\frac{x^2}{2}}\mathrm{d}x$.

解: $I = 2\int_0^{+\infty} \frac{1}{\sqrt{2\pi}}\mathrm{e}^{-\frac{x^2}{2}}\mathrm{d}x$.

令 $\frac{x^2}{2} = t, x^2 = 2t, x = \sqrt{2t}$,故

$$I = 2\int_0^{+\infty} \frac{1}{\sqrt{2\pi}} \cdot \mathrm{e}^{-t} \cdot \frac{\sqrt{2}}{2\sqrt{t}}\mathrm{d}t = \frac{1}{\sqrt{\pi}}\int_0^{+\infty} t^{\frac{1}{2}-1}\mathrm{e}^{-t}\mathrm{d}t = \frac{1}{\sqrt{\pi}} \cdot \Gamma\left(\frac{1}{2}\right) = \frac{1}{\sqrt{\pi}} \cdot \sqrt{\pi} = 1.$$

综合练习 7

一、选择题

1. 设 $f(x)$ 在区间 $[a,b]$ 上可积,则下列各结论中不正确的是(　　).

A. $\int_a^b f(x)\,\mathrm{d}x = \int_a^b f(y)\,\mathrm{d}y$　　B. $\int_a^a f(x)\,\mathrm{d}x = 0$

C. 若 $f(x) \geqslant b - a$,则 $\int_a^b f(x)\,\mathrm{d}x \geqslant (b - a)^2$　　D. $\left[\int_a^b f(x)\,\mathrm{d}x\right]' = f(x)$

答:选 D. 因为 $\int_a^b f(x)\,\mathrm{d}x$ 为一常数,其导数为 0.

2. 下列不等式中,正确的是(　　).

A. $\int_0^1 e^x dx < \int_0^1 e^{x^2} dx$　　B. $\int_1^2 e^x dx < \int_1^2 e^{x^2} dx$

C. $\int_0^1 e^{-x} dx < \int_1^2 e^{-x} dx$　　D. $\int_{-2}^{-1} x^2 dx < \int_{-2}^{-1} x^3 dx$

答:选 B. 因为在$[1,2]$上,$e^{x^2} > e^x$.

3. 下列定积分中,等于 0 的是(　　).

A. $\int_{-1}^1 \ln(x + \sqrt{1 + x^2}) dx$　　B. $\int_{-1}^1 \frac{dx}{\sqrt{1 - x^2}}$

C. $\int_{-1}^1 \frac{1}{x^3} dx$　　D. $\int_{-1}^1 \frac{dx}{1 + \sin x}$

答:选 A. 在上述四个积分中,积分区间均为对称区间,不难检验,A 式的被积函数为奇函数,故积分值为 0,而 B 式的被积函数为偶函数,D 式的被积函数为非奇非偶函数,它们的积分值均不为 0,C 式为发散的广义积分.

4. 设函数$f(x) = x \cdot \lim\limits_{n\to\infty} \frac{1 - x^{2n}}{1 + x^{2n}}$,且$\int_0^2 f(x) dx = a$,则 $a =$ (　　).

A. 2　　B. 1

C. 0　　D. -1

答:选 D. 因$\lim\limits_{n\to\infty} \frac{1 - x^{2n}}{1 + x^{2n}} = \begin{cases} 1 & |x| < 1 \\ 0 & |x| = 1 \\ -1 & |x| > 1 \end{cases}$,则$f(x) = \begin{cases} x, & |x| < 1 \\ 0, & |x| = 0 \\ -x, & |x| > 1. \end{cases}$ 故

$\int_0^2 f(x) dx = \int_0^1 f(x) dx + \int_1^2 f(x) dx = \int_0^1 x dx + \int_1^2 (-x) dx = \frac{1}{2} - \frac{1}{2}x^2 \Big|_1^2 = -1$,故

$$a = -1.$$

5. 下列各积分中可以直接使用牛顿 — 莱布尼兹公式的有(　　).

A. $\int_{-1}^1 \frac{dx}{x^2}$　　B. $\int_{-1}^2 \frac{x dx}{\sqrt{1 - x^2}}$

C. $\int_{-a}^a \sqrt{a^2 - x^2} dx$　　D. $\int_0^4 \frac{x dx}{(x^{\frac{3}{2}} - 5)^2}$

答:选 C. 因为积分式 A 与积分式 D 均发散,积分式 B 的被积函数在$[-1,2]$上无意义,而积分式 C 收敛.

6. 已知$\int_0^x f(t^2) dt = x^3$,则$\int_0^1 f(x) dx =$ (　　).

A. 1　　B. $\frac{1}{2}$

C. $\frac{3}{2}$　　D. 2

答:选 C. 将等式$\int_0^x f(t^2) dt = x^3$ 两边对 x 求导,得

$$f(x^2) = 3x^2, f(x) = 3x$$

故

$$\int_0^1 f(x) dx = \int_0^1 3x dx = \frac{3}{2}.$$

7. 设$f(x)=\int_1^{x^2}\frac{\ln(1+t)}{t}dt$,则$f'(2)=($　　$)$.

A. 0　　　　B. ln 5

C. $\frac{1}{2}\ln 5$　　　　D. 2ln 3

答:选 B. 因为$f'(x)=2x\cdot\frac{\ln(1+x^2)}{x^2}=\frac{2\ln(1+x^2)}{x}$

令$x=2$,得$f'(2)=\ln 5$.

8. $\int_{-1}^{1}\frac{d}{dx}\left(\arctan\frac{1}{x}\right)dx=($　　$)$.

A. $\frac{\pi}{2}$　　　　B. 0

C. $-\frac{\pi}{2}$　　　　D. 不存在

答:选 C. 因为被积函数在$x=0$处不可导. 故将原积分式改写为

$$\int_{-1}^{0}\frac{d}{dx}\arctan\frac{1}{x}dx+\int_{0}^{1}\frac{d}{dx}\arctan\frac{1}{x}dx=\arctan\frac{1}{x}\Big|_{-1}^{0-\varepsilon}+\arctan\frac{1}{x}\Big|_{0+\varepsilon}^{1}$$

$$=-\frac{\pi}{2}-\left(-\frac{\pi}{4}\right)+\frac{\pi}{4}-\frac{\pi}{2}=-\frac{\pi}{2}.$$

9. 下列广义积分收敛的是(　　).

A. $\int_0^{+\infty}\cos x dx$　　　　B. $\int_0^{2}\frac{dx}{(x-1)^2}$

C. $\int_0^{+\infty}\frac{dx}{\sqrt{x+1}}$　　　　D. $\int_{-\infty}^{+\infty}\frac{dx}{(2x+1)^{\frac{3}{2}}}$

答:选 D. 显然,积分式 A 发散. 在积分式 B 中,因$p=2>1$,故发散. 在积分式 C 中,因$p=\frac{1}{2}<1$故发散. 在积分式 D 中,因$p=\frac{3}{2}>1$,故收敛.

10. 设$f(x-5)=\frac{4}{x^2-10x}$,则$\int_0^4 f(2x+1)dx=($　　$)$.

A. 为广义积分且发散　　　　B. 为广义积分且收敛

C. 不是广义积分,且其值为 0　　　　D. 不是广义积分,且其值为$\frac{\pi}{4}$

答:选 A. 因为

$$f(x-5)=\frac{4}{(x-5)^2-25}$$

故
$$f(u)=\frac{4}{u^2-25},f(2x+1)=\frac{1}{x^2+x-6}=\frac{1}{(x+3)(x-2)}$$

故
$$\int_0^4 f(2x+1)dx=\int_0^4\frac{1}{(x-2)(x+3)}dx=\frac{1}{5}\int_0^4\left(\frac{1}{x-2}-\frac{1}{x+3}\right)dx$$

由于$\int_0^4\frac{1}{x-2}dx$发散,故$\int_0^4 f(2x+1)dx$发散.

二、填空题

1. $\int_0^{\frac{\pi}{2}} \sin^6 x\mathrm{d}x = \underline{\quad \frac{15\pi}{96} \quad}$.

解：

$$\int_0^{\frac{\pi}{2}} \sin^6 x\mathrm{d}x = \frac{5}{6} \cdot \frac{3}{4} \cdot \frac{1}{2} \cdot \frac{\pi}{2} = \frac{15\pi}{96}.$$

或用 $\Gamma(x)$ 计算

$$\int_0^{\frac{\pi}{2}} \sin^6 x\mathrm{d}x = \int_0^{\frac{\pi}{2}} \cos^{1-1} x\sin^{7-1} x\mathrm{d}x = \frac{1}{2} \frac{\Gamma\left(\frac{1}{2}\right)\Gamma\left(\frac{7}{2}\right)}{\Gamma\left(\frac{1}{2}+\frac{7}{2}\right)}$$

$$= \frac{1}{2} \frac{\sqrt{\pi} \cdot \frac{5}{2} \cdot \frac{3}{2} \cdot \frac{1}{2}\sqrt{\pi}}{3 \times 2} = \frac{15\pi}{96}.$$

2. 设 $0 < a < 1$，且 $\int_0^a \frac{\cos 2x}{\cos x - \sin x}\mathrm{d}x = 1$，则 $a = \underline{\quad \frac{\pi}{4} \quad}$.

解： $\int_0^a \frac{\cos 2x}{\cos x - \sin x}\mathrm{d}x = \int_0^a \frac{\cos^2 x - \sin^2 x}{\cos x - \sin x}\mathrm{d}x = \int_0^a (\cos x + \sin x)\mathrm{d}x$

$$= (\sin x - \cos x)\Big|_0^a = \sin a - \cos a + 1 = 1$$

所以 $\sin a = \cos a$，即 $\tan a = 1$，故 $a = \frac{\pi}{4}$.

3. 方程 $\int_0^y (1 + x^2)\mathrm{d}x + \int_x^0 \mathrm{e}^{t^2}\mathrm{d}t = 0$ 确定 y 是 x 的函数，则 $\frac{\mathrm{d}y}{\mathrm{d}x} = \underline{\quad \frac{\mathrm{e}^{x^2}}{1+y} \quad}$.

解： 原方程两边对 x 求导数，得

$$y'(1 + y^2) - \mathrm{e}^{x^2} = 0，故\ y' = \frac{\mathrm{e}^{x^2}}{1 + y^2}.$$

4. $\lim\limits_{x\to 0^+} \frac{\int_0^{x^2} \sin\sqrt{t}\mathrm{d}t}{x^3} = \underline{\quad \frac{2}{3} \quad}$.

解：

$$\lim_{x\to 0^+} \frac{\int_0^{x^2} \sin\sqrt{t}\mathrm{d}t}{x^3} = \lim_{x\to 0^+} \frac{2x\sin x}{3x^2} = \frac{2}{3}.$$

5. 若 $f(2x - 1) = \frac{\ln x}{\sqrt{x}}$，则 $\int_1^7 f(x)\mathrm{d}x = \underline{\quad 8(2\ln 2 - 1) \quad}$.

解法 1： 令 $u = 2x - 1$，$x = \frac{1}{2}(u + 1)$，故

$$f(u) = \frac{\ln\frac{u+1}{2}}{\sqrt{\frac{u+1}{2}}} = \sqrt{2}\frac{\ln(u + 1) - \ln 2}{\sqrt{u + 1}}$$

$$\int_1^7 f(x)\,\mathrm{d}x = \sqrt{2}\int_1^7\left[\frac{\ln(x+1)-\ln 2}{\sqrt{x+1}}\right]\mathrm{d}x \xlongequal{t=\sqrt{1+x}} \sqrt{2}\int_{\sqrt{2}}^{2\sqrt{2}}\left(\frac{2\ln t-\ln 2}{t}\right)\cdot 2t\,\mathrm{d}t$$

$$= 2\sqrt{2}\int_{\sqrt{2}}^{2\sqrt{2}}(2\ln t-\ln 2)\,\mathrm{d}t$$

$$= 2\sqrt{2}[2t\ln t-2t-t\ln 2]\Big|_{\sqrt{2}}^{2\sqrt{2}}$$

$$= 2\sqrt{2}[4\sqrt{2}\ln 2\sqrt{2}-4\sqrt{2}-2\sqrt{2}\ln 2-2\sqrt{2}\ln\sqrt{2}+2\sqrt{2}+\sqrt{2}\ln 2]$$

$$= 2\sqrt{2}(6\sqrt{2}\ln 2-4\sqrt{2}-2\sqrt{2}\ln 2-\sqrt{2}\ln 2+2\sqrt{2}+\sqrt{2}\ln 2)$$

$$= 2\sqrt{2}(4\sqrt{2}\ln 2-2\sqrt{2})$$

$$= 8(2\ln 2-1).$$

解法 2:令 $x = 2t-1$,则

$$\int_1^7 f(x)\,\mathrm{d}x = \int_1^4 f(2t-1)\cdot 2\mathrm{d}t = 2\int_1^4 f(2x-1)\,\mathrm{d}x = 2\int_1^4 \frac{\ln x}{\sqrt{x}}\mathrm{d}x = 2\int_1^4 \ln x\,\mathrm{d}(2\sqrt{x})$$

$$= 2\left[2\sqrt{x}\ln x\Big|_1^4 - \int_1^4 2\sqrt{x}\cdot\frac{1}{x}\mathrm{d}x\right] = 2\left(4\ln 4 - 4\sqrt{x}\Big|_1^4\right) = 8(\ln 4-1).$$

6. 若 $f(x) = \int_1^x \frac{1}{\sqrt{1+t^3}}\mathrm{d}t$,则 $\int_0^1 xf(x)\,\mathrm{d}x =$ $\underline{\quad\frac{1}{3}(1-\sqrt{2})\quad}$.

解:$\int_0^1 xf(x)\,\mathrm{d}x = \int_0^1 f(x)\,\mathrm{d}\frac{x^2}{2} = \frac{1}{2}x^2 f(x)\Big|_0^1 - \int_0^1 \frac{1}{2}x^2 f'(x)\,\mathrm{d}x$

$$= 0 - \frac{1}{2}\int_0^1 \frac{x^2}{\sqrt{1+x^3}}\mathrm{d}x = -\frac{1}{6}\int_0^1 \frac{\mathrm{d}(1+x^3)}{\sqrt{1+x^3}}$$

$$= -\frac{1}{3}\sqrt{1+x^3}\Big|_0^1 = \frac{1}{3}(1-\sqrt{2}).$$

7. 函数 $f(x) = \int_1^x \frac{\ln t}{t}\mathrm{d}t$ 的拐点坐标为 $\underline{\quad\left(\mathrm{e},\frac{1}{2}\right)\quad}$.

解:$f'(x) = \frac{\ln x}{x}$, $f''(x) = \frac{1-\ln x}{x^2}$

令 $f''(x) = 0$,得 $\ln x = 1$,故 $x = \mathrm{e}$

$$f(\mathrm{e}) = \int_1^{\mathrm{e}} \frac{\ln t}{t}\mathrm{d}t = \int_1^{\mathrm{e}} \ln t\,\mathrm{d}\ln t = \frac{1}{2}(\ln t)^2\Big|_1^{\mathrm{e}} = \frac{1}{2}.$$

当 $0 < x < \mathrm{e}$ 时,$f''(x) > 0$;当 $x > \mathrm{e}$ 时,$f''(x) < 0$,所以 $\left(\mathrm{e},\frac{1}{2}\right)$ 为拐点.

8. 曲线 $y = \sqrt{x}$ 与直线 $y = x$ 围成的平面图形绕 Ox 轴旋转一周所成的旋转体体积 $V =$ $\underline{\quad\frac{\pi}{6}\quad}$.

解:如图 7-12 所示,两曲线的交点坐标为 $O(0,0)$ 及 $p(1,1)$.

$$V = \int_0^1 \pi[(\sqrt{x})^2 - x^2]\,\mathrm{d}x = \pi\int_0^1 (x-x^2)\,\mathrm{d}x = \pi\left(\frac{1}{2}-\frac{1}{3}\right) = \frac{\pi}{6}.$$

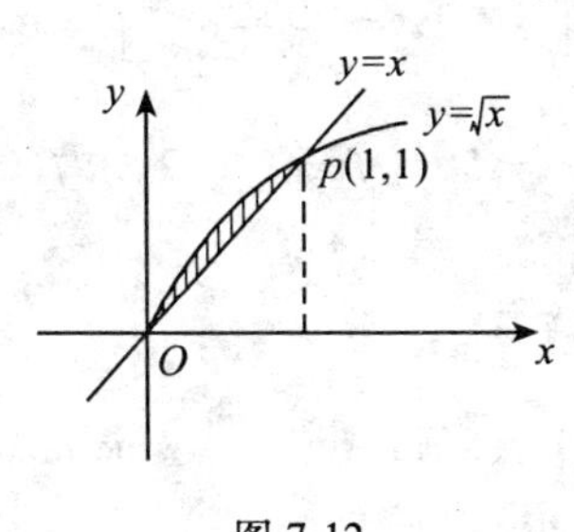

图 7-12

三、计算题

1. $\int_{\frac{1}{2}}^{1} e^{\sqrt{2x-1}}dx$.

解:令 $t = \sqrt{2x-1}, x = \frac{1}{2}(1+t^2), dx = tdt$,当 x 从 $\frac{1}{2} \to 1$ 时 t 从 $0 \to 1$. 于是

$$原积分 = \int_0^1 e^t \cdot tdt = \int_0^1 tde^t = te^t\Big|_0^1 - \int_0^1 e^t dt = te^t\Big|_0^1 - e^t\Big|_0^1 = e - e + 1 = 1.$$

2. $\int_0^{\frac{1}{\sqrt{3}}} \frac{dx}{(1+5x^2)\sqrt{1+x^2}}$.

解:令 $x = \tan t, dx = \frac{1}{\cos^2 t}dt, t \in \left[0, \frac{\pi}{6}\right]$,故

$$原积分 = \int_0^{\frac{\pi}{6}} \frac{1dt}{(1+5\tan^2 t)\sec t \cdot \cos^2 t} = \int_0^{\frac{\pi}{6}} \frac{dt}{\left(1+5\frac{\sin^2 t}{\cos^2 t}\right)\cos t}$$

$$= \int_0^{\frac{\pi}{6}} \frac{\cos t dt}{\cos^2 t + 5\sin^2 t} = \int_0^{\frac{\pi}{6}} \frac{d\sin t}{1+4\sin^2 t} = \frac{1}{2}\int_0^{\frac{\pi}{6}} \frac{d(2\sin t)}{1+(2\sin t)^2}$$

$$= \frac{1}{2}(\arctan 2\sin t)\Big|_0^{\frac{\pi}{6}} = \frac{1}{2}\arctan 1 = \frac{\pi}{8}.$$

3. $\int_0^{\ln 2} \sqrt{1-e^{-2x}}dx$.

解:令 $t = \sqrt{1-e^{-2x}}$,则 $x = -\frac{1}{2}\ln(1-t^2), dx = \frac{t}{1-t^2}dt, t \in \left[0, \frac{\sqrt{3}}{2}\right]$. 故

$$原积分 = \int_0^{\frac{\sqrt{3}}{2}} t \cdot \frac{t}{1-t^2}dt = -\int_0^{\frac{\sqrt{3}}{2}}\left(1+\frac{1}{t^2-1}\right)dt = -\frac{\sqrt{3}}{2} - \frac{1}{2}\int_0^{\frac{\sqrt{3}}{2}}\left(\frac{1}{t-1}-\frac{1}{t+1}\right)dt$$

$$= -\frac{\sqrt{3}}{2} - \frac{1}{2}\ln\left|\frac{t-1}{t+1}\right|_0^{\frac{\sqrt{3}}{2}} = -\frac{\sqrt{3}}{2} - \frac{1}{2}\ln\left|\frac{\sqrt{3}-2}{\sqrt{3}+2}\right|.$$

4. 已知 $\int_0^a 3t^2 dt = 8$,求 $\int_0^a xe^{-x^2}dx$.

解:因 $\int_0^a 3t^2 dt = 8$,故 $t^3\Big|_0^a = 8$,从而 $a = 2$. 因此

$$\int_0^2 x e^{-x^2} dx = \frac{1}{2}\int_0^2 e^{-x^2} dx^2 = -\frac{1}{2}e^{-x^2}\Big|_0^2 = \frac{1}{2}(1-e^{-4}).$$

5. 设$\int_0^{\pi}[f(x)+f''(x)]\sin x dx = 5$，且$f(\pi)=2$，求$f(0)$.

解：由$\int_0^{\pi}[f(x)+f''(x)]\sin x dx = 5$，有

$$\begin{aligned}\int_0^{\pi} f(x)\sin x dx + \int_0^{\pi} f''(x)\sin x dx &= \int_0^{\pi} f(x)\sin x dx + \int_0^{\pi}\sin x df'(x) \\ &= \int_0^{\pi} f(x)\sin x dx + f'(x)\sin x\Big|_0^{\pi} - \int_0^{\pi} f'(x)\cos x dx \\ &= \int_0^{\pi} f(x)\sin x dx - \int_0^{\pi}\cos x df(x) \\ &= \int_0^{\pi} f(x)\sin x dx - f(x)\cos x\Big|_0^{\pi} - \int_0^{\pi} f(x)\sin x dx \\ &= f(\pi) + f(0) = 5\end{aligned}$$

故 $$2+f(0)=5,\quad f(0)=3.$$

6. $\int_0^{\frac{\pi}{2}}\frac{\cos x}{\cos x+\sin x}dx$.

解：令$x=\frac{\pi}{2}-t, dx=-dt, t\in\left[\frac{\pi}{2},0\right]$，故

$$原积分 = \int_{\frac{\pi}{2}}^{0}\frac{\sin t}{\sin t+\cos t}(-dt) = \int_0^{\frac{\pi}{2}}\frac{\sin t}{\sin t+\cos t}dt$$

故 $$\int_0^{\frac{\pi}{2}}\frac{\cos x}{\cos x+\sin x}dx = \frac{1}{2}\int_0^{\frac{\pi}{2}}\frac{\sin x+\cos x}{\sin x+\cos x}dx = \frac{\pi}{4}.$$

7. $I=\int_0^{x}\frac{1}{1+t^2}dt+\int_0^{\frac{1}{x}}\frac{1}{1+t^2}dt$.

解：因$f(x)=\frac{1}{1+x^2}$处处连续，故$I(x)$可导.

$$I'(x) = \frac{1}{1+x^2} - \frac{1}{x^2}\cdot\frac{1}{1+\left(\frac{1}{x}\right)^2} = \frac{1}{1+x^2} - \frac{1}{1+x^2} = 0$$

故$I(x)=C$，(C为某一待定的常数). 取$x=1$，得

$$I(1) = C = 2\int_0^1\frac{dx}{1+x^2} = 2\arctan x\Big|_0^1 = \frac{\pi}{2}.$$

四、应用题

过点$P(1,0)$作抛物线$y=\sqrt{x-2}$的切线. 该切线与抛物线及Ox轴围成一平面图形. 试求：

(1) 该平面图形的面积；

(2) 该平面图形绕Ox轴旋转一周的旋转体体积.

解：如图7-13所示，设切点为$(x_0,\sqrt{x_0-2})$，过该点的切线斜率为

$$(\sqrt{x-2})'\Big|_{x=x_0} = \frac{1}{2\sqrt{x_0-2}}$$

故切线方程为

$$y - \sqrt{x_0-2} = \frac{1}{2\sqrt{x_0-2}}(x - x_0)$$

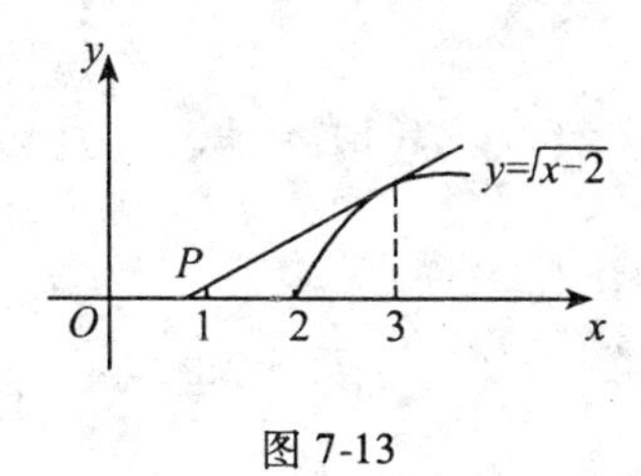

图 7-13

因切线过点 $P(1,0)$,故 $-\sqrt{x_0-2} = \dfrac{1}{2\sqrt{x_0-2}}(1-x_0)$,即 $-2(x_0-2) = 1-x_0$,所以 $x_0 = 3$.

(1) 求平面图形面积

$$S = \frac{1}{2}\cdot 2\cdot 1 - \int_2^3 \sqrt{x-2}\,dx = 1 - \frac{2}{3}(x-2)^{\frac{3}{2}}\Big|_2^3 = 1 - \frac{2}{3} = \frac{1}{3}.$$

(2) 求旋转体体积

$$V = \frac{1}{3}\pi\cdot 1^2\cdot 2 - \int_2^3 \pi(\sqrt{x-2})^2 dx = \frac{2\pi}{3} - \pi\int_2^3 (x-2)\,dx$$

$$= \frac{2\pi}{3} - \frac{\pi}{2}(x-2)^2\Big|_2^3 = \frac{2\pi}{3} - \frac{\pi}{2} = \frac{\pi}{6}.$$

五、证明题

设函数 $f(x)$ 连续可导,且满足 $f(x) = \ln x - \int_1^e f(x)\,dx$,证明:$\int_1^e f(x)\,dx = \dfrac{1}{e}$.

证:令 $A = \int_1^e f(x)\,dx$,则有 $f(x) = \ln x - A$ 上式两边对 x 从 1 到 e 积分,得

$$\int_1^e f(x)\,dx = \int_1^e \ln x\,dx - A\int_1^e dx$$

即
$$A = (x\ln x - x)\Big|_1^e - A(e-1),\ A = 1 - A(e-1)$$

故 $Ae = 1$,从而
$$A = \int_1^e f(x)\,dx = \frac{1}{e}.$$

六、综合题

1. 求常数 a 及 b,使其满足 $\lim\limits_{x\to 0}\dfrac{1}{bx-\sin x}\cdot\int_0^x \dfrac{t^2}{\sqrt{a+t}}dt = 1$.

解:由洛必达法则,有

$$\lim_{x\to0}\frac{x^2}{b-\cos x}\cdot\frac{1}{\sqrt{a+x}}=\frac{1}{\sqrt{a}}\lim_{x\to0}\frac{x^2}{b-\cos x}=1$$

因当 $x\to0$ 时 $x^2\to0$，故必有 $\lim\limits_{x\to0}(b-\cos x)=0\quad b=1$,故

$$\frac{1}{\sqrt{a}}\lim_{x\to0}\frac{x^2}{1-\cos x}=\frac{1}{\sqrt{a}}\lim_{x\to0}\frac{2x}{\sin x}=\frac{2}{\sqrt{a}}=1$$

所以 $a=4$,即有 $a=4,b=1$.

2. 已知 $\int_0^x tf(2x-t)\,\mathrm{d}t=\frac{1}{2}\arctan x^2$,$f(1)=1$,求 $\int_1^2 f(x)\,\mathrm{d}x$.

解:等式两边对 x 求导数,得

$$xf(x)+\int_0^x tf'(2x-t)\cdot2\mathrm{d}t=\frac{1}{2}\frac{2x}{1+x^4}$$

取 $x=1$,并由 $f(1)=1$ 得

$$1+\int_0^1 tf'(2-t)\cdot2\mathrm{d}t=\frac{1}{2}$$

故
$$\int_0^1 tf'(2-t)\,\mathrm{d}t=-\frac{1}{4}$$

令 $u=2-t$,则上式为

$$\int_2^1(2-u)f'(u)\cdot(-\mathrm{d}u)=-\frac{1}{4}$$

$$\int_1^2(u-2)f'(u)\,\mathrm{d}u=\frac{1}{4}$$

$$\int_1^2(u-2)\,\mathrm{d}f(u)=\frac{1}{4}$$

$$(u-2)f(u)\Big|_1^2-\int_1^2 f(u)\,\mathrm{d}u=\frac{1}{4}$$

$$1-\int_1^2 f(u)\,\mathrm{d}u=\frac{1}{4}$$

故
$$\int_1^2 f(x)\,\mathrm{d}x=\frac{3}{4}.$$

七、杂题

设 $f(x)$、$g(x)$ 在区间 $[-a,a](a>0)$ 上连续,$g(x)$ 为偶函数,且 $f(x)$ 满足条件

$$f(x)+f(-x)=A(A\text{ 为常数}).$$

(1) 证明:$\int_{-a}^a f(x)g(x)\,\mathrm{d}x=A\int_0^a g(x)\,\mathrm{d}x$;

(2) 利用(1)的结论计算定积分 $\int_{-\frac{\pi}{2}}^{\frac{\pi}{2}}|\sin x|\cdot\arctan\mathrm{e}^x\,\mathrm{d}x$.

(1) **证**:$I=\int_{-a}^a f(x)g(x)\,\mathrm{d}x=\int_{-a}^0 f(x)g(x)\,\mathrm{d}x+\int_0^a f(x)g(x)\,\mathrm{d}x=I_1+I_2$.

因 $I_1=\int_{-a}^0 f(x)g(x)\,\mathrm{d}x\int_{-a}^0 f(x)g(x)\,\mathrm{d}x\xlongequal{u=-x}-\int_a^0 f(-u)g(-u)\,\mathrm{d}u$

$$= \int_0^a f(-u)g(u)\mathrm{d}u$$

故
$$I = \int_0^a f(-x)g(x)\mathrm{d}x + \int_0^a f(x)g(x)\mathrm{d}x$$
$$= \int_0^a [f(-x) + f(x)]g(x)\mathrm{d}x = A\int_0^a g(x)\mathrm{d}x.$$

(2) **解**:取$f(x) = \arctan \mathrm{e}^x, g(x) = |\sin x|, a = \frac{\pi}{2}$,因

$$[f(-x) + f(x)]' = (\arctan \mathrm{e}^{-x} + \arctan \mathrm{e}^x)' = 0.$$

故
$$\arctan \mathrm{e}^x + \arctan \mathrm{e}^{-x} = A.\ (A\text{为常数})$$

所以$f(x) = \arctan \mathrm{e}^x, g(x) = |\sin x|$满足(1)的条件. 由(1),有

$$I = \int_{-\frac{\pi}{2}}^{\frac{\pi}{2}} |\sin x| \cdot \arctan \mathrm{e}^x \mathrm{d}x = A\int_0^{\frac{\pi}{2}} |\sin x| \mathrm{d}x = A\int_0^{\frac{\pi}{2}} \sin x \mathrm{d}x = A$$

现确定A. 取$x = D$,则有

$$\arctan \mathrm{e}^0 + \arctan \mathrm{e}^0 = 2\arctan 1 = \frac{\pi}{2} = A$$

故
$$I = \int_{-\frac{\pi}{2}}^{\frac{\pi}{2}} |\sin x| \cdot \arctan \mathrm{e}^x \mathrm{d}x = \frac{\pi}{2}.$$

八、定积分在经济学中的应用

1. 已知生产某种产品x件时的边际收入$R'(x) = 100 - \frac{x}{20}$(元/件),试求生产这种产品1 000件时的总收入和从1 000件到2 000件所增加的收入以及产量为1 000件时的平均收入和产量从1 000件到2 000件的平均收入.

解:(1) 因$R(0) = 0$,故产量为1 000件时的总收入为

$$R(1\,000) = R(1\,000) - R(0) = \int_0^{1\,000} R'(x)\mathrm{d}x$$
$$= \int_0^{1\,000} \left(100 - \frac{x}{20}\right)\mathrm{d}x = 75\,000(\text{元}).$$

(2) 产量从1 000件到2 000件所增加的收入为

$$R(2\,000) - R(1\,000) = \int_{1\,000}^{2\,000} R'(x)\mathrm{d}x$$
$$= \int_{1\,000}^{2\,000} \left(100 - \frac{x}{20}\right)\mathrm{d}x = 25\,000(\text{元}).$$

(3) 产量为1 000件时的平均收入为

$$\frac{R(1\,000)}{1\,000} = \frac{75\,000}{1\,000} = 75(\text{元}).$$

(4) 产量从1 000件到2 000件时的平均收入为

$$\frac{R(2\,000) - R(1\,000)}{2\,000 - 1\,000} = \frac{25\,000}{1\,000} = 25(\text{元}).$$

2. 已知某产品每天生产x单位时,边际成本为$C'(x) = 0.4x + 2$(元/单位),其固定成本是20元,试求总成本函数$C(x)$. 如果这种产品规定的销售单价为18元,且产品可以全部

售出,试求总利润函数 $L(x)$,并问每天生产多少单位这种产品获得的总利润才最大?

解:可变成本就是边际成本函数在区间 $[0,x]$ 上的定积分,又已知固定成本为 20 元,即 $C(0)=20$,故总成本函数为

$$C(x)=\int_0^x C'(x)\,\mathrm{d}x+C(0)=\int_0^x (0.4x+2)\,\mathrm{d}x+20=0.2x^2+2x+20$$

当销售单价为 18 元时,总利润函数为

$$L(x)=R(x)-C(x)=18x-(0.2x^2+2x+20)=-0.2x^2+16x-20$$

令 $L'(x)=0$,得 $-0.4x+16=0$,故 $x=40$

$L''(40)=-0.4<0$,故 $x=40$ 时可获最大利润,

$$L_{\max}(40)=-0.2\times40^2+16\times40-20=300(\text{元}).$$

习　题　8

1. 给定空间直角坐标系中的点 $P(3,-1,-2)$,试求:

(1) 点 P 关于三坐标平面对称的点的坐标;

(2) 点 P 关于三坐标轴对称的点的坐标;

(3) 点 P 关于坐标原点对称的点的坐标.

解:设空间中点 $P(x_0,y_0,z_0)$,则点 P 关于

(1) 三坐标平面对称的点的坐标分别为:

关于 xOy 平面对称的点的坐标为 $P_1(x_0,y_0,-z_0)$;

关于 xOz 平面对称的点的坐标为 $P_2(x_0,-y_0,z_0)$;

关于 yOz 平面对称的点的坐标为 $P_3(-x_0,y_0,z_0)$.

(2) 三坐标轴对称的点的坐标为

关于 Ox 轴对称的点的坐标为 $P_{Ox}(x_0,-y_0,-z_0)$;

关于 Oy 轴对称的点的坐标为 $P_{Oy}(-x_0,y_0,-z_0)$;

关于 Oz 轴对称的点的坐标为 $P_{Oz}(-x_0,-y_0,z_0)$.

(3) 原点对称的点的坐标为 $P_0(-x_0,-y_0,-z_0)$.

由此,我们得到

(1) 点 P 关于坐标平面 $z=0$、$y=0$ 及 $x=0$ 对称的点的坐标依次为

$$P_1(3,-1,2),\quad P_2(3,1,-2),\quad P_3(-3,-1,-2)$$

(2) 关于三坐标轴对称的点的坐标分别为

$$P_{Ox}(3,1,2),\quad P_{Oy}(-3,-1,2),\quad P_{Oz}(-3,1,-2)$$

(3) 关于原点对称的点的坐标为 $P_0(-3,1,2)$.

2. 设某点与给定的点 $(2,-3,-1)$ 分别对称于三坐标轴,试求该点的坐标.

解:(1) 对称于 Ox 轴,则该点坐标为 $(2,3,1)$;

(2) 对称于 Oy 轴,则该点坐标为 $(-2,-3,1)$;

(3) 对称于 Oz 轴,则该点坐标为 $(-2,3,-1)$.

3. 求点 $M(4,-3,5)$ 与原点及各坐标轴之间的距离.

解:(1) 点 M 与原点之间的距离为

$$|MO|=\sqrt{(4-0)^2+(-3-0)^2+(5-0)^2}=5\sqrt{2}.$$

(2) 点 M 与 Ox 轴之间的距离为

$$d=\sqrt{3^2+5^2}=\sqrt{34}$$

点 M 与 Oy 轴之间的距离为

$$d=\sqrt{4^2+5^2}=\sqrt{41}$$

点 M 与 Oz 轴之间的距离为

$$d=\sqrt{4^2+(-3)^2}=5.$$

4. 根据下列条件求点 B 的未知坐标

(1)$A(4,-7,1)$,$B=(6,2,z)$,$|AB|=11$;

(2)$A(2,3,4)$,$B(x,-2,4)$,$|AB|=5$.

解:(1)$A(4,-7,1)$,$B=(6,2,z)$,$|AB|=11$.

$$|AB|=\sqrt{(6-4)^2+(2+7)^2+(z-1)^2}=11$$

解之得 $z=7$ 或 $z=-5$.

(2)$A(2,3,4)$,$B(x,-2,4)$,$|AB|=5$.

$$|AB|=\sqrt{(x-2)^2+(-2-3)^2+(4-4)^2}=5$$

解之得 $x=2$.

5. 在 Oz 轴上求与点 $A(-4,1,7)$ 和点 $B(3,5,-2)$ 等距离的点.

解:设所求的点为 $P(0,0,z)$,依题意条件,有 $|AP|=|BP|$,即

$$(-4-0)^2+(1-0)^2+(7-z)^2=(3-0)^2+(5-0)^2+(-2-z)^2$$

整理得
$$9z=14,\quad z=\frac{14}{9}$$

因此,所求点 P 的坐标为$\left(0,0,\frac{14}{9}\right)$.

6. 在 yOz 平面上,求与三已知点 $A(3,1,2)$,$B(4,-2,-2)$ 和 $C(0,5,1)$ 等距离的点.

解:设所求的点的坐标为 $P(0,y,z)$,依题意,得

$$|PA|=|PB|=|PC|$$

$$\begin{cases}3^2+(1-y)^2+(2-z)^2=4^2+(-2-y)^2+(-2-z)^2\\3^2+(1-y)^2+(2-z)^2=(5-y)^2+(1-z)^2\end{cases}$$

整理得

$$\begin{cases}3y+4z=-5\\4y-z=6\end{cases}$$

解之,得 $y=1$,$z=-2$. 所以,所求的点 P 的坐标为$(0,1,-2)$.

7. 求点$(1,-3,2)$关于点$(-1,2,1)$的对称点.

解:设所求点的坐标为(x,y,z),由中点公式,得

$$1+x=-2,x=-3$$

$$-3+y=4,y=+7$$

$$2+z=2,z=0$$

故所求点的坐标为$(-3,+7,0)$.

8. 给定矢量 $\boldsymbol{a}=(3,5,-1)$,$\boldsymbol{b}=(2,2,3)$,$\boldsymbol{c}=(4,-1,-3)$,求下列各矢量的坐标:

(1)$2\boldsymbol{a}$;　(2)$\boldsymbol{a}+\boldsymbol{b}-\boldsymbol{c}$;　(3)$2\boldsymbol{a}-3\boldsymbol{b}+4\boldsymbol{c}$;　(4)$m\boldsymbol{a}+n\boldsymbol{b}$.

解:(1)$2\boldsymbol{a}=(6,10,-2)$.

(2)$\boldsymbol{a}+\boldsymbol{b}-\boldsymbol{c}=(1,8,5)$.

(3)$2\boldsymbol{a}-3\boldsymbol{b}+4\boldsymbol{c}=(16,0,-23)$.

(4) $m\boldsymbol{a}+n\boldsymbol{b}=(3m+2n,5m+2n,-m+3n)$.

9. 三力 $\boldsymbol{F}_1=(1,2,3)$,$\boldsymbol{F}_2=(-2,3,-4)$ 及 $\boldsymbol{F}_3=(3,-4,5)$ 同时作用于一点,求合力 $\boldsymbol{R}$ 的大小及方向余弦.

解:合力

$$\boldsymbol{R}=\boldsymbol{F}_1+\boldsymbol{F}_2+\boldsymbol{F}_3=(2,1,4)$$

$$|\boldsymbol{R}|=\sqrt{2^2+1^2+4^2}=\sqrt{21}$$

$$\cos\alpha=\frac{2}{\sqrt{21}},\cos\beta=\frac{1}{\sqrt{21}},\cos\gamma=\frac{4}{\sqrt{21}}.$$

10. 求平行于矢量 $\boldsymbol{a}=(6,7,-6)$ 的单位矢量.

解:

$$|\boldsymbol{a}|=\sqrt{6^2+7^2+(-6)^2}=11$$

所求的单位矢量为 $\left(\frac{6}{11},\frac{7}{11},\frac{-6}{11}\right)$ 或 $\left(-\frac{6}{11},-\frac{7}{11},\frac{6}{11}\right)$.

11. 设已知两点 $A(4,0,5)$ 和 $B(7,1,3)$. 求方向与 $\overrightarrow{AB}$ 一致的单位向量.

解:

$$\overrightarrow{AB}=(3,1,-2)$$

$$|\overrightarrow{AB}|=\sqrt{3^2+1^2+(-2)^2}=\sqrt{14}.$$

所求的单位向量为 $\left(\frac{3}{\sqrt{14}},\frac{1}{\sqrt{14}},-\frac{2}{\sqrt{14}}\right)$.

12. 一矢量的终点在点 $B(2,-1,7)$,该矢量在坐标轴上的投影依次为4,−4和7. 求该矢量的起点 A 的坐标.

解:设起点 A 的坐标为 (x,y,z),则有 $\overrightarrow{AB}=(2-x,-1-y,7-z)$,故

$$\begin{cases}2-x=4\\-1-y=-4\\7-z=7\end{cases}$$

解之,得 $x=-2,y=3,z=0$,故点 A 的坐标为 $(-2,3,0)$.

13. 从点 $A(2,-1,7)$ 沿矢量 $\boldsymbol{a}=8\mathbf{i}+9\mathbf{j}-12\mathbf{k}$ 的方向取线段 $|AB|=34$,求点 B 的坐标.

解:设点 B 的坐标为 (x,y,z),则

$$\overrightarrow{AB}=(x-2,y+1,z-7)$$

因为 $\overrightarrow{AB}\,/\!/\,\boldsymbol{a}$,且方向一致

所以有

$$\frac{x-2}{8}=\frac{y+1}{9}=\frac{z-7}{-12}=k$$

于是有

$$x-2=8k,\quad y+1=9k,\quad z-7=-12k$$

依题设,成立

$$(x-2)^2+(y+1)^2+(z-7)^2=34^2$$

即有

$$(8k)^2+(9k)^2+(-12k)^2=34^2$$

$$289k^2=34\times34$$

$$k^2=4,k_1=2,k_2=-2(\text{舍去})$$

故 $x=18,y=17,z=-17$,点 B 的坐标为 $(18,17,-17)$.

14. 设矢量 $\boldsymbol{a}$ 与各坐标轴之间的夹角依次为 α,β,γ. 已知

(1) $\alpha=60°,\beta=120°$;

(2)$\alpha = 135°, \beta = 60°$.

求第三个角 γ.

解:由方向余弦的定义,有 $\cos^2\alpha + \cos^2\beta + \cos^2\gamma = 1$,所以

(1)
$$\cos^2 60° + \cos^2 120° + \cos^2\gamma = 1$$
$$\frac{1}{4} + \frac{1}{4} + \cos^2\gamma = 1$$
$$\cos^2\gamma = \frac{1}{2}, \cos\gamma = \pm\frac{1}{\sqrt{2}}$$

所以 $\gamma = \frac{\pi}{4}$ 或 $\gamma = \frac{3\pi}{4}$.

(2)
$$\cos^2 135° + \cos^2 60° + \cos^2\gamma = 1$$
$$\frac{1}{2} + \frac{1}{4} + \cos^2\gamma = 1$$
$$\cos^2\gamma = \frac{1}{4}, \cos\gamma = \pm\frac{1}{2}$$

所以 $\gamma = \frac{\pi}{3}$ 或 $\gamma = \frac{2\pi}{3}$.

15. 给定矢量 $\boldsymbol{a} = (1,1,-4), \boldsymbol{b} = (2,-2,1)$,计算:

(1)$\boldsymbol{a}\cdot\boldsymbol{b}$;(2)$\boldsymbol{a}\times\boldsymbol{b}$;(3)$|\boldsymbol{a}|$,$|\boldsymbol{b}|$及$(\boldsymbol{a},\boldsymbol{b})$;(4)$p_{rj_{\boldsymbol{a}}}\boldsymbol{b}$

解:(1)$\boldsymbol{a}\cdot\boldsymbol{b} = 1\times2 + 1\times(-2) + (-4\times1) = 2 - 2 - 4 = -4$.

(2)$\boldsymbol{a}\times\boldsymbol{b} = \left(\begin{vmatrix}1 & -4\\ -2 & 1\end{vmatrix}, -\begin{vmatrix}1 & -4\\ 2 & 1\end{vmatrix}, \begin{vmatrix}1 & 1\\ 2 & -2\end{vmatrix}\right) = (-7,-9,-4)$.

(3)$|\boldsymbol{a}| = \sqrt{1^2 + 1^2 + (-4)^2} = \sqrt{18} = 3\sqrt{2}$.
$$|\boldsymbol{b}| = \sqrt{2^2 + (-2)^2 + 1^2} = 3$$
$$\cos(\boldsymbol{a},\boldsymbol{b}) = \frac{\boldsymbol{ab}}{|\boldsymbol{a}||\boldsymbol{b}|} = \frac{-4}{3\sqrt{2}\times3} = -\frac{2\sqrt{2}}{9}$$

故
$$(\boldsymbol{a},\boldsymbol{b}) = \pi - \arccos\frac{2\sqrt{2}}{9}.$$

(4) 由 $\boldsymbol{a}\cdot\boldsymbol{b} = |\boldsymbol{a}|p_{rj_{\boldsymbol{a}}}\boldsymbol{b}$, 所以
$$p_{rj_{\boldsymbol{a}}}\boldsymbol{b} = \frac{\boldsymbol{ab}}{|\boldsymbol{a}|} = \frac{-4}{3\sqrt{2}} = -\frac{2\sqrt{2}}{3}.$$

16. 给定四点 $A(1,-2,3), B(4,-4,-3), C(2,4,3)$ 和 $D(8,6,6)$,求矢量$\overrightarrow{AB}$在矢量$\overrightarrow{CD}$上的投影.

解:$\overrightarrow{AB} = (3,-2,-6)$, $\overrightarrow{CD} = (6,2,3)$.
$$\overrightarrow{AB}\cdot\overrightarrow{CD} = 3\times6 + (-2)\times2 + (-6)\times3 = 18 - 4 - 18 = -4$$
$$|\overrightarrow{CD}| = \sqrt{6^2 + 2^2 + 3^2} = 7$$

由$\overrightarrow{AB}\cdot\overrightarrow{CD} = |\overrightarrow{CD}|p_{rj_{\overrightarrow{CD}}}\overrightarrow{AB}$,故 $p_{rj_{\overrightarrow{CD}}}\overrightarrow{AB} = \frac{\overrightarrow{AB}\cdot\overrightarrow{CD}}{|\overrightarrow{CD}|} = \frac{-4}{7}$.

17. 已知 $\triangle ABC$ 的两边为矢量$\overrightarrow{AB} = (2,1,-2), \overrightarrow{BC} = (3,2,6)$,求 $\triangle ABC$ 的三内角.

解：
$$\overrightarrow{AC}=\overrightarrow{AB}+\overrightarrow{BC}=(5,3,4)$$
$$|\overrightarrow{AB}|=3,|\overrightarrow{BC}|=7,|\overrightarrow{AC}|=5\sqrt{2}.$$

(1)
$$\overrightarrow{AB}\cdot\overrightarrow{BC}=|\overrightarrow{AB}||\overrightarrow{BC}|\cos B$$
$$(2,1,-2)\cdot(3,2,6)=3\times7\times\cos B$$
$$6+2-12=21\cos B,\cos B=-\frac{4}{21}$$

故
$$B=\pi-\arccos\frac{4}{21}.$$

(2)
$$\overrightarrow{AB}\cdot\overrightarrow{AC}=|\overrightarrow{AB}||\overrightarrow{AC}|\cos A$$
$$(2,1,-2)\cdot(5,3,4)=3\times5\sqrt{2}\cos A$$
$$10+3-8=15\sqrt{2}A,\cos A=\frac{\sqrt{2}}{6}$$

故
$$A=\arccos\frac{\sqrt{2}}{6}.$$

(3)
$$\overrightarrow{AC}\cdot\overrightarrow{BC}=|\overrightarrow{AC}|\cdot|\overrightarrow{BC}|\cos C$$
$$(5,3,4)\cdot(3,2,6)=5\sqrt{2}\times7\cos C$$
$$15+6+24=35\sqrt{2}\cos C,\cos C=\frac{9\sqrt{2}}{14}$$

故
$$C=\arccos\frac{9\sqrt{2}}{14}.$$

18. 设一平面平行于两矢量 $3\mathbf{i}+\mathbf{j}$ 和 $\mathbf{i}+\mathbf{j}-4\mathbf{k}$，证明矢量 $2\mathbf{i}-6\mathbf{j}-\mathbf{k}$ 垂直于这个平面．

证：记矢量 $\boldsymbol{a}=(3,1,0)$，$\boldsymbol{b}=(1,1,-4)$．因为已知平面平行于矢量 $\boldsymbol{a}$ 与 $\boldsymbol{b}$，所以 $\boldsymbol{a}\times\boldsymbol{b}$ 亦平行于已知平面的方向．
$$\boldsymbol{a}\times\boldsymbol{b}=(3,1,0)\times(1,1,-4)=(-4,12,2)$$

显然
$$\frac{-4}{2}=\frac{12}{-6}=\frac{2}{-1}$$

故矢量 $2\mathbf{i}-6\mathbf{j}-\mathbf{k}$ 垂直于已知平面．

19. 一动点与点 $M(1,1,1)$ 所构成的矢量与矢量 $\boldsymbol{n}=(2,2,3)$ 垂直，试求该动点的轨迹．

解：设 $P(x,y,z)$ 为任一动点．则 $\overrightarrow{PM}=(1-x,1-y,1-z)$．已知 $\overrightarrow{PM}\perp\boldsymbol{n}$，故
$$(1-x,1-y,1-z)\cdot(2,2,3)=0$$

即
$$2(1-x)+2(1-y)+3(1-z)=0$$
$$2x+2y+3z-7=0$$

上述方程为空间中的一个平面．

20. 已知矢量 $\boldsymbol{a}=(2,-3,1)$，$\boldsymbol{b}=(1,-1,3)$，$\boldsymbol{c}=(1,-2,0)$，计算下列各式：

(1) $(\boldsymbol{a}\cdot\boldsymbol{b})\boldsymbol{c}-(\boldsymbol{a}\cdot\boldsymbol{c})\boldsymbol{b}$；　(2) $(\boldsymbol{a}+\boldsymbol{b})\times(\boldsymbol{b}+\boldsymbol{c})$；

(3) $(\boldsymbol{a}\times\boldsymbol{b})\cdot\boldsymbol{c}$；　(4) $(\boldsymbol{a}\times\boldsymbol{b})\times\boldsymbol{c}$.

解：(1) $\boldsymbol{a}\cdot\boldsymbol{b}=(2,-3,1)\cdot(1,-1,3)=2+3+3=8$

$\boldsymbol{a}\cdot\boldsymbol{c}=(2,-3,1)\cdot(1,-2,0)=2+6+0=8$

$$(\boldsymbol{a}\cdot\boldsymbol{b})\boldsymbol{c}-(\boldsymbol{a}\cdot\boldsymbol{c})\boldsymbol{b}=8(1,-2,0)-8(1,-1,3)$$
$$=(8,-16,0)-(8,-8,24)=(0,-8,-24).$$

(2) $\boldsymbol{a}+\boldsymbol{b}=(2,-3,1)+(1,-1,3)=(3,-4,4)$

$\boldsymbol{b}+\boldsymbol{c}=(1,-1,3)+(1,-2,0)=(2,-3,3)$

$(\boldsymbol{a}+\boldsymbol{b})\times(\boldsymbol{b}+\boldsymbol{c})=(3,-4,4)\times(2,-3,3)$

$$=\left(\begin{vmatrix}-4 & 4\\-3 & 3\end{vmatrix},-\begin{vmatrix}3 & 4\\2 & 3\end{vmatrix},\begin{vmatrix}3 & -4\\2 & -3\end{vmatrix}\right)=(0,-1,-1).$$

(3) $\boldsymbol{a}\times\boldsymbol{b}=(2,-3,1)\times(1,-1,3)=\left(\begin{vmatrix}-3 & 1\\-1 & 3\end{vmatrix},-\begin{vmatrix}2 & 1\\1 & 3\end{vmatrix},\begin{vmatrix}2 & -3\\1 & -1\end{vmatrix}\right)$

$=(-8,-5,1)$

$(\boldsymbol{a}\times\boldsymbol{b})\cdot\boldsymbol{c}=(-8,-5,1)\cdot(1,-2,0)=-8+10+0=2.$

(4) $\boldsymbol{a}\times\boldsymbol{b}\times\boldsymbol{c}=(-8,-5,1)\times(1,-2,0)=\left(\begin{vmatrix}-5 & 1\\-2 & 0\end{vmatrix},-\begin{vmatrix}-8 & 1\\1 & 0\end{vmatrix},\begin{vmatrix}-8 & -5\\1 & -2\end{vmatrix}\right)$

$=(2,1,21).$

21. 证明矢量外积运算的分配律$(\boldsymbol{a}+\boldsymbol{b})\times\boldsymbol{c}=\boldsymbol{a}\times\boldsymbol{c}+\boldsymbol{b}\times\boldsymbol{c}$.

证:(1) 如图8-1所示,设$\boldsymbol{A}$为空间中任一向量,$\boldsymbol{C}^\circ$为一单位向量,我们先弄清$\boldsymbol{A}\times\boldsymbol{C}^\circ$是怎样的一个向量.

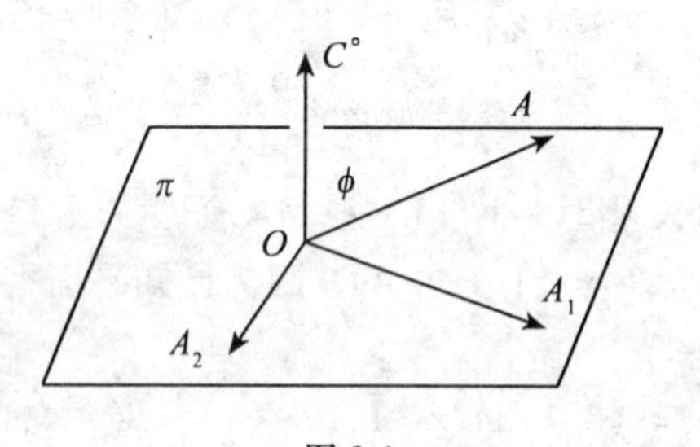

图 8-1

根据外积定义,$\boldsymbol{A}\times\boldsymbol{C}^\circ$为一矢量,且$\boldsymbol{A}\times\boldsymbol{C}^\circ\perp\boldsymbol{A}$,$\boldsymbol{A}\times\boldsymbol{C}^\circ\perp\boldsymbol{C}^\circ$. 记$\boldsymbol{OA}_2=A\times C^\circ$. 因

$$|\boldsymbol{OA}_2|=|\boldsymbol{A}\times\boldsymbol{C}^\circ|=|\boldsymbol{A}|\cdot|\boldsymbol{C}^\circ|\cdot\sin(\boldsymbol{A},\hat{\boldsymbol{C}}^\circ)$$
$$=|\boldsymbol{A}|\cdot|\boldsymbol{C}^\circ|\cdot\sin\varphi=|\boldsymbol{OA}_1|$$

$\overrightarrow{OA_1}$ 在由$\boldsymbol{A}$,$\boldsymbol{C}^\circ$所决定的平面内,故$\overrightarrow{OA_2}\perp\overrightarrow{OA_1}$ 可见向量$\overrightarrow{OA_2}$可以由下述方法得到:

先将$\overrightarrow{OA}$投影在π上,再将之顺时针旋转$\frac{\pi}{2}$.

(2) 给定向量$\boldsymbol{a},\boldsymbol{b},\boldsymbol{c}^\circ$. 记$\boldsymbol{a}=\overrightarrow{OA_1}$,$\boldsymbol{b}=\overrightarrow{A_1B_1}$, $\overrightarrow{OB_1}=\boldsymbol{a}+\boldsymbol{b}$. O,A_1,B_1组成一个三角形OA_1B_1,其投影为OA_2B_2,再将其顺时针旋转$\frac{\pi}{2}$,得到三角形OA_3B_3,如图8-2所示.

所以,$\overrightarrow{OB_3}=\overrightarrow{OA_3}+\overrightarrow{A_3B_3}$.

另一方面 $\overrightarrow{OA_3}=\boldsymbol{a}\times\boldsymbol{c}^\circ$,$A_3B_3=\boldsymbol{b}\times\boldsymbol{c}^\circ$,

$$\overrightarrow{OB_3}=(\boldsymbol{a}+\boldsymbol{b})\times\boldsymbol{c}^\circ$$

故 $$(\boldsymbol{a}+\boldsymbol{b})\times\boldsymbol{c}^\circ=\boldsymbol{a}\times\boldsymbol{c}^\circ+\boldsymbol{b}\times\boldsymbol{c}^\circ$$

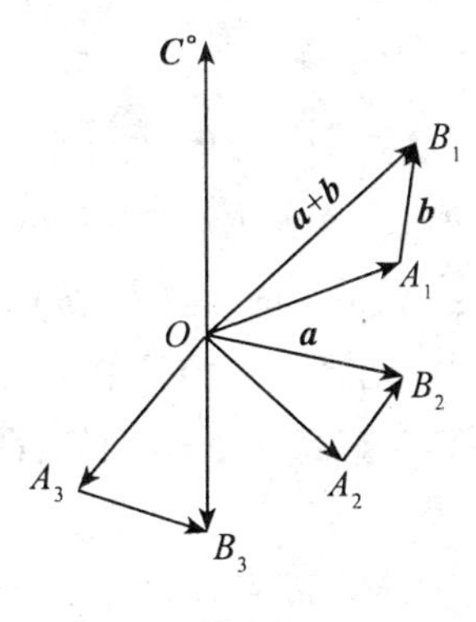

图 8-2

于是,上式两边同乘以数$|\boldsymbol{c}|$,注意到$|\boldsymbol{c}|\cdot\boldsymbol{c}^{\circ}=\boldsymbol{c}$,

则有$(\boldsymbol{a}+\boldsymbol{b})\times\boldsymbol{c}=\boldsymbol{a}\times\boldsymbol{c}+\boldsymbol{b}\times\boldsymbol{c}$.

22. 用矢量证明正弦定理$\dfrac{\sin A}{\boldsymbol{a}}=\dfrac{\sin B}{\boldsymbol{b}}=\dfrac{\sin C}{\boldsymbol{c}}$.

证:如图 8-3 所示,因$|\boldsymbol{a}\times\boldsymbol{b}|=|\boldsymbol{a}|\cdot|\boldsymbol{b}|\cdot\sin C$是表示以$|\boldsymbol{a}|$,$|\boldsymbol{b}|$为邻边的平行四边形的面积,即为$\triangle ABC$面积的两倍,又$|\boldsymbol{a}\times\boldsymbol{b}|=|\boldsymbol{b}\times\boldsymbol{c}|=|\boldsymbol{a}\times\boldsymbol{c}|$,故

$$|\boldsymbol{a}|\cdot|\boldsymbol{b}|\sin C=|\boldsymbol{b}|\cdot|\boldsymbol{c}|\cdot\sin A=|\boldsymbol{a}|\cdot|\boldsymbol{c}|\sin B,$$

由此可得$\dfrac{\sin A}{|\boldsymbol{a}|}=\dfrac{\sin B}{|\boldsymbol{b}|}=\dfrac{\sin C}{|\boldsymbol{c}|}$,这就是正弦定理.

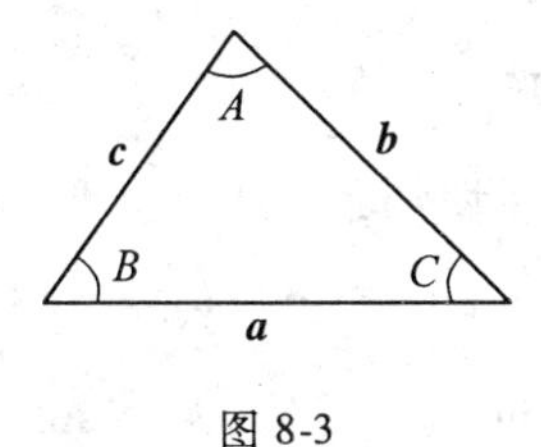

图 8-3

23. 已知矢量$\boldsymbol{A}=(2,4,1)$,$\boldsymbol{B}=(3,7,5)$,$\boldsymbol{C}=(4,10,9)$,证明A,B,C三点共线.

证:根据空间中点与矢量的一一对应关系可知矢量$\boldsymbol{A}$对应着点$A(2,4,1)$,矢量$\boldsymbol{B}$对应着点$B(3,7,5)$,矢量$\boldsymbol{C}$对应着点$C(4,10,9)$,于是矢量$\overrightarrow{AB}=(3,7,5)-(2,4,1)=(1,3,4)$,矢量$\overrightarrow{BC}=(4,10,9)-(3,7,5)=(1,3,4)$.

显见$\overrightarrow{AB}=\overrightarrow{BC}$. 又$\overrightarrow{AB}$与$\overrightarrow{BC}$共点$B$,所以$A,B,C$三点共线.

24. 设$\boldsymbol{a},\boldsymbol{b},\boldsymbol{c}$均表示矢量,分析下列各题的正确性

(1)$(\boldsymbol{a}+\boldsymbol{b})\times(\boldsymbol{a}-\boldsymbol{b})=\boldsymbol{a}^2-\boldsymbol{b}^2$;

(2)$(\boldsymbol{a}\times\boldsymbol{b})^2+(\boldsymbol{a}\cdot\boldsymbol{b})^2=\boldsymbol{a}^2\boldsymbol{b}^2$;

(3)$\boldsymbol{a}\cdot\boldsymbol{c}=\boldsymbol{b}\cdot\boldsymbol{c}$,则有$\boldsymbol{a}=\boldsymbol{b}$;

(4)$\boldsymbol{a}\times\boldsymbol{c}=\boldsymbol{b}\times\boldsymbol{c}$,则有$\boldsymbol{a}=\boldsymbol{b}(\boldsymbol{c}\neq 0)$.

解:(1) 不对.$(\boldsymbol{a}+\boldsymbol{b})\times(\boldsymbol{a}-\boldsymbol{b})$为一矢量,而$\boldsymbol{a}^2-\boldsymbol{b}^2$为一个数,数是没有方向的.

(2) 正确．因为

$$
\begin{aligned}
&(\boldsymbol{a}\times\boldsymbol{b})^2+(\boldsymbol{a}\cdot\boldsymbol{b})^2\\
&=(\boldsymbol{a}\times\boldsymbol{b})\cdot(\boldsymbol{a}\times\boldsymbol{b})+(\boldsymbol{a}\cdot\boldsymbol{b})^2\\
&=[\,|\boldsymbol{a}|\cdot|\boldsymbol{b}|\cdot\sin(\hat{\boldsymbol{a},\boldsymbol{b}})]^2+[\,|\boldsymbol{a}|\cdot|\boldsymbol{b}|\cos(\hat{\boldsymbol{a},\boldsymbol{b}})]^2\\
&=\boldsymbol{a}^2\boldsymbol{b}^2\sin^2(\hat{\boldsymbol{a},\boldsymbol{b}})+\boldsymbol{a}^2\boldsymbol{b}^2\cos^2(\hat{\boldsymbol{a},\boldsymbol{b}})=\boldsymbol{a}^2\boldsymbol{b}^2.
\end{aligned}
$$

(3) 不对．$\boldsymbol{a}\cdot\boldsymbol{c}$与$\boldsymbol{b}\cdot\boldsymbol{c}$均表示数,两个数的相等不能得出两个向量相等的结论．两向量相等必须符合三个条件:i) 模相等;ii) 相互平行;iii) 共指向．

也可以这样来理解：

因 $\boldsymbol{a}\cdot\boldsymbol{c}=|\boldsymbol{c}|p_{rj_c}\boldsymbol{a}\qquad \boldsymbol{b}\cdot\boldsymbol{c}=|\boldsymbol{c}|p_{rj_c}\boldsymbol{b}$

由 $\boldsymbol{a}\cdot\boldsymbol{c}=\boldsymbol{b}\cdot\boldsymbol{c}$ 可以得到 $p_{rj_c}\boldsymbol{a}=p_{rj_c}\boldsymbol{b}$. 尽管 $\boldsymbol{a}$ 与 $\boldsymbol{b}$ 在 $\boldsymbol{c}$ 上的投影相等,但 $\boldsymbol{a}$ 与 $\boldsymbol{b}$ 却可能不同．如图 8-4 所示．

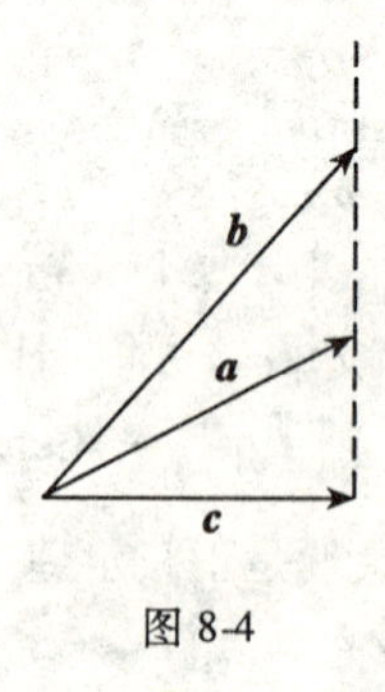

图 8-4

(4) 不对．我们可以这样来理解：

由 $\boldsymbol{a}\times\boldsymbol{c}=\boldsymbol{b}\times\boldsymbol{c},(k1\neq0)$ 可得到 $|\boldsymbol{a}\times\boldsymbol{c}|=|\boldsymbol{b}\times\boldsymbol{c}|$,即

$$|\boldsymbol{a}|\,|\boldsymbol{c}|\sin(\hat{\boldsymbol{a},\boldsymbol{c}})=|\boldsymbol{b}|\cdot|\boldsymbol{c}|\sin(\hat{\boldsymbol{b},\boldsymbol{c}})$$

简化为

$$|\boldsymbol{a}|\cdot\sin(\hat{\boldsymbol{a},\boldsymbol{c}})=|\boldsymbol{b}|\cdot\sin(\hat{\boldsymbol{b},\boldsymbol{c}}).$$

当$(\hat{\boldsymbol{a},\boldsymbol{c}})$与$(\hat{\boldsymbol{b},\boldsymbol{c}})$互为补角时上式显然成立,这时明显看出 $\boldsymbol{a}$ 与 $\boldsymbol{b}$ 的方向不同,故 $\boldsymbol{a}\neq\boldsymbol{b}$.

25. 指出下列各平面位置的特殊性质,并作图(1)$2x-3y+20=0$;(2)$3x-2=0$;(3)$4y-7z=0$.

解:(1) 方程中不含变量 z,说明平面平行于 Oz 轴;其次,这平面与 xOy 平面的交线为一平面直线 $2x-3y+20=0$,这直线与 Ox 轴交于点$\left(-\frac{1}{10},0\right)$,与 Oy 轴交于点$\left(0,\frac{3}{20}\right)$. 如图 8-5(a) 所示．

(2) 方程中不含变量 y 和 z,说明平面同时与 Oy 轴,Oz 轴平行,即与 yOz 平面平行,两平面间的距离为$\frac{2}{3}$单位,如图 8-5(b) 所示．

(3) 方程中不含变量 x,说明平面平行于 Ox 轴．且过坐标原点．综合这两点可知平面过 Ox 轴,该平面在 yOz 平面上的投影为一平面直线 $y=7z$. 如图 8-5(c) 所示．

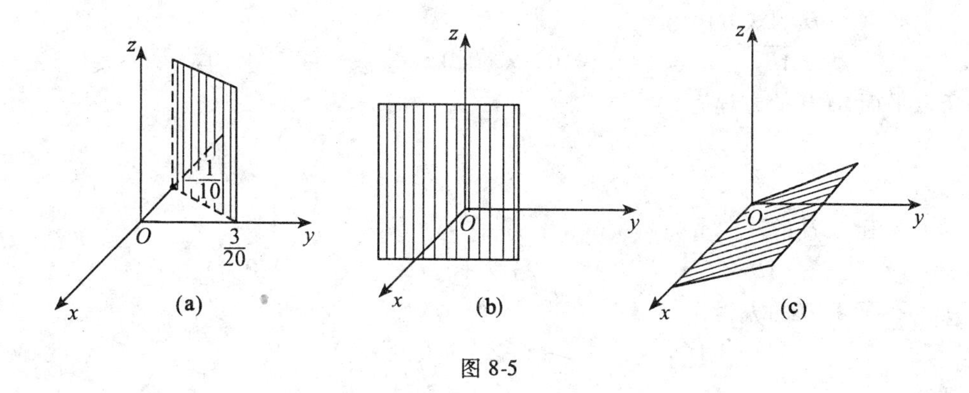

图 8-5

26. 求下列平面在坐标轴上的截距

(1) $2x-3y-z+12=0$；　(2) $5x+y-3z-15=0$；　(3) $x-y+z-1=0$.

解:(1) 化平面方程为截距式方程

$$\frac{x}{-6}+\frac{y}{4}+\frac{z}{12}=1$$

故 $a=-6, b=4, c=12$.

(2) 化平面方程为截距式方程

$$\frac{x}{3}+\frac{y}{15}+\frac{z}{-5}=1$$

故 $a=3, b=15, c=-5$.

(3) 化平面方程为截距式方程

$$\frac{x}{1}+\frac{y}{-1}+\frac{z}{1}=1.$$

故 $a=1, b=-1, c=1$.

27. 四面体的顶点在点 $A(1,1,1)$, $B(-1,1,1)$, $C(1,-1,1)$ 和 $D(1,1,-1)$ 处,求各侧面的方程.

解:作出向量

$$\overrightarrow{AB}=(-2,0,0), \overrightarrow{BC}=(2,-2,0),$$
$$\overrightarrow{CD}=(0,2,-2), \overrightarrow{AD}=(0,0,-2)$$

(1) 平面 ABC 的法方向为

$$\overrightarrow{AB}\times\overrightarrow{BC}=(-2,0,0)\times(2,-2,0)=(0,0,4)$$

所以平面 ABC 的方程为

$$0\cdot(x-1)+0\cdot(y-1)+4(z-1)=0$$

即 $z=1$.

(2) 平面 BCD 的法方向为

$$\overrightarrow{BC}\times\overrightarrow{CD}=(2,-2,0)\times(0,2,-2)=(4,4,4)$$

所以平面 BCD 的方程为

$$4(x+1)+4(y-1)+4(z-1)=0$$

即 $$x+y+z-1=0$$

(3) 平面 ABD 的法方向为

$$\overrightarrow{AB}\times\overrightarrow{AD}=(-2,0,0)\times(0,0,-2)=(0,-4,0)$$

所以平面 ABD 的方程为

$$0(x-1)-4(y-1)+0(z-1)=0$$

即 $y=1$

(4) 平面 ACD 的法向量为

$$\overrightarrow{AD}\times\overrightarrow{CD}=(0,0,-2)\times(0,2,-2)=(4,0,0)$$

所以平面 ACD 的方程为

$$4(x-1)+0(y-1)+0(z-1)=0$$

即 $x=1$.

28. 求点(2,1,1) 到平面 $x+y-z+1=0$ 的距离.

解:化平面方程为法式方程

$$\frac{1}{\sqrt{3}}x+\frac{1}{\sqrt{3}}y-\frac{1}{\sqrt{3}}z+\frac{1}{\sqrt{3}}=0$$

所以点(2,1,1) 到平面的距离

$$d=\frac{|1\times 2+1\times 1-1\times 1+1|}{\sqrt{3}}=\frac{3}{\sqrt{3}}=\sqrt{3}$$

29. 过两点(1,1,1) 和(2,2,2),求与平面 $x+y-z=0$ 垂直的平面方程.

解:过点(1,1,1) 的平面方程为 $A(x-1)+B(y-1)+C(z-1)=0$.

又因所求平面过点(2,2,2),所以

$$A+B+C=0 \tag{1}$$

又所求平面与已知平面 $x+y-z=0$ 垂直,因之有

$$A+B-C=0 \tag{2}$$

联立解(1),(2),得 $A=-B, C=0$,故

$$-B(x-1)+B(y-1)=0$$

即 $x-y=0$.

30. 确定参数 k 的值,使平面 $x+ky-2z=9$ 适合于下列条件之一:

(1) 经过点(5, -4, -6);

(2) 与平面 $2x+4y+3z=3$ 垂直;

(3) 与平面 $2x-3y+z=0$ 成$\frac{\pi}{4}$的角;

(4) 与原点相距 3 个单位.

解:(1) 因平面过点(5, -4, -6),

故 $5-4k+12=9, k=2$.

(2) 因两平面相互垂直,

故有 $2+4k-6=0, k=1$.

(3) 由两向量的内积定义,可以得到

$$2-3k-2=\sqrt{1+k^2+4}\cdot\sqrt{4+9+1}\cos\frac{\pi}{4}$$

即 $-3k=\sqrt{7(5+k^2)}$. 显然 k 只能取负值,两边平方后,得到

$$2k^2=35,k=-\sqrt{\frac{35}{2}}$$

(4) 化平面方程为法式方程

$$\frac{x+ky-2z-9}{\sqrt{1+k^2+4}}=0,\text{故}\frac{|0+0+0-9|}{\sqrt{5+k^2}}=3$$

$$\sqrt{5+k^2}=3,k^2=4,k=\pm 2$$

31. 证明下列各组直线互相平行

(1) $\begin{cases}2y+z=0,\\3y-4z=0\end{cases}$ 与 $\begin{cases}5y-2z=8\\4y+z=4\end{cases}$;

(2) $\begin{cases}x+2y-z=7,\\-2x+y+z=7\end{cases}$ 与 $\begin{cases}3x+6y-3z=8\\2x-y-z=0\end{cases}$;

(3) $\begin{cases}3x+z=4,\\y+2z=9\end{cases}$ 与 $\begin{cases}6x-y=7\\3y+6z=1\end{cases}$.

证:(1) 两直线的方向向量分别为

$$(0,2,1)\times(0,3,-4)=(-11,0,0),$$
$$(0,5,-2)\times(0,4,1)=(11,0,0).$$

显然这两向量成比例,故两直线互相平行.

(2) 两直线的方向向量分别为

$$(1,2,-1)\times(-2,1,1)=(3,1,5)$$
$$(3,6,-3)\times(2,-1,-1)=(-9,-3,-15)$$

因 $\frac{-9}{3}=\frac{-3}{1}=\frac{-15}{5}$,故两直线互相平行.

(3) 改写直线方程为对称式方程

$$\frac{x-\frac{4}{3}}{-\frac{1}{3}}=\frac{y-9}{-2}=\frac{z}{1}\quad\text{和}\quad\frac{x-\frac{7}{6}}{\frac{1}{6}}=\frac{y}{1}=\frac{z-\frac{1}{6}}{-\frac{1}{2}}$$

不难看出,两向量 $\left(\frac{-1}{3},-2,1\right)$ 与 $\left(\frac{1}{6},1,-\frac{1}{2}\right)$ 成比例,故两直线互相平行.

32. 证明下列各组直线互相垂直

(1) $\begin{cases}x+2y=1,\\2y-z=1\end{cases}$ 与 $\begin{cases}x-y=1\\x-2z=3\end{cases}$;

(2) $\begin{cases}4x+y-3z+24=0,\\z-5=0\end{cases}$ 与 $\begin{cases}x+y+3=0\\x+2=0\end{cases}$;

(3) $\begin{cases}3x+y-z=2,\\2x-z=2\end{cases}$ 与 $\begin{cases}2x-y+2z=4\\x-y+2z=3\end{cases}$.

证:(1) 两直线的方向向量分别为

$$(1,2,0)\times(0,2,-1)=(-2,1,2),$$

$$(1,-1,0)\times(1,0,-2)=(2,2,1),$$

因$(-2,1,2)\cdot(2,2,1)=-4+2+2=0$,

故两直线互相垂直.

也可以这样来求直线的方向向量:化直线方程为对称式方程

因$x-1=-2y$,故$\frac{x-1}{-2}=y$,

又$2y=z+1$,故$y=\frac{z+1}{2}$

所以$\frac{x-1}{-2}=\frac{y}{1}=\frac{z+1}{2}$,$(-2,1,2)$即为直线的方向向量.

(2) 两直线的方向向量分别为

$(4,1,-3)\times(0,0,1)=(1,-4,0)$

$(1,1,0)\times(1,0,0)=(0,0,-1)$.

因$(1,-4,0)\cdot(0,0,-1)=0$

故两直线互相垂直.

(3) 两直线的方向向量分别为

$(3,1,-1)\times(2,0,-1)=(-1,+1,-2)$,

$(2,-1,2)\times(1,-1,2)=(0,-2,-1)$,

因$(-1,+1,-2)\cdot(0,-2,-1)=0-2+2=0$

故两直线互相垂直.

33. 求直线$\begin{cases}3x+y-z+1=0\\2x-y+4z-2=0\end{cases}$与平面$x-8y+3z+6=0$之间的夹角的正弦.

解:直线的方向向量为

$$(3,1,-1)\times(2,-1,4)=\left(\begin{vmatrix}1&-1\\-1&4\end{vmatrix},-\begin{vmatrix}3&-1\\2&4\end{vmatrix},\begin{vmatrix}3&1\\2&-1\end{vmatrix}\right)$$
$$=(3,-14,-5),$$

记直线与平面间的夹角为θ,则有

$$(3,-14,-5)\cdot(1,-8,3)=\sqrt{3^2+(-14)^2+(-5)^2}\cdot\sqrt{1^2+(-8)^2+3^2}\sin\theta$$
$$100=\sqrt{9+196+25}\cdot\sqrt{74}\sin\theta$$

故$\sin\theta=\frac{10}{851}\sqrt{4255}$.

34. 分别求出满足下列条件的平面方程

(1) 通过点$(2,1,1)$且与直线$\begin{cases}x+2y-z+1=0\\2x+y-z=0\end{cases}$垂直;

(2) 通过点$(1,2,1)$且与两直线$\begin{cases}x+2y-z+1=0\\x-y+z-1=0\end{cases}$和$\begin{cases}2x-y+z=0\\x-y+z=0\end{cases}$平行;

(3) 经过直线$\frac{x-2}{5}=\frac{y+1}{2}=\frac{z-2}{4}$且垂直于平面$x+4y-3z+7=0$.

解:(1) 设所求的平面为$A(x-2)+B(y-1)+C(z-1)=0$. 直线的方向向量为

$(1,2,-1)\times(2,1,-1)=(-1,-1,-3)$.

因直线与平面垂直,故直线的方向与平面的方向平行,于是有

$(-1,-1,-3)=\lambda(A,B,C)$. 取 $\lambda=1$,得

$A=-1,B=-1,C=-3$,则所求平面方程为

$$-(x-2)-(y-1)-3(z-1)=0$$

即

$$x+y+3z-6=0.$$

(2) 两直线的方向向量分别为

$$(1,2,-1)\times(1,-1,1)=(1,-2,-3),$$

$$(2,-1,1)\times(1,-1,1)=(0,-1,-1).$$

因所求平面与两直线平行,故上述两直线的方向向量的外积可以作为平面的方向向量. 于是

$$(1,-2,-3)\times(0,-1,-1)=(-1,1,-1)$$

所求平面方程为

$$-(x-1)+(y-2)-(z-1)=0$$

即

$$x-y+z=0.$$

(3) 因所求平面经过直线 $\frac{x-2}{5}=\frac{y+1}{2}=\frac{z-2}{4}$,可以设所求平面方程为

$$A(x-2)+B(y+1)+C(z-2)=0,$$

此外,还成立

$$5A+2B+4C=0 \tag{1}$$

又因所求平面与已知平面垂直,故

$$A+4B-3C=0 \tag{2}$$

联立解式(1),式(2)得

$$A=-\frac{11}{9}C,B=\frac{19}{18}C,$$

则有

$$-\frac{11}{9}C(x-2)+\frac{19}{18}C(y+1)+C(z-2)=0$$

整理后得

$$22x-19y-18z-27=0$$

35. 求直线 $\frac{x+3}{3}=\frac{y+2}{-2}=\frac{z}{1}$ 与平面 $x+2y+2z+6=0$ 的交点.

解:令 $\frac{x+3}{3}=\frac{y+2}{-2}=\frac{z}{1}=t$,则有

$$\begin{cases}x=-3+3t\\y=-2-2t\\z=t\end{cases}$$

代入平面方程

$$-3+3t-4-4t+2t+6=0$$

$$t=1$$

所以 $x=0, y=-4, z=1$

故直线与平面的交点坐标为$(0,-4,1)$.

36. 求点$(-1,2,0)$在平面$x+2y-z+1=0$上的投影.

解:过点$(-1,2,0)$作与$x+2y-z+1=0$垂直的直线$\frac{x+1}{m}=\frac{y-2}{n}=\frac{z-0}{p}$

因直线的方向向量与已知平面的方向向量成比例,即$\frac{m}{1}=\frac{n}{2}=\frac{p}{-1}$,可取

$$m=1, n=2, p=-1$$

则直线方程为

$$\frac{x+1}{1}=\frac{y-2}{2}=\frac{z-0}{-1},$$

设比例为t,

$$\begin{cases}x=-1+t\\y=2+2t\\z=-t\end{cases}$$

将它们代入平面方程

$$-1+t+4+4t+t+1=0$$

$$6t=-4, t=-\frac{2}{3}$$

故 $x=-\frac{5}{3}, y=\frac{2}{3}, z=\frac{2}{3}$.

直线与平面的交点坐标为$\left(-\frac{5}{3},\frac{2}{3},\frac{2}{3}\right)$. 该点的坐标即为点$(-1,2,0)$在平面$x+2y-z+1=0$上的投影坐标.

37. 求点$(1,2,3)$到直线$\frac{x}{1}=\frac{y-4}{-3}=\frac{z-3}{-2}$的距离.

解法1:

(1) 过点$(1,2,3)$作与直线垂直的平面

$$(x-1)-3(y-2)-2(z-3)=0$$

$$x-3y-2z+11=0.$$

(2) 改直线方程用参数式方程表示

$$\begin{cases}x=t\\y=4-3t\\z=3-2t\end{cases}$$

代入平面方程

$$t-3(4-3t)-2(3-2t)+11=0$$

$$t=\frac{1}{2}$$

故 $x=\frac{1}{2}, y=\frac{5}{2}, z=2$,点$\left(\frac{1}{2},\frac{5}{2},2\right)$为垂足.

(3) 点(1,2,3) 与点$\left(\frac{1}{2},\frac{5}{2},2\right)$之间的距离即为点(1,2,3) 与直线之间的距离

$$d=\sqrt{\left(1-\frac{1}{2}\right)^2+\left(2-\frac{5}{2}\right)^2+(3-2)^2}=\sqrt{\frac{3}{2}}=\frac{\sqrt{6}}{2}.$$

解法 2：

因直线过点(0,4,3)，可以作向量

$a=(1,2,3)-(0,4,3)=(1,-2,0)$

$b=(1,-3,-2)$(直线的方向向量).

设点(1,2,3) 到直线的距离为 d，根据两向量外积的几何意义，有

$$d=\frac{|a\times b|}{|b|}=\frac{|(1,-2,0)\times(1,-3,-2)|}{|(1,-3,-2)|}=\frac{|(4,2,-1)|}{|(1,-3,-2)|}$$

$$=\frac{\sqrt{4^2+2^2+(-1)^2}}{\sqrt{1^2+(-3)^2+(-2)^2}}=\sqrt{\frac{21}{14}}=\sqrt{\frac{3}{2}}=\frac{\sqrt{6}}{2}.$$

38. 设一平面垂直于平面 $z=0$，并通过从点(1，-1,1) 到直线 $x=0,y-z=-1$ 的垂线，求该平面方程.

解:(1) 直线的方向向量为

$$(1,0,0)\times(0,1,-1)=(0,-1,-1).$$

(2) 过点(1，-1,1) 作平面垂直于已知直线，平面方程为

$$0\cdot(x-1)-(y+1)-(z-1)=0$$

即

$$y+z=0 \tag{1}$$

(3) 求出直线与平面的交点坐标，即垂足

将直线方程以参数式方程表示

$$\begin{cases}x=0\\y=t\\z=t+1\end{cases}$$

代入方程(1)

$$t+t+1=0,t=-\frac{1}{2}$$

所以直线与平面的交点坐标(垂足) 为$\left(0,-\frac{1}{2},\frac{1}{2}\right)$.

(4) 设过点(1，-1,1) 的平面方程为

$$A(x-1)+B(y+1)+C(z-1)=0$$

因该平面垂直于平面 $z=0$，故 $C=0$，

于是有

$$A(x-1)+B(y+1)=0,$$

又该平面过点$\left(0,-\frac{1}{2},\frac{1}{2}\right)$，故

$$-A+\frac{B}{2}=0,B=2A$$

于是平面方程为

$$A(x-1)+2A(y+1)=0$$

化简得 $$x+2y+1=0.$$

39*. 求直线$\begin{cases}x+y-z-1=0\\2x+y-z-2=0\end{cases}$和直线$\begin{cases}x+2y-z-2=0\\x+2y+2z+4=0\end{cases}$之间的最短距离.

解:所谓空间中两异面直线之间的最短距离即公垂线的长度.

(1) 利用平面束方程. 过 l_1 的平面方程为

$$x+y-z-1+\lambda(2x+y-z-2)=0$$

即$(1+2\lambda)x+(1+\lambda)y+(-1-\lambda)z-1-2\lambda=0$

(2) 因所作的平面与直线 l_2 平行,而直线 l_2 的方向向量为

$$(1,2,-1)\times(1,2,2)=(6,-3,0)$$

所以有 $$6(1+2\lambda)-3(1+\lambda)+0\cdot(-1-\lambda)=0$$

解之得 $$\lambda=-\frac{1}{3}$$

则所作的过 l_1 且与直线 l_2 平行的平面方程为

$$\frac{x}{3}+\frac{2}{3}y-\frac{2}{3}z-\frac{1}{3}=0$$

即 $$x+2y-2z-1=0.$$

(3) 在直线 l_2 上任取一点 $P(0,0,-2)$. 那么点 P 到所作平面间的距离 d 即为两直线之间的最短距离:

$$d=\frac{|0+0+4-1|}{\sqrt{1+4+4}}=1$$

40*. 求直线$\begin{cases}x+y+z-1=0\\x-y+z+1=0\end{cases}$在平面 $x+y+z=0$ 上的投影方程.

解:过已知直线作一与已知平面垂直的平面,那么两平面的交线即为直线在平面上的投影.

(1) 利用平面束方程,过已知直线的平面方程为

$$x+y+z-1+\lambda(x-y+z+1)=0$$

即 $$(1+\lambda)x+(1-\lambda)y+(1+\lambda)z+(-1+\lambda)=0$$

因该平面与已知平面垂直,故两平面的方向向量满足

$$1\cdot(1+\lambda)+1\cdot(1-\lambda)+1\cdot(1+\lambda)=0$$

解之得 $$\lambda=-3$$

故所作的平面方程为

$$-2x+4y-2z-4=0$$

即 $$x-2y+z+2=0.$$

(2) 求出所作平面与已知平面的交线

$$\begin{cases}x-2y+z+2=0\\x+y+z=0\end{cases}$$

直线的方向向量为

$$(1,-2,1)\times(1,1,1)=(-3,0,3)$$

在该直线上任取一点 $P\left(-\frac{2}{3},\frac{2}{3},0\right)$

则投影方程为
$$\begin{cases}\dfrac{x+\frac{2}{3}}{-3}=\dfrac{z-0}{3}\\ y=\dfrac{2}{3}\end{cases}$$

41*. 求空间曲线 $\begin{cases}x^2+y^2+z^2=1\\ x^2+(y-1)^2+(z-1)^2=1\end{cases}$ 在平面 $z=0$ 上的投影方程.

解:两方程联立,消去 z^2 项,得
$$z=1-y$$
则有
$$x^2+y^2+(1-y)^2=1$$
$$x^2+y^2+1-2y+y^2=1$$
$$x^2+2y^2-2y=0$$

配方得 $x^2+2\left(y-\frac{1}{2}\right)^2=\frac{1}{2}$,该方程表示一个母线平行于 Oz 轴的椭圆柱面.该曲面在 $z=0$ 平面上的投影方程为
$$\begin{cases}x^2+2\left(y-\frac{1}{2}\right)^2=\frac{1}{2}.\\ z=0\end{cases}$$

综合练习 8

一、选择题

1. $|\boldsymbol{a}+\boldsymbol{b}|=|\boldsymbol{a}-\boldsymbol{b}|$ 的充要条件是(　　).

A. $\boldsymbol{a}=0$ 或 $\boldsymbol{b}=0$　　B. $\boldsymbol{a}\times\boldsymbol{b}=0$

C. $\boldsymbol{a}\cdot\boldsymbol{b}=0$　　D. $|\boldsymbol{a}|=|\boldsymbol{b}|$

答:选 C. 因 $|\boldsymbol{a}+\boldsymbol{b}|=|\boldsymbol{a}-\boldsymbol{b}|\Rightarrow(\boldsymbol{a}+\boldsymbol{b})^2=(\boldsymbol{a}-\boldsymbol{b})^2\Rightarrow\boldsymbol{a}\cdot\boldsymbol{b}=0$.

2. 若 $(\boldsymbol{a}\times\boldsymbol{b})\cdot\boldsymbol{c}=1$,则 $(\boldsymbol{a}+\boldsymbol{b})\times(\boldsymbol{b}+\boldsymbol{c})\cdot(\boldsymbol{c}+\boldsymbol{a})=$(　　).

A. 1　　B. 2

C. 3　　D. 4

答:选 B. 记 $(\boldsymbol{a}\times\boldsymbol{b})\cdot\boldsymbol{c}=(\boldsymbol{abc})$,则
$$(\boldsymbol{a}+\boldsymbol{b})\times(\boldsymbol{b}+\boldsymbol{c})=\boldsymbol{a}\times\boldsymbol{b}+\boldsymbol{b}\times\boldsymbol{b}+\boldsymbol{a}\times\boldsymbol{c}+\boldsymbol{b}\times\boldsymbol{c}=\boldsymbol{a}\times\boldsymbol{b}+\boldsymbol{a}\times\boldsymbol{c}+\boldsymbol{b}\times\boldsymbol{c}$$
故
$$(\boldsymbol{a}\times\boldsymbol{b}+\boldsymbol{a}\times\boldsymbol{c}+\boldsymbol{b}\times\boldsymbol{c})\cdot(\boldsymbol{c}+\boldsymbol{a})$$
$$=(\boldsymbol{a}\times\boldsymbol{b})\cdot\boldsymbol{c}+(\boldsymbol{a}\times\boldsymbol{c})\cdot\boldsymbol{c}+(\boldsymbol{b}\times\boldsymbol{c})\cdot\boldsymbol{c}+(\boldsymbol{a}\times\boldsymbol{b})\cdot\boldsymbol{a}+(\boldsymbol{a}\times\boldsymbol{c})\cdot\boldsymbol{a}+(\boldsymbol{b}\times\boldsymbol{c})\cdot\boldsymbol{a}$$
$$=(\boldsymbol{abc})+(\boldsymbol{acc})+(\boldsymbol{bcc})+(\boldsymbol{aba})+(\boldsymbol{aca})+(\boldsymbol{bca})$$
$$=(\boldsymbol{abc})+(\boldsymbol{cca})+(\boldsymbol{ccb})+(\boldsymbol{aab})+(\boldsymbol{aac})+(\boldsymbol{abc})=2(\boldsymbol{abc})=2.$$

3. 设向量 $\boldsymbol{a}=(-1,-2,2)$,$\boldsymbol{b}=(3,\lambda,4)$,已知 $\boldsymbol{a}$ 在 $\boldsymbol{b}$ 上的投影为 1,则 $\lambda=$(　　).

A. 0　　B. $\frac{20}{3}$

C. 0 或$\frac{20}{3}$　　D. $-\frac{20}{3}$

答:选 C. 因

$$p_{rj_b}\boldsymbol{a}=\frac{\boldsymbol{a}\cdot\boldsymbol{b}}{|\boldsymbol{b}|}=\frac{5-2\lambda}{\sqrt{25+\lambda^2}}=1$$

故

$$25-20\lambda+4\lambda^2=25+\lambda^2$$

$$3\lambda^2=20\lambda,\text{所以 }\lambda=0\text{ 或}\frac{20}{3}.$$

若只选 $\lambda=\frac{20}{3}$,则有 $5-2\lambda=5-\frac{2\times20}{3}<1$. 显然不合题意. 故选 C.

4. 设 $\boldsymbol{a}=(\lambda,\mu,-1)$,$\boldsymbol{b}=(-1,\lambda,\mu)$. $\boldsymbol{a}\times\boldsymbol{b}$ 平行于向量 $\boldsymbol{p}=(1,-1,2)$,则 $\boldsymbol{a}\times\boldsymbol{b}=$ (　　).

A. $(10,-10,20)$　　B. $(14,-14,28)$

C. $(5,-5,10)$　　D. $(7,-7,14)$

答:选 B. 因 $\boldsymbol{a}\perp\boldsymbol{p}$,有 $(\lambda,\mu,-1)\cdot(1,-1,2)=0$

$$\lambda-\mu-2=0 \tag{1}$$

$\boldsymbol{b}\perp\boldsymbol{p}$,有 $(-1,\lambda,\mu)\cdot(1,-1,2)=0$

$$-\lambda+2\mu-1=0 \tag{2}$$

解(1),(2) 得 $\lambda=5,\mu=3$,故

$$\boldsymbol{a}\times\boldsymbol{b}=(5,3,-1)\times(-1,5,3)=(14,-14,28).$$

5. 设 $A(\lambda,-1,2)$,$B(2,0,\lambda)$,$C(-1,1,1)$,$D(1,2,-1)$ 是四个点. 已知以此四点为顶点的四面体的体积为$\frac{1}{2}$,则 $\lambda=$ (　　).

A. 1　　B. -3

C. ±3 或 ±1　　D. 1 或 -3

答:选 D. 因

$$\overrightarrow{AD}=(1-\lambda,3,-3),\overrightarrow{BD}=(-1,2,-1-\lambda),\overrightarrow{CD}=(2,1,-2)$$

$$\frac{1}{6}\begin{vmatrix}1-\lambda & 3 & -3\\ -1 & 2 & -1-\lambda\\ 2 & 1 & -2\end{vmatrix}=\pm\frac{1}{2}$$

即 $-\lambda(\lambda+2)=\pm3$,故 $\lambda=1$ 或 $\lambda=-3$.

6. 直线 $l_1:\frac{x-1}{1}=\frac{y-5}{-2}=\frac{z+8}{1}$ 和 $l_2:\begin{cases}x-y=6\\2y+z=3\end{cases}$ 的夹角为(　　).

A. $\frac{\pi}{6}$　　B. $\frac{\pi}{4}$

C. $\frac{\pi}{3}$　　D. $\frac{\pi}{2}$

答:选 C. 直线 l_2 的方向向量为$(1,1,-2)$,故

$$(1,-2,1)\cdot(1,1,-2)=\sqrt{1^2+(-2)^2+1^2}\cdot\sqrt{1^2+1^2+(-2)^2}\cos(l_1\hat{,}l_2)$$

$$1-2-2=6\cos(l_1\hat{,}l_2)$$

$$\cos(l_1\hat{,}l_2)=-\frac{1}{2},\text{故}(l_1\hat{,}l_2)=\frac{2}{3}\pi.$$

因空间两直线间的夹角依观察者的位置不同而存在两个互补的夹角，故可以取其中任意一个．这里我们取$\frac{\pi}{3}$.

7. 设直线$l:\begin{cases}x+3y+2z+1=0\\2x-y-10z+3=0\end{cases}$，平面$\pi:2x+13y+18z+1=0$，则直线$l$与平面$\pi$的关系为(　　).

A. $l \parallel \pi$　　　　B. $l\subset\pi$

C. $l\perp\pi$　　　　D. 斜交

答：选 B.

解法1：在l上任取一点，如令$z=0$，得点$\left(-\frac{10}{7},\frac{1}{7},0\right)$，显然该点在平面$\pi$上．再另找一点，如令$y=0$，得点$\left(-\frac{8}{7},0,\frac{1}{14}\right)$，该点也在$\pi$上，故$l\subset\pi$.

解法2：将l方程中的第一个方程4倍，减去第二个方程，即得到平面π的方程，可见$l\subset\pi$.

解法3：化l为标准形

$$\frac{x+\frac{10}{7}}{4}=\frac{y-\frac{1}{7}}{-2}=\frac{z}{1}$$

因$(4,-2,1)\cdot(2,13,18)=0$，

故$l\parallel\pi$或$l\subset\pi$. 又因点$\left(-\frac{10}{7},\frac{1}{7},0\right)$在平面$\pi$上，故$l\subset\pi$.

8. 设$\boldsymbol{a}=(2,5,1)$，$\boldsymbol{b}=(k,1,-3)$且$|\boldsymbol{a}+\boldsymbol{b}|=|\boldsymbol{a}-\boldsymbol{b}|$，则$k=$(　　).

A. -1　　　　B. 2

C. 1　　　　D. 4

答：选 A. 因$|\boldsymbol{a}+\boldsymbol{b}|=|\boldsymbol{a}-\boldsymbol{b}|$，又$\boldsymbol{a}\neq 0,\boldsymbol{b}\neq 0$，故$\boldsymbol{a}\perp\boldsymbol{b}$，

故有$\boldsymbol{a}\cdot\boldsymbol{b}=0$，即$(2,5,1)\cdot(k,1,-3)=2k+5-3=0$，所以$k=-1$.

9. 已知空间三点(a_1,b_1,c_1)，(a_2,b_2,c_2)，(a_3,b_3,c_3)不共线．则直线

$l_1:\frac{x-a_3}{a_1-a_2}=\frac{y-b_3}{b_1-b_2}=\frac{z-c_3}{c_1-c_2}$与$l_2:\frac{x-a_1}{a_2-a_3}=\frac{y-b_1}{b_2-b_3}=\frac{z-c_1}{c_2-c_3}$(　　).

A. 相交于一点　　　　B. 重合

C. 平行　　　　D. 异面

答：选 A.

解法1：将$r_i=(a_i,b_i,c_i)$视为空间的点$M_i(i=1,2,3)$的向径．那么l_1与l_2共面的充要条件是r_1-r_2，r_2-r_3和r_3-r_1三向量共面(线性相关).

显然，因$(r_1-r_2)+(r_2-r_3)+(r_3-r_1)=0$，故直线$l_1$与$l_2$共面．

其次，令$K_1(r_1-r_2)+K_2(r_2-r_3)=0$

即
$$K_1r_1+(K_2-K_1)r_2-K_3r_3=0$$

因 M_1,M_2,M_3 三点不共线,即 r_1,r_2,r_3 线性无关,于是得 $K_1=K_2=0$. 这说明 r_1-r_2 与 r_2-r_3 不平行. 由此可知,l_1 与 l_2 必相交.

解法2:由行列式

$$\begin{vmatrix} a_1-a_2 & b_1-b_2 & c_1-c_2 \\ a_2-a_3 & b_2-b_3 & c_2-c_3 \\ a_3-a_1 & b_3-b_1 & c_3-c_1 \end{vmatrix}=\begin{vmatrix} a_1-a_3 & b_1-b_3 & c_1-c_3 \\ a_2-a_3 & b_2-b_3 & c_2-c_3 \\ a_3-a_1 & b_3-b_1 & c_3-c_1 \end{vmatrix}=0$$,知直线 l_1 与 l_2 共面.

其次,因已知三点不共线,故矩阵 $\begin{bmatrix} a_1 & b_1 & c_1 \\ a_2 & b_2 & c_2 \\ a_3 & b_3 & c_3 \end{bmatrix}$ 满秩,由此可知矩阵

$\begin{bmatrix} a_1-a_2 & b_1-b_2 & c_1-c_2 \\ a_2-a_3 & b_2-b_3 & c_2-c_3 \\ a_3 & b_3 & c_3 \end{bmatrix}$ 亦满秩,故两直线不平行,必相交.

解法3:已知三点 M_1,M_2,M_3 不共线. 因 l_1 过点 M_3,且与 $\overrightarrow{M_2M_1}$ 平行,故 l_1 在由 M_1,M_2,M_3 三点所确定的平面内. 同理,l_2 也在这个平面内且平行于 $\overrightarrow{M_3M_2}$. 由 M_1,M_2,M_3 不共线知 l_1,l_2 必相交.

10. 在空间直角坐标系下,方程:$x^2+y^2+2ax+2by=c^2$ 表示(　　).

A. 球面　　　　B. 圆

C. 圆柱　　　　D. 椭球面

答:选 C. 配方得 $(x+a)^2+(y+b)^2=c^2+a^2+b^2$,在空间直角坐标系下,该方程表示一个母线平行于 Oz 轴的圆柱面.

二、填空题

1. 点 $A(1,-2,3)$,$B(2,1,-1)$ 的连线与三坐标平面的交点坐标分别为 $(0,-5,7)$,$\left(\frac{5}{3},0,\frac{1}{3}\right)$,$\left(\frac{7}{4},\frac{1}{4},0\right)$.

解:AB 连线的方程为

$$\frac{x-1}{1}=\frac{y+2}{3}=\frac{z-3}{-4}$$

(1) 令 $x=0$ 得 $y=-5,z=7$

(2) 令 $y=0$ 得 $x=\frac{5}{3},z=\frac{1}{3}$

(3) 令 $z=0$ 得 $x=\frac{7}{4},y=\frac{1}{4}$

2. 过点 $(1,-1,2)$ 与直线 $l:\begin{cases} x+y-2z+1=0 \\ x+2y-3z+2=0 \end{cases}$ 平行的直线方程为 $\frac{x-1}{1}=\frac{y+1}{1}=\frac{z-2}{1}$.

解:直线 l 的方向为 $(1,1,-2)\times(1,2,-3)=(1,1,1)$,故过点 $(1,-1,2)$ 以 $(1,1,1)$ 为方向的直线方程为 $\frac{x-1}{1}=\frac{y+1}{1}=\frac{z-2}{1}$.

3. 过点(2, -1,1)及(1,1,2)且垂直于平面 $x+y+z=1$ 的平面方程为 $\underline{x+2y-3z+3=0}$.

解:设过点(2, -1,1)的平面方程为

$$A(x-2)+B(y+1)+C(z-1)=0$$

(1) 平面过点(1,1,2),故有

$$A(1-2)+B(1+1)+C(2-1)=0$$

即

$$A-2B-C=0 \tag{1}$$

(2) 其次,两平面相互垂直,故满足

$$A+B+C=0 \tag{2}$$

联立解(1),(2),得 $B=2A, C=-3A$

于是,$A(x-2)+2A(y+1)-3A(z-1)=0$

整理得 $x+2y-3z+3=0$.

4. 过点(1,1, -1)和(0,2, -2)且与球面 $x^2+y^2+z^2=2z$ 相切的平面方程为 $\underline{x+(-2\pm\sqrt{11})y+(-3\pm\sqrt{11})z-2=0}$.

解:作两点式的直线方程

$$\frac{x}{1}=\frac{y-2}{-1}=\frac{z+2}{1}$$

该方程也可以改写成

$$\begin{cases} x+y-2=0 \\ y+z=0 \end{cases}$$

过该直线的平面束方程为

$$x+y-2+\lambda(y+z)=0$$

即 $x+(1+\lambda)y+\lambda z-2=0$.

已知球的半径为1,因此球心(0,0,1)至所求切平面的距离为1,由此得

$$\frac{|0+0+\lambda-2|}{\sqrt{1+(1+\lambda)^2+\lambda^2}}=1$$

整理得 $\lambda^2+6\lambda-2=0$ 故 $\lambda=-3\pm\sqrt{11}$.

所求平面方程为

$$x+(-2\pm\sqrt{11})y+(-3\pm\sqrt{11})z-2=0.$$

这是两个切平面方程.

5. 原点关于平面 $6x+2y-9z+121=0$ 对称的点坐标为 $\underline{(-12, -4,18)}$.

解:过原点作与已知平面相垂直的直线,其参数式方程为 $x=6t, y=2t, z=-9t$. 将它们代入平面方程

$$(36+4+81)t+121=0, t=-1.$$

故(-6, -2,9)是原点与所要求的点的连线的中点,故所求的点坐标为(-12, -4,18).

6. 已知 $\boldsymbol{a}=(1,1,-4)$, $\boldsymbol{b}=(2,-2,1)$,则 $p_{rj_a}\boldsymbol{b}=\underline{-\frac{2\sqrt{2}}{3}}$.

解：$p_{rj_a}b = \dfrac{a \cdot b}{|a|} = \dfrac{(1,1,-4)\cdot(2,-2,1)}{\sqrt{1^2+1^2+(-4)^2}} = \dfrac{2-2-4}{\sqrt{18}} = -\dfrac{2\sqrt{2}}{3}$

7. 已知 $|a| = 13, |b| = 19, |a+b| = 24$，则 $|a-b| =$ <u>22</u>.

解：$|a+b|^2 = |a|^2 + |b|^2 - 2|a|\cdot|b|\cos(\pi - (\hat{a,b}))$

$$= |a|^2 + |b|^2 + 2|a|\cdot|b|\cos(\hat{a,b})$$

故 $2|a|\cdot|b|\cos(\hat{a,b}) = |a+b|^2 - |a|^2 - |b|^2$，

又 $|a-b|^2 = |a|^2 + |b|^2 - 2|a|\cdot|b|\cos(\hat{a,b})$

$$= 2(|a|^2 + |b|^2) - |a+b|^2$$

$$= 2(13\times13 + 19\times19) - 24\times24 = 484,$$

故

$$|a-b| = \sqrt{484} = 22.$$

8. 已知 a 与 b 不平行，则向量 a 与 b 的角平分线上的单位向量为 <u>$\dfrac{a^0+b^0}{|a^0+b^0|}$，$a^0 = \dfrac{a}{|a|}, b^0 = \dfrac{b}{|b|}$</u>.

解：以 a^0 与 b^0 记 a 及 b 的单位向量，

则 $a^0 + b^0$ 为 a, b 的角平分线上的向量，将其化为单位向量 $\dfrac{a^0+b^0}{|a^0+b^0|}$ 即为 a 与 b 角平分线上的单位向量，这里，$a^0 = \dfrac{a}{|a|}, b^0 = \dfrac{b}{|b|}$.

9. 设三个向量 a, b, c 满足关系 $a+b+c=0$，则 $a\times b =$ <u>$c\times a$ 或 $b\times c$</u>.

解：因 $b = -(a+c)$

故 $a\times b = a\times[-(a+c)] = (a+c)\times a = c\times a$

或 $a = -(b+c)$

故 $a\times b = -(b+c)\times b = -c\times b = b\times c$

10. 曲线 $\begin{cases} z = x^2 + y^2 \\ 2x + z = 3 \end{cases}$ 在 xOy 平面上的投影曲线方程为 <u>$\begin{cases} (x+1)^2 + y^2 = 4 \\ z = 0 \end{cases}$</u>.

解：联立方程，消去 z，得

$$(x+1)^2 + y^2 = 4$$

该方程表示空间直角坐标系中的一个母线平行于 Oz 轴的圆柱面．该曲面在 xOy 平面上的投影曲线方程为

$$\begin{cases} (x+1)^2 + y^2 = 4 \\ z = 0 \end{cases}.$$

三、计算题

1. 已知向量 $a = (8,4,-1)$，其终点坐标为 $(2,1,1)$，试求 a 的起点坐标、a 的模及方向余弦．

解：(1) 设向量 a 的起点坐标为 (x,y,z)，则有

$$2-x=8, 1-y=4, 1-z=-1$$

故 $x=-6, y=-3, z=2$

故向量 $\boldsymbol{a}$ 的起点坐标为 $(-6,-3,2)$.

(2) 向量 $\boldsymbol{a}$ 的模为 $|\boldsymbol{a}|=\sqrt{8^2+4^2+(-1)^2}=\sqrt{64+16+1}=9$.

(3) 向量 $\boldsymbol{a}$ 的方向余弦为

$$\cos\alpha=\frac{8}{9},\cos\beta=\frac{4}{9},\cos\gamma=\frac{-1}{9}.$$

2. 已知向量 $\boldsymbol{a}=(2,-1,3),\boldsymbol{b}=(1,3,-2),\boldsymbol{c}=(4,2,-5)$，试求：

(1) $(\boldsymbol{a}\cdot\boldsymbol{b})\boldsymbol{c}-(\boldsymbol{a}\cdot\boldsymbol{c})\boldsymbol{b}$;

(2) $\boldsymbol{a}$ 在 $\boldsymbol{b}$ 上的投影 $p_{rj_b}\boldsymbol{a}$;

(3) $(\boldsymbol{a}+\boldsymbol{b})\times(\boldsymbol{b}-\boldsymbol{c})$.

解：(1) $\boldsymbol{a}\cdot\boldsymbol{b}=(2,-1,3)\cdot(1,3,-2)=2-3-6=-7$

$(\boldsymbol{a}\cdot\boldsymbol{b})\boldsymbol{c}=-7(4,2,-5)=(-28,-14,35)$

$\boldsymbol{a}\cdot\boldsymbol{c}=(2,-1,3)\cdot(4,2,-5)=8-2-15=-9$

$(\boldsymbol{a}\cdot\boldsymbol{c})\boldsymbol{b}=-9(1,3,-2)=(-9,-27,+18)$

故 $(\boldsymbol{a}\cdot\boldsymbol{b})\boldsymbol{c}-(\boldsymbol{a}\cdot\boldsymbol{c})\boldsymbol{b}=(-28,-14,35)-(-9,-27,18)=(-19,13,17)$.

(2) $p_{rj_b}\boldsymbol{a}=\dfrac{\boldsymbol{a}\cdot\boldsymbol{b}}{|\boldsymbol{b}|}=\dfrac{-7}{\sqrt{1^2+3^2+(-2)^2}}=-\dfrac{7}{\sqrt{14}}=-\dfrac{\sqrt{14}}{2}$.

(3) $(\boldsymbol{a}+\boldsymbol{b})\times(\boldsymbol{b}-\boldsymbol{c})$

$=(3,2,1)\times(-3,1,3)=(5,-12,9)$.

3. 已知 $|\boldsymbol{a}|=2,|\boldsymbol{b}|=5,(\boldsymbol{a},\boldsymbol{b})=\dfrac{2\pi}{3}$，又 $\boldsymbol{c}=3\boldsymbol{a}-\boldsymbol{b},\boldsymbol{d}=\lambda\boldsymbol{a}+3\boldsymbol{b}$，试求 λ 值，使

(1) $\boldsymbol{c}\parallel\boldsymbol{d}$;　　(2) $\boldsymbol{c}\perp\boldsymbol{d}$.

解：$\boldsymbol{a}\cdot\boldsymbol{b}=|\boldsymbol{a}|\cdot|\boldsymbol{b}|\cos(\hat{\boldsymbol{a},\boldsymbol{b}})=2\times5\times\cos\dfrac{2\pi}{3}=10\times\left(-\dfrac{1}{2}\right)=-5$.

(1) 因 $\boldsymbol{c}\parallel\boldsymbol{d}$，故 $\boldsymbol{c}\times\boldsymbol{d}=0$，所以

$$(3\boldsymbol{a}-\boldsymbol{b})\times(\lambda\boldsymbol{a}+3\boldsymbol{b})=0$$

$$3\lambda\boldsymbol{a}\times\boldsymbol{a}-\lambda\boldsymbol{b}\times\boldsymbol{a}+9\boldsymbol{a}\times\boldsymbol{b}-3\boldsymbol{b}\times\boldsymbol{b}=0$$

$$9\boldsymbol{a}\times\boldsymbol{b}+\lambda\boldsymbol{a}\times\boldsymbol{b}=0$$

$$(9+\lambda)(\boldsymbol{a}\times\boldsymbol{b})=0,\text{故 }\lambda=-9.$$

(2) 因 $\boldsymbol{c}\perp\boldsymbol{d}$，则 $\boldsymbol{c}\cdot\boldsymbol{d}=0$，故

$$(3\boldsymbol{a}-\boldsymbol{b})(\lambda\boldsymbol{a}+3\boldsymbol{b})=0$$

$$3\lambda\boldsymbol{a}^2-\lambda\boldsymbol{ab}+9\boldsymbol{ab}-3\boldsymbol{b}^2=0$$

$$12\lambda-(-5)\lambda+(-5)\times9-3\times25=0$$

$$17\lambda=120,\text{故 }\lambda=\frac{120}{17}.$$

4. 试求过点 $(2,-3,5)$ 且垂直于直线 $l_1:\dfrac{x+1}{3}=-\dfrac{y}{5}=\dfrac{z-4}{4}$ 及 $l_2:\dfrac{x}{1}=\dfrac{y+2}{-4}=\dfrac{z-3}{2}$ 的直线方程.

解：设所求直线的方向向量为 (m,n,p). 由于所求直线与已知直线垂直，故有

$$\begin{cases}3m-5n+4p=0\\m-4n+2p=0\end{cases}$$

解之得 $m=-3n, p=\frac{7}{2}n$. 取 $n=2$ 得所求直线的一组方向数为$(-6,2,7)$. 则所求直线方程为$\frac{x-2}{-6}=\frac{y+3}{2}=\frac{z-5}{7}$.

5. 已知一平面通过直线

$l_1:\frac{x}{2}=\frac{y}{-1}=\frac{z-2}{2}$ 且与直线 $l_2:\begin{cases}\frac{y}{1}=\frac{z+3}{1}\\x=1\end{cases}$ 平行,试求该平面方程.

解:设所求平面的法向量为 $\boldsymbol{n}$. 由于 l_1 在所求的平面上,故 $\boldsymbol{n}\perp l_1$,又 $\boldsymbol{n}\perp l_2$,故可以取

$$\boldsymbol{n}=\begin{vmatrix}\boldsymbol{i} & \boldsymbol{j} & \boldsymbol{k}\\2 & -1 & 2\\0 & 1 & -1\end{vmatrix}=-\boldsymbol{i}+2\boldsymbol{k}+2\boldsymbol{j}$$

又点$(0,0,2)$在所求的平面上,故所求平面方程为

$$-(x-0)+2(y-0)+2(z-2)=0$$

即

$$x-2y-2z+4=0.$$

四、综合题

如图 8-6 所示. 设 $\triangle ABC$ 的顶点 A 在坐标原点,BD 为 AC 边上的高,E 是 BC 边的中点,且$\overrightarrow{AB}=2\mathbf{i}-2\mathbf{j}+\mathbf{k}$,$\overrightarrow{EB}=-\mathbf{i}-\frac{1}{2}\mathbf{j}+\mathbf{k}$,试求:

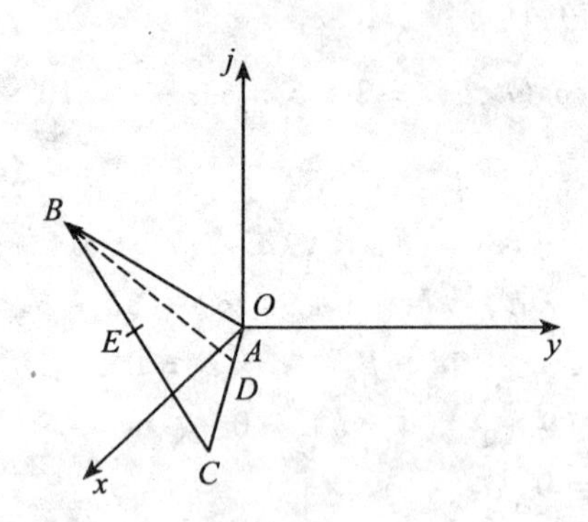

图 8-6

(1) 通过 AB 边且垂直 $\triangle ABC$ 的平面方程;

(2) 过点 C 且平行于 BD 的直线方程.

解:(1) 点 $A(0,0,0)$,点 $B(2,-2,1)$.

设过 AB 的平面方程为

$$Ax+By+Cz=0$$

故

$$2A-2B+C=0 \tag{1}$$

又 $\triangle ABC$ 的方向向量为 $(2,-2,1)\times\left(-1,-\frac{1}{2},1\right)=\left(-\frac{3}{2},-3,-3\right)$，故

$$-\frac{3}{2}A-3B-3C=0$$

$$A+2B+2C=0 \tag{2}$$

联立解(1)、(2)得 $A=-C, B=-\frac{C}{2}$

所以所求平面方程为

$$-Cx-\frac{C}{2}y+Cz=0$$

即

$$2x+y-2z=0.$$

(2) $\overrightarrow{AE}=\overrightarrow{AB}-\overrightarrow{EB}=3\mathbf{i}-\frac{3}{2}\mathbf{j}=\left(3,-\frac{3}{2},0\right)$

故点 E 的坐标为 $\left(3,-\frac{3}{2},0\right)$，则点 C 的坐标为 $(4,-1,-1)$.

过点 B 作与 AC 垂直的平面 $(\overrightarrow{OC}=(4,-1,-1))$

$$4(x-2)-(y+2)-(z-1)=0$$

即

$$4x-y-z-9=0.$$

用参数式表示直线 AC：

$$\begin{cases}x=4t\\ y=-t\\ z=-t\end{cases}$$

代入平面方程，得 $t=\frac{1}{2}$

故平面与 AC 的交点(垂足)为 $x=2, y=-\frac{1}{2}, z=-\frac{1}{2}$

即 D 点坐标为 $\left(2,-\frac{1}{2},-\frac{1}{2}\right)$.

$\overrightarrow{BD}=\left(0,\frac{3}{2},-\frac{3}{2}\right)$

故过点 C 与 BD 平行的直线方程为

$$\frac{x-4}{0}=\frac{y+1}{\frac{3}{2}}=\frac{z+1}{-\frac{3}{2}}$$

即

$$\begin{cases}x=4\\ y+z=-2\end{cases}$$

五、证明题

若三向量 $\boldsymbol{a},\boldsymbol{b},\boldsymbol{c}$ 满足 $\boldsymbol{a}\times\boldsymbol{b}+\boldsymbol{b}\times\boldsymbol{c}+\boldsymbol{c}\times\boldsymbol{a}=0$，则向量 $\boldsymbol{a},\boldsymbol{b},\boldsymbol{c}$ 共面.

证：因 $\boldsymbol{a}\cdot[\boldsymbol{a}\times\boldsymbol{b}+\boldsymbol{b}\times\boldsymbol{c}+\boldsymbol{c}\times\boldsymbol{a}]=[\boldsymbol{aba}]+[\boldsymbol{bca}]+[\boldsymbol{caa}]=[\boldsymbol{bca}]=0$，故 $\boldsymbol{a},\boldsymbol{b},\boldsymbol{c}$ 共面.

六、应用题

1. 求直线 $l_1:\begin{cases}x+y-z=1\\2x+y-z=2\end{cases}$ 与 $l_2:\begin{cases}x+2y-z=2\\x+2y+2z=-4\end{cases}$ 之间的距离.

解答见习题 8 的第 39 题.

2. 若矢量 $\boldsymbol{a}+3\boldsymbol{b}$ 垂直于 $7\boldsymbol{a}-5\boldsymbol{b}$,$\boldsymbol{a}-4\boldsymbol{b}$ 垂直于 $7\boldsymbol{a}-2\boldsymbol{b}$,试求矢量 $\boldsymbol{a}$ 与 $\boldsymbol{b}$ 的夹角.

解:由题设,有

$$\begin{cases}(\boldsymbol{a}+3\boldsymbol{b})\cdot(7\boldsymbol{a}-5\boldsymbol{b})=0\\(\boldsymbol{a}-4\boldsymbol{b})\cdot(7\boldsymbol{a}-2\boldsymbol{b})=0\end{cases}$$

化简后得

$$\begin{cases}7\boldsymbol{a}^2+16\boldsymbol{a}\cdot\boldsymbol{b}-15\boldsymbol{b}^2=0 & (1)\\7\boldsymbol{a}^2-30\boldsymbol{a}\cdot\boldsymbol{b}+8\boldsymbol{b}^2=0 & (2)\end{cases}$$

(1) - (2) $$46\boldsymbol{a}\cdot\boldsymbol{b}=23\boldsymbol{b}^2$$

故 $$2\boldsymbol{a}\cdot\boldsymbol{b}=\boldsymbol{b}^2$$

代入方程(1) 得 $$\boldsymbol{a}^2=\boldsymbol{b}^2,\ |\boldsymbol{a}|=|\boldsymbol{b}|.$$

因 $$\boldsymbol{a}\cdot\boldsymbol{b}=|\boldsymbol{a}|\cdot|\boldsymbol{b}|\cos(\boldsymbol{a}\hat{,}\boldsymbol{b})$$

故 $$\cos(\boldsymbol{a}\hat{,}\boldsymbol{b})=\frac{\boldsymbol{a}\cdot\boldsymbol{b}}{|\boldsymbol{a}|\cdot|\boldsymbol{b}|}=\frac{\frac{1}{2}\boldsymbol{b}^2}{\boldsymbol{b}^2}=\frac{1}{2}$$

$$(\boldsymbol{a}\hat{,}\boldsymbol{b})=\frac{\pi}{3}.$$

习　题　9

1. 求下列函数的定义域

(1) $z=\dfrac{1}{\sqrt{x+y}}+\dfrac{1}{\sqrt{x-y}}$;　　(2) $z=\sqrt{1-\dfrac{x^2}{a^2}-\dfrac{y^2}{b^2}}$;

(3) $z=\sqrt{x\sin y}$;　　(4) $z=\ln[x\ln(y-x)]$.

解:(1) $D(z)=\{(x,y)\mid x+y>0,x-y>0\}$.

(2) $D(z)=\left\{(x,y)\,\middle|\,\dfrac{x^2}{a^2}+\dfrac{y^2}{b^2}\leqslant 1\right\}$.

(3) $D(z)=\{(x,y)\mid x\geqslant 0,2n\pi\leqslant y\leqslant(2n+1)\pi\}$

及$\{(x,y)\mid x\leqslant 0,(2n+1)\pi\leqslant y\leqslant(2n+2)\pi\}$, $n=0,\pm1,\pm2,\cdots$.

(4) $D(z)=\{(x,y)\mid x>0,y>x+1\}$

及$\{(x,y)\mid x<0,x<y<x+1\}$.

2. 求下列函数的极限

(1) $\lim\limits_{\substack{x\to0\\y\to0}}\dfrac{xy}{\sqrt{xy+1}-1}$;　　(2) $\lim\limits_{\substack{x\to0\\y\to0}}\dfrac{\sin xy}{x}$;

(3) $\lim\limits_{\substack{x\to+\infty\\y\to+\infty}}(x^2+y^2)e^{-(x+y)}$;　　(4) $\lim\limits_{\substack{x\to0\\y\to0}}(x^2+y^2)^{x^2y^2}$;

(5) $\lim\limits_{\substack{x\to0\\y\to0}}(1+xy)^{\frac{1}{x+y}}$.

解:(1) $\lim\limits_{\substack{x\to0\\y\to0}}\dfrac{xy}{\sqrt{xy+1}-1}=\lim\limits_{\substack{x\to0\\y\to0}}\dfrac{xy(\sqrt{xy+1}+1)}{(\sqrt{xy+1}-1)(\sqrt{xy+1}+1)}$

$$=\lim_{\substack{x\to0\\y\to0}}\frac{xy(\sqrt{xy+1}+1)}{xy}=2.$$

(2) $\lim\limits_{\substack{x\to0\\y\to0}}\dfrac{\sin xy}{x}=\lim\limits_{\substack{x\to0\\y\to0}}\dfrac{y\sin xy}{xy}=\lim\limits_{\substack{x\to0\\y\to0}}y\cdot\lim\limits_{\substack{x\to0\\y\to0}}\dfrac{\sin xy}{xy}=0\times1=0$.

(3) 当x,y足够大时,比如$x>N,y>N$时,可使$x^2<e^x,y^2<e^y$,于是

$$(x^2+y^2)\cdot e^{-(x+y)}<\frac{e^x+e^y}{e^xe^y}=\frac{1}{e^x}+\frac{1}{e^y}\to0.$$

故
$$\lim_{\substack{x\to+\infty\\y\to+\infty}}(x^2+y^2)e^{-(x+y)}=0.$$

(4) $\lim\limits_{\substack{x\to0\\y\to0}}(x^2+y^2)^{x^2y^2}=\lim\limits_{\substack{x\to0\\y\to0}}[(x^2+y^2)]^{(x^2+y^2)\cdot\frac{x^2y^2}{x^2+y^2}}$

由一元函数的极限知$\lim\limits_{x\to0}x^x=1$.

所以上述极限问题就转化为求$\lim\limits_{\substack{x\to0\\y\to0}}\frac{x^2y^2}{x^2+y^2}$了．因

$$\frac{x^2y^2}{x^2+y^2}\leqslant\frac{1}{2}\left|\frac{x^2y^2}{xy}\right|=\frac{1}{2}|xy|$$

而
$$\lim_{\substack{x\to0\\y\to0}}\frac{1}{2}|xy|=0$$

故$\lim\limits_{\substack{x\to0\\y\to0}}\frac{x^2y^2}{(x^2+y^2)}=0$，从而

$$\lim_{\substack{x\to0\\y\to0}}(x^2+y^2)^{x^2y^2}=\lim_{\substack{x\to0\\y\to0}}\{[(x^2+y^2)]^{(x^2+y^2)}\}^{\lim\limits_{\substack{x\to0\\y\to0}}\frac{x^2y^2}{x^2+y^2}}=1^0=1.$$

(5) $\lim\limits_{\substack{x\to0\\y\to0}}(1+xy)^{\frac{1}{x+y}}=\lim\limits_{\substack{x\to0\\y\to0}}[(1+xy)^{\frac{1}{xy}}]^{\frac{xy}{x+y}}$

已知 $\lim\limits_{\substack{x\to0\\y\to0}}(1+xy)^{\frac{1}{xy}}=\mathrm{e}$，而 $\lim\limits_{\substack{x\to0\\y\to0}}\frac{xy}{x+y}$ 不存在，故 $\lim\limits_{\substack{x\to0\\y\to0}}(1+xy)^{\frac{1}{xy}}$ 不存在．

下面我们证明：$\lim\limits_{\substack{x\to0\\y\to0}}\frac{xy}{x+y}$ 不存在．

证：令 $y=x(x-1)$，让 x,y 沿着这条抛物线趋向于0，于是

$$\lim_{\substack{x\to0\\y\to0}}\frac{xy}{x+y}=\lim_{x\to0}\frac{x^2(x-1)}{x+x^2-x}=-1.$$

再令 $y=kx$，让 x,y 沿着过原点的任一条直线趋向于0，则

$$\lim_{\substack{x\to0\\y\to0}}\frac{xy}{x+y}=\lim_{x\to0}\frac{kx^2}{(1+k)x}=0.$$

根据二元函数极限的定义知$\lim\limits_{\substack{x\to0\\y\to0}}(1+xy)^{\frac{1}{x+y}}$不存在．

3. 求下列函数的偏导数

(1) $z=\ln\tan\frac{x}{y}$；　　(2) $z=\arcsin(y\sqrt{x})$；

(3) $z=\frac{x}{\sqrt{x^2+y^2}}$；　　(4) $z=\left(\frac{1}{3}\right)^{-\frac{y}{x}}$；

(5) $z=\arctan\sqrt{x^y}$；　　(6) $z=xy\mathrm{e}^{\sin\pi xy}$；

(7) $u=x^{\frac{y}{z}}$；　　(8) $u=\mathrm{e}^{x^2y^3z^5}$.

解：(1) $z'_x=\frac{1}{\tan\frac{x}{y}}\cdot\frac{1}{\cos^2\frac{x}{y}}\cdot\frac{1}{y}=\frac{2}{y\sin\frac{2x}{y}}$

$$z'_y=\frac{1}{\tan\frac{x}{y}}\cdot\frac{1}{\cos^2\frac{x}{y}}\cdot\left(-\frac{x}{y^2}\right)=\frac{-2x}{y^2\sin\frac{2x}{y}}.$$

(2) $z'_x=\frac{1}{\sqrt{1-xy^2}}\cdot\frac{y}{2\sqrt{x}}=\frac{y}{2\sqrt{x(1-xy^2)}}$

$$z_y' = \frac{1}{\sqrt{1-xy^2}}\cdot\sqrt{x} = \sqrt{\frac{x}{1-xy^2}}.$$

(3) $$\frac{\partial z}{\partial x} = \frac{\sqrt{x^2+y^2} - x\cdot\dfrac{2x}{2\sqrt{x^2+y^2}}}{x^2+y^2} = \frac{y^2}{(x^2+y^2)^{3/2}}$$

$$\frac{\partial z}{\partial y} = \frac{-x\cdot\dfrac{2y}{2\sqrt{x^2+y^2}}}{x^2+y^2} = -\frac{xy}{(x^2+y^2)^{3/2}}.$$

(4) $$\frac{\partial z}{\partial x} = \left(\frac{1}{3}\right)^{-\frac{y}{x}}\cdot\ln\frac{1}{3}\cdot\left(\frac{y}{x^2}\right) = \frac{y}{x^2}\cdot\left(\frac{1}{3}\right)^{-\frac{y}{x}}\cdot\ln\frac{1}{3}$$

$$\frac{\partial z}{\partial y} = \left(\frac{1}{3}\right)^{-\frac{y}{x}}\cdot\ln\frac{1}{3}\cdot\left(-\frac{1}{x}\right) = -\frac{1}{x}\left(\frac{1}{3}\right)^{-\frac{y}{x}}\cdot\ln\frac{1}{3}.$$

(5) $$\frac{\partial z}{\partial x} = \frac{1}{1+x^y}\cdot\frac{y}{2}\cdot x^{\frac{y}{2}-1} = \frac{y\sqrt{x^y}}{2x(1+x^y)}$$

$$\frac{\partial z}{\partial y} = \frac{1}{1+xy}\cdot x^{\frac{y}{2}}\cdot\ln x\cdot\frac{1}{2} = \frac{\sqrt{x^y}\cdot\ln x}{2(1+x^y)}.$$

(6) $$z_x' = ye^{\sin\pi xy} + xy\cdot e^{\sin\pi xy}\cdot\cos\pi xy\cdot\pi y = y(1+\pi xy\cos\pi xy)e^{\sin\pi xy}$$

$$z_y' = xe^{\sin\pi xy} + xye^{\sin\pi xy}\cdot\cos\pi xy\cdot\pi x = x(1+\pi xy\cos\pi xy)e^{\sin\pi xy}.$$

(7) $$\frac{\partial u}{\partial x} = \frac{y}{z}\cdot x^{\frac{y}{z}-1}$$

$$\frac{\partial u}{\partial y} = x^{\frac{y}{z}}\cdot\ln x\cdot\frac{1}{z} = \frac{1}{z}x^{\frac{y}{z}}\ln x$$

$$\frac{\partial u}{\partial z} = x^{\frac{y}{z}}\cdot\ln x\cdot\left(-\frac{y}{z^2}\right) = -\frac{y}{z^2}\cdot x^{\frac{y}{z}}\cdot\ln x.$$

(8) $$\frac{\partial u}{\partial x} = e^{x^2y^3z^5}\cdot 2xy^3z^5 = 2xy^3\cdot z^5e^{x^2y^3z^5}$$

$$\frac{\partial u}{\partial y} = e^{x^2y^3z^5}\cdot 3x^2y^2z^5 = 3x^2y^2z^5e^{x^2y^3z^5}$$

$$\frac{\partial u}{\partial z} = e^{x^2y^3z^5}\cdot 5x^2y^3z^4 = 5x^2y^3z^4e^{x^2y^3z^5}.$$

4. 求下列函数在给定点的偏导数

(1) $z = x + y - \sqrt{x^2+y^2}$，求 $z_x'(3,4)$；

(2) $z = (1+xy)^y$，求 $\left.\dfrac{\partial z}{\partial x}\right|_{(1,1)}, \left.\dfrac{\partial z}{\partial y}\right|_{(1,1)}$；

(3) $z = \dfrac{x\cos y - y\cos x}{1+\sin x+\sin y}$，求 $\left.\dfrac{\partial z}{\partial x}\right|_{(0,0)}, \left.\dfrac{\partial z}{\partial y}\right|_{(0,0)}$；

(4) $u = \sqrt{\sin^2x+\sin^2y+\sin^2z}$，求 $\left.\dfrac{\partial u}{\partial z}\right|_{\left(0,0,\frac{\pi}{4}\right)}$；

(5) $z = e^{-x}\sin(x+2y)$，求 $\left.\dfrac{\partial z}{\partial x}\right|_{\left(0,\frac{\pi}{4}\right)}, \left.\dfrac{\partial z}{\partial y}\right|_{\left(0,\frac{\pi}{4}\right)}$；

(6) $u=\ln(1+x+y^2+z^3)$，求当 $x=y=z=1$ 时，$u_x'+u_y'+u_z'$.

解：(1) $z_x'=1-\dfrac{2x}{2\sqrt{x^2+y^2}}=1-\dfrac{x}{\sqrt{x^2+y^2}}$，故

$$z_x'\big|_{(3,4)}=1-\frac{3}{\sqrt{9+16}}=1-\frac{3}{5}=\frac{2}{5}.$$

(2) $\ln z=y\ln(1+xy)$，故

$$\frac{z_x'}{z}=y\cdot\frac{y}{1+xy}=\frac{y^2}{1+xy}$$

$$z_x'=\frac{y^2}{1+xy}\cdot(1+xy)^y,\ z_x'(1,1)=\frac{1}{2}\cdot 2=1$$

$$\frac{z_y'}{z}=\ln(1+xy)+y\cdot\frac{x}{1+xy}$$

$$z_y'=\left[\ln(1+xy)+\frac{xy}{1+xy}\right]\cdot(1+xy)^y,\ z_y'(1,1)=\left(\ln 2+\frac{1}{2}\right)\cdot 2$$

$$=1+2\ln 2.$$

(3) $\dfrac{\partial z}{\partial x}=\dfrac{(\cos y+y\sin x)(1+\sin x+\sin y)-(x\cos y-y\cos x)\cos x}{(1+\sin x+\sin y)^2}$，故

$$\left.\frac{\partial z}{\partial x}\right|_{(0,0)}=1-0=1.$$

$$\frac{\partial z}{\partial y}=\frac{(-x\sin y-\cos x)(1+\sin x+\sin y)-(x\cos y-y\cos x)\cdot\cos y}{(1+\sin x+\sin y)^2}$$

所以$\left.\dfrac{\partial z}{\partial y}\right|_{(0,0)}=-1.$

(4) $\dfrac{\partial u}{\partial z}=\dfrac{2\sin z\cos z}{2\sqrt{\sin^2x+\sin^2y+\sin^2z}}$，故$\left.\dfrac{\partial u}{\partial z}\right|_{(0,0,\frac{\pi}{4})}=\dfrac{2\times\frac{\sqrt{2}}{2}\times\frac{\sqrt{2}}{2}}{2\sqrt{0+0+\frac{1}{2}}}=\dfrac{\sqrt{2}}{2}.$

(5) $\dfrac{\partial z}{\partial x}=-e^{-x}\sin(x+2y)+e^{-x}\cos(x+2y)=e^{-x}(\cos(x+2y)-\sin(x+2y))$

故
$$\left.\frac{\partial z}{\partial x}\right|_{(0,\frac{\pi}{4})}=\cos\frac{\pi}{2}-\sin\frac{\pi}{2}=0-1=-1.$$

$$\frac{\partial z}{\partial y}=e^{-x}\cos(x+2y)\cdot 2$$

故
$$\left.\frac{\partial z}{\partial y}\right|_{(0,\frac{\pi}{4})}=2\cos\frac{\pi}{2}=0.$$

(6) $u_x'=\dfrac{1}{1+x+y^2+z^3}$，$u_y'=\dfrac{2y}{1+x+y^2+z^3}$，$u_z'=\dfrac{3z^2}{1+x+y^2+z^3}$，故

$$u_x'+u_y'+u_z'=\frac{1+2y+3z^2}{1+x+y^2+z^3}$$

当 $x=y=z=1$ 时　$u_x'+u_y'+u_z'=\dfrac{6}{4}=\dfrac{3}{2}.$

5. 求下列函数的全微分

(1)$z = \dfrac{x+y}{x-y}$;　　(2)$z = \arcsin\dfrac{x}{y}$;

(3)$z = x^y$;　　(4)$z = \sqrt{\dfrac{x}{y}}$;

(5)$u = x^{yz}$.

解:(1)$\mathrm{d}z = \dfrac{(x-y)\mathrm{d}(x+y)-(x+y)\mathrm{d}(x-y)}{(x-y)^2}$

$$= \frac{(x-y)(\mathrm{d}x+\mathrm{d}y)-(x+y)(\mathrm{d}x-\mathrm{d}y)}{(x-y)^2}$$

$$= \frac{-2y\mathrm{d}x+2x\mathrm{d}y}{(x-y)^2} = \frac{2(x\mathrm{d}y-y\mathrm{d}x)}{(x-y)^2}.$$

(2)$\mathrm{d}z = \dfrac{1}{\sqrt{1-\dfrac{x^2}{y^2}}}\mathrm{d}\dfrac{x}{y} = \dfrac{y}{\sqrt{y^2-x^2}}\cdot\dfrac{y\mathrm{d}x-x\mathrm{d}y}{y^2} = \dfrac{y\mathrm{d}x-x\mathrm{d}y}{y\sqrt{y^2-x^2}}.$

(3)$\mathrm{d}z = yx^{y-1}\mathrm{d}x + x^y\ln x\mathrm{d}y.$

(4) $\ln z = \dfrac{1}{2}(\ln x - \ln y)$

$$\frac{\mathrm{d}z}{z} = \frac{1}{2}\left(\frac{\mathrm{d}x}{x}-\frac{\mathrm{d}y}{y}\right),\text{故 } \mathrm{d}z = \frac{1}{2}\sqrt{\frac{x}{y}}\left(\frac{\mathrm{d}x}{x}-\frac{\mathrm{d}y}{y}\right).$$

(5)$\mathrm{d}u = yzx^{yz-1}\mathrm{d}x + zx^{yz}\ln x\mathrm{d}y + yx^{yz}\ln x\mathrm{d}z.$

6. 在给定条件下,求下列函数的全增量及全微分

(1)$z = x^2y^3$,当 $x = 2, y = -1, \Delta x = 0.02, \Delta y = -0.01$ 时的全增量及全微分;

(2)$z = \dfrac{y}{x}$,当 $x = 2, y = 1, \Delta x = 0.1, \Delta y = 0.2$ 时的全增量及全微分;

(3)$z = 2x^2 + 3y^2$,当 $x = 10, y = 8, \Delta x = 0.2, \Delta y = 0.3$ 时的全增量及全微分,并估计用 $\mathrm{d}z$ 代替 Δz 所产生的相对误差.

解:全增量公式

$$\Delta z = f(x_0+\Delta x, y_0+\Delta y) - f(x_0, y_0).$$

全微分公式

$$\mathrm{d}z = f'_x(x_0,y_0)\mathrm{d}x + f'_y(x_0,y_0)\mathrm{d}y.$$

(1)$\Delta z = (2+0.02)^2(-1-0.01)^3 - 2^2\cdot(-1)^3 \approx -0.20401$

$$\mathrm{d}z = 2xy^3\mathrm{d}x + 3x^2y^2\mathrm{d}y$$

故 $\mathrm{d}z = 2\times2\times(-1)^3\times0.02 + 3\times2^2\times(-1)^2\times(-0.01) = -0.2.$

(2)$\Delta z = \dfrac{1+0.2}{2+0.1} - \dfrac{1}{2} \approx 0.0714$

$$\mathrm{d}z = -\frac{y}{x^2}\mathrm{d}x + \frac{1}{x}\mathrm{d}y$$

故
$$\mathrm{d}z = -\frac{1}{4}\times0.1 + \frac{1}{2}\times0.2 = 0.075.$$

(3) $\Delta z = 2(10+0.2)^2 + 3(8+0.3)^2 - 2\times 10^2 - 3\times 8^2 = 22.75$

$$dz = 4x\mathrm{d}x + 6y\mathrm{d}y$$

故

$$dz = 4\times 10\times 0.2 + 6\times 8\times 0.3 = 22.4$$

$$\Delta z - dz = 22.75 - 22.4 = 0.35$$

$$\frac{\Delta z - dz}{\Delta z} = \frac{0.35}{22.75} = 0.015 = 1.5\%.$$

7. 计算下列各式的近似值

(1) $\sqrt{(1.02)^3 + (1.97)^3}$； (2) $\ln(\sqrt[3]{1.03} + \sqrt[4]{0.98} - 1)$； (3) $(10.1)^{2.03}$.

解:(1) 令 $f(x,y) = \sqrt{x^3+y^3}$, 取 $x_0 = 1, y_0 = 2, \Delta x = 0.02, \Delta y = -0.03$.

$$f'_x(1,2) = \left.\frac{3x^2}{2\sqrt{x^3+y^3}}\right|_{\substack{x=1\\y=2}} = \frac{1}{2}$$

$$f'_y(1,2) = \left.\frac{3y^2}{2\sqrt{x^3+y^3}}\right|_{\substack{x=1\\y=2}} = 2$$

$$\begin{aligned} f(x_0+\Delta x, y_0+\Delta y) &= \sqrt{(1.02)^3 + (1.97)^3} \\ &= f(x_0,y_0) + f'_x(x_0,y_0)\mathrm{d}x + f'_y(x_0,y_0)\mathrm{d}y \\ &\approx \sqrt{1^3+2^3} + \frac{1}{2}\times 0.02 + 2\times(-0.03) \\ &= 3 + 0.01 - 0.06 = 2.95. \end{aligned}$$

(2) 令 $f(x,y) = \ln(\sqrt[3]{x} + \sqrt[4]{y} - 1)$, 取 $x_0 = 1, y_0 = 1, \Delta x = 0.03, \Delta y = -0.02$.

$$f'_x(x_0,y_0) = f'_x(1,1) = \left.\frac{\frac{1}{3}x_0^{-\frac{2}{3}}}{\sqrt[3]{x_0} + \sqrt[4]{y_0} - 1}\right|_{\substack{x_0=1\\y_0=1}} = +\frac{1}{3}$$

$$f'_y(x_0,y_0) = f'_y(1,1) = \left.\frac{\frac{1}{4}y_0^{-\frac{3}{4}}}{\sqrt[3]{x_0} + \sqrt[4]{y_0} - 1}\right|_{\substack{x_0=1\\y_0=1}} = +\frac{1}{4}$$

$$\begin{aligned} f(x_0+\Delta x, y_0+\Delta y) &= \ln(\sqrt[3]{1.03} + \sqrt[4]{0.98} - 1) \\ &\approx f(x_0,y_0) + f'_x(x_0,y_0)\Delta x + f'_y(x_0,y_0)\Delta y \\ &= f(1,1) + f'_x(1,1)\Delta x + f'_y(1,1)\Delta y \\ &= 0 + \frac{1}{3}\times 0.03 + \frac{1}{4}\times(-0.02) \\ &= 0.01 - 0.005 = 0.005. \end{aligned}$$

(3) 令 $f(x,y) = x^y$, 取 $x_0 = 10, y_0 = 2, \Delta x = 0.1, \Delta y = 0.03$.

$$f'_x(x_0,y_0) = f'_x(10,2) = y_0 x_0^{y_0-1}\Big|_{\substack{x_0=10\\y_0=2}} = 20$$

$$f'_y(x_0,y_0) = f'_x(10,2) = x_0^{y_0}\ln x_0\Big|_{\substack{x_0=10\\y_0=2}} = 100\ln 10$$

$$\begin{aligned} f(x_0+\Delta x, y_0+\Delta y) &= (10.1)^{2.03} \approx f(x_0,y_0) + f'_x(x_0,y_0)\Delta x + f'_y(x_0,y_0)\Delta y \\ &= 10^2 + 20\times 0.1 + 100\ln 10\times 0.03 = 102 + 3\ln 10. \end{aligned}$$

8. 求曲线 $\begin{cases} z = \sqrt{1+x^2+y^2} \\ x = 1 \end{cases}$,在点 $(1,1,\sqrt{3})$ 处的切线与 Oy 轴正向所成的夹角.

解:曲线位于平面 $x=1$ 内,故 $z=\sqrt{1+1+y^2}=\sqrt{2+y^2}$.

于是

$$\frac{\partial z}{\partial y}=\frac{y}{\sqrt{2+y^2}}$$

$$\left.\frac{\partial z}{\partial y}\right|_{(1,1,\sqrt{3})}=\frac{1}{\sqrt{3}}$$

即 $\tan\beta=\frac{1}{\sqrt{3}}=\frac{\sqrt{3}}{3}$,故 $\beta=\frac{\pi}{6}$.

9. 当圆锥体形变时,其底半径 R 由 30cm 增加到 30.1cm,高 H 由 60cm 减少到 59.5cm. 试求体积变化的近似值.

解:$V=\frac{\pi}{3}R^2H$,$\Delta R=0.1\text{cm}$,$\Delta H=-0.5\text{cm}$.

利用全微分替代全增量,有

$$\begin{aligned}\Delta V\approx \left.\mathrm{d}V\right|_{\substack{\Delta R=0.1\\ \Delta H=-0.5}}&=\left.\left(\frac{2}{3}\pi RH\mathrm{d}R+\frac{\pi}{3}R^2\mathrm{d}H\right)\right|_{\substack{\mathrm{d}R=0.1\\ \mathrm{d}H=-0.5}}\\ &=\frac{2}{3}\pi\times30\times60\times0.1+\frac{\pi}{3}\times30^2\times(-0.5)\\ &=-30\pi(\text{cm}^3).\end{aligned}$$

10. 利用全微分,证明两函数 $u(x)$ 及 $v(x)$ 乘积 $u(x)\cdot v(x)$ 的相对误差等于 $u(x)$ 与 $v(x)$ 的相对误差之和;又商 $\frac{u(x)}{v(x)}$ 的相对误差等于 $u(x)$ 与 $v(x)$ 的相对误差.

解:利用全微分替代全增量

(1)$\Delta(uv)\approx\mathrm{d}(uv)=u\mathrm{d}v+v\mathrm{d}u$,故

$$\frac{\mathrm{d}(uv)}{uv}=\frac{u\mathrm{d}v+v\mathrm{d}u}{uv}=\frac{\mathrm{d}u}{u}+\frac{\mathrm{d}v}{v}.$$

(2)$\Delta\left(\frac{u}{v}\right)\approx\mathrm{d}\left(\frac{u}{v}\right)=\frac{v\mathrm{d}u-u\mathrm{d}v}{v^2}$,故

$$\frac{\mathrm{d}\left(\frac{u}{v}\right)}{\frac{u}{v}}=\frac{v\mathrm{d}u-u\mathrm{d}v}{v^2}\cdot\frac{v}{u}=\frac{v\mathrm{d}u-u\mathrm{d}v}{uv}=\frac{\mathrm{d}u}{u}-\frac{\mathrm{d}v}{v}.$$

11. 求下列复合函数的导数

(1)$z=u^2\ln v$,$u=\frac{x}{y}$,$v=3x-2y$,求$\frac{\partial z}{\partial x}$,$\frac{\partial z}{\partial y}$;

(2)$z=\frac{y}{x}$,$x=\mathrm{e}^t$,$y=1-\mathrm{e}^{2t}$,求$\frac{\mathrm{d}z}{\mathrm{d}t}$;

(3)$z=\frac{u^2}{v}$,$u=x-2y$,$v=2x+y$,求$\frac{\partial z}{\partial x}$,$\frac{\partial z}{\partial y}$;

(4)$z=(2x+y)^{2x+y}$,求$\frac{\partial z}{\partial x}$,$\frac{\partial z}{\partial y}$;

(5)$z=f(x,y)$,$x=r\cos\theta$,$y=r\sin\theta$,求$\frac{\partial z}{\partial r}$,$\frac{\partial z}{\partial \theta}$.

解:(1)$z = u^2\ln v, u = \dfrac{x}{y}, v = 3x - 2y$,求$\dfrac{\partial z}{\partial x},\dfrac{\partial z}{\partial y}$.

$$\frac{\partial z}{\partial x} = \frac{\partial z}{\partial u}\cdot\frac{\partial u}{\partial x} + \frac{\partial z}{\partial v}\cdot\frac{\partial v}{\partial x} = 2u\cdot\ln v\cdot\frac{1}{y} + \frac{u^2}{v}\times 3 = \frac{2x}{y^2}\ln(3x-2y) + \frac{3x^2}{y^2(3x-2y)}.$$

$$\frac{\partial z}{\partial y} = \frac{\partial z}{\partial u}\cdot\frac{\partial u}{\partial y} + \frac{\partial z}{\partial v}\cdot\frac{\partial v}{\partial y} = 2u\ln v\cdot\left(-\frac{x}{y^2}\right) + \frac{u^2}{v}\cdot(-2) = -\frac{2x^2}{y^3}\ln(3x-2y) - \frac{2x^2}{y^2(3x-2y)}.$$

(2)$z = \dfrac{y}{x}, x = e^t, y = 1 - e^{2t}$,求$\dfrac{dz}{dt}$.

$$\frac{dz}{dt} = \frac{\partial z}{\partial x}\cdot\frac{dx}{dt} + \frac{\partial z}{\partial y}\cdot\frac{dy}{dt} = -\frac{y}{x^2}\cdot e^t + \frac{1}{x}\cdot(-2e^{2t})$$

$$= -(1-e^{2t})\cdot e^{-2t}\cdot e^t + e^{-t}(-2e^{2t}) = -(e^t + e^{-t}).$$

(3)$z = \dfrac{u^2}{v}, u = x - 2y, v = 2x + y$,求$\dfrac{\partial z}{\partial x},\dfrac{\partial z}{\partial y}$.

$$\frac{\partial z}{\partial x} = \frac{\partial z}{\partial u}\cdot\frac{\partial u}{\partial x} + \frac{\partial z}{\partial v}\cdot\frac{\partial v}{\partial x} = \frac{2u}{v}\cdot 1 + \left(-\frac{u^2}{v^2}\right)\cdot 2 = \frac{2(x-2y)}{2x+y} - \frac{2(x-2y)^2}{(2x+y)^2}.$$

$$\frac{\partial z}{\partial y} = \frac{\partial z}{\partial u}\cdot\frac{\partial u}{\partial y} + \frac{\partial z}{\partial v}\cdot\frac{\partial v}{\partial y} = \frac{2u}{v}\cdot(-2) + \left(-\frac{u^2}{v^2}\right) = -\frac{4(x-2y)}{2x+y} - \frac{(x-2y)^2}{(2x+y)^2}.$$

(4)$z = (2x+y)^{2x+y}$,求$\dfrac{\partial z}{\partial x},\dfrac{\partial z}{\partial y}$.

$z = e^{(2x+y)\ln(2x+y)}$,故

$$\frac{\partial z}{\partial x} = e^{(2x+y)\ln(2x+y)}[2\ln(2x+y) + 2] = (2x+y)^{2x+y}[2\ln(2x+y) + 2].$$

$$\frac{\partial z}{\partial y} = e^{(2x+y)\ln(2x+y)}[\ln(2x+y) + 1] = (2x+y)^{(2x+y)}[\ln(2x+y) + 1].$$

(5)$z = f(x,y), x = r\cos\theta, y = r\sin\theta$,求$\dfrac{\partial z}{\partial r},\dfrac{\partial z}{\partial \theta}$.

$$\frac{\partial z}{\partial r} = \frac{\partial z}{\partial x}\cdot\frac{\partial x}{\partial r} + \frac{\partial z}{\partial y}\cdot\frac{\partial y}{\partial r} = f'_x\cdot\cos\theta + f'_y\cdot\sin\theta.$$

$$\frac{\partial z}{\partial \theta} = \frac{\partial z}{\partial x}\cdot\frac{\partial x}{\partial \theta} + \frac{\partial z}{\partial y}\cdot\frac{\partial y}{\partial \theta} = f'_x\cdot(-r\sin\theta) + f'_y r\cos\theta = r[f'_y\cos\theta - f'_x\sin\theta].$$

12. 证明函数$z = \arctan\dfrac{u}{v}$,其中$u = x + y, v = x - y$满足关系式

$$\frac{\partial z}{\partial x} + \frac{\partial z}{\partial y} = \frac{x-y}{x^2+y^2}.$$

证:$$\frac{\partial z}{\partial x} = \frac{\partial z}{\partial u}\cdot\frac{\partial u}{\partial x} + \frac{\partial z}{\partial v}\cdot\frac{\partial v}{\partial x} = \frac{1}{1+\left(\frac{u}{v}\right)^2}\cdot\frac{1}{v} + \frac{1}{1+\left(\frac{u}{v}\right)^2}\left(-\frac{u}{v^2}\right)$$

$$= \frac{v}{u^2+v^2} - \frac{u}{u^2+v^2} = \frac{v-u}{u^2+v^2}$$

$$\frac{\partial z}{\partial y} = \frac{\partial z}{\partial u}\cdot\frac{\partial u}{\partial y} + \frac{\partial z}{\partial v}\cdot\frac{\partial v}{\partial y} = \frac{1}{1+\left(\frac{u}{v}\right)^2}\cdot\frac{1}{v} + \frac{1}{1+\left(\frac{u}{v}\right)^2}\cdot\left(-\frac{u}{v^2}\right)\cdot(-1)$$

$$= \frac{v}{u^2+v^2} + \frac{u}{u^2+v^2} = \frac{u+v}{u^2+v^2}$$

故
$$\frac{\partial z}{\partial x} + \frac{\partial z}{\partial y} = \frac{v-u+u+v}{u^2+v^2} = \frac{2v}{u^2+v^2} = \frac{2(x-y)}{(x+y)^2+(x-y)^2} = \frac{x-y}{x^2+y^2}.$$

13. 设 $z = xy + xF(u)$，$u = \frac{y}{x}$，化简 $x\frac{\partial z}{\partial x} + y\frac{\partial z}{\partial y}$.

解：$\frac{\partial z}{\partial x} = y + F(u) + x \cdot F'(u) \cdot \left(-\frac{y}{x^2}\right) = y + F(u) - \frac{y}{x}F'(u)$

$$\frac{\partial z}{\partial y} = x + xF'(u) \cdot \frac{1}{x} = x + F'(u)$$

故
$$x\frac{\partial z}{\partial x} + y\frac{\partial z}{\partial y} = xy + xF(u) - yF'(u) + xy + yF'(u) = 2xy + xF(u) = xy + z.$$

14. 设 $z = f(x^2 - y^2, e^{xy})$，求$\frac{\partial z}{\partial x}$，$\frac{\partial z}{\partial y}$.

解：
$$\frac{\partial z}{\partial x} = f_1' \cdot (2x) + f_2' \cdot ye^{xy} = 2xf_1' + yf_2'e^{xy}$$

$$\frac{\partial z}{\partial y} = f_1'(-2y) + f_2' \cdot xe^{xy} = -2yf_1' + xf_2'e^{xy}.$$

15. 设 $z = \frac{y}{f(x^2 - y^2)}$，其中 f 为可微函数，证明：

$$\frac{1}{x}\frac{\partial z}{\partial x} + \frac{1}{y}\frac{\partial z}{\partial y} = \frac{z}{y^2}.$$

证：$\frac{\partial z}{\partial x} = \frac{-2xyf'}{f^2}$，

$$\frac{\partial z}{\partial y} = \frac{f - y \cdot f'(-2y)}{f^2} = \frac{f + 2y^2f'}{f^2} = \frac{1}{f} + \frac{2y^2}{f^2} \cdot f'$$

故
$$\frac{1}{x}\frac{\partial z}{\partial x} + \frac{1}{y}\frac{\partial z}{\partial y} = -\frac{2yf'}{f^2} + \frac{1}{yf} + \frac{2yf'}{f^2} = \frac{1}{yf} = \frac{y}{y^2f} = \frac{z}{y^2}.$$

16. 若函数 $f(x,y)$ 满足 $f(tx,ty) = t^kf(x,y)$，则称 $f(x,y)$ 为 k 次齐次函数．证明：

(1) 零次齐次可微分函数 $z = f\left(\frac{y}{x}\right)$满足关系式

$$x\frac{\partial z}{\partial x} + y\frac{\partial z}{\partial y} = 0.$$

(2) k 次齐次函数 $f(x,y,z)$ 满足关系式

$$x\frac{\partial f}{\partial x} + y\frac{\partial f}{\partial y} + z\frac{\partial f}{\partial z} = kf.$$

证：(1) $\frac{\partial z}{\partial x} = f' \cdot \left(-\frac{y}{x^2}\right) = -\frac{y}{x^2}f'$

$$\frac{\partial z}{\partial y} = f' \cdot \frac{1}{x} = \frac{1}{x}f',$$

故
$$x\frac{\partial z}{\partial x} + y\frac{\partial z}{\partial y} = -\frac{y}{x}f' + \frac{y}{x}f' = 0.$$

(2) 因$f(tx,ty,tz) = t^k f(x,y,z)$,将等式两边对$t$求导,得

$$xf_1' + yf_2' + zf_3' = kt^{k-1}f(x,y,z)$$

取$t = 1$,得$xf_x' + yf_y' + zf_z' = kf$.

17. 设$z = \frac{y^2}{3x} + \phi(xy)$,且$\phi(xy)$可导,证明:$x^2\frac{\partial z}{\partial x} - xy\frac{\partial z}{\partial y} + y^2 = 0$.

证:$\frac{\partial z}{\partial x} = -\frac{y^2}{3x^2} + y\phi'(xy)$

$$\frac{\partial z}{\partial y} = \frac{2y}{3x} + x\phi'(xy)$$

故
$$x^2\frac{\partial z}{\partial x} - xy\frac{\partial z}{\partial y} + y^2 = -\frac{y^2}{3} + x^2y\phi'(xy) - \frac{2}{3}y^2 - x^2y\phi'(xy) + y^2 = 0.$$

18. 设函数$u = z \cdot \arctan\frac{x}{y}$,证明$\frac{\partial^2 u}{\partial x^2} + \frac{\partial^2 u}{\partial y^2} + \frac{\partial^2 u}{\partial z^2} = 0$.

证:$\frac{\partial u}{\partial x} = z \cdot \frac{1}{1 + \left(\frac{x}{y}\right)^2} \cdot \frac{1}{y} = \frac{yz}{x^2 + y^2}$

$$\frac{\partial^2 u}{\partial x^2} = \frac{-2xyz}{(x^2 + y^2)^2}$$

同理,可求得

$$\frac{\partial^2 u}{\partial y^2} = \frac{2xyz}{(x^2 + y^2)^2},\frac{\partial^2 u}{\partial z^2} = 0$$

故
$$\frac{\partial^2 u}{\partial x^2} + \frac{\partial^2 u}{\partial y^2} + \frac{\partial^2 u}{\partial z^2} = 0.$$

19. 求下列隐函数的导数

(1)$xy + \ln y + \ln x = 0$,求$\frac{dy}{dx}$;

(2)$\sin y + e^x - xy^2 = 0$,求$\frac{dy}{dx}$;

(3)$e^z - xyz = 0$,求$\frac{\partial z}{\partial x},\frac{\partial z}{\partial y}$;

(4) $\frac{x}{z} = \ln\frac{z}{y}$,求$\frac{\partial z}{\partial x},\frac{\partial z}{\partial y}$.

解:(1) **方法1**:方程两边对x求导,得

$$y + xy' + \frac{1}{y} \cdot y' + \frac{1}{x} = 0,故\frac{dy}{dx} = -\frac{y}{x}.$$

方法2:记

$$F(x,y) = xy + \ln y + \ln x$$

故
$$\frac{dy}{dx} = -\frac{F_x'}{F_y'} = -\frac{y + \frac{1}{x}}{x + \frac{1}{y}} = -\frac{y(1 + xy)}{x(1 + xy)} = -\frac{y}{x}.$$

方法3:方程两边取微分,得

$$y\mathrm{d}x + x\mathrm{d}y + \frac{1}{y}\mathrm{d}y + \frac{1}{x}\mathrm{d}x = 0,\text{解得}\frac{\mathrm{d}y}{\mathrm{d}x} = -\frac{y}{x}.$$

以下3题均可用上述三种方法求解.

(2) 记 $F(x,y) = \sin y + e^x - xy^2$,则

$$\frac{\mathrm{d}y}{\mathrm{d}x} = -\frac{F_x'}{F_y'} = -\frac{e^x - y^2}{\cos y - 2xy}.$$

(3) 应用全微分,得

$$e^z\mathrm{d}z - yz\mathrm{d}x - xz\mathrm{d}y - xy\mathrm{d}z = 0$$

故
$$\mathrm{d}z = \frac{yz}{e^z - xy}\mathrm{d}x + \frac{xz}{e^z - xy}\mathrm{d}y$$

$$\frac{\partial z}{\partial x} = \frac{yz}{e^z - xy},\frac{\partial z}{\partial y} = \frac{xz}{e^z - xy}.$$

(4) 方程两边分别对 x,y 求导,得

$$\frac{z - xz_x'}{z^2} = \frac{z_x'}{z},\text{解之得 } z_x' = \frac{z}{x+z},$$

$$\frac{-xz_y'}{z^2} = \frac{z_y'}{z} - \frac{1}{y},\text{解之得 } z_y' = \frac{z^2}{xy + zy} = \frac{z^2}{y(x+z)}.$$

20. 设 $f(x,y,z) = xy^2z^3$,其中 $z = \phi(x,y)$ 为由方程 $x^2 + y^2 + z^2 = 3xyz$ 所定义的隐函数,求 $f_x'(1,1,1)$.

解:$f_x' = y^2z^3 + 3xy^2z^2 \cdot z_x'$,其中

$$z_x' = -\frac{F_x'}{F_z'} = -\frac{2x - 3yz}{2z - 3xy}$$

故
$$f_x'(1,1,1) = 1 + 3\cdot\left(-\frac{2-3}{2-3}\right) = 1 - 3 = -2.$$

21. 设 $z = z(u,v)$,$u = x + 2y + 2$,$v = x - y - 1$,变换方程

$$2z_{xx}'' + z_{xy}'' - z_y'' + z_x' + z_y' = 0.$$

解:视 z 为 u,v 的函数,u,v 为 x,y 的函数.

$z_x' = z_u'\cdot u_x' + z_v'\cdot v_x' = z_u' + z_v'$

$z_y' = z_u'\cdot u_y' + z_v'\cdot v_y' = 2z_u' - z_v'$

$z_{xx}'' = z_{uu}''\cdot u_x' + z_{uv}''\cdot v_x' = z_{uu}'' + 2z_{uv}'' + z_{vv}''$

$z_{xy}'' = z_{uu}''\cdot u_y' + z_{uv}''\cdot v_y' + z_{uv}''\cdot u_y' + z_{vv}''\cdot v_y' = 2z_{uu}'' - z_{uv}'' + 2z_{vu}'' - z_{vv}''$

$\quad = 2z_{uu}'' + z_{uv}'' - z_{vv}''$

$z_{yy}'' = 2[z_{uu}''\cdot u_y' + z_{uv}''\cdot v_y'] - (z_{vu}''\cdot u_y' + z_{vv}''\cdot v_y') = 2(2z_{uu}'' - z_{uv}'') - 2z_{uv}'' + z_{vv}''$

$\quad = 4z_{uu}'' - 4z_{uv}'' + z_{vv}''$

故 $2z_{xx}'' + z_{xy}'' - z_{yy}'' + z_x' + z_y'$

$\quad = 2z_{uu}'' + 4z_{uv}'' + 2z_{vv}'' + 2z_{uu}'' + z_{uv}'' - z_{vv}'' - 4z_{uu}'' + 4z_{uv}'' - z_{vv}'' + z_u' + z_v' + 2z_u' - z_v'$

$\quad = 0$

合并得
$$9z_{uv}'' + 3z_u' = 0$$

$$3z_{uv}'' + z_u' = 0.$$

22. 求下列函数的极值

(1) $z=2xy-3x^2-2y^2+10$；

(2) $z=x^3-y^3+3x^2+3y^2-9x$.

解：(1) $z_x'=2y-6x, z_y'=2x-4y$.

令 $\begin{cases} z_x'=0 \\ z_y'=0 \end{cases}$，得 $\begin{cases} 6x-2y=0 \\ 2x-4y=0 \end{cases}$ 解之得 $x=0, y=0$.

$$z_{xx}''=-6, z_{xy}''=2, z_{yy}''=-4$$

因
$$(z_{xy}'')^2-z_{xx}''\cdot z_{yy}''=4-24=-20<0$$

又
$$z_{xx}''=-6<0$$

故 $(0,0)$ 为函数 z 的极大值点，$z_{极大}(0,0)=10$.

(2) 令 $\begin{cases} z_x'=3x^2+6x-9=0 \\ z_y'=-3y^2+6y=0 \end{cases}$

解之得下列四个可能的极值点

$$(-3,0),(-3,2),(1,0) 和 (1,2).$$

$$z_{xx}''=6x+6, z_{xy}''=0, z_{yy}''=-6y+6.$$

下面列表讨论如表 9-1 所示.

表 9-1

(x,y)	$(-3,0)$	$(-3,2)$	$(1,0)$	$(1,2)$
$z_{xx}''=6x+6$	-12	-12	12	12
$z_{xy}''=0$	0	0	0	0
$z_{yy}''=-6y+6$	6	-6	6	-6
$(z_{xy}'')^2-z_{xx}''\cdot z_{yy}''$	$72>0$	$-72<0$	$-72<0$	$72>0$

由表 9-1 中可以看出，函数在点 $(-3,2)$ 处取得极大值；在点 $(1,0)$ 处取得极小值.

$$f_{极大}(-3,2)=-27-8+3\times9+3\times4+27=31$$
$$f_{极小}(1,0)=1+3-9=-5.$$

23. 证明函数 $f(x,y)=(1+e^y)\cos x-ye^y$ 有无穷多个极大值而无一个极小值.

证：令 $\begin{cases} f_x'=-(1+e^y)\sin x=0 \\ f_y'=e^y\cos x-e^y-ye^y=0 \end{cases}$

得
$$\begin{cases} x=n\pi \\ y=(-1)^n-1, n=0,\pm1,\pm2,\cdots \end{cases}$$

又
$$f_{xx}''=-(1+e^y)\cos x$$
$$f_{xy}''=-e^y\sin x$$
$$f_{yy}''=e^y\cos x-2e^y-ye^y$$

(1) 当 n 为奇数，设 $n=2k+1$ 时，$x=(2k+1)\pi, y=-2$

$$f_{xx}''=-(1+e^{-2})\cdot(-1)=1+e^{-2}$$
$$f_{xy}''=0$$

$$f_{yy}'' = e^{-2} \cdot (-1) - 2e^{-2} - (-2)e^{-2} = -e^{-2}$$

这时 $$(f_{xy}'')^2 - f_{xx}'' \cdot f_{yy}'' = 0 - (1 + e^{-2}) \cdot (-e^{-2}) = e^{-2}(1 + e^{-2}) > 0.$$

故$\begin{cases} x = (2k+1)\pi \\ y = -2 \end{cases}$不是函数$f(x,y)$的极值点.

(2)当n为偶数,设$n = 2k$时,$x = 2k\pi, y = 0$

$$f_{xx}'' = -(1+1) = -2$$

$$f_{xy}'' = 0$$

$$f_{yy}'' = 1 - 2 = -1$$

这时 $$(f_{xy}'')^2 - f_{xx}'' \cdot f_{yy}'' = 0 - (-2) \cdot (-1) = -2 < 0$$

又 $$f_{xx}'' = -2 < 0$$

故$\begin{cases} x = 2k\pi \\ y = 0 \end{cases}$为函数$f(x,y)$的极大值点.由于$n$为任意的整数,故函数$f(x,y)$有无穷多个极大值点而无一个极小值点.

24. 设有一宽为24m的长方形铁板,把该铁板的两边对折起来做成一断面为等腰梯形的水槽.试问应怎样折法,才能使断面的面积最大?

解:设长方形铁板两边各折起xm,使水槽横断面成等腰梯形.下底长$(24-2x)$m,上底宽为$(24-2x+2x\cos\theta)$m,梯形高为$x \cdot \sin\theta$m,其中,θ为梯形的腰与底边的夹角.显然,$0 \leqslant x \leqslant 12, 0 \leqslant \theta \leqslant \frac{\pi}{2}$.梯形的面积

$$s(x,\theta) = \frac{1}{2}(24 - 2x + 24 - 2x + 2x\cos\theta) \cdot x\sin\theta = (24 - 2x + x\cos\theta)x \cdot \sin\theta$$

$$= 24x\sin\theta - 2x^2\sin\theta + x^2\sin\theta\cos\theta.$$

令 $$\begin{cases} s_x' = 24\sin\theta - 4x\sin\theta + 2x\sin\theta\cos\theta = 0 \\ s_\theta' = 24x\cos\theta - 2x^2\cos\theta + x^2(\cos^2\theta - \sin^2\theta) = 0. \end{cases}$$

$0 \leqslant x \leqslant 12, 0 \leqslant \theta \leqslant \frac{\pi}{2}$

故有

$$12 - 2x + x\cos\theta = 0 \tag{1}$$

$$24\cos\theta - 2x\cos\theta + x(2\cos^2\theta - 1) = 0 \tag{2}$$

由式(1)得$x = \dfrac{12}{2-\cos\theta}$,代入式(2)有

$$24\cos\theta = 12, \cos\theta = \frac{1}{2} \quad 故\ \theta = \frac{\pi}{3}$$

于是$x = 8$.由题意知这个问题的最大值必定存在,且在区域$0 \leqslant \theta \leqslant \frac{\pi}{2}, 0 \leqslant x \leqslant 12$内只有唯一一个极值点,由此可断定:当$x = 8$m,$\theta = \frac{\pi}{3}$时等腰梯形的面积最大.

25. 某工厂生产甲、乙两种产品,出售单价分别为10万元和9万元.已知生产x件甲产品和y件乙产品的总成本为

$$C(x,y) = 400 + 2x + 3y + 0.01(3x^2 + xy + 3y^2)\text{万元}.$$

试求两种产品各生产多少件时,可获利润最大,并求最大利润.

解:生产甲种产品 x 件和乙种产品 y 件总收益为

$R = 10x + 9y$(万元),故利润

$$L(x,y) = R - C = 10x + 9y - 400 - 2x - 3y - 0.01(3x^2 + xy + 3y^2)$$
$$= 8x + 6y - 0.01(3x^2 + xy + 3y^2) - 400(\text{万元}).$$

令 $L_x' = 0, L_y' = 0$,得

$$8 - 0.01(6x + y) = 0$$
$$6 - 0.01(x + 6y) = 0.$$

解之得
$$x = 120, \quad y = 80.$$

由极值点的唯一性知 $x = 120, y = 80$ 即为所求,这时

$$L_{\max}(120,80) = 320(\text{万元}).$$

26. 某工厂生产两种产品,总成本函数为

$$C = Q_1^2 + 2Q_1Q_2 + Q_2^2 + 5,$$

两种产品的需求函数分别为 $Q_1 = 26 - P_1, Q_2 = 10 - \dfrac{1}{4}P_2$. 为使利润最大,试确定两种产品的产量及最大利润.

解:由题设,总收益函数为

$$R = R_1 + R_2 = P_1Q_1 + P_2Q_2 = (26 - Q_1)Q_1 + (40 - 4Q_2)Q_2$$

从而利润函数为

$$L = R - C = 26Q_1 + 40Q_2 - 2Q_1^2 - 2Q_1Q_2 - 5Q_2^2 - 5$$

由极值存在的必要条件和充分条件可以求得,产量分别为 $Q_1 = 5, Q_2 = 3$ 时,利润最大. 最大利润 $L_{\max}(5,3) = 120$.

27. 某工厂的同一种产品分销两个独立市场,两个市场的需求情况不同,设价格函数分别为 $P_1 = 60 - 3Q_1, P_2 = 20 - 2Q_2$,厂商的总成本函数为 $C = 12Q + 4, Q = Q_1 + Q_2$. 工厂以最大利润为目标,试求投放每个市场的产量,并确定此时每个市场的价格.

解:依题设,两个市场的收益函数分别为

$$R_1 = Q_1P_1 = 60Q_1 - 3Q_1^2,$$
$$R_2 = Q_2P_2 = 20Q_2 - 2Q_2^2,$$

利润函数为

$$L = R_1 + R_2 - C = 48Q_1 + 8Q_2 - 3Q_1^2 - 2Q_2^2 - 4.$$

由极值存在的必要条件和充分条件,可以求得投放每个市场的产量分别为 $Q_1 = 8$ 和 $Q_2 = 2$ 时,厂商的利润最大,此时产品的价格分别为 $P_1 = 36, P_2 = 16$.

28. 生产某种产品需要两种生产要素投入,以 K 和 L 表示这两种要素. 显然,产量 Q 是 K 和 L 的函数. 现设产量函数 Q 和成本函数 C 分别为

$$Q = 8K^{\frac{1}{4}}L^{\frac{1}{2}}, \quad C = 2K + 4L.$$

当产量 $Q_0 = 64$ 时,求成本最低的投入组合及最低成本.

解:依题意,这是在约束条件 $8K^{\frac{1}{4}}L^{\frac{1}{2}} = 64$ 之下,求成本函数的最小值.

作 Lagrange 函数

$$F(K,L) = 2K + 4L + \lambda(64 - 8K^{\frac{1}{4}}L^{\frac{1}{2}})$$

解方程组

$$\begin{cases} F_K' = 2 - 2\lambda K^{-\frac{3}{4}}L^{\frac{1}{2}} = 0 \\ F_L' = 4 - 4\lambda K^{\frac{3}{4}}L^{-\frac{1}{2}} = 0 \\ 64 - 8K^{\frac{1}{4}}L^{\frac{1}{2}} = 0 \end{cases}$$

得
$$K = 16,\quad L = 16.$$

因可能取极值的点唯一,且实际问题存在最小值,故当投入 $K = L = 16$ 时,成本最低.最低成本为

$$C = 2 \times 16 + 4 \times 16 = 96.$$

29. 用最小二乘法求与表 9-2 给定数据最相合的函数 $y = ax + b$.

表 9-2

x	10	20	30	40	50	60
y	150	100	40	0	-60	-100

解:最小二乘法是建立经验公式的一个常用方法,就是要求一组数 a 和 b,使误差的平方和

$$S = \sum_{i=1}^{n}(ax_i + b - y_i)^2$$

为最小.S 为 a 与 b 的二元函数.由极值存在的必要条件,有

$$S_a' = 2\sum_{i=1}^{n}(ax_i + b - y_i)x_i = 0$$

$$S_b' = 2\sum_{i=1}^{n}(ax_i + b - y_i) = 0$$

将上式整理,得出关于 a,b 的方程组

$$a\sum_{i=1}^{n}x_i^2 + b\sum_{i=1}^{n}x_i = \sum_{i=1}^{n}x_iy_i$$

$$a\sum_{i=1}^{n}x_i + bn = \sum_{i=1}^{n}y_i.$$

本题中,$n = 6$,x_i,y_i 由表 9-2 中列出.

$$\sum_{i=1}^{6}x_i^2 = 10^2 + 20^2 + 30^2 + 40^2 + 50^2 + 60^2 = 9\,100$$

$$\sum_{i=1}^{6}x_i = 10 + 20 + 30 + 40 + 50 + 60 = 210$$

$$\sum_{i=1}^{6}x_iy_i = 10 \times 150 + 20 \times 100 + 30 \times 40 + 40 \times 0 + 50 \times (-60) + 60 \times (-100) = -4300$$

$$\sum_{i=1}^{n}y_i = 150 + 100 + 40 + 0 - 60 - 100 = 130$$

将上列数据代入上式,得

$$9100a + 210b = -4300$$

$$210a + 6b = 130$$

解之,得 $a = -\dfrac{177}{35}, b = \dfrac{596}{3}$,故

$$y = -\frac{177}{35}x + \frac{596}{3}.$$

综合练习 9

一、选择题

1. 设二元函数 $z = \arcsin(1 - y) + \sqrt{x - y}$ 的定义域为 D,则 $D = ($　　$)$.

A. $\{(x,y) \mid 0 \leqslant x \leqslant 1 \text{ 且 } 0 \leqslant y \leqslant 2\}$　　B. $\{(x,y) \mid 0 \leqslant x \leqslant 2 \text{ 且 } 0 \leqslant y \leqslant 2\}$

C. $\{(x,y) \mid 0 \leqslant y \leqslant 2 \text{ 且 } x \geqslant y\}$　　D. $\{(x,y) \mid 0 \leqslant x \leqslant 2 \text{ 且 } y \leqslant x\}$

答:选 C. 因 $-1 \leqslant 1 - y \leqslant 1 \Rightarrow 0 \leqslant y \leqslant 2, x - y \geqslant 0 \Rightarrow x \geqslant y$,故选 C.

2. 设 $f(x + y, xy) = x^3 + y^3$,则 $f(x,y) = ($　　$)$.

A. $x^3 + 3xy$　　B. $x^3 - 3xy$

C. $x^3 - xy$　　D. $x^3 + xy$

答:选 B. 因 $x^3 + y^3 = (x + y)^3 - 3xy(x + y)$,故 $f(u,v) = u^3 - 3uv$,即 $f(x,y) = x^3 - 3xy$,故选 B.

3. 设 $z = (1 + e^y)\cos x - ye^y$,则 $\dfrac{\partial z}{\partial y} = ($　　$)$.

A. $e^y(\cos x - y)$　　B. $e^y(\cos x - 1)$

C. $e^y(-y - 1)$　　D. $e^y(\cos x - y - 1)$

答:选 D. 由直接计算可得出结论.

4. 设 $u = e^{-x}\sin\dfrac{x}{y}$,则 $\dfrac{\partial^2 u}{\partial x \partial y}$ 在点 $\left(2, \dfrac{1}{\pi}\right)$ 处的值为(　　).

A. 0　　B. $\dfrac{\pi}{e}$

C. $\left(\dfrac{\pi}{e}\right)^2$　　D. $-\left(\dfrac{\pi}{e}\right)^2$

答:选 C.

$$\frac{\partial u}{\partial x} = -e^{-x}\sin\frac{x}{y} + \frac{1}{y}e^{-x}\cos\frac{x}{y}$$

$$\frac{\partial^2 u}{\partial x \partial y} = -e^{-x}\cos\frac{x}{y} \cdot \left(-\frac{x}{y^2}\right) - \frac{1}{y^2}e^{-x}\cos\frac{x}{y} + \frac{1}{y}e^{-x}\left(-\sin\frac{x}{y}\right) \cdot \left(-\frac{x}{y^2}\right)$$

$$= \frac{x}{y^2}e^{-x}\cos\frac{x}{y} - \frac{1}{y^2}e^{-x}\cos\frac{x}{y} + \frac{x}{y^3}e^{-x}\sin\frac{x}{y}$$

故

$$\left.\frac{\partial^2 u}{\partial x \partial y}\right|_{\left(2, \frac{1}{\pi}\right)} = \left(\frac{\pi}{e}\right)^2.$$

5. $z = e^{\sin xy}$，则 $dz = ($　　$)$.

A. $e^{\cos xy}(ydx + xdy)$　　B. $e^{\sin xy}(ydx + xdy)$

C. $e^{\cos xy}\sin xy(ydx + xdy)$　　D. $e^{\sin xy}\cdot\cos xy(ydx + xdy)$

答:选 D. 由直接计算可知.

6. $u = \cos\frac{x}{3} + 2y + e^{xy}$，则 $\frac{\partial u}{\partial x} = ($　　$)$.

A. $-\sin\frac{x}{3} + 2 + e^{xy}$　　B. $-\frac{1}{3}\sin\frac{x}{3} + e^{y}$

C. $-\frac{1}{3}\sin\frac{x}{3} + ye^{xy}$　　D. $\frac{1}{3}\sin\frac{x}{3} + ye^{xy}$

答:选 C. 直接计算可知.

二、判断下列命题的正确性

1. 二元函数 $z = f(x,y)$ 连续，则该函数的两个偏导数一定存在.
2. $z = f(x,y)$ 的两个偏导数存在，则该函数必定是连续函数.
3. $z = f(x,y)$ 的两个偏导数存在，则该函数必定是可微函数.
4. $z = f(x,y)$ 的两个偏导数存在且连续，是其可微的充分条件.
5. $z = f(x,y)$ 可微，则该函数的两个偏导数不仅存在且连续.
6. $z = f(x,y)$ 可微，则该函数一定是连续函数.

解:二元函数的两个偏导数存在、连续与可微分之间有如下关系

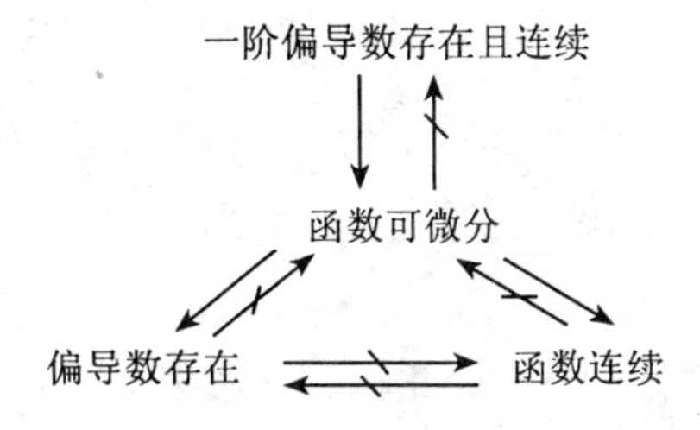

由以上关系可知，问题 1,2,3,5 均错. 4 和 6 正确.

三、填空题

1. 设 $z = (1 + xy)^{y}$，则 $\left.\frac{\partial z}{\partial y}\right|_{(1,1)} = \underline{\quad 1 + 2\ln 2 \quad}$.

解:$z = e^{y\ln(1+xy)}$，故

$$\frac{\partial z}{\partial y} = e^{y\ln(1+xy)}\cdot\left[\ln(1+xy) + \frac{xy}{1+xy}\right] = (1+xy)^{y}\left[\ln(1+xy) + \frac{xy}{1+xy}\right]$$

故
$$\left.\frac{\partial z}{\partial y}\right|_{(1,1)} = 2\left(\ln 2 + \frac{1}{2}\right) = 1 + 2\ln 2.$$

2. 设 $u = \sin(xy) + \cos(yz) + \cot(xz)$，则 $du = $______.

解:$du = \cos(xy)\cdot(ydx + xdy) - \sin(yz)\cdot(zdy + ydz) - \csc^{2}(xz)\cdot(zdx + xdz)$

$= [y\cos(xy) - z\csc^{2}(xz)]dx + [x\cos(xy) - z\sin(yz)]dy - [y\sin(yz) +$

$x\csc^2(xz)]dz$.

3. 设 $z=\arctan\frac{x+y}{x-y}$，则 $\frac{\partial z}{\partial x}=$ $\underline{-\frac{y}{x^2+y^2}}$.

解：$\frac{\partial z}{\partial x}=\frac{1}{1+\left(\frac{x+y}{x-y}\right)^2}\cdot\left(\frac{x+y}{x-y}\right)'_x$

$$=\frac{(x-y)^2}{(x-y)^2+(x+y)^2}\cdot\frac{(x-y)-(x+y)}{(x-y)^2}=\frac{-2y}{2(x^2+y^2)}$$

$$=-\frac{y}{x^2+y^2}.$$

4. 设 $z=f(x^2-y^2,e^{xy})$，则 $\frac{\partial z}{\partial y}=$ ______.

解：$\frac{\partial z}{\partial y}=f_1'\cdot(x^2-y^2)'_y+f_2'\cdot(e^{xy})'_y=-2yf_1'+xe^{xy}\cdot f_2'$.

5. 设 $z=y^{\ln x}$，则 $\frac{\partial^2 z}{\partial x\partial y}=$ ____.

解：$\frac{\partial z}{\partial x}=y^{\ln x}\cdot\ln y\cdot(\ln x)'=\frac{1}{x}\cdot y^{\ln x}\cdot\ln y$,

$$\frac{\partial^2 z}{\partial x\partial y}=\frac{1}{xy}\cdot y^{\ln x}+\frac{\ln x\cdot\ln y}{x}\cdot y^{\ln x-1}=y^{\ln x}\cdot\left(\frac{1+\ln x\ln y}{xy}\right).$$

四、计算题

1. $\lim\limits_{\substack{x\to0\\y\to0}}\frac{xy}{\sqrt{x^2+y^2}}$.

解：因 $0\leqslant\left|\frac{xy}{\sqrt{x^2+y^2}}\right|\leqslant\frac{|xy|}{\sqrt{2|xy|}}=\frac{1}{\sqrt2}\sqrt{|xy|}$

当 $x\to0,y\to0$ 时，$\frac{1}{\sqrt2}\sqrt{|xy|}\to0$. 由两边夹法则知

$$\lim_{\substack{x\to0\\y\to0}}\frac{xy}{\sqrt{x^2+y^2}}=0.$$

2. $z=e^{xy}\cos\left(\frac{\pi}{2}x\right)+(y-1)\arctan\sqrt{\frac{x}{y}}$，求 $\left.\frac{\partial z}{\partial y}\right|_{(1,1)}$.

解：$\frac{\partial z}{\partial y}=xe^{xy}\cos\left(\frac{\pi}{2}x\right)+\arctan\sqrt{\frac{x}{y}}+(y-1)\left(\arctan\sqrt{\frac{x}{y}}\right)'_y$

故
$$\left.\frac{\partial z}{\partial y}\right|_{(1,1)}=0+\arctan1+0=\frac{\pi}{4}.$$

3. 方程 $xyz+\sqrt{x^2+y^2+z^2}=\sqrt2$ 确定 z 为 x,y 的函数，求 $dz|_{(1,0,-1)}$.

解：等式两边求全微分，得

$$yzdx+xzdy+xydz+\frac{xdx+ydy+zdz}{\sqrt{x^2+y^2+z^2}}=0$$

将 $x=1,y=0,z=-1$ 代入上式，有

$$-\mathrm{d}y+\frac{\mathrm{d}x-\mathrm{d}z}{\sqrt{2}}=0$$

所以

$$\mathrm{d}z=\mathrm{d}x-\sqrt{2}\mathrm{d}y.$$

4. 设 $z=f(xy^2,x^2y)$ 具有二阶连续偏导数，求 $\frac{\partial^2 z}{\partial x\partial y}$.

解：$\frac{\partial z}{\partial x}=f_1'\cdot y^2+f_2'\cdot 2xy=y^2f_1'+2xyf_2'$.

$$\frac{\partial^2 z}{\partial x\partial y}=2yf_1'+y^2(f_{11}''\cdot 2xy+f_{12}''\cdot x^2)+2xf_2'+2xy(f_{21}''\cdot 2xy+f_{22}'\cdot x^2)$$

$$=2yf_1'+2xy^3f_{11}''+x^2y^2f_{12}''+2xf_2'+4x^2y^2f_{21}''+2x^3yf_{22}''.$$

5. 函数 $z=f(x,y)$ 由方程 $z^5-xz^4+yz^3=1$ 所确定，且 $f(0,0)=1$，求 $f_{xy}''(0,0)$.

解：方程两边分别对 x,y 求导数.

$$5z^4\cdot z_x'-z^4-4xz^3\cdot z_x'+3y\cdot z^2\cdot z_x'=0$$

即

$$5z^2\cdot z_x'-z^2-4xz\cdot z_x'+3y\cdot z_x'=0$$

$$(5z^2-4xz+3y)z_x'-z^2=0 \tag{1}$$

同理，有

$$(5z^2-4xz+3y)z_y'+z=0 \tag{2}$$

由 $f(0,0)=1$，代入式(1)，式(2)得

$$5z_x'(0,0)-1=0,z_x'(0,0)=\frac{1}{5}$$

$$5z_y'(0,0)+1=0,z_y'(0,0)=-\frac{1}{5}$$

再将式(1)两边对 y 求导，

$$(10z\cdot z_y'-4xz_y'+3)z_x'+(5z^2-4xz+3y)z_{xy}''-2z\cdot z_y'=0$$

将已知结果代入上式，得

$$\left[10\cdot 1\cdot\left(-\frac{1}{5}\right)+3\right]\cdot\times\frac{1}{5}+5\times z_{xy}''(0,0)-2\cdot 1\cdot\left(-\frac{1}{5}\right)=0$$

即 $5z_{xy}''(0,0)+\frac{3}{5}=0$，故 $z_{xy}''(0,0)=-\frac{3}{25}$.

6. 设 $\frac{\partial^2 z}{\partial x\partial y}=1$，且当 $x=0$ 时 $z=\sin y$；当 $y=0$ 时 $z=\sin x$，试确定 z 为 x,y 的函数关系式.

解：已知等式两边对 y 积分，得

$$\frac{\partial z}{\partial x}=y+c(x)$$

两边再对 x 积分，得

$$z(x,y)=xy+\int c(x)\mathrm{d}x+\psi(y)=xy+\phi(x)+\psi(y)$$

由已知条件

$$z(0,y) = \sin y = \phi(0) + \psi(y) \quad (1)$$

$$z(x,0) = \sin x = \phi(x) + \psi(0) \quad (2)$$

显然，

$$z(0,0) = 0 = \phi(0) + \psi(0) \quad (3)$$

将式(1)，式(2)，式(3) 式两边相加，得到

$$\phi(x) + \psi(y) = \sin x + \sin y$$

最后，有

$$z(x,y) = xy + \sin x + \sin y.$$

五、证明题

设 $\phi(u,v)$ 为可微函数，证明由方程

$$\phi(cx - az, cy - bz) = 0$$

所确定的函数 $z = z(x,y)$ 满足关系式

$$a\frac{\partial z}{\partial x} + b\frac{\partial z}{\partial y} = c.$$

证法 1：利用复合函数求导．将方程两边分别对 x,y 求导，得

$$\phi_1' \cdot c + \phi_1' \cdot (-a) \cdot z_x' + \phi_2' \cdot (-b) \cdot z_x' = 0$$

故

$$z_x' = \frac{c \cdot \phi_1'}{a\phi_1' + b\phi_2'}$$

$$\phi_1' \cdot (-a) \cdot z_y' + \phi_2' \cdot c + \phi_2' \cdot (-b) \cdot z_y' = 0$$

$$z_y' = \frac{c \cdot \phi_2'}{a\phi_1' + b\phi_2'}$$

$$a\frac{\partial z}{\partial x} + b\frac{\partial z}{\partial y} = \frac{ac\phi_1' + bc\phi_2'}{a\phi_1' + b\phi_2'} = C.$$

证法 2：利用全微分的思想．对等式两边求全微分

$$\mathrm{d}\phi = \phi_x'\mathrm{d}x + \phi_y'\mathrm{d}y + \phi_z'\mathrm{d}z = 0$$

故

$$\phi_1' \cdot c\mathrm{d}x + \phi_2' \cdot c\mathrm{d}y + [\phi_1' \cdot (-a) + \phi_2' \cdot (-b)]\mathrm{d}z$$

$$\mathrm{d}z = \frac{c\phi_1'}{a\phi_1' + b\phi_2'}\mathrm{d}x + \frac{c\phi_2'}{a\phi_1' + b\phi_2'}\mathrm{d}y$$

于是

$$\frac{\partial z}{\partial x} = \frac{c\phi_1'}{a\phi_1' + b\phi_2'}, \frac{\partial z}{\partial y} = \frac{c\phi_2'}{a\phi_1' + b\phi_2'}$$

故

$$a\frac{\partial z}{\partial x} + b\frac{\partial z}{\partial y} = C.$$

六、应用题

1. 求旋转抛物面 $z = x^2 + y^2$ 在点(2,1,5) 处的切平面方程及法线方程．

解：记 $F(x,y,z) = x^2 + y^2 - z = 0$，故

$$\frac{\partial F}{\partial x} = 2x, \quad \frac{\partial F}{\partial y} = 2y, \frac{\partial F}{\partial z} = -1$$

所以旋转抛物面 $z = x^2 + y^2$ 在点(2,1,5) 处的切平面的法方向为(4,2,-1)，切平面方

程为

$$4(x-2)+2(y-1)-(z-5)=0$$

即

$$4x+2y-z-5=0$$

法线方程为

$$\frac{x-2}{4}=\frac{y-1}{2}=\frac{z-5}{-1}.$$

2. 两种产品 A_1,A_2. 其年需要量分别为1 200 件和2 000 件,分批生产,其每批生产准备费分别为 40 元和 70 元,每年每件产品的库存费为 0. 15 元. 若两种产品的总生产能力为 1 000 件,试确定最优批量 Q_1 和 Q_2,以使生产准备费与库存费之和最小.

解:因按批量的一半收库存费,依题意,总费用函数(生产准备费与库存费之和)为

$$C=\frac{40\times1\,200}{Q_1}+\frac{0.15Q_1}{2}+\frac{70\times2\,000}{Q_2}+\frac{0.15Q_2}{2}$$

约束条件为 $Q_1+Q_2=1\,000$. 用 Lagrange 乘子法,令

$$F(Q_1,Q_2)=\frac{40\times1\,200}{Q_1}+\frac{0.15Q_1}{2}+\frac{70\times2\,000}{Q_2}+\frac{0.15Q_2}{2}+\lambda(1\,000-Q_1-Q_2)$$

可以解得可能取极值的点唯一,且 $Q_1=369,Q_2=631$. 由实际问题的意义可知,当批量 $Q_1=369,Q_2=631$ 时,总费用最小.

七、综合题

求二元函数 $z=f(x,y)=x^2y(4-x-y)$ 在直线 $x+y=6$,Ox 轴和 Oy 轴所围成的闭区域 D 上的最大值与最小值.

解:(1) 令 $\begin{cases}f'_x=2xy(4-x-y)-x^2y=0\\f'_y=x^2(4-x-y)-x^2y=0\end{cases}$,得

$$x=0(0\leqslant y\leqslant6)\text{ 及点}(4,0),(2,1).$$

故函数 z 在闭区域 D 内只有一个驻点(2,1).

$$f(2,1)=4.$$

(2) 在边界上.

(i)$x=0(0\leqslant y\leqslant6)$ 和 $y=0(0\leqslant x\leqslant6)$ 上,$f(x,y)=0$

(ii) 在 $x+y=6$ 上.

将 $y=6-x$ 代入 $z=f(x,y)$ 中,得 $f(x,y)=f(x,x)=2x^2(x-6)$.

$$f'_x=6x^2-24x,\text{令 }f'_x=0.\text{ 得 }x=4,x=0(\text{舍去})$$

故

$$y=6-x\big|_{x=4}=2$$

$$f(4,2)=-64.$$

$$f_{\max}(2,1)=4,\quad f_{\min}(4,2)=-64.$$

习 题 10

1. 确定下列积分的符号

(1) $\iint\limits_{|x|+|y|\leqslant 1}\ln(x^2+y^2)\mathrm{d}x\mathrm{d}y$;　　　(2) $\iint\limits_{x^2+y^2\leqslant 4}\sqrt[3]{1-x^2-y^2}\mathrm{d}x\mathrm{d}y$.

解:根据二重积分的定义知,在积分区域 D 上,仅当 $f(x,y)>0$ 时,有 $\iint\limits_D f(x,y)\mathrm{d}x\mathrm{d}y>0$.

(1) 因 $|x|+|y|\leqslant 1$,故 $x^2+y^2+2|xy|\leqslant 1$, $x^2+y^2\leqslant 1$,则有 $\ln(x^2+y^2)<0$,所以

$$\iint\limits_{|x|+|y|}\ln(x^2+y^2)\mathrm{d}x\mathrm{d}y<0.$$

$$\begin{aligned}(2) I&=\iint\limits_{x^2+y^2\leqslant 4}\sqrt[3]{1-x^2-y^2}\mathrm{d}x\mathrm{d}y\\&=\iint\limits_{x^2+y^2\leqslant 1}\sqrt[3]{1-x^2+y^2}\mathrm{d}x\mathrm{d}y+\iint\limits_{1\leqslant x^2+y^2\leqslant 3}\sqrt[3]{1-x^2-y^2}\mathrm{d}x\mathrm{d}y+\\&\quad\iint\limits_{3\leqslant x^2+y^2\leqslant 4}\sqrt[3]{1-x^2-y^2}\mathrm{d}x\mathrm{d}y=\iint\limits_{x^2+y^2\leqslant 1}\sqrt[3]{1-x^2-y^2}\mathrm{d}x\mathrm{d}y-\\&\quad\iint\limits_{1\leqslant x^2+y^2\leqslant 3}\sqrt[3]{x^2+y^2-1}\mathrm{d}x\mathrm{d}y-\iint\limits_{3\leqslant x^2+y^2\leqslant 4}\sqrt[3]{x^2+y^2-1}\mathrm{d}x\mathrm{d}y\\&=\iint\limits_{x^2+y^2\leqslant 1}1\cdot\mathrm{d}x\mathrm{d}y-\iint\limits_{3\leqslant x^2+y^2\leqslant 4}\sqrt[3]{3-1}\mathrm{d}x\mathrm{d}y=\pi-\sqrt[3]{2}\pi(4-3)<0.\end{aligned}$$

2. 设 $f(x,y)=f_1(x)\cdot f_2(y)$, $D=[a,b]\times[c,d]$,证明

$$\iint\limits_D f(x,y)\mathrm{d}x\mathrm{d}y=\iint\limits_D f_1(x)f_2(y)\mathrm{d}x\mathrm{d}y=\int_a^b f_1(x)\mathrm{d}x\cdot\int_c^d f_2(y)\mathrm{d}y.$$

证: $\iint\limits_D f_1(x)f_2(y)\mathrm{d}x\mathrm{d}y=\int_a^b\mathrm{d}x\int_c^d f_1(x)f_2(y)\mathrm{d}y=\int_a^b f_1(x)\mathrm{d}x\int_c^d f_2(y)\mathrm{d}y$.

3. 记 $[a]$ 为 a 的最大整数部分,计算下列积分值

(1) $\iint\limits_{\substack{0\leqslant x\leqslant 2\\0\leqslant y\leqslant 2}}[x+y]\mathrm{d}x\mathrm{d}y$;　　　(2) $\iint\limits_{x^2\leqslant y\leqslant 3}\sqrt{[y-x^2]}\mathrm{d}x\mathrm{d}y$.

解:(1) 将积分区域 $D[0\leqslant x\leqslant 2,0\leqslant y\leqslant 2]$ 分划成四个小区域 D_1,D_2,D_3,D_4,如图 10-1 所示. 则有

$$\begin{aligned}\iint\limits_{\substack{0\leqslant x\leqslant 2\\0\leqslant y\leqslant 2}}[x+y]\mathrm{d}x\mathrm{d}y&=\iint\limits_{D_1}0\mathrm{d}x\mathrm{d}y+\iint\limits_{D_2}1\mathrm{d}x\mathrm{d}y+\iint\limits_{D_3}2\mathrm{d}x\mathrm{d}y+\iint\limits_{D_4}3\mathrm{d}x\mathrm{d}y\\&=D_2\text{ 的面积}+2[D_3\text{ 的面积}]+3[D_4\text{ 的面积}]\end{aligned}$$

$$= 3[D_3 \text{ 的面积} + D_4 \text{ 的面积}]$$
$$= 3 \times 2 = 6.$$

（2）由对称性可知，$\iint\limits_{x^2 \leqslant y \leqslant 3} \sqrt{[y - x^2]}\mathrm{d}x\mathrm{d}y = \iint\limits_{D} \sqrt{[y - x^2]}\mathrm{d}x\mathrm{d}y$，其中，区域 D 为

$$[x \geqslant 0, x^2 \leqslant y \leqslant 3].$$

将区域 D 分为三个小区域 D_1, D_2, D_3. 如图 10-2 所示，则有.

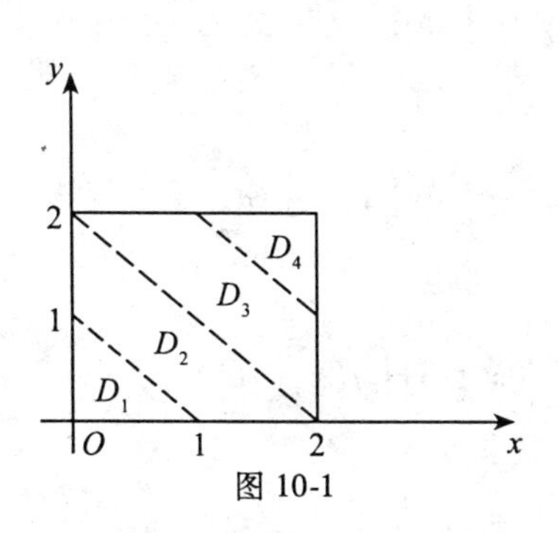

图 10-1

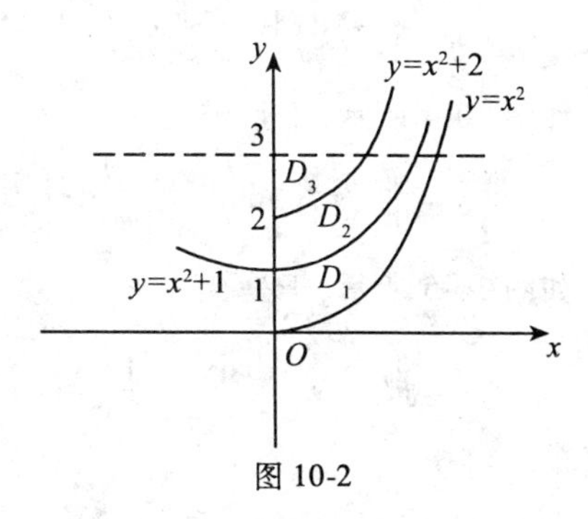

图 10-2

$$\iint\limits_{D} \sqrt{[y - x^2]}\mathrm{d}x\mathrm{d}y = 2\left[\iint\limits_{D_1} 0\mathrm{d}x\mathrm{d}y + \iint\limits_{D_2} 1\mathrm{d}x\mathrm{d}y + \iint\limits_{D_3} \sqrt{2}\mathrm{d}x\mathrm{d}y\right]$$

D_3 的面积 $$S_3 = \int_2^3 \sqrt{y - 2}\mathrm{d}y = \frac{2}{3}$$

D_2 的面积 $$S_2 = \int_1^3 \sqrt{y - 1}\mathrm{d}y - \frac{2}{3} = \frac{4\sqrt{2}}{3} - \frac{2}{3}$$

故 $$\iint\limits_{D} \sqrt{(y - x^2]}\mathrm{d}x\mathrm{d}y = 2\left[\frac{4\sqrt{2}}{3} - \frac{2}{3} + \frac{2\sqrt{2}}{3}\right] = \frac{4}{3}[\sqrt{2} - 1].$$

4. 设 $f(x)$ 为闭区间 $[a,b]$ 上的连续函数，证明

$$\left[\int_a^b f(x)\mathrm{d}x\right]^2 \leqslant (b - a)\int_a^b f^2(x)\mathrm{d}x.$$

证：因 $\iint\limits_{D} [f(x) - f(y)]^2\mathrm{d}x\mathrm{d}y \geqslant 0$，$D$ 为区域 $[a,b] \times [a,b]$. 于是

$$\iint\limits_{D} f^2(x)\mathrm{d}x\mathrm{d}y - 2\iint\limits_{D} f(x)f(y)\mathrm{d}x\mathrm{d}y + \iint\limits_{D} f^2(y)\mathrm{d}x\mathrm{d}y \geqslant 0$$

故 $$\iint\limits_{D} f^2(x)\mathrm{d}x\mathrm{d}y \geqslant \iint\limits_{D} f(x)f(y)\mathrm{d}x\mathrm{d}y$$

$$\int_a^b \mathrm{d}x\int_a^b f^2(x)\mathrm{d}y \geqslant \int\limits_{D} f(x)\mathrm{d}x\int_a^b f(y)\mathrm{d}y$$

$$(b - a)\int_a^b f^2(x)\mathrm{d}x \geqslant \left[\int_a^b f(x)\mathrm{d}x\right]^2.$$

5. 化二重积分 $\iint\limits_{D} f(x,y)\mathrm{d}x\mathrm{d}y$ 为二次积分（写出两种积分顺序）.

(1) $D: x^2+y^2\leqslant 1, x+y>1$;

(2) D 为由 $x=0, y=1$ 及 $y=x$ 围成的区域;

(3) D 为由 $y=0, y=\ln x$ 及 $x=\mathrm{e}$ 围成的区域;

(4) D 为由 $y=0, x^2+y^2-2x=0$ 在第一象限的部分及 $x+y=2$ 围成的区域;

(5) $D: y^2\leqslant 8x, y\leqslant 2x, y+4x-24\leqslant 0$

解:(1) 如图 10-3 所示,于是

$$\iint_D f(x,y)\,\mathrm{d}x\mathrm{d}y=\int_0^1\mathrm{d}x\int_{1-x}^{\sqrt{1-x^2}}f(x,y)\,\mathrm{d}y=\int_0^1\mathrm{d}y\int_{1-y}^{\sqrt{1-y^2}}f(x,y)\,\mathrm{d}x.$$

(2) 如图 10-4 所示,于是

$$\iint_D f(x,y)\,\mathrm{d}x\mathrm{d}y=\int_0^1\mathrm{d}x\int_x^1 f(x,y)\,\mathrm{d}y=\int_0^1\mathrm{d}y\int_0^y f(x,y)\,\mathrm{d}x.$$

(3) 如图 10-5 所示,于是

$$\iint_D f(x,y)\,\mathrm{d}x\mathrm{d}y=\int_1^{\mathrm{e}}\mathrm{d}x\int_0^{\ln x}f(x,y)\,\mathrm{d}y=\int_0^1\mathrm{d}y\int_{\mathrm{e}^y}^{\mathrm{e}}f(x,y)\,\mathrm{d}x.$$

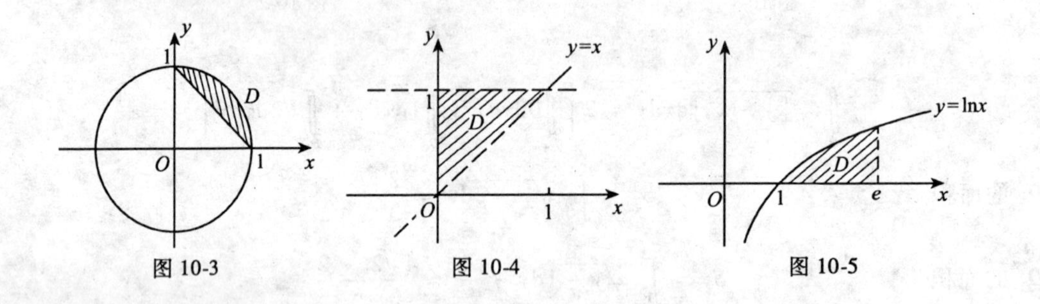

图 10-3　图 10-4　图 10-5

(4) 如图 10-6 所示,于是

$$\iint_D f(x,y)\,\mathrm{d}x\mathrm{d}y=\int_0^1\mathrm{d}x\int_0^{\sqrt{2x-x^2}}f(x,y)\,\mathrm{d}y+\int_1^2\mathrm{d}x\int_0^{2-x}f(x,y)\,\mathrm{d}y$$

$$=\int_0^1\mathrm{d}y\int_{1+\sqrt{1-y^2}}^{2-y}f(x,y)\,\mathrm{d}x.$$

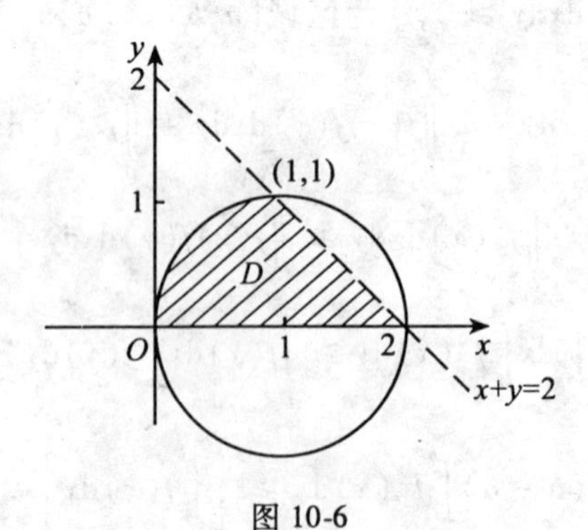

图 10-6

(5) 如图 10-7 所示,于是

$$I = \int_0^2 dx\int_{-2\sqrt{2x}}^{2x} f(x,y)\,dy + \int_2^{9/2} dx\int_{-2\sqrt{2x}}^{2\sqrt{2x}} f(x,y)\,dy + \int_{\frac{9}{2}}^{8} dx\int_{-2\sqrt{2x}}^{24-4x} f(x,y)\,dy.$$

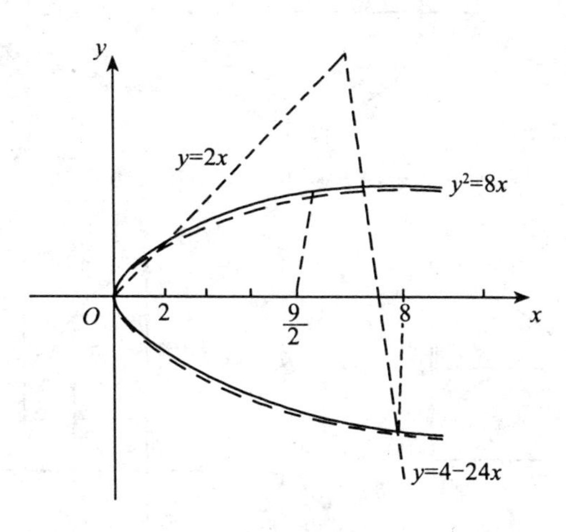

图 10-7

6. 变换下列累次积分的顺序

(1) $\int_0^{\frac{1}{2}} dx\int_x^{1-x} f(x,y)\,dy$;　　(2) $\int_0^1 dy\int_{-\sqrt{1-y^2}}^{\sqrt{1-y^2}} f(x,y)\,dx$;

(3) $\int_0^{\pi} dx\int_0^{\sin x} f(x,y)\,dy$;　　(4) $\int_0^{2a} dx\int_{\sqrt{2ax-x^2}}^{\sqrt{2ax}} f(x,y)\,dy$;

(5) $\int_0^1 dx\int_0^{x^2} f(x,y)\,dy + \int_1^2 dx\int_0^{4-x^2} f(x,y)\,dy$.

解:(1) 如图 10-8 所示,于是

$$I = \int_0^{\frac{1}{2}} dy\int_0^{y} f(x,y)\,dx + \int_{\frac{1}{2}}^{1} dy\int_0^{1-y} f(x,y)\,dx.$$

(2) 如图 10-9 所示,于是

$$I = \int_{-1}^{0} dx\int_0^{\sqrt{1-x^2}} f(x,y)\,dy + \int_0^1 dx\int_0^{\sqrt{1-x^2}} f(x,y)\,dy = \int_{-1}^{1} dx\int_0^{\sqrt{1-x^2}} f(x,y)\,dy.$$

(3) 如图 10-10 所示,于是

$$I = \int_0^1 dy\int_{\arcsin y}^{\pi-\arcsin y} f(x,y)\,dx.$$

(4) 如图 10-11 所示,于是

$$I = \int_0^a dy\left[\int_{\frac{y^2}{2a}}^{a-\sqrt{a^2-y^2}} + \int_{a+\sqrt{a^2-y^2}}^{2a}\right] f(x,y)\,dx + \int_a^{2a} dy\int_{\frac{y^2}{2a}}^{2a} f(x,y)\,dx.$$

(5) 如图 10-12 所示,于是

$$I = \int_0^1 dy\int_{\sqrt{y}}^{\sqrt{4-y}} f(x,y)\,dx + \int_1^3 dy\int_1^{\sqrt{4-y}} f(x,y)\,dx.$$

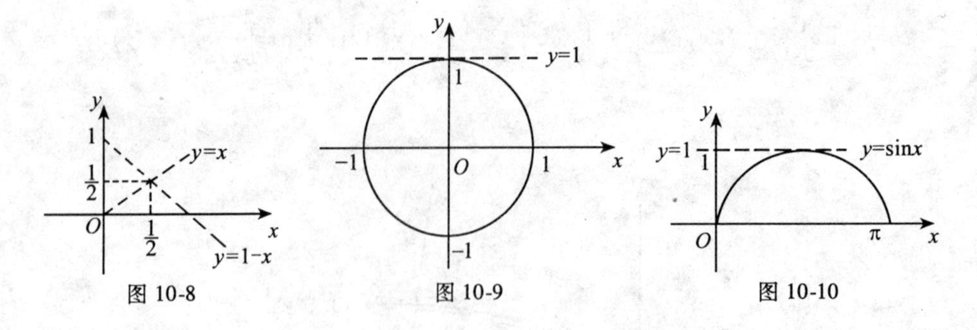

图 10-8　　图 10-9　　图 10-10

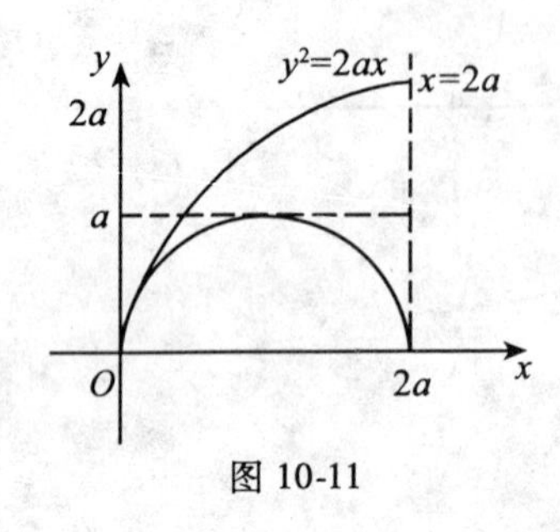

图 10-11

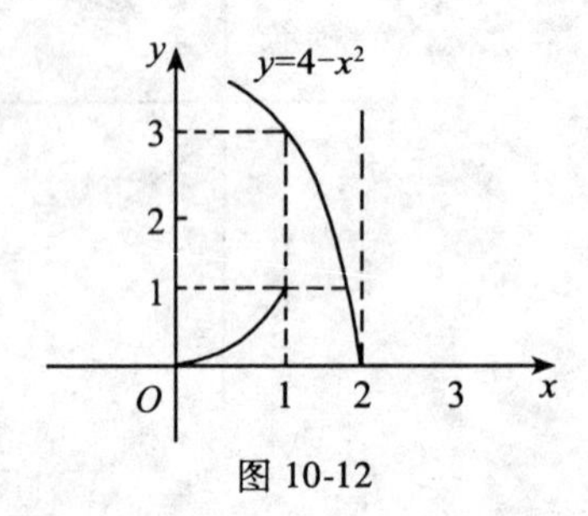

图 10-12

7. 计算下列二重积分

(1) $\iint\limits_D x e^{xy}\mathrm{d}x\mathrm{d}y$,　　$D=\{(x,y)\mid 0\leqslant x\leqslant 1,\ 0\leqslant y\leqslant 1\}$;

(2) $\iint\limits_D(|x|+|y|)\mathrm{d}x\mathrm{d}y$,　　$D=\{(x,y)\mid |x|+|y|\leqslant 2\}$;

(3) $\iint\limits_D\sqrt{|y-x^2|}\,\mathrm{d}x\mathrm{d}y$,　　$D=\{(x,y)\mid -1\leqslant x\leqslant 1,\ 0\leqslant y\leqslant 2\}$;

(4) $\int_1^4\mathrm{d}y\int_{\sqrt{y}}^2\frac{\ln x}{x^2-1}\mathrm{d}x$.

解:(1) $I=\int_0^1\mathrm{d}x\int_0^1 x e^{xy}\mathrm{d}y=\int_0^1 e^{xy}\Big|_0^1\mathrm{d}x=\int_0^1(e^x-1)\mathrm{d}x=(e^x-x)\Big|_0^1=e-2.$

(2) $$\iint\limits_D(|x|+|y|)\mathrm{d}x\mathrm{d}y=4\iint\limits_{\substack{x\geqslant 0,y\geqslant 0\\ x+y\leqslant 2}}(x+y)\mathrm{d}x\mathrm{d}y=8\iint\limits_{\substack{x\geqslant 0,y\geqslant 0\\ x+y\leqslant 2}}x\mathrm{d}x\mathrm{d}y$$

$$=8\int_0^2\mathrm{d}x\int_0^{2-x}x\mathrm{d}y=8\int_0^2 x(2-x)\mathrm{d}x=\frac{32}{3}.$$

(3) 如图 10-13 所示,于是

$$I=\int_{-1}^1\mathrm{d}x\left[\int_0^{x^2}\sqrt{|y-x^2|}\,\mathrm{d}y+\int_{x^2}^2\sqrt{|y-x^2|}\,\mathrm{d}y\right]$$

$$=\int_{-1}^1\mathrm{d}x\left[\int_0^{x^2}\sqrt{x^2-y}\,\mathrm{d}y+\int_{x^2}^2\sqrt{y-x^2}\,\mathrm{d}y\right]$$

$$=\int_{-1}^1-\frac{2}{3}(x^2-y)^{\frac{3}{2}}\Big|_0^{x^2}\mathrm{d}x+\int_{-1}^1\frac{2}{3}(y-x^2)^{\frac{3}{2}}\Big|_{x^2}^2\mathrm{d}x$$

$$=\frac{2}{3}\int_{-1}^1|x|^3\mathrm{d}x+\frac{2}{3}\int_{-1}^1(2-x^2)^{\frac{3}{2}}\mathrm{d}x$$

$$= \frac{4}{3}\int_0^1 x^3 dx + \frac{4}{3}\int_0^1 (2 - x^2)^{\frac{3}{2}} dx = \frac{1}{3} + \frac{4}{3}\int_0^1 (2 - x^2)^{\frac{3}{2}} dx.$$

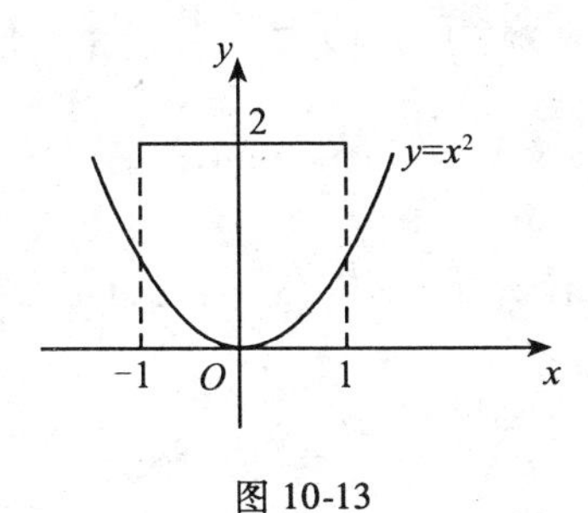

图 10-13

设 $x = \sqrt{2}\sin t$,则

$$\int_0^1 (2 - x^2)^{\frac{3}{2}} dx = 4\int_0^{\frac{\pi}{4}} \cos^4 t dt = 4\int_0^{\frac{\pi}{4}} \left[\frac{3}{8} + \frac{1}{2}\cos 2t + \frac{1}{8}\cos 4t\right] dt = 4\left(\frac{3\pi}{32} + \frac{1}{4}\right) = \frac{3\pi}{8} + 1$$

于是

$$\iint\limits_{\substack{|x| \leq 1 \\ 0 \leq y \leq 2}} \sqrt{|y - x^2|} dxdy = \frac{1}{3} + \frac{4}{3}\left(\frac{3\pi}{8} + 1\right) = \frac{5}{3} + \frac{\pi}{2}.$$

(4) $\int_1^4 dy \int_{\sqrt{y}}^2 \frac{\ln x}{x^2 - 1} dx = \int_1^2 dx \int_1^{x^2} \frac{\ln x}{x^2 - 1} dy = \int_1^2 \frac{\ln x}{x^2 - 1} \cdot (x^2 - 1) dx$

$$= \int_1^2 \ln x dx = 2\ln 2 - 1.$$

8. 利用极坐标计算下列二重积分

(1) $\iint\limits_{\pi^2 \leq x^2 + y^2 \leq 4\pi^2} \sin\sqrt{x^2 + y^2} dxdy$;

(2) $\iint\limits_D \sqrt{R^2 - x^2 - y^2} dxdy$,积分区域 D 为 $x^2 + y^2 = Rx$ 所围成的区域;

(3) $\iint\limits_D (x + y) dxdy$,积分区域 D 为由曲线 $x^2 + y^2 = x + y$ 所围成的区域;

(4) $\int_{-\sqrt{2}}^0 dx \int_{-x}^{\sqrt{4 - x^2}} (x^2 + y^2) dy + \int_0^2 dx \int_{\sqrt{2x - x^2}}^{\sqrt{4 - x^2}} (x^2 + y^2) dy$.

解:(1) $I = \int_0^{2\pi} d\theta \int_\pi^{2\pi} r\sin r dr = 2\pi \cdot \left[-r\cos r + \sin r\right]_\pi^{2\pi} = -6\pi^2$.

(2) $I = \int_{-\frac{\pi}{2}}^{\frac{\pi}{2}} d\theta \int_0^{R\cos\theta} \sqrt{R^2 - r^2} \cdot r dr = 2\int_0^{\frac{\pi}{2}} d\theta \int_0^{R\cos\theta} \sqrt{R^2 - r^2} \cdot r dr$

$$= 2\int_0^{\frac{\pi}{2}} \left(-\frac{1}{2}\right) \cdot \frac{2}{3}(R^2 - r^2)^{\frac{3}{2}} \Big|_0^{R\cos\theta} d\theta$$

$$= -\frac{2}{3}\int_0^{\frac{\pi}{2}} R^3(\sin^3\theta - 1) d\theta = -\frac{2R^3}{3}\int_0^{\frac{\pi}{2}} [(1 - \cos^2\theta)\sin\theta - 1] d\theta$$

$$= \frac{2R^3}{3}\frac{\pi}{2} - \frac{2R^3}{3}\left(\cos\theta - \frac{1}{3}\cos^3\theta\right)\Big|_0^{\frac{\pi}{2}} = \frac{R^3}{3}\left(\pi - \frac{4}{3}\right).$$

(3) 如图 10-14 所示,所给曲线是中心在点$\left(\frac{1}{2},\frac{1}{2}\right)$,半径为$\frac{1}{\sqrt{2}}$的圆周,即

$$\left(x-\frac{1}{2}\right)^2+\left(y-\frac{1}{2}\right)^2=\left(\frac{1}{\sqrt{2}}\right)^2$$

故可以作变换 $x=\frac{1}{2}+r\cos\theta, y=\frac{1}{2}+r\sin\theta$,故有

$$\iint(x+y)\,dxdy=\int_0^{2\pi}d\theta\int_0^{\frac{1}{\sqrt{2}}}(1+r\cos\theta+r\sin\theta)\cdot r\cdot dr$$

$$=2\pi\int_0^{\frac{1}{\sqrt{2}}}rdr+\int_0^{2\pi}(\cos\theta+\sin\theta)\,d\theta\int_0^{\frac{1}{\sqrt{2}}}r^2dr=\frac{\pi}{2}.$$

(4) 如图 10-15 所示,由于曲线 $y=\sqrt{4-x^2}$ 及 $y=\sqrt{2x-x^2}$ 在极坐标下的方程分别为 $r=2$ 和 $r=2\cos\theta$,故

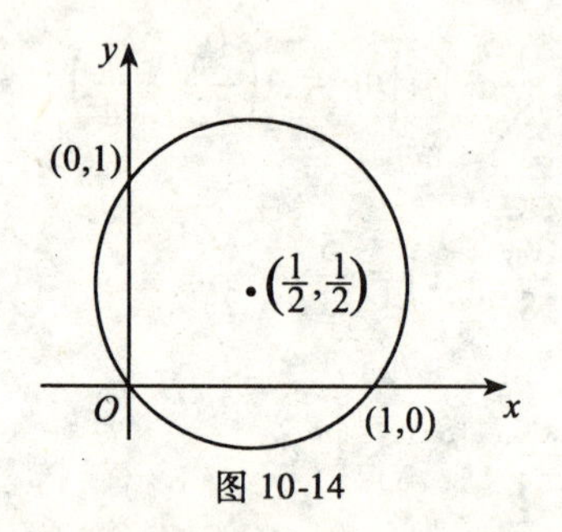

图 10-14

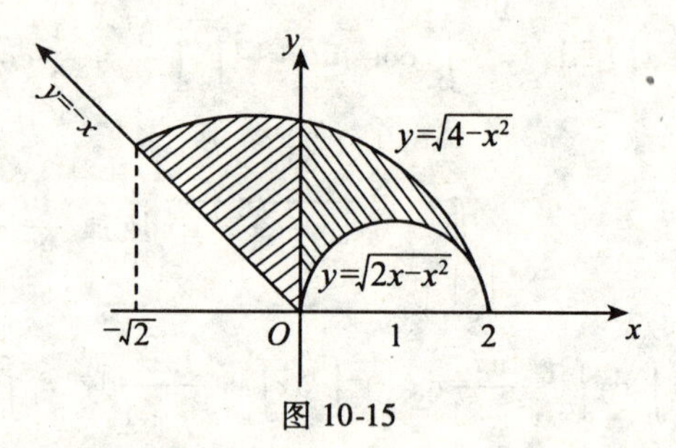

图 10-15

$$I=\int_0^{\frac{\pi}{2}}d\theta\int_{2\cos\theta}^{2}r^2\cdot rdr+\int_{\frac{\pi}{2}}^{\frac{3}{4}\pi}d\theta\int_0^2 r^2\cdot rdr=\int_0^{\frac{\pi}{2}}\frac{r^4}{4}\Bigg|_{2\cos\theta}^{2}d\theta+\frac{\pi}{4}\cdot\frac{1}{4}\cdot 2^4$$

$$=4\int_0^{\frac{\pi}{2}}(1-\cos^4\theta)\,d\theta+\pi=4\left(\frac{\pi}{2}-\frac{3}{4}\cdot\frac{1}{2}\cdot\frac{\pi}{2}\right)+\pi=\frac{9\pi}{4}.$$

9. 计算下列曲线所围成的面积

(1) $y=\frac{1}{x}, x=1, x=2, y=2$;

(2) $y=\sin x, y=\cos x, x=0$;

(3) $x^{\frac{2}{3}}+y^{\frac{2}{3}}=a^{\frac{2}{3}}$;

(4) $r=a(1+\cos\theta), r=a\sin\theta$.

解:(1) 如图 10-16 所示,于是

$$S=\iint_D dxdy=\int_1^2dx\int_{\frac{1}{x}}^2dy=\int_1^2\left(2-\frac{1}{x}\right)dx=(2x-\ln x)\Big|_1^2=4-\ln2-2=2-\ln2.$$

(2) 如图 10-17 所示,令 $\sin x=\cos x$,得 $\tan x=1$,故 $x=\frac{\pi}{4}$,于是

$$S=\iint_D dxdy=\int_0^{\frac{\pi}{4}}dx\int_{\sin x}^{\cos x}dy=\int_0^{\frac{\pi}{4}}(\cos x-\sin x)\,dx=(\sin x+\cos x)\Bigg|_0^{\frac{\pi}{4}}$$

$$=\frac{\sqrt{2}}{2}+\frac{\sqrt{2}}{2}-1=\sqrt{2}-1.$$

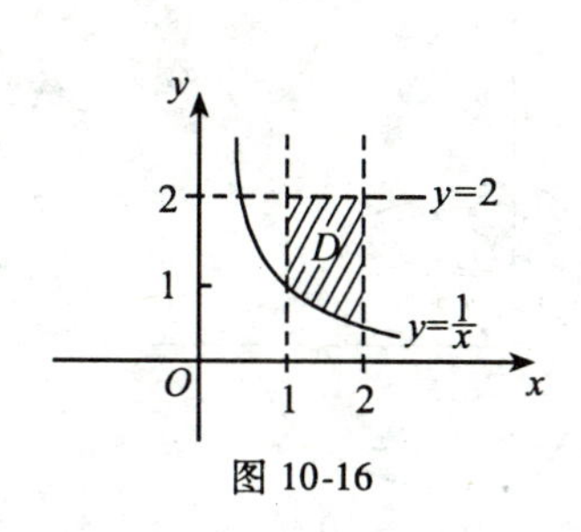

图 10-16

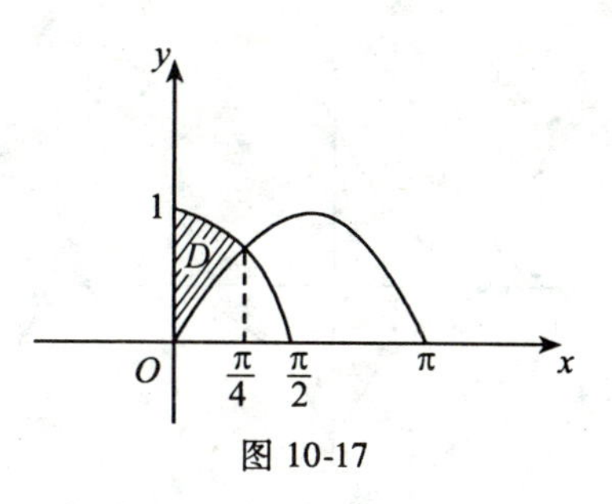

图 10-17

(3) 如图 10-18 所示,应用参数方程

$$\begin{cases} x = a\cos^3\theta \\ y = a\sin^3\theta \end{cases}$$

$$S = \int_{-a}^{a} y\mathrm{d}x = 4\int_{\frac{\pi}{2}}^{0} a\sin^3\theta \cdot 3a\cos^2\theta(-\sin\theta)\mathrm{d}\theta = 12a^2\int_0^{\frac{\pi}{2}} \sin^4\theta \cdot \cos^2\theta\mathrm{d}\theta$$

$$= 12a^2\int_0^{\frac{\pi}{2}}(\sin^4\theta - \sin^6\theta)\mathrm{d}\theta = 12a^2\left[\frac{3}{4}\cdot\frac{1}{2}\cdot\frac{\pi}{2} - \frac{5}{6}\cdot\frac{3}{4}\cdot\frac{1}{2}\cdot\frac{\pi}{2}\right]$$

$$= 12a^2 \cdot \frac{3\pi}{16}\left(1 - \frac{5}{6}\right) = \frac{3}{8}\pi a^2.$$

另解:应用二重积分,并由对称性

$$S = 4\int_0^a \mathrm{d}x\int_0^{\left(a^{\frac{2}{3}}-x^{\frac{2}{3}}\right)^{\frac{3}{2}}} \mathrm{d}y = 4\int_0^a (a^{\frac{2}{3}} - x^{\frac{2}{3}})^{\frac{3}{2}}\mathrm{d}x \xlongequal{x = a\cos^3\theta} 4\int_{\frac{\pi}{2}}^{0} a\sin^3\theta \cdot 3a\cos^2\theta \cdot (-\sin\theta)\mathrm{d}\theta$$

$$= 12a^2\int_0^{\frac{\pi}{2}}\sin^4\theta\cos^2\theta\mathrm{d}\theta = \frac{3}{8}\pi a^2.$$

(4) 曲线 $r = a(1 + \cos\theta)$ 为心脏线,$r = a\sin\theta$ 为以点$\left(0,\frac{a}{2}\right)$为心,以$\frac{a}{2}$ 为半径的圆周线. 如图 10-19 所示,于是

$$S = \iint_D r\mathrm{d}r\mathrm{d}\theta = \int_0^{\frac{\pi}{2}}\mathrm{d}\theta\int_0^{a\sin\theta} r\mathrm{d}r + \int_{\frac{\pi}{2}}^{\pi}\mathrm{d}\theta\int_0^{a(1+\cos\theta)} r\mathrm{d}r$$

$$= \frac{1}{2}\int_0^{\frac{\pi}{2}} r^2\Big|_0^{a\sin\theta}\mathrm{d}\theta + \frac{1}{2}\int_{\frac{\pi}{2}}^{\pi} r^2\Big|_0^{a(1+\cos\theta)}\mathrm{d}\theta$$

$$= \frac{a^2}{2}\int_0^{\frac{\pi}{2}}\sin^2\theta\mathrm{d}\theta + \frac{a^2}{2}\int_{\frac{\pi}{2}}^{\pi}\left(1 + 2\cos\theta + \frac{1 + \cos2\theta}{2}\right)\mathrm{d}\theta$$

$$= \frac{a^2}{2}\cdot\frac{1}{2}\cdot\frac{\pi}{2} + \frac{a^2}{2}\left(\theta + 2\sin\theta + \frac{\theta}{2} + \frac{\sin2\theta}{4}\right)\Big|_{\frac{\pi}{2}}^{\pi}$$

$$= \frac{\pi a^2}{8} + \frac{a^2}{2}\left(\pi + \frac{\pi}{2} - \frac{\pi}{2} - \frac{\pi}{4} - 2\right) = \frac{\pi a^2}{8} + \frac{3\pi a^2}{8} - a^2$$

$$= a^2\left(\frac{\pi}{2} - 1\right).$$

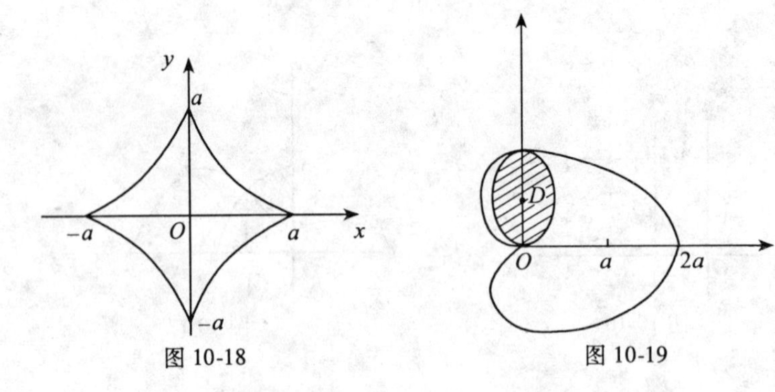

图 10-18　　图 10-19

10. 计算由下列曲面所围成的立体体积

(1) 以习题 9(1) 中曲线所围成的区域为底,以曲面 $z = x^2y$ 为顶的曲顶柱体体积;

(2) $z = 1 + x + y, z = 0, x + y = 1, x = 0, y = 0$;

(3) $z = x^2 + y^2, y = 1, z = 0, y = x^2$;

(4) $z = x^2 + y^2$ 与 $z = x + y$ 围成的立体.

解:

(1) $V = \iint\limits_D x^2y\mathrm{d}x\mathrm{d}y, D = \{(x,y) \mid 1 \leqslant x \leqslant 2, \frac{1}{x} \leqslant y \leqslant 2\}$. 故

$$V = \int_1^2 \mathrm{d}x\int_{\frac{1}{x}}^2 x^2y\mathrm{d}y = \int_1^2 x^2 \cdot \frac{y^2}{2}\bigg|_{\frac{1}{x}}^2 \mathrm{d}x = \frac{1}{2}\int_1^2 x^2\left(4 - \frac{1}{x^2}\right)\mathrm{d}x = \frac{1}{2}\left(\frac{4}{3}x^3 - x\right)\bigg|_1^2$$

$$= \frac{1}{2}\left[\frac{4}{3}2^3 - 2 - \frac{4}{3} + 1\right] = \frac{25}{6}.$$

(2) $V = \iint\limits_D (1 + x + y)\mathrm{d}x\mathrm{d}y$, $D = \{(x,y) \mid 0 \leqslant x \leqslant 1, 0 \leqslant y \leqslant 1 - x\}$, 故

$$V = \int_0^1 \mathrm{d}x\int_0^{1-x}(1 + x + y)\mathrm{d}y = \int_0^1\left[(1 + x)y + \frac{1}{2}y^2\right]\bigg|_0^{1-x}\mathrm{d}x$$

$$= \int_0^1\left[(1 + x)(1 - x) + \frac{1}{2}(1 - x)^2\right]\mathrm{d}x$$

$$= \int_0^1\left(\frac{3}{2} - x - \frac{x^2}{2}\right)\mathrm{d}x = \frac{3}{2} - \frac{1}{2} - \frac{1}{6} = \frac{5}{6}.$$

(3) $V = \iint\limits_D (x^2 + y^2)\mathrm{d}x\mathrm{d}y$, $D = \{(x,y) \mid |x| \leqslant 1, x^2 \leqslant y \leqslant 1\}$, 故

$$V = \int_{-1}^1 \mathrm{d}x\int_{x^2}^1 (x^2 + y^2)\mathrm{d}y = \int_{-1}^1\left(x^2y + \frac{1}{3}y^3\right)\bigg|_{x^2}^1 \mathrm{d}x = \int_{-1}^1\left(x^2 + \frac{1}{3} - x^4 - \frac{1}{3}x^6\right)\mathrm{d}x$$

$$= 2\int_0^1\left(x^2 - x^4 - \frac{1}{3}x^6 + \frac{1}{3}\right)\mathrm{d}x = 2\left(\frac{1}{3} - \frac{1}{5} - \frac{1}{21} + \frac{1}{3}\right) = \frac{88}{105}.$$

(4) 积分区域如题 8(3) 所示. 作代换 $x = \frac{1}{2} + r\cos\theta, y = \frac{1}{2} + r\sin\theta$, 故

$$V=\iint_D(x+y-x^2-y^2)\mathrm{d}x\mathrm{d}y=\int_0^{2\pi}\mathrm{d}\theta\int_0^{\frac{1}{\sqrt{2}}}\left(\frac{1}{2}-r^2\cos^2\theta-r^2\sin^2\theta\right)r\mathrm{d}r$$

$$=2\pi\int_0^{\frac{1}{\sqrt{2}}}\left(\frac{1}{2}r-r^3\right)\mathrm{d}r=2\pi\left[\frac{r^2}{4}-\frac{r^4}{4}\right]\Bigg|_0^{\frac{1}{\sqrt{2}}}=2\pi\left(\frac{1}{8}-\frac{1}{16}\right)=\frac{\pi}{8}.$$

综合练习 10

一、选择题

1. 设 D 由 $y=x+1, y=0, x=1$ 所围成的区域

$$f(x,y)=\begin{cases}1, & 0\leqslant x\leqslant 1, \quad y\leqslant x+1\\ -1, & -1\leqslant x<0, \quad y\leqslant x+1\end{cases}$$ 则 $\iint_D f(x,y)\mathrm{d}x\mathrm{d}y=(\quad)$.

A. 2　　B. 1　　C. -2　　D. 0

答:选 B. 因

$$\iint_D f(x,y)\mathrm{d}x\mathrm{d}y=\int_{-1}^0\mathrm{d}x\int_0^{x+1}(-1)\mathrm{d}y+\int_0^1\mathrm{d}x\int_0^{1+x}\mathrm{d}y=-\int_{-1}^0(x+1)\mathrm{d}x+\int_0^1(1+x)\mathrm{d}y$$

$$=-\frac{1}{2}(x+1)^2\Bigg|_{-1}^0+\frac{1}{2}(x+1)^2\Bigg|_0^1=-\frac{1}{2}+2-\frac{1}{2}=1.$$

2. 设 $D: x^2+y^2\leqslant 2$,则 $\iint_D(x^2+y^2)\mathrm{d}x\mathrm{d}y=(\quad)$.

A. $\int_0^{2\pi}\mathrm{d}\varphi\int_0^2 r^3\mathrm{d}r$　　B. $\int_0^{2\pi}\mathrm{d}\varphi\int_0^{\sqrt{2}} r^3\mathrm{d}r$

C. $\int_0^{2\pi}\mathrm{d}\varphi\int_0^2 r^2\mathrm{d}r$　　D. $\int_0^{2\pi}\mathrm{d}\varphi\int_0^{\sqrt{2}} r^2\mathrm{d}r$

答:选 B. 因 $x^2+y^2=r^2, \mathrm{d}x\mathrm{d}y=r\mathrm{d}r\mathrm{d}\theta$,圆 $x^2+y^2=2$ 的半径为 $\sqrt{2}$,故

$$\iint_D(x^2+y^2)\mathrm{d}x\mathrm{d}y=\int_0^{2\pi}\mathrm{d}\theta\int_0^{\sqrt{2}}r^2\cdot r\mathrm{d}r=\int_0^{2\pi}\mathrm{d}\theta\int_0^{\sqrt{2}}r^3\mathrm{d}r.$$

3. 设 $D: 1\leqslant x^2+y^2\leqslant 4$ 且 $y\geqslant 0$,则 $\iint_D(x^2+y^2)^2\mathrm{d}x\mathrm{d}y=(\quad)$.

A. $\frac{63\pi}{3}$　　B. $\frac{31\pi}{3}$　　C. $\frac{31\pi}{6}$　　D. $\frac{63\pi}{6}$

答:选 D. 因 $y\geqslant 0$,由极坐标代换可得

$$\iint_D(x^2+y^2)^2\mathrm{d}x\mathrm{d}y=\int_0^{\pi}\mathrm{d}\theta\int_1^2 r^4\cdot r\mathrm{d}r=\pi\cdot\frac{r^6}{6}\Bigg|_1^2=\frac{\pi}{6}(64-1)=\frac{63\pi}{6}.$$

4. 设 $I=\int_0^1\mathrm{d}y\int_0^y f(x,y)\mathrm{d}x$,交换积分次序后 $I=(\quad)$.

A. $\int_0^1\mathrm{d}x\int_0^1 f(x,y)\mathrm{d}y$　　B. $\int_0^1\mathrm{d}x\int_x^1 f(x,y)\mathrm{d}y$

C. $\int_0^1\mathrm{d}x\int_1^x f(x,y)\mathrm{d}y$　　D. $\int_0^1\mathrm{d}x\int_{-x}^x f(x,y)\mathrm{d}y$

答：选 B. 积分区域 $D = \{(x,y) \mid 0 \leqslant y \leqslant 1, 0 \leqslant x \leqslant y\}$，交换积分顺序，则 $D = \{(x,y) \mid 0 \leqslant x \leqslant 1, x \leqslant y \leqslant 1\}$，故选 B.

5. 下列不等式中正确的是(　　).

A. $\iint\limits_{\substack{|x|\leqslant 1\\|y|\leqslant 1}} (x-1)\mathrm{d}x\mathrm{d}y > 0$　　B. $\iint\limits_{\substack{|x|\leqslant 1\\|y|\leqslant 1}} (y-1)\mathrm{d}x\mathrm{d}y > 0$

C. $\iint\limits_{\substack{|x|\leqslant 1\\|y|\leqslant 1}} (x+1)\mathrm{d}x\mathrm{d}y > 0$　　D. $\iint\limits_{x^2+y^2\leqslant 1} (-x^2-y^2)\mathrm{d}x\mathrm{d}y > 0$

答：选 C. 由二重积分的定义知，在 D 上，仅当 $f(x,y) > 0$ 时，有 $\iint\limits_{D} f(x,y)\mathrm{d}x\mathrm{d}y > 0$.

在 $D = \{(x,y) \mid |x| \leqslant 1, |y| \leqslant 1\}$ 上，显然，$f(x,y) = x-1 > 0$，$f(x,y) = y-1 > 0$ 并不总成立，而 $f(x,y) = x+1 \geqslant 0$（仅当 $x = -1$ 时等号成立）总成立. 在 $D_1 = \{(x,y) \mid x^2 + y^2 \leqslant 1\}$ 上，$f(x,y) = -x^2 - y^2 \leqslant 0$.

综上所述，选 C.

6. 设区域 D_1：$-1 \leqslant x \leqslant 1$，$-2 \leqslant y \leqslant 2$；$D_2$：$0 \leqslant x \leqslant 1, 0 \leqslant y \leqslant 2$. 又 $I_1 = \iint\limits_{D_1}(x^2+y^2)^3\mathrm{d}x\mathrm{d}y$，$I_2 = \iint\limits_{D_2}(x^2+y^2)^3\mathrm{d}x\mathrm{d}y$ 则下列结论中，正确的是(　　).

A. $I_1 \geqslant 4I_2$　　B. $I_1 \leqslant 4I_2$　　C. $I_1 = 4I_2$　　D. $I_1 = 2I_2$

答：选 C. D_2 与 D_1 在第一象限部分重合，且 D_1 关于 Ox 轴、Oy 轴对称；又函数 $z = (x^2+y^2)^3$ 的图形（曲面）都在 xOy 平面的上方（$z \geqslant 0$），且关于坐标平面 yOz 平面及 xOz 平面对称，故由二重积分的几何意义知 $I_1 = 4I_2$. 故选 C.

7. 设 $f(x,y)$ 连续，且 $f(x,y) = 2xy + \iint\limits_{D} f(u,v)\mathrm{d}u\mathrm{d}v$，其中 D 是由 $x = y^2$，$x = 1$，$y = 0$ 所围成的平面区域，则 $f(x,y) = $(　　).

A. $2xy$　　B. $2xy - 1$　　C. $2xy + \frac{1}{6}$　　D. $2xy + 1$

答：选 D. 设 $\iint\limits_{D} f(u,v)\mathrm{d}x\mathrm{d}y = K$　（K 为常数），则有 $f(x,y) = 2xy + K$. 两边作两重积分，有

$$\iint\limits_{D} f(x,y)\mathrm{d}x\mathrm{d}y = \iint\limits_{D} 2xy\mathrm{d}x\mathrm{d}y + A\iint\limits_{D}\mathrm{d}x\mathrm{d}y.$$

$$\iint\limits_{D} 2xy\mathrm{d}x\mathrm{d}y = \int_0^1 \mathrm{d}y\int_{y^2}^1 2xy\mathrm{d}x = \int_0^1 yx^2\Big|_{y^2}^1 \mathrm{d}y = \int_0^1 (y - y^5)\mathrm{d}y = \frac{1}{3}$$

同理，$\iint\limits_{D}\mathrm{d}x\mathrm{d}y = \int_0^1 \sqrt{x}\mathrm{d}x = \frac{2}{3}$ 故 $K = \frac{1}{3} + \frac{2}{3}K$，　$K = \frac{1}{3}$　$f(x,y) = 2xy + 1$.

8. 如图 10-20 所示，设 D 是 xOy 平面上以 $(1,1)$，$(-1,1)$ 和 $(-1,-1)$ 为顶点的三角形区域，D_1 是 D 在第一象限的部分，则积分 $I = \iint\limits_{D}(xy + \cos x\sin y)\mathrm{d}x\mathrm{d}y = $(　　).

A. $2\iint\limits_{D_1}\cos x\sin y\mathrm{d}x\mathrm{d}y$　　B. $2\iint\limits_{D_1} xy\mathrm{d}x\mathrm{d}y$

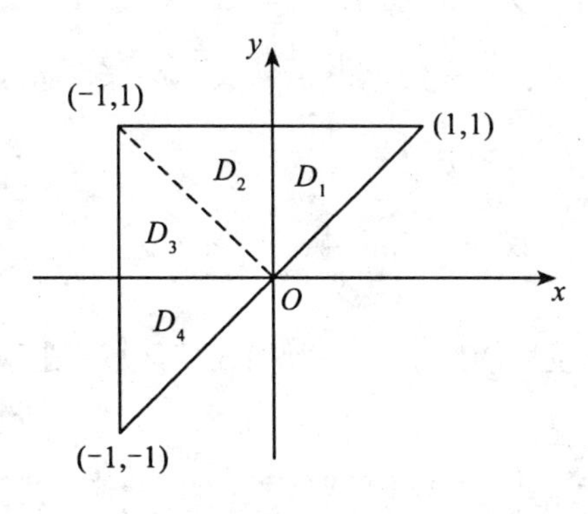

图 10-20

C. $4\iint\limits_{D_1}(xy+\cos x\sin y)\mathrm{d}x\mathrm{d}y$　　　　D. 0

答:选 A. 将积分区域如图 10-20 分为四部分,记为 D_1,D_2,D_3,D_4,因在区域 D_1+D_2 上,xy 关于 x 为奇函数;在区域 D_3+D_4 上,xy 关于 y 为奇函数,故

$$\iint\limits_{D_1+D_2}xy\mathrm{d}x\mathrm{d}y+\iint\limits_{D_3+D_4}xy\mathrm{d}x\mathrm{d}y=\iint\limits_{D}xy\mathrm{d}x\mathrm{d}y=0.$$

其次,在区域 D_3+D_4 上,$\cos x\sin y$ 关于 y 为奇函数,于是 $\iint\limits_{D_3+D_4}\cos x\sin y\mathrm{d}x=0$. 在区域 D_1+D_2 上,$\cos x\sin y$ 关于 x 为偶函数,又 D_1、D_2 关于 Oy 轴对称,故

$$\iint\limits_{D_1+D_2}\cos x\sin y\mathrm{d}x\mathrm{d}y=2\iint\limits_{D_1}\cos x\sin y\mathrm{d}x\mathrm{d}y.$$

$$\iint\limits_{D}\cos x\sin y\mathrm{d}x\mathrm{d}y=2\iint\limits_{D_1}\cos x\sin y\mathrm{d}x\mathrm{d}y.$$

由以上分析知应选 A.

二、填空题

1. $\int_0^2\mathrm{d}x\int_x^2\mathrm{e}^{-y^2}\mathrm{d}y=$ ________.

解:$\int_0^2\mathrm{d}x\int_x^2\mathrm{e}^{-y^2}\mathrm{d}y=\int_0^2\mathrm{d}y\int_0^y\mathrm{e}^{-y^2}\mathrm{d}x=\int_0^2 y\mathrm{e}^{-y^2}\mathrm{d}y=-\frac{1}{2}\mathrm{e}^{-y^2}\Big|_0^2=\frac{1}{2}(1-\mathrm{e}^{-4})$.

故应填 $\frac{1}{2}(1-\mathrm{e}^{-4})$.

2. 设积分区域 D 是 xOy 平面上以(1,1)、(−1,1)和(−1,−1)为顶点的三角形区域,则 $I=\iint\limits_{D}xy\mathrm{d}x\mathrm{d}y=$ ________.

解:积分区域如图 10-20 所示. 显然 $\iint\limits_{D}xy\mathrm{d}x\mathrm{d}y=0$.

3. 设 D 为中心在原点,半径为 r 的圆域,则 $\lim\limits_{r\to0}\frac{1}{\pi r^2}\iint\limits_{D}\mathrm{e}^{x^2+y^2}\cos(x+y)\mathrm{d}x\mathrm{d}y=$ ________.

解:由二重积分的中值定理知,$\exists(\xi,\eta)\in D$ 使

$$\iint_D e^{x^2+y^2}\cos(x+y)\,dxdy = e^{\xi^2+\eta^2}\cos(\xi+\eta).\pi r^2$$

而当 $r\to 0$ 时,$(\xi,\eta)\to(0,0)$,所以

$$\lim_{r\to 0}\frac{1}{\pi r^2}\iint_D e^{x^2+y^2}\cos(x+y)\,dxdy = \lim_{r\to 0}\frac{1}{\pi r^2}e^{\xi^2+\eta^2}\cos(\xi+\eta)\cdot\pi r^2 = e^0\cdot\cos 0 = 1.$$

4. 设 D 为由直线 $y=x$ 及抛物线 $y=x^2$ 所围成的区域,则 $I=\iint_D \frac{\sin x}{x}dydx=$ ________.

解:$I=\int_0^1 dx\int_{x^2}^{x}\frac{\sin x}{x}dy=\int_0^1(1-x)\sin x\,dx=(-\cos x+x\cos x-\sin x)\Big|_0^1$

$=-\cos 1+\cos 1-\sin 1+1$

$=1-\sin 1.$

故应填 $1-\sin 1$.

5. $\int_1^2 dx\int_{\sqrt{x}}^{x}\sin\frac{\pi x}{2y}dy+\int_2^4 dx\int_{\sqrt{x}}^{2}\sin\frac{\pi x}{2y}dy=$ ________.

解:积分区域如图 10-21 所示. 调换积分顺序,则原积分为

$$I=\int_1^2 dy\int_y^{y^2}\sin\frac{\pi x}{2y}dx=\int_1^2\left(-\frac{2y}{\pi}\right)\cos\frac{\pi x}{2y}\Big|_y^{y^2}dy=\frac{2}{\pi}\int_1^2 y\left(\cos\frac{\pi}{2}-\cos\frac{\pi y}{2}\right)dy$$

$$=\frac{-2}{\pi}\int_1^2 y\cos\frac{\pi y}{2}dy=-\frac{2}{\pi}\cdot\frac{2}{\pi}\int_1^2 y\,d\sin\frac{\pi}{2}=-\frac{4}{\pi^2}y\sin\frac{\pi y}{2}\Big|_1^2+\frac{4}{\pi^2}\int_1^2\sin\frac{\pi y}{2}dy$$

$$=\frac{4}{\pi^2}-\frac{4}{\pi^2}\cdot\frac{2}{\pi}\cos\frac{\pi y}{2}\Big|_1^2=\frac{4}{\pi^2}-\frac{8}{\pi^3}(-1-0)$$

$$=\frac{4}{\pi^2}+\frac{8}{\pi^3}=\frac{4(\pi+2)}{\pi^3}.$$

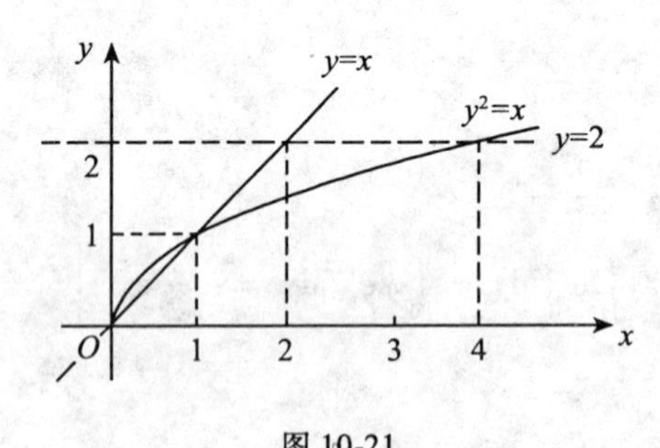

图 10-21

6. 设 D 为由 $y=x, xy=1, x=2$ 所围成的区域,则 $I=\iint_D\frac{x^2}{y^2}dxdy=$ ________.

解:积分区域如图 10-22 所示,则

$$I=\int_1^2 dx\int_{\frac{1}{x}}^{x}\frac{x^2}{y^2}dy=-\int_1^2\frac{x^2}{y}\Big|_{\frac{1}{x}}^{x}dx=-\int_1^2(x-x^3)dx=-\left(\frac{x^2}{2}-\frac{x^4}{4}\right)\Big|_1^2=\frac{9}{4}.$$

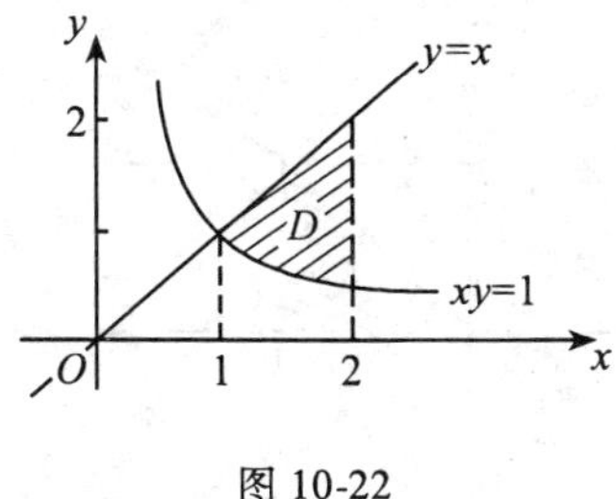

图 10-22

7. 设 D 是由 $x^2+y^2=1, x=0, y=0$ 所围成的区域在第一象限部分，则积分 $I=\iint\limits_D \frac{1-x^2-y^2}{1+x^2+y^2}\mathrm{d}x\mathrm{d}y=$ ________.

解：应用极坐标，则有

$$I=\int_0^{\frac{\pi}{2}}\mathrm{d}\theta\int_0^1\frac{1-r^2}{1+r^2}\cdot r\mathrm{d}r=\frac{\pi}{2}\int_0^1\left(\frac{r}{1+r^2}-\frac{r^3}{1+r^2}\right)\mathrm{d}r=\frac{\pi}{2}\left[\int_0^1\frac{r}{1+r^2}\mathrm{d}r-\int_0^1\frac{r^3}{1+r^2}\mathrm{d}r\right]$$

因 $$\int_0^1\frac{r}{1+r^2}\mathrm{d}r=\frac{1}{2}\ln(1+r^2)\Big|_0^1=\frac{1}{2}\ln2,\ \int_0^1\frac{r^3}{1+r^2}\mathrm{d}r=\int_0^1\left(r-\frac{r}{1+r^2}\right)\mathrm{d}r$$

$$=\left[\frac{r^2}{2}-\frac{1}{2}\ln(1+r^2)\right]_0^1=\frac{1}{2}-\frac{1}{2}\ln2$$

故 $$I=\frac{\pi}{2}\left(\frac{1}{2}\ln2-\frac{1}{2}+\frac{1}{2}\ln2\right)=\frac{\pi}{2}\left(\ln2-\frac{1}{2}\right).$$

8. 设 $f(x,y)$ 为连续函数，且 $f(x,y)=xy+\iint\limits_D f(u,v)\mathrm{d}u\mathrm{d}v$，其中 D 是由曲线 $y=x^2$，直线 $y=0, x=1$ 所围成的区域，则 $f(x,y)=$ ________.

解：因 $\iint\limits_D f(x,y)\mathrm{d}x\mathrm{d}y$ 为常数，设其为 A_0 对已知式两端在 D 上求二重积分，得

$$A=\iint\limits_D xy\mathrm{d}x\mathrm{d}y+A\iint\limits_D\mathrm{d}x\mathrm{d}y$$

因 $$\iint\limits_D xy\mathrm{d}x\mathrm{d}y=\int_0^1\mathrm{d}x\int_0^{x^2}xy\mathrm{d}y=\int_0^1\frac{1}{2}x^5\mathrm{d}x=\frac{1}{12},\ \iint\limits_D\mathrm{d}x\mathrm{d}y=\int_0^1\mathrm{d}x\int_0^{x^2}\mathrm{d}y=\int_0^1x^2\mathrm{d}x=\frac{1}{3}$$

故 $$A=\frac{1}{12}+\frac{1}{3}A,\quad A=\frac{1}{8},\quad f(x,y)=xy+\frac{1}{8}.$$

三、计算题

1. 设 $f(x)=\int_1^{x^2}\mathrm{e}^{-t^2}\mathrm{d}t$，求 $I=\int_0^1 xf(x)\mathrm{d}x$.

解：积分区域如图 10-23 所示.

$$I=\int_0^1x\left(\int_1^{x^2}\mathrm{e}^{-t^2}\mathrm{d}t\right)\mathrm{d}x=-\int_0^1\mathrm{d}t\int_0^{\sqrt{t}}x\mathrm{e}^{-t^2}\mathrm{d}x=-\int_0^1\mathrm{e}^{-t^2}\cdot\frac{x^2}{2}\Big|_0^{\sqrt{t}}\mathrm{d}t=-\frac{1}{2}\int_0^1t\mathrm{e}^{-t^2}\mathrm{d}t$$

$$=\frac{1}{4}\mathrm{e}^{-t^2}\Big|_0^1=\frac{1}{4}(\mathrm{e}^{-1}-1).$$

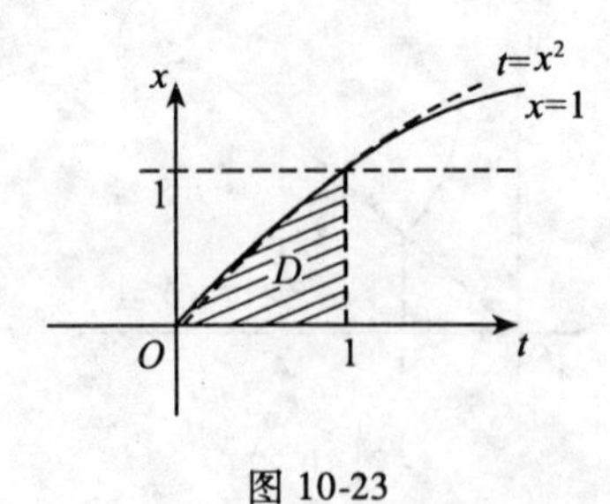

图 10-23

2. 求 $I=\int_0^1 \frac{x^a-x^b}{\ln x}\mathrm{d}x \quad (a>0,b>0)$.

解:因 $\int_b^a x^y\mathrm{d}y=\frac{x^y}{\ln x}\bigg|_b^a=\frac{x^a-x^b}{\ln x}$,故可以作二重积分,然后再交换积分顺序,再积分,

$$I=\int_0^1\left(\int_b^a x^y\mathrm{d}y\right)\mathrm{d}x=\int_b^a\mathrm{d}y\int_0^1 x^y\mathrm{d}x=\int_b^a\frac{1}{y+1}x^{y+1}\bigg|_0^1\mathrm{d}y=\int_b^a\frac{1}{y+1}\mathrm{d}y=\ln\frac{a+1}{b+1}.$$

3. 计算 $I=\iint\limits_D\sqrt{x^2+y^2}\mathrm{d}x\mathrm{d}y$,其中 D 为:$Rx\leqslant x^2+y^2\leqslant R^2$.

解:积分区域如图 10-24 所示.

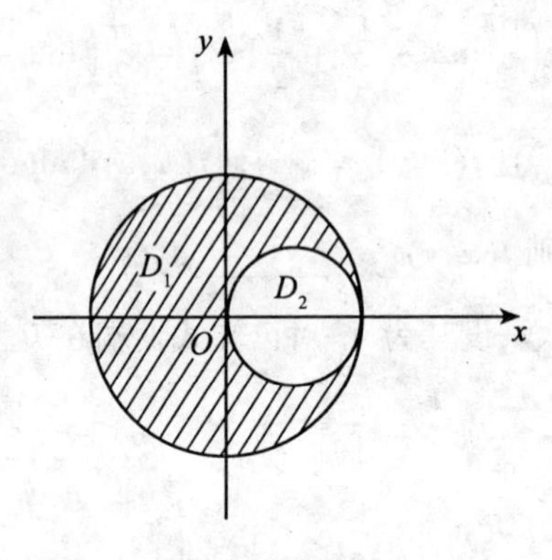

图 10-24

设 $D_1:x^2+y^2\leqslant R^2$;$D_2:x^2+y^2\geqslant Rx$,则 D 是 D_1 与 D_2 之差. D_1 的边界曲线为 $r=R$,D_2 的边界曲线为 $r=R\cos\theta$,即

$$D_1=\{(r,\theta)\mid 0\leqslant r\leqslant R,0\leqslant\theta\leqslant 2\pi\},$$

$$D_2=\left\{(r,\theta)\mid 0\leqslant r\leqslant R\cos\theta,\ -\frac{\pi}{2}\leqslant\theta\leqslant\frac{\pi}{2}\right\}$$

于是 $$I=\iint\limits_{D_1}\sqrt{x^2+y^2}\mathrm{d}x\mathrm{d}y-\iint\limits_{D_2}\sqrt{x^2+y^2}\mathrm{d}x\mathrm{d}y=\int_0^{2\pi}\mathrm{d}\theta\int_0^R r\cdot r\mathrm{d}r-\int_{-\frac{\pi}{2}}^{\frac{\pi}{2}}\mathrm{d}\theta\int_0^{R\cos\theta}r\cdot r\mathrm{d}r$$

$$=2\pi\cdot\frac{R^3}{3}-\frac{R^3}{3}\cdot 2\int_0^{\frac{\pi}{2}}\cos^3\theta\mathrm{d}\theta=\frac{2}{3}R^3\left(\pi-\frac{2}{3}\right).$$

4. 试求 $I=\int_1^3\mathrm{d}x\int_{x-1}^2\sin y^2\mathrm{d}y$.

解: $I = \int_1^3 dx \int_{x-1}^2 \sin y^2 dy \xlongequal{\text{交换积分顺序}} \int_0^2 dy \int_1^{y+1} \sin y^2 dx = \int_0^2 y\sin y^2 dy$

$$= -\frac{1}{2}\cos y^2 \Big|_0^2 = \frac{1}{2}(1 - \cos 4).$$

四、应用题

1. 求由曲面 $z = x^2 + 2y^2$ 及 $z = 6 - 2x^2 - y^2$ 所围成的立体体积.

解: 这是由两个椭圆抛物面所围成的空间立体,先确定积分区域. 为此,令

$$x^2 + 2y^2 = 6 - 2x^2 - y^2$$
$$x^2 + y^2 = 2.$$

这个圆柱面与平面 $z = 0$ 相交部分即为积分区域,该积分区域是一个圆域.

根据对称性,并利用极坐标,得

$$V = 4\iint\limits_{D_1}[(6 - 2x^2 - y^2) - (x^2 + 2y^2)]dxdy = 4\int_0^{\frac{\pi}{2}} d\theta \int_0^{\sqrt{2}} (6 - 3r^2) r dr$$

$$= 4 \times \frac{\pi}{2} \times \left(3r^2 - \frac{3}{4}r^4\right)\Big|_0^{\sqrt{2}} = 2\pi(6 - 3) = 6\pi.$$

2. 试求两个半径相等的直交圆柱所围成的立体体积.

解: 我们作出该立体在第一卦限部分的图形. 该图形是所求立体的$\frac{1}{8}$. 如图 10-25 所示.

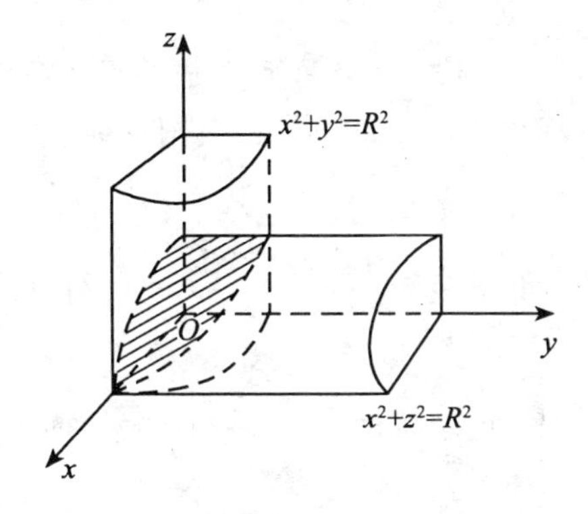

图 10-25

在所选定的直角坐标系中,直立的圆柱面方程为 $x^2 + y^2 = R^2$,横着的圆柱面方程为 $x^2 + z^2 = R^2$.

由二重积分的几何意义,我们有 $V = 8\iint\limits_{D} z dxdy$,其中,$D$ 为圆域:$x^2 + y^2 \leqslant R^2$ 为在第一象限部分,$z = \sqrt{R^2 - x^2}$,于是

$$V = 8\iint\limits_{D} \sqrt{R^2 - x^2} dxdy = 8\int_0^R dx \int_0^{\sqrt{R^2 - x^2}} \sqrt{R^2 - x^2} dy = 8\int_0^R (R^2 - x^2) dx$$

$$= 8\left(R^2x - \frac{x^3}{3}\right)\Bigg|_0^R = \frac{16}{3}R^3.$$

3. 试求球面 $x^2 + y^2 + z^2 = 4a^2$ 与圆柱面 $x^2 + y^2 = 2ax$ 所包围的立体体积.

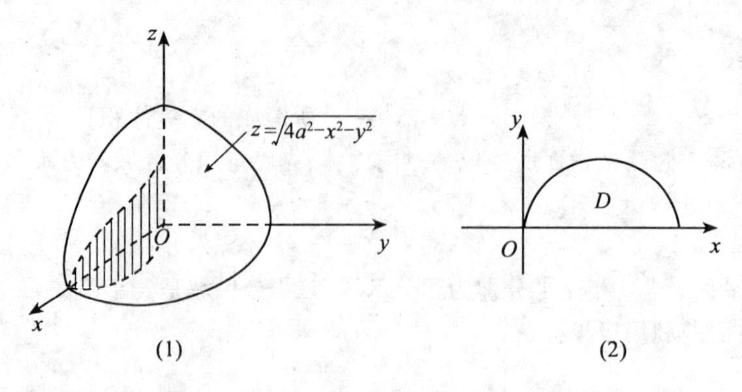

图 10-26

解:在直角坐标系中作出所求立体在第一卦限部分的图形,如图10-26所示. 区域D的边界曲线为 $r = 2a\cos\theta$(用极坐标表示). 由对称性,所求立体体积为

$$V = 4\int_0^{\frac{\pi}{2}}\mathrm{d}\theta\int_0^{2a\cos\theta}\sqrt{4a^2 - r^2}\cdot r\mathrm{d}r = 4\int_0^{\frac{\pi}{2}} - \frac{1}{2}\cdot\frac{2}{3}(4a^2 - r^2)^{\frac{3}{2}}\Bigg|_0^{2a\cos\theta}\mathrm{d}\theta$$

$$= -\frac{4}{3}\int_0^{\frac{\pi}{2}}(8a^3\sin^3\theta - 8a^3)\mathrm{d}\theta = \frac{32}{3}a^3\int_0^{\frac{\pi}{2}}(1 - \sin^3\theta)\mathrm{d}\theta = \frac{32}{3}a^3\left(\frac{\pi}{2} - \frac{2}{3}\right).$$

4. 试求由曲线$(x^2 + y^2)^2 = 2a^2(x^2 - y^2)$ 所围成的平面图形的面积.

解:利用极坐标,曲线方程化为$r^2 = 2a^2\cos2\theta$,其图形为一双纽线,如图10-27所示. 利用对称性,有

$$S = 4\iint_D r\mathrm{d}r\mathrm{d}\theta = 4\int_0^{\frac{\pi}{4}}\mathrm{d}\theta\int_0^{\sqrt{2a^2\cos2\theta}} r\mathrm{d}r = 2\int_0^{\frac{\pi}{4}} r^2\Bigg|_0^{\sqrt{2a^2\cos2\theta}}\mathrm{d}\theta$$

$$= 4a^2\int_0^{\frac{\pi}{4}}\cos2\theta\mathrm{d}\theta = 2a^2\sin2\theta\Bigg|_0^{\frac{\pi}{4}} = 2a^2.$$

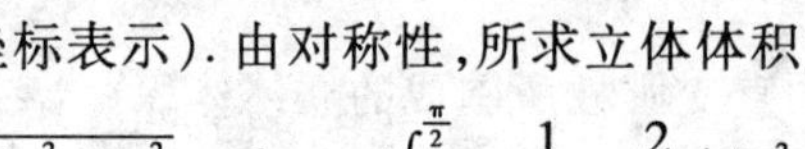

D_1 x

图 10-27

五、证明题

证明 $\int_0^a\mathrm{d}y\int_0^y \mathrm{e}^{a-x}f(x)\mathrm{d}x = \int_0^a x\mathrm{e}^x f(a - x)\mathrm{d}x.$

证:原式左边交换积分顺序得

$$\int_0^a dx\int_x^a e^{a-x}f(x)dy = \int_0^a (a-x)e^{a-x}f(x)dx \xlongequal{u=a-x} \int_a^0 ue^u f(a-u)(-du)$$

$$= \int_0^a ue^u f(a-u)du = \int_0^a xe^x f(a-x)dx.$$

六、技巧题

计算 $I = \iint\limits_D x[1+yf(x^2+y^2)]dxdy$,其中积分区域 D 是由 $y = x^3, y = 1, x = \pm 1$ 所围成的区域,$f(u)$ 为连续函数.

解:记 $F(x) = \int_0^x f(t)dt$.

$$I = \iint\limits_D xdxdy + \iint\limits_D xyfdxdy = \int_{-1}^1 dx\int_{x^3}^1 xdy + \int_{-1}^1 dx\int_{x^3}^1 xyfdy$$

$$= \int_{-1}^1 xy\Big|_{x^3}^1 dx + \int_{-1}^1 xdx\int_{x^3}^1 \frac{1}{2}f(x^2+y^2)dy^2$$

$$= \int_{-1}^1 (x-x^4)dx + \frac{1}{2}\int_{-1}^1 xF(x^2+y^2)\Big|_{x^3}^1 dx$$

$$= -\frac{2}{5} + \frac{1}{2}\int_{-1}^1 x[F(1+x^2)-F(x^2+x^6)]dx = -\frac{2}{5}.$$

注:$x[F(1+x^2)-F(x^2+x^6)]$ 为奇函数.

习　题　11

1. 判断下列级数的敛散性

(1) $\frac{1}{3}+\frac{1}{6}+\frac{1}{9}+\frac{1}{12}+\cdots$;

(2) $0.001+\sqrt{0.001}+\sqrt[3]{0.001}+\cdots+\sqrt[n]{0.001}+\cdots$;

(3) $\frac{4}{5}-\left(\frac{4}{5}\right)^2+\left(\frac{4}{5}\right)^3+\cdots+(-1)^{n-1}\left(\frac{4}{5}\right)^n+\cdots$;

(4) $\frac{1}{2}+\frac{3}{4}+\frac{5}{6}+\cdots+\frac{2n-1}{2n}+\cdots$;

(5) $\left(\frac{1}{2}+\frac{1}{3}\right)+\left(\frac{1}{4}+\frac{1}{9}\right)+\left(\frac{1}{8}+\frac{1}{27}\right)+\cdots$;

(6) $\frac{1}{3}+\frac{1}{\sqrt{3}}+\frac{1}{\sqrt[3]{3}}+\cdots+\frac{1}{\sqrt[n]{3}}+\cdots$;

(7) $\frac{1}{2}+\frac{1}{10}+\frac{1}{4}+\frac{1}{20}+\cdots+\frac{1}{2^n}+\frac{1}{10n}+\cdots$;

(8) $\frac{\ln 2}{2}+\frac{\ln^2 2}{2^2}+\frac{\ln^3 2}{2^3}+\cdots+\frac{\ln^n 2}{2^n}+\cdots$.

解:(1) 发散. 因$\sum\limits_{n=1}^{\infty}\frac{1}{3n}=\frac{1}{3}\sum\limits_{n=1}^{\infty}\frac{1}{n}$,而调和级数$\sum\limits_{n=1}^{\infty}\frac{1}{n}$发散,故原级数发散.

(2) 发散. 因$\lim\limits_{n\to\infty}\sqrt[n]{0.001}=1\neq 0$,故发散.

(3) 收敛. 因级数为交错级数,符合 Leibniz 收敛条件.

(4) 发散. 因$\lim\limits_{n\to\infty}\frac{2n-1}{2n}=1\neq 0$.

(5) 收敛. 因级数$\sum\limits_{n=1}^{\infty}\frac{1}{2^n}$与$\sum\limits_{n=1}^{\infty}\frac{1}{3^n}$都收敛,故级数$\sum\limits_{n=1}^{\infty}\left(\frac{1}{2^n}+\frac{1}{3^n}\right)$收敛.

(6) 发散. 因$\lim\limits_{n\to\infty}\frac{1}{\sqrt[n]{3}}=1\neq 0$.

(7) 发散. 因$\sum\limits_{n=1}^{\infty}\frac{1}{10n}$发散,故$\sum\limits_{n=1}^{\infty}\left(\frac{1}{2^n}+\frac{1}{10n}\right)$发散.

(8) 收敛. 因所论级数是等比级数,公比$q=\frac{\ln 2}{2}<1$.

2. 根据级数收敛定义判定下列级数的敛散性

(1) $\sum\limits_{n=1}^{\infty}\frac{1}{n(n+1)}$;　　(2) $\sum\limits_{n=1}^{\infty}\frac{1}{(2n-1)(2n+1)}$;

(3) $\sum_{n=1}^{\infty}\frac{1}{n(n+1)(n+2)}$;　　(4) $\sum_{n=1}^{\infty}(\sqrt{n+2}-2\sqrt{n+1}+\sqrt{n})$.

解:(1) 因$\frac{1}{n(n+1)}=\frac{1}{n}-\frac{1}{n+1}$,故

$$S_n=\left(1-\frac{1}{2}\right)+\left(\frac{1}{2}-\frac{1}{3}\right)+\cdots+\left(\frac{1}{n}-\frac{1}{n+1}\right)=1-\frac{1}{n+1}$$

$$\lim_{n\to\infty}S_n=\lim_{n\to\infty}\left(1-\frac{1}{n+1}\right)=1$$

所以级数收敛.

(2) 因$\frac{1}{(2n-1)(2n+1)}=\frac{1}{2}\left(\frac{1}{2n-1}-\frac{1}{2n+1}\right)$

$$S_n=\frac{1}{2}\left[\left(1-\frac{1}{3}\right)+\left(\frac{1}{3}-\frac{1}{5}\right)+\cdots+\left(\frac{1}{2n-1}-\frac{1}{2n+1}\right)\right]=\frac{1}{2}\left(1-\frac{1}{2n+1}\right)$$

$$\lim_{n\to\infty}S_n=\lim_{n\to\infty}\frac{1}{2}\left(1-\frac{1}{2n+1}\right)=\frac{1}{2}$$

所以级数收敛.

(3) 因$\frac{1}{n(n+1)(n+2)}=\frac{1}{2}\left[\frac{1}{n(n+1)}-\frac{1}{(n+1)(n+2)}\right]$

由(1)知级数$\sum_{n=1}^{\infty}\frac{1}{n(n+1)}$与$\sum_{n=1}^{\infty}\frac{1}{(n+1)(n+2)}$收敛,故级数$\sum_{n=1}^{\infty}\frac{1}{n(n+1)(n+2)}$收敛.

(4)
$$\begin{aligned}S_n&=\sqrt{1}-2\sqrt{2}+\sqrt{3}+\sqrt{2}-2\sqrt{3}+\sqrt{4}+\sqrt{3}-2\sqrt{4}+\sqrt{5}+\cdots+\\&\quad\sqrt{n}-2\sqrt{n+1}+\sqrt{n+2}\\&=\sqrt{1}-\sqrt{2}-\sqrt{n+1}+\sqrt{n+2}\end{aligned}$$

$$\lim_{n\to\infty}S_n=1-\sqrt{2}+\lim_{n\to\infty}(\sqrt{n+2}-\sqrt{n+1})=1-\sqrt{2}+\lim_{n\to\infty}\frac{1}{\sqrt{n+2}+\sqrt{n+1}}$$

$$=1-\sqrt{2}.$$

所以级数收敛.

3. 利用比较判别法,判定下列级数的敛散性

(1) $\frac{1}{2}+\frac{1}{5}+\frac{1}{10}+\frac{1}{17}+\cdots+\frac{1}{n^2+1}+\cdots$;

(2) $\sum_{n=1}^{\infty}\frac{1}{\ln(n+1)}$;

(3) $1+\frac{2}{3}+\frac{2^2}{3\times5}+\frac{2^3}{3\times5\times7}+\cdots+\frac{2^{n-1}}{3\times5\times7\times\cdots\times(2n-1)}$;

(4) $\frac{2}{1\times3}+\frac{2^2}{3\times3^2}+\frac{2^3}{5\times3^3}+\frac{2^4}{7\times3^4}+\cdots$;

(5) $\sum_{n=1}^{\infty}\left(\frac{n}{2n+1}\right)^n$;　　(6) $\sum_{n=1}^{\infty}\frac{n+1}{n(n+2)}$;

(7) $\sum_{n=1}^{\infty}\sin\frac{\pi}{2^n}$;　　(8) $\sum_{n=1}^{\infty}\frac{1}{1+a^n}$　$(a>0)$.

解:(1) 因$\frac{1}{n^2+1}<\frac{1}{n^2}$,$\sum\limits_{n=1}^{\infty}\frac{1}{n^2}$收敛,故原级数收敛.

(2) 因$\frac{1}{\ln(n+1)}>\frac{1}{n+1}$,$\sum\limits_{n=1}^{\infty}\frac{1}{n+1}$发散.故原级数发散.

(3) 因$a_n=\frac{2^{n-1}}{3\cdot5\cdot7\cdot\cdots(2n-1)}<\left(\frac{2}{3}\right)^{n-1}$,而级数$\sum\limits_{n=1}^{\infty}\left(\frac{2}{3}\right)^{n-1}$收敛,故原级数收敛.

(4) 因$a_n=\frac{2^n}{(2n-1)\times3^n}<\left(\frac{2}{3}\right)^n$,而级数$\sum\limits_{n=1}^{\infty}\left(\frac{2}{3}\right)^n$收敛,故原级数收敛.

(5) 因$\frac{n}{2n+1}<\frac{1}{2}$,而$\sum\limits_{n=1}^{n}\left(\frac{1}{2}\right)^n$收敛,故原级数收敛.

(6) 因$\frac{n+1}{n(n+2)}>\frac{n}{n(n+2)}=\frac{1}{n+2}$,又级数$\sum\limits_{n=1}^{\infty}\frac{1}{n+2}$发散,故原级数发散.

(7) 因$\sin\frac{\pi}{2^n}\leqslant\frac{\pi}{2^n}$,又级数$\sum\limits_{n=1}^{\infty}\frac{\pi}{2^n}$收敛,故原级数收敛.

(8) 分两种情形讨论:

(i) 当$0<a\leqslant1$时,因$\lim\limits_{n\to\infty}\frac{1}{1+a^n}=1\neq0$,故级数发散;

(ii) 当$a>1$时,因级数$\sum\limits_{n=1}^{\infty}\frac{1}{1+a^n}$收敛,故原级数收敛.

4. 利用比值判别法判定下列级数的敛散性

(1) $\sum\limits_{n=1}^{\infty}\frac{5^n}{n!}$;　　(2) $\sum\limits_{n=1}^{\infty}\frac{2^n\cdot n!}{n^n}$;

(3) $\sum\limits_{n=1}^{\infty}\frac{3^n\cdot n!}{n^n}$;　　(4) $\sum\limits_{n=1}^{\infty}n\cdot\tan\frac{\pi}{2^{n+1}}$;

(5) $\sum\limits_{n=1}^{\infty}\frac{(n!)^2}{(2n)!}$;　　(6) $\frac{2}{1\times2}+\frac{2^2}{2\times3}+\frac{2^3}{3\times4}+\frac{2^4}{4\times5}+\cdots$.

解:(1) $\lim\limits_{n\to\infty}\frac{a_{n+1}}{a_n}=\lim\limits_{n\to\infty}\frac{5^{n+1}}{(n+1)!}\cdot\frac{n!}{5^n}=\lim\limits_{n\to\infty}\frac{5}{n+1}=0<1$故原级数收敛.

(2) $\lim\limits_{n\to\infty}\frac{a_{n+1}}{a_n}=\lim\limits_{n\to\infty}\frac{2^{n+1}\cdot(n+1)!}{(n+1)^{n+1}}\cdot\frac{n^n}{2^n\cdot n!}=\lim\limits_{n\to\infty}2\cdot\left(\frac{n}{n+1}\right)^n=\frac{2}{e}<1$,故原级数收敛.

(3) $\lim\limits_{n\to\infty}\frac{a_{n+1}}{a_n}=\lim\limits_{n\to\infty}\frac{3^{n+1}(n+1)!}{(n+1)^{n+1}}\cdot\frac{n^n}{3^n\cdot n!}=\lim\limits_{n\to\infty}3\cdot\left(\frac{n}{n+1}\right)^n=\frac{3}{e}>1$,故原级数发散.

(4) $\lim\limits_{n\to\infty}\frac{a_{n+1}}{a_n}=\lim\limits_{n\to\infty}\frac{(n+1)\tan\frac{\pi}{2^{n+2}}}{n\tan\frac{\pi}{2^{n+1}}}=\lim\limits_{n\to\infty}\frac{2^{n+1}}{2^{n+2}}=\frac{1}{2}<1$故原级数收敛.

(5) $\lim\limits_{n\to\infty}\frac{a_{n+1}}{a_n}=\lim\limits_{n\to\infty}\frac{[(n+1)!]^2}{(2n+2)!}\cdot\frac{(2n)!}{(n!)^2}=\lim\limits_{n\to\infty}\frac{(n+1)^2}{(2n+2)(2n+1)}=\frac{1}{4}<1$故原级数

收敛.

(6) $\lim\limits_{n\to\infty}\dfrac{a_{n+1}}{a_n}=\lim\limits_{n\to\infty}\dfrac{2^{n+1}}{(n+1)(n+2)}\cdot\dfrac{n(n+1)}{2^n}=\lim\limits_{n\to\infty}\dfrac{2n}{n+2}=2>1$,故原级数发散.

5. 利用根值判别法判定下列级数的敛散性

(1) $\sum\limits_{n=1}^{\infty}\dfrac{n}{2^n}\cos^2\dfrac{\pi}{3n}$;　　(2) $\sum\limits_{n=1}^{\infty}\left(\dfrac{n}{2n+1}\right)^n$;

(3) $\sum\limits_{n=1}^{\infty}\dfrac{1}{[\ln(n+1)]^n}$;　　(4) $\sum\limits_{n=1}^{\infty}\dfrac{n^4}{4^n}$;　　(5) $\sum\limits_{n=1}^{\infty}\dfrac{\left(2+\frac{1}{n}\right)^n}{n^{100}}$.

解:(1) $\lim\limits_{n\to\infty}\sqrt[n]{a_n}=\lim\limits_{n\to\infty}\sqrt[n]{\dfrac{n}{2^n}\cos^2\dfrac{\pi}{3n}}=\lim\limits_{n\to\infty}\dfrac{\sqrt[n]{n}}{2}=\dfrac{1}{2}<1$,故原级数收敛.

(2) $\lim\limits_{n\to\infty}\sqrt[n]{a_n}=\lim\limits_{n\to\infty}\sqrt[n]{\left(\dfrac{n}{2n+1}\right)^n}=\lim\limits_{n\to\infty}\dfrac{n}{2n+1}=\dfrac{1}{2}<1$,故原级数收敛.

(3) $\lim\limits_{n\to\infty}\sqrt[n]{a_n}=\lim\limits_{n\to\infty}\dfrac{1}{[\ln(n+1)]^n}=\lim\limits_{n\to\infty}\dfrac{1}{\ln(n+1)}=0<1$,故原级数收敛.

(4) $\lim\limits_{n\to\infty}\sqrt[n]{a_n}=\lim\limits_{n\to\infty}\sqrt[n]{\dfrac{n^4}{4^n}}=\lim\limits_{n\to\infty}\dfrac{\sqrt[n]{n^4}}{4}=\dfrac{1}{4}<1$,故原级数收敛.

(5) $\lim\limits_{n\to\infty}\sqrt[n]{a_n}=\lim\limits_{n\to\infty}\sqrt[n]{\dfrac{\left(2+\frac{1}{n}\right)^n}{n^{100}}}=\lim\limits_{n\to\infty}\dfrac{2+\frac{1}{n}}{\sqrt[n]{n^{100}}}=2>1$,故原级数发散.

6. 讨论下列级数的敛散性. 若收敛,指出是条件收敛还是绝对收敛.

(1) $\sum\limits_{n=1}^{\infty}(-1)^{n+1}\dfrac{1}{2n-1}$;　　(2) $\sum\limits_{n=2}^{\infty}(-1)^n\dfrac{1}{\ln n}$;

(3) $\sum\limits_{n=1}^{\infty}(-1)^{n+1}\dfrac{n}{n+1}$;　　(4) $\sum\limits_{n=1}^{\infty}(-1)^{n+1}\left(\dfrac{2n+100}{3n+1}\right)^n$;

(5) $\sum\limits_{n=1}^{\infty}\dfrac{\sin nx}{n^2}$;　　(6) $\sum\limits_{n=1}^{\infty}\dfrac{n\cos nx}{2^n}$;

(7) $\sum\limits_{n=1}^{\infty}\dfrac{1}{\pi^n}\cdot\sin\dfrac{\pi}{n}$;　　(8) $\sum\limits_{n=1}^{\infty}(-1)^{n+1}\dfrac{1}{n-\ln n}$.

解:(1) 因 $a_n=\dfrac{1}{2n-1}$,$a_{n+1}=\dfrac{1}{2n+1}$,$a_n>a_{n+1}$,又$\lim\limits_{n\to\infty}a_n=\lim\limits_{n\to\infty}\dfrac{1}{2n-1}=0$.

由 Leibniz 定理知,$\sum\limits_{n=1}^{\infty}(-1)^{n+1}\dfrac{1}{2n-1}$收敛. 又

$$\sum_{n=1}^{\infty}\left|(-1)^{n+1}\frac{1}{2n-1}\right|=\sum_{n=1}^{\infty}\frac{1}{2n-1}$$

发散. 故原级数条件收敛.

(2) 由 Leibniz 定理知$\sum\limits_{n=2}^{\infty}(-1)^n\dfrac{1}{\ln n}$收敛,但$\sum\limits_{n=1}^{\infty}\left|(-1)^n\dfrac{1}{\ln n}\right|=\sum\limits_{n=1}^{\infty}\dfrac{1}{\ln n}$发散,故原级数条件收敛.

(3) 因$\lim\limits_{n\to\infty}\frac{n}{n+1}=1\neq 0$,不满足级数收敛的必要条件,故原级数发散.

(4) 因$\lim\limits_{n\to\infty}\sqrt[n]{|a_n|}=\lim\limits_{n\to\infty}\frac{2n+100}{3n+1}=\frac{2}{3}<1$,故原级数绝对收敛.

(5) 因$\left|\frac{\sin nx}{n^2}\right|\leqslant\frac{1}{n^2}$,而级数$\sum\limits_{n=1}^{\infty}\frac{1}{n^2}$收敛,故原级数绝对收敛.

(6) 因$\left|\frac{n\cos nx}{2^n}\right|\leqslant\frac{n}{2^n}$,由比值判别法知$\sum\limits_{n=1}^{\infty}\frac{n}{2^n}$收敛,故原级数绝对收敛.

(7) 因$\left|\frac{1}{\pi^n}\sin\frac{\pi}{n}\right|\leqslant\frac{1}{\pi^n}$,而级数$\sum\limits_{n=1}^{\infty}\left(\frac{1}{\pi}\right)^n$收敛,故原级数绝对收敛.

(8) 作函数$f(x)=\frac{1}{x-\ln x}$,$f'(x)=\frac{1-x}{x(x-\ln x)^2}$当$x>1$时$f'(x)<0$,所以函数$f(x)$在$x>1$时单调递减,于是有$f(x)>f(x+1)$.取$x=n$,有

$$f(n)>f(n+1),\quad \frac{1}{n-\ln n}>\frac{1}{(n+1)-\ln(n+1)}.$$

另一方面,$\lim\limits_{n\to\infty}a_n=\lim\limits_{n\to\infty}\frac{1}{n-\ln n}=0$.由 Leibniz 定理知$\sum\limits_{n=2}^{\infty}(-1)^{n+1}\frac{1}{n-\ln n}$收敛.

其次
$$\sum_{n=2}^{\infty}\left|(-1)^{n+1}\frac{1}{n-\ln n}\right|=\sum_{n=1}^{\infty}\frac{1}{n-\ln n}$$

因$\frac{1}{n-\ln n}\sim\frac{1}{n}$,而$\sum\limits_{n=1}^{\infty}\frac{1}{n}$发散,故原级数条件收敛.

7. 若正项级数$\sum\limits_{n=1}^{\infty}a_n$及$\sum\limits_{n=1}^{\infty}b_n$都发散,试问下列级数是否发散?

(1) $\sum\limits_{n=1}^{\infty}\max\{a_n,b_n\}$;　　(2) $\sum\limits_{n=1}^{\infty}\min\{a_n,b_n\}$.

解:(1) 不一定.例如:
当n为奇数时,$a_n=0,b_n=-1$;
当n为偶数时,$a_n=-1,b_n=0$.

则$\max\{a_n,b_n\}=0,(n=1,2,\cdots,1)$这时$\sum\limits_{n=1}^{\infty}\max\{a_n,b_n\}$收敛.

(2) 不一定.例如:
当n为奇数时,$a_n=1,b_n=0$;
当n为偶数时,$a_n=0,b_n=1$.

则$\min\{a_n,b_n\}=0,(n=1,2,\cdots)$这时$\sum\limits_{n=1}^{\infty}\min\{a_n,b_n\}$收敛.

8. 证明:若正项级数$\sum\limits_{n=1}^{\infty}u_n$收敛,则级数$\sum\limits_{n=1}^{\infty}u_n^2$收敛,反之不然.

证:因$\sum\limits_{n=1}^{\infty}u_n$收敛,故$\lim\limits_{n\to\infty}u_n=0$,则必$\exists N$,当$n>N$时,有$u_n^2\leqslant u_n$.由比较判别法知$\sum\limits_{n=1}^{\infty}u_n^2$收敛.

反之不然．例如$\sum\limits_{n=1}^{\infty}\frac{1}{n^2}$收敛，但$\sum\limits_{n=1}^{\infty}\frac{1}{n}$发散．

9. 设数项级数$\sum\limits_{n=1}^{\infty}a_n^2$收敛，证明级数$\sum\limits_{n=1}^{\infty}\frac{|a_n|}{n}$必收敛．

证：因$\frac{|a_n|}{n}\leqslant\frac{1}{2}\left(a_n^2+\frac{1}{n^2}\right)$，已知$\sum\limits_{n=1}^{\infty}a_n^2$与$\sum\limits_{n=1}^{\infty}\frac{1}{n^2}$均收敛，由比较判别法知，$\sum\limits_{n=1}^{\infty}\frac{|a_n|}{n}$收敛．

10. 设$S_n=1+\frac{1}{1+2}+\frac{1}{1+2+3}+\cdots+\frac{1}{1+2+3+\cdots+n}$，试求$\lim\limits_{n\to\infty}S_n$.

解：因$a_n=\frac{1}{\frac{n(1+n)}{2}}=\frac{2}{n(1+n)}$，故

$$S_n=\sum_{k=1}^{n}\frac{2}{k(1+k)}=\sum_{k=1}^{n}2\left(\frac{1}{k}-\frac{1}{k+1}\right)=2\left(1-\frac{1}{n+1}\right)$$

故
$$\lim_{n\to\infty}S_n=\lim_{n\to\infty}2\left(1-\frac{1}{n+1}\right)=2.$$

综合练习 11

一、选择题

1. 若级数$\sum\limits_{n=1}^{\infty}a_n$及$\sum\limits_{n=1}^{\infty}b_n$都发散，则(　　).

A. $\sum\limits_{n=1}^{\infty}(a_n+b_n)$必发散　　B. $\sum\limits_{n=1}^{\infty}a_n\cdot b_n$必发散

C. $\sum\limits_{n=1}^{\infty}(|a_n|+|b_n|)$必发散　　D. $\sum\limits_{n=1}^{\infty}(a_n^2+b_n^2)$必发散

答：选C. 因若$\sum\limits_{n=1}^{\infty}(|a_n|+|b_n|)$收敛．由$|a_n|\leqslant(|a_n|+|b_n|)$知$\sum\limits_{n=1}^{\infty}a_n$收敛，从而与条件相矛盾．

2. 下列一些命题中，正确的命题的个数为(　　).

(1) 若$\lim\limits_{n\to\infty}a_n=0$，则$\sum\limits_{n=1}^{\infty}a_n$收敛．

(2) 若$\sum\limits_{n=1}^{\infty}a_n$发散，则$\sum\limits_{n=100}^{\infty}a_n$收敛．

(3) 若$\sum\limits_{n=1}^{\infty}a_n$收敛，$\sum\limits_{n=1}^{\infty}b_n$发散，则$\sum\limits_{n=1}^{\infty}(a_n+b_n)$发散．

(4) 若$\sum\limits_{n=1}^{\infty}a_n=S$，则$\sum\limits_{n=1}^{\infty}2a_n=2S$.

(5) 若$\sum\limits_{n=1}^{\infty}a_n$收敛，则$\sum\limits_{n=1}^{\infty}|a_n|$也收敛．

A. 1 个　　B. 2 个　　C. 3 个　　D. 4 个

答:选 B. 上述命题中,(3),(4) 正确. 故选 B.

3. 下列级数中发散的是(　　).

A. $\sum_{n=1}^{\infty}(\sqrt{n+2}-2\sqrt{n+1}+\sqrt{n})$　　B. $\sum_{n=1}^{\infty}\frac{n^2+2^n}{n^2\cdot 2^n}$

C. $\sum_{n=1}^{\infty}(\sqrt{n+1}-\sqrt{n})\cdot\ln\frac{n-1}{n+1}$　　D. $\sum_{n=1}^{\infty}\frac{3^n\cdot n!}{n^n}$

答:选 D. 由习题 11 中 2(4) 知 A 表示的级数收敛、B 表示的级数显然收敛. 下面我们着重讨论 C 表示的级数的敛散性. 由比较判别法的极限形式,有

$$\frac{(\sqrt{n+1}-\sqrt{n})\cdot\ln\frac{n-1}{n+1}}{\frac{1}{n^{\frac{3}{2}}}}=\frac{n\sqrt{n}}{\sqrt{n+1}+\sqrt{n}}\ln\left(1-\frac{2}{n+1}\right)$$

$$=\frac{\sqrt{n}}{\sqrt{n+1}+\sqrt{n}}\ln\left(1-\frac{2}{n+1}\right)^n\xrightarrow{n\to\infty}-1$$

因 $\sum_{n=1}^{\infty}\frac{1}{n^{\frac{3}{2}}}$ 收敛,故 C 所表示的级数收敛.

注意:原级数是一个负项级数. 由比值判别法知 $\sum_{n=1}^{\infty}\frac{3^n\cdot n!}{n^n}$ 发散,故选 D.

4. 下列级数中收敛的是(　　).

A. $\sum_{n=1}^{\infty}\frac{(n!)^2}{2n^2}$　　B. $\sum_{n=1}^{\infty}\frac{4^n\cdot n!}{n^n}$

C. $\sum_{n=1}^{\infty}\frac{1}{\pi^n}\sin\frac{\pi}{n}$　　D. $\sum_{n=1}^{\infty}\frac{n+1}{n(n+2)}$

答:选 C. 因 $\frac{1}{\pi^n}\sin\frac{\pi}{n}\leqslant\frac{1}{\pi^n}$, $\sum_{n=1}^{\infty}\frac{1}{\pi^n}$ 收敛,故级数 $\sum_{n=1}^{\infty}\frac{1}{\pi^n}\sin\frac{\pi}{n}$ 收敛.

5. 下列级数中条件收敛的是(　　).

A. $\sum_{n=1}^{\infty}(-1)^n\frac{n}{n+1}$　　B. $\sum_{n=1}^{\infty}(-1)^n\frac{1}{\sqrt{n}}$

C. $\sum_{n=1}^{\infty}\frac{(-1)^n}{\sqrt{n^3}}$　　D. $\sum_{n=1}^{\infty}\sin\frac{\pi}{n^2}$

答:选 B. 因 $\lim_{n\to\infty}\frac{n}{n+1}=1\neq 0$,故 $\sum_{n=1}^{\infty}(-1)^n\frac{n}{n+1}$ 发散.

其次, $\sum_{n=1}^{\infty}\left|(-1)^n\frac{1}{\sqrt{n^3}}\right|=\sum_{n=1}^{\infty}\frac{1}{n^{\frac{3}{2}}}$ 收敛; $\sum_{n=1}^{\infty}\left|\sin\frac{\pi}{n^2}\right|\leqslant\sum_{n=1}^{\infty}\frac{\pi}{n^2}$ 收敛.

故 C 与 D 所表示的级数绝对收敛.

对级数 $\sum_{n=1}^{\infty}(-1)^n\frac{1}{\sqrt{n}}$, 一方面该级数满足 Leibniz 收敛定理的条件, 另一方面,

$\sum_{n=1}^{\infty}\left|(-1)\frac{1}{\sqrt{n}}\right|=\sum_{n=1}^{\infty}\frac{1}{\sqrt{n}}$ 发散,故级数 $\sum_{n=1}^{\infty}(-1)^n\frac{1}{\sqrt{n}}$ 条件收敛.

6. 设 a 为常数,则级数 $\sum_{n=1}^{\infty}\left[\frac{\sin(na)}{n^2}-\frac{1}{\sqrt{n}}\right]$(　　).

A. 绝对收敛　　B. 条件收敛

C. 发散　　D. 收敛性与 a 的取值有关

答:选 C. 因 $\sum_{n=1}^{\infty}\frac{1}{\sqrt{n}}$ 发散,故原级数发散. 故选 C.

7. 级数 $\sum_{n=1}^{\infty}(-1)^n\left(1-\cos\frac{a}{n}\right)$($a$ 为常数)(　　).

A. 绝对收敛　　B. 条件收敛

C. 发散　　D. 收敛性与 a 的取值有关

答:选 A. 因 $1-\cos\frac{a}{n}=2\sin^2\frac{a}{2n}\sim\frac{a^2}{4n^2}$,而 $\sum_{n=1}^{\infty}(-1)^n\frac{a^2}{4n^2}$ 绝对收敛,故原级数绝对收敛.

8. 对级数 $\sum_{n=1}^{\infty}\left(\frac{na}{n+1}\right)^n$ $(a>0)$,下述结论中错误的是(　　).

A. $a>1$ 时发散　　B. $a<1$ 时收敛

C. $a=1$ 时发散　　D. $a=1$ 时收敛

答:选 D. 因 $\lim\limits_{n\to\infty}\sqrt[n]{a_n}=\lim\limits_{n\to\infty}\frac{na}{n+1}=a(a>0)$,故:

当 $a<1$ 时级数收敛,当 $a>1$ 时级数发散.

当 $a=1$ 时,因 $\lim\limits_{n\to\infty}\left(\frac{n}{n+1}\right)^n=\frac{1}{\mathrm{e}}\neq 0$,故级数发散.

二、填空题

1. 已知级数 $\sum_{n=1}^{\infty}(-1)^{n-1}a_n=2$, $\sum_{n=1}^{\infty}a_{2n-1}=5$,则 $\sum_{n=1}^{\infty}a_n=$ ________.

解: $$\sum_{n=1}^{\infty}(-1)^{n-1}a_n=a_1-a_2+a_3-a_4+\cdots+(-1)^{n-1}a_n+\cdots=2 \quad (1)$$

$$\sum_{n=1}^{\infty}a_{2n-1}=a_1+a_3+a_5+\cdots+a_{2n-1}=5 \quad (2)$$

将式(2)×2-式(1),得 $\sum_{n=1}^{\infty}a_n=8$.

2. 若级数 $\sum_{n=1}^{\infty}a_n$ 的前 n 项和 $S_n=\frac{1}{2}-\frac{1}{2(2n+1)}$,则 $a_n=$ ________, $\sum_{n=1}^{\infty}a_n=$ ________.

解: $a_n=S_n-S_{n-1}=\left[\frac{1}{2}-\frac{1}{2(2n+1)}\right]-\left[\frac{1}{2}-\frac{1}{2[(2n-2)+1]}\right]=\frac{1}{(2n-1)(2n+1)}$

因 $\lim\limits_{n\to\infty}S_n=\lim\limits_{n\to\infty}\left[\frac{1}{2}-\frac{1}{2(2n+1)}\right]=\frac{1}{2}$,故 $\sum_{n=1}^{\infty}a_n=\frac{1}{2}$.

3. $\sum_{n=1}^{\infty}\frac{n}{(n+1)!}=$ ________.

解: $\sum_{n=1}^{\infty}\frac{n}{(n+1)!}=1$. 详细解答见习题 12 第 7 题.

4. $\lim\limits_{n\to\infty}\dfrac{b^n}{a^n n!}=$ ________.

解:将$\dfrac{b^n}{a^n n!}$视为数项级数$\sum\limits_{n=1}^{\infty}\dfrac{b^n}{a^n n!}$的通项．由比值判别法,因

$$\lim_{n\to\infty}\left|\frac{b^{n+1}}{a^{n+1}(n+1)!}\right|\cdot\left|\frac{a^n\cdot n!}{b^n}\right|=\lim_{n\to\infty}\left|\frac{b}{a}\right|\cdot\frac{1}{n+1}=0$$

故级数$\sum\limits_{n=1}^{\infty}\dfrac{b^n}{a^n n!}$收敛,从而有$\lim\limits_{n\to\infty}\dfrac{b^n}{a^n n!}=0$.

三、判断下列级数的敛散性,若收敛,说明是条件收敛还是绝对收敛

1. $\sum\limits_{n=1}^{\infty}(-1)^n\dfrac{1}{\ln(1+n)}$.

解:(1) 由 Leibniz 定理知$\sum\limits_{n=1}^{\infty}(-1)^n\dfrac{1}{\ln(1+n)}$收敛．

(2) 因$\dfrac{1}{\ln(1+n)}>\dfrac{1}{n}$,而$\sum\limits_{n=1}^{\infty}\dfrac{1}{n}$发散,故$\sum\limits_{n=1}^{\infty}\left|(-1)^n\dfrac{1}{\ln(1+n)}\right|$发散．所以原级数为条件收敛．

2. $\sum\limits_{n=1}^{\infty}\left(1-\cos\dfrac{\pi}{n}\right)$.

解:绝对收敛．理由与题一(7)相同．

3. $\sum\limits_{n=1}^{\infty}(-1)^n\ln\dfrac{n+1}{n}$.

解:考查函数$f(x)=\ln\dfrac{x+1}{x}$. 因

$$f'(x)=\frac{1}{1+x}-\frac{1}{x}=\frac{-1}{x(1+x)}$$

当$x>1$时$f'(x)<0$,可见函数$f(x)$在$x>1$时为单调减．因此,有$f(n)>f(n+1)$,即$a_n>a_{n+1}$.

又$\lim\limits_{n\to\infty}\ln\dfrac{n+1}{n}=0$,由 Leibniz 定理知$\sum\limits_{n=1}^{\infty}(-1)^n\ln\dfrac{n+1}{n}$收敛．

另一方面,因$\ln\dfrac{n+1}{n}=\ln\left(1+\dfrac{1}{n}\right)\sim\dfrac{1}{n}$,而$\sum\limits_{n=1}^{\infty}\dfrac{1}{n}$发散,故级数$\sum\limits_{n=1}^{\infty}\left|(-1)^n\ln\dfrac{n+1}{n}\right|$发散,所以原级数为条件收敛．

4. $\sum\limits_{n=1}^{\infty}n^2\left(-\dfrac{1}{e}\right)^{n-1}$.

解:因$\lim\limits_{n\to\infty}\left|\dfrac{(n+1)^2\left(-\dfrac{1}{e}\right)^n}{n^2\left(-\dfrac{1}{e}\right)^{n-1}}\right|=\lim\limits_{n\to\infty}\left(\dfrac{n+1}{n}\right)^2\cdot\left|\left(-\dfrac{1}{e}\right)^{n-n+1}\right|=\dfrac{1}{e}<1$

故原级数绝对收敛．

5. $\sum_{n=1}^{\infty}\sin\frac{n\pi}{2}$.

解:显然级数发散.

6. $\sum_{n=1}^{\infty}(-1)^n\int_0^{\frac{1}{n}}\frac{x}{1+x^2}\mathrm{d}x$.

解:$\int_0^{\frac{1}{n}}\frac{x}{1+x^2}\mathrm{d}x=\frac{1}{2}\ln(1+x^2)\Big|_0^{\frac{1}{n}}=\frac{1}{2}\ln\left(1+\frac{1}{n^2}\right)$.

因 $\ln\left(1+\frac{1}{n^2}\right)\sim\frac{1}{n^2}$,而 $\sum_{n=1}^{\infty}\frac{1}{n^2}$ 收敛,故原级数绝对收敛.

四、综合题

设数项级数 $\sum_{n=1}^{\infty}a_n$ 及 $\sum_{n=1}^{\infty}b_n$ 都收敛,且满足关系式 $a_n\leqslant c_n\leqslant b_n(n=1,2,\cdots)$,证明级数 $\sum_{n=1}^{\infty}c_n$ 收敛. 又假定级数 $\sum_{n=1}^{\infty}a_n$ 与 $\sum_{n=1}^{\infty}b_n$ 均发散,那么级数 $\sum_{n=1}^{\infty}c_n$ 的收敛性如何?

证:令 $u_n=b_n-a_n$ 及 $v_n=c_n-a_n$,则有 $u_n\geqslant 0,v_n\geqslant 0$.

因 $0\leqslant v_n\leqslant u_n$,而 $\sum_{n=1}^{\infty}u_n$ 收敛. 故 $\sum_{n=1}^{\infty}v_n$ 收敛,即有 $\sum_{n=1}^{\infty}c_n=\sum_{n=1}^{\infty}(a_n+v_n)$ 收敛.

当 $\sum_{n=1}^{\infty}a_n$ 及 $\sum_{n=1}^{\infty}b_n$ 都发散时, $\sum_{n=1}^{\infty}c_n$ 的敛散性不定. 例如

$$\sum_{n=1}^{\infty}a_n=-1-1-1-\cdots-1-\cdots$$

$$\sum_{n=1}^{\infty}c_n=1+\frac{1}{2^2}+\frac{1}{3^2}+\cdots+\frac{1}{n^2}+\cdots$$

$$\sum_{n=1}^{\infty}b_n=1+1+1+\cdots+1+\cdots$$

满足 $a_n\leqslant c_n\leqslant b_n$, $\sum_{n=1}^{\infty}a_n$ 及 $\sum_{n=1}^{\infty}b_n$ 均发散,但 $\sum_{n=1}^{\infty}c_n$ 却收敛.

同样,容易举出 $\sum_{n=1}^{\infty}a_n$ 及 $\sum_{n=1}^{\infty}b_n$ 均发散, $\sum_{n=1}^{\infty}c_n$ 也发散的例子.

五、证明题

设偶函数 $f(x)$ 的二阶导数 $f''(x)$ 在点 $x=0$ 的某个邻域内连续,且 $f(0)=1$, $f''(x)$ 有界,试证级数 $\sum_{n=1}^{\infty}\left[f\left(\frac{1}{n}\right)-1\right]$ 绝对收敛.

证:将 $f(x)$ 在 $x=0$ 处按 Taylor 公式展开

$$f(x)=f(0)+\frac{f'(0)}{1!}x+\frac{f''(\theta x)}{2!}x^2,\quad(0<\theta<1)$$

因 $f(x)$ 为可导的偶函数,故 $f'(0)=0$,又 $f''(x)$ 有界,不仿设 $|f''(x)|<M$,于是

$$f(x)=1+\frac{1}{2}f''(\theta x)\cdot x^2$$

取 $x=\dfrac{1}{n}$,得 $\left|f\left(\dfrac{1}{n}\right)-1\right|=\dfrac{1}{2}|f''(\theta x)|\cdot\dfrac{1}{n^2}<\dfrac{M}{2}\cdot\dfrac{1}{n^2}.$

因 $\sum\limits_{n=1}^{\infty}\dfrac{1}{n^2}$ 收敛,故级数 $\sum\limits_{n=1}^{\infty}\left[f\left(\dfrac{1}{n}\right)-1\right]$ 绝对收敛.

六、说明下列命题的正确性

1. 设 $a_n>0$,且 $\{na_n\}$ 有界,则级数 $\sum\limits_{n=1}^{\infty}a_n^2$ 收敛;

2. 若 $\lim\limits_{n\to\infty}n^2a_n=c(c>0)$,则级数 $\sum\limits_{n=1}^{\infty}a_n$ 收敛.

解:1. 因 $a_n>0$,$\{na_n\}$ 有界,故 $\exists M>0$,使 $0\leqslant na_n\leqslant M$

即 $\quad 0\leqslant a_n\leqslant\dfrac{M}{n}$,故 $0\leqslant a_n^2\leqslant\dfrac{M^2}{n^2}$.

因 $\sum\limits_{n=1}^{\infty}\dfrac{1}{n^2}$ 收敛,故由比较判别法知 $\sum\limits_{n=1}^{\infty}a_n^2$ 收敛.

2. 显然 $\sum\limits_{n=1}^{\infty}a_n$ 为正项级数.

因 $\lim\limits_{n\to\infty}\dfrac{a_n}{\frac{1}{n^2}}=c>0$,又 $\sum\limits_{n=1}^{\infty}\dfrac{1}{n^2}$ 收敛,故 $\sum\limits_{n=1}^{\infty}a_n$ 收敛.

习　题　12

1. 求下列幂级数的收敛半径和收敛域

(1) $\sum_{n=1}^{\infty}\frac{x^n}{\sqrt{n}}$;　　(2) $\frac{x}{2}+\frac{x^2}{2\times4}+\frac{x^3}{2\times4\times6}+\cdots$;

(3) $\sum_{n=1}^{\infty}\frac{\ln(n+1)}{n+1}x^n$;　　(4) $\frac{2}{2}x+\frac{2^2}{5}x^2+\frac{2^3}{10}x^3+\cdots+\frac{2^n}{n^2+1}x^n+\cdots$;

(5) $\sum_{n=0}^{\infty}(-1)^n\frac{x^{2n}}{(2n)!}$;　　(6) $\sum_{n=1}^{\infty}(-1)^{n-1}\frac{(x-1)^n}{5n}$;

(7) $\sum_{n=1}^{\infty}\frac{(x+2)^n}{\sqrt{2n}}$;　　(8) $\sum_{n=1}^{\infty}(nx)^n$;

(9) $\sum_{n=0}^{\infty}\frac{(-1)^n}{2^n}x^n$;　　(10) $\sum_{n=1}^{\infty}\frac{x^n}{n^{\rho}}(\rho>0)$.

解:(1) 显然,$R=1$.

当 $x=-1$ 时,级数为 $\sum_{n=1}^{\infty}\frac{(-1)^n}{\sqrt{n}}$,　条件收敛;

当 $x=1$ 时,级数为 $\sum_{n=1}^{\infty}\frac{1}{\sqrt{n}}$,　发散.

所以,级数的收敛域为 $[-1,1)$.

(2) $u_n=\frac{x^n}{2\times4\times6\times\cdots\times(2n)}$.

$$R=\lim_{n\to\infty}\frac{\dfrac{1}{2\times4\times6\times\cdots\times(2n)}}{\dfrac{1}{2\times4\times6\times\cdots\times(2n+2)}}=\lim_{n\to\infty}(2n+2)=\infty$$

故级数的收敛半径为 $R=\infty$,收敛域为 $(-\infty,+\infty)$.

(3) $R=\lim_{n\to\infty}\left|\frac{u_n}{u_n+1}\right|=\lim_{n\to\infty}\frac{\ln(n+1)(n+2)}{(n+1)\ln(n+2)}=\lim_{n\to\infty}\frac{(n+2)\cdot\left[\ln n+\ln\left(1+\frac{2}{n}\right)\right]}{(n+1)\cdot\left[\ln n+\ln\left(1+\frac{1}{n}\right)\right]}$

$=\lim_{n\to\infty}\frac{(n+2)\ln n}{(n+1)\ln n}=1.$

当 $x=-1$ 时,级数为 $\sum_{n=1}^{\infty}(-1)^n\frac{\ln(n+1)}{n+1}$,这是一个交错级数.

考查函数 $f(x)=\frac{\ln x}{x}$,因 $f'(x)=\left(\frac{\ln x}{x}\right)'=\frac{1-\ln x}{x^2}$,当 $x>3$ 时 $f'(x)<0$.

故当 $n>2$ 时,有$\frac{\ln(n+1)}{n+1}>\frac{\ln(n+2)}{n+2}$;

其次$\lim\limits_{n\to\infty}\frac{\ln(n+1)}{n+1}=0$. 由 Leibniz 判别法知级数$\sum\limits_{n=1}^{\infty}(-1)^n\frac{\ln(n+1)}{n+1}$收敛.

当 $x=1$ 时,级数为$\sum\limits_{n=1}^{\infty}\frac{\ln(n+1)}{n+1}$,由比较判别法易知级数发散. 所以级数的收敛半径 $R=1$,收敛域为$[-1,1)$.

(4) $u_n=\frac{2^n}{n^2+1}$.

$$R=\lim_{n\to\infty}\frac{u_n}{u_{n+1}}=\lim_{n\to\infty}\frac{2^n[(n+1)^2+1]}{(n^2+1)\cdot 2^{n+1}}=\frac{1}{2}$$

当 $x=-\frac{1}{2}$ 时. 级数为$\sum\limits_{n=1}^{\infty}\frac{(-1)^n}{n^2+1}$,显然收敛;

当 $x=\frac{1}{2}$ 时,级数为$\sum\limits_{n=1}^{\infty}\frac{1}{n^2+1}$,亦收敛.

故级数的收敛半径 $R=\frac{1}{2}$,收敛域为$\left[-\frac{1}{2},\frac{1}{2}\right]$.

(5) 令 $t=x^2$,则原级数变为$\sum\limits_{n=1}^{\infty}(-1)^n\frac{t^n}{(2n)!}$. 对新级数

$$R'=\lim_{n\to\infty}\left|\frac{u_n'}{u_{n+1}'}\right|=\lim_{n\to\infty}\frac{\frac{1}{(2n)!}}{\frac{1}{(2n+1)!}}=\infty$$

故对原级数亦有 $R=\infty$,其收敛域为$(-\infty,+\infty)$.

(6) 记 $t=x-1$,则级数为$\sum\limits_{n=1}^{\infty}(-1)^{n-1}\frac{t^n}{5n}$.

$$R=\lim_{n\to\infty}\left|\frac{u_n}{u_{n+1}}\right|=\lim_{n\to\infty}\frac{\frac{1}{5n}}{\frac{1}{5n+5}}=1$$

当 $t=-1$ 时,级数为$\sum\limits_{n=1}^{\infty}-\frac{1}{5n}$,发散;

当 $t=1$ 时,级数为$\sum\limits_{n=1}^{\infty}(-1)^{n-1}\frac{1}{5n}$,该级数为收敛的交错级数.

故对新级数,收敛域为 $-1<t\leqslant 1$,对原级数,有 $-1<x-1\leqslant 1$,即 $0<x\leqslant 2$. 故原级数收敛半径 $R=1$ 收敛域为$(0,2]$.

(7) 记 $t=x+2$.　新级数为$\sum\limits_{n=1}^{\infty}\frac{t^n}{\sqrt{2n}}$. 显然,$R=1$.

当 $t=-1$ 时,该级数为收敛的交错级数$\sum\limits_{n=1}^{\infty}\frac{(-1)^n}{\sqrt{2n}}$,

当 $t=1$ 时,该级数为发散的正项级数$\sum\limits_{n=1}^{\infty}\frac{1}{\sqrt{2n}}$.

所以,新级数的收敛域为 $-1 \leqslant t < 1$,对原级数,有 $-1 \leqslant x+2 < 1$,即 $-3 \leqslant x < -1$. 故原级数的收敛半径 $R=1$,收敛半径为 $[-3,-1)$.

(8) 因 $R=\lim\limits_{n\to\infty}\dfrac{u_n}{u_{n+1}}=\lim\limits_{n\to\infty}\dfrac{n^n}{(n+1)^{n+1}}=0$. 由此可知,该级数除了在 $x=0$ 处收敛外处处发散.

(9) 因 $R=\lim\limits_{n\to\infty}\left|\dfrac{u_n}{u_{n+1}}\right|=\lim\limits_{n\to\infty}\dfrac{\dfrac{1}{2^n}}{\dfrac{1}{2^{n+1}}}=2$.

当 $x=-2$ 时,级数为 $\sum\limits_{n=0}^{\infty}1$,当 $x=2$ 时,级数为 $\sum\limits_{n=0}^{\infty}(-1)^n$,两个数项级数均发散,故级数收敛的半径 $R=2$,收敛域为 $(-2,2)$.

(10) 显然 $R=1$.

当 $x=-1$ 时,级数为 $\sum\limits_{n=1}^{\infty}\dfrac{(-1)^n}{n^p}$. 因 $p>0$,故级数收敛.

当 $x=1$ 时,级数为 $\sum\limits_{n=1}^{\infty}\dfrac{1}{n^p}$ · 当 $p>1$ 时收敛,当 $0<p\leqslant 1$ 时发散,综上,该级数收敛半径 $R=1$. 当 $p>1$ 时级数的收敛域为 $[-1,1]$;当 $0<p\leqslant 1$ 时,级数的收敛域为 $[-1,1)$.

2. 求下列级数的收敛域并求其和

(1) $\sum\limits_{n=1}^{\infty}(-1)^{n-1}\dfrac{x^{2n-1}}{2n-1}$;　　(2) $\sum\limits_{n=0}^{\infty}\dfrac{x^{2n}}{(2n)!}$;

(3) $\sum\limits_{n=1}^{\infty}nx^n$;　　(4) $\sum\limits_{n=1}^{\infty}\dfrac{x^{4n+1}}{4n+1}$;

(5) $\sum\limits_{n=1}^{\infty}n(n+1)x^n$;　　(6) $\sum\limits_{n=0}^{\infty}\dfrac{(2n+1)x^{2n}}{n!}$;

(7) $\sum\limits_{n=1}^{\infty}\dfrac{n(n+1)}{2}x^{n-1}$;　　(8) $\sum\limits_{n=1}^{\infty}\dfrac{2n-1}{2^n}x^{2n-2}$.

解:(1) 显见 $R=1$. 当 $x=\pm 1$ 时级数均收敛,故级数的收敛域为 $[-1,1]$ 令 $S(x)=\sum\limits_{n=1}^{\infty}(-1)^{n-1}\dfrac{x^{2n-1}}{2n-1}$,则

$$S'(x)=\sum_{n=1}^{\infty}(-1)^{n-1}x^{2n-2}=1-x^2+x^4-\cdots+(-1)^{n-1}x^{2n-2}-\cdots$$
$$=\frac{1}{1-(-x^2)}=\frac{1}{1+x^2}$$

故
$$S(x)=\int_0^x S'(x)\,\mathrm{d}x=\int_0^x\frac{1}{1+x^2}\mathrm{d}x=\arctan x.$$

(2) 令 $t=x^2$,原级数化为 $\sum\limits_{n=0}^{\infty}\dfrac{t^n}{(2n)!}$. 不难知道新级数处处收敛,故原级数的收敛半径 $R=\infty$,处处收敛.

(3) 因 $R=\lim\limits_{n\to\infty}\dfrac{n}{n+1}=1$. 记

$$S(x) = \sum_{n=1}^{\infty} nx^n = x\sum_{n=1}^{\infty} x^{n-1} = x \cdot \frac{1}{1-x} = \frac{x}{1-x}$$

当 $x = \pm 1$ 时,级数发散,故原级数的收敛半径 $R = 1$,收敛域为$(-1,1)$.

(4)$R = 1$.

当 $x = 1$ 时,级数为$\sum_{n=1}^{\infty}\frac{1}{4n+1}$,它为调和级数,发散;

当 $x = -1$ 时,级数为$\sum_{n=1}^{\infty} -\frac{1}{4n+1}$,它亦为调和级数,发散. 故级数的收敛域为$(-1,1)$.

令 $S(x) = \sum_{n=1}^{\infty}\frac{x^{4n+1}}{4n+1}$,对级数在收敛域内进行逐项求导,得

$$S'(x) = \sum_{n=1}^{\infty} x^{4n} = \frac{x^4}{1-x^4}.$$

故
$$S(x) = \int_0^x \frac{x^4}{1-x^4}dx = \int_0^x \frac{dx}{1-x^4} - \int_0^x dx = \int_0^x \frac{dx}{1-x^4} - x$$

又$\frac{1}{1-x^4} = \frac{A}{1+x} + \frac{B}{1-x} + \frac{Cx+D}{1+x^2}$,由比较系数法可得

$$A = B = \frac{1}{4}, C = 0, D = \frac{1}{2}$$

故
$$\int_0^x \frac{dx}{1-x^4} = \frac{1}{4}\int_0^x\left(\frac{1}{1+x} + \frac{1}{1-x}\right)dx + \frac{1}{2}\int_0^x \frac{dx}{1+x^2} = \frac{1}{4}\ln\frac{1+x}{1-x} + \frac{1}{2}\arctan x$$

所以
$$S(x) = \frac{1}{4}\ln\frac{1+x}{1-x} + \frac{1}{2}\arctan x - x.$$

(5)$R = \lim_{n\to\infty}\frac{n(n+1)}{(n+1)(n+2)} = 1$.

当 $x = \pm 1$ 时,因 $a_n \xrightarrow[\quad]{n\to\infty}\!\!\!\!\!\!\!/\;\; 0$,故级数发散. 所以级数的收敛域为$(-1,1)$. 记

$$S(x) = \sum_{n=1}^{\infty} n(n+1)x^n$$

对级数在其收敛域内逐项求积分,得

$$\int_0^x S(x)dx = \sum_{n=1}^{\infty} nx^{n+1} = x^2\sum_{n=1}^{\infty} nx^{n-1}$$

再令 $G(x) = \sum_{n=1}^{\infty} nx^{n-1}$,对其在收敛域内逐项积分. 及

$$\int_0^x G(x)dx = \sum_{n=1}^{\infty}\int_0^x nx^{n-1}dx = \sum_{n=1}^{\infty} x^n = \frac{x}{1-x}$$

所以 $G(x) = \left(\frac{x}{1-x}\right)' = \frac{1}{(1-x)^2}$,即有

$$\int_0^x S(x)dx = x^2 \cdot G(x) = \frac{x^2}{(1-x)^2}$$

故
$$S(x) = \left[\frac{x^2}{(1-x)^2}\right]' = \frac{2x(1-x)^2 - x^2\cdot 2(1-x)\cdot(-1)}{(1-x)^4} = \frac{2x}{(1-x)^3}.$$

(6) 因 $R=\lim\limits_{n\to\infty}\dfrac{(2n+1)}{n!}\dfrac{(n+1)!}{(2n+3)}=\infty$. 这说明级数处处收敛. 记

$$S(x)=\sum_{n=0}^{\infty}\frac{(2n+1)x^{2n}}{n!}$$

对级数在收敛域内逐项积分,得

$$\int_0^x S(x)\,\mathrm{d}x=\sum_{n=0}^{\infty}\frac{x^{2n+1}}{n!}=x\sum_{n=0}^{\infty}\frac{(x^2)^n}{n!}=x\mathrm{e}^{x^2}$$

故
$$S(x)=(x\mathrm{e}^{x^2})'=\mathrm{e}^{x^2}+x\mathrm{e}^{x^2}\cdot 2x=(1+2x^2)\mathrm{e}^{x^2}.$$

(7) 容易求得,级数的收敛半径 $R=1$.

当 $x=1$ 时,级数为 $\sum\limits_{n=1}^{\infty}\dfrac{n(n+1)}{2}$,显然发散.

当 $x=-1$ 时,级数为 $\sum\limits_{n=1}^{\infty}(-1)^{n-1}\dfrac{n(n+1)}{2}$,因当 $n\to\infty$ 时,$a_n \not\to 0$,故亦发散. 所以级数的收敛域为 $(-1,1)$. 记

$$S(x)=\sum_{n=1}^{\infty}\frac{n(n+1)}{2}x^{n-1}$$

对级数在其收敛域作连续两次逐项积分,得

$$\int_0^x\int_0^x S(x)\,\mathrm{d}x\mathrm{d}x=\sum_{n=1}^{\infty}\frac{1}{2}x^{n+1}=\frac{x^2}{2(1-x)}$$

故
$$\int_0^x S(x)\,\mathrm{d}x=\left(\frac{x^2}{2(1-x)}\right)'=\frac{2x-x^2}{2(1-x)^2}$$

$$S(x)=\left(\frac{2x-x^2}{2(1-x)^2}\right)'=\frac{1}{2}\cdot\frac{(2-2x)(1-x)^2-(2x-x^2)\cdot 2(1-x)\cdot(-1)}{(1-x)^4}$$

$$=\frac{1}{(1-x)^3}.$$

(8) 这是一缺陷级数. 我们采用下述方法求其收敛半径. 因

$$\lim_{n\to\infty}\left|\frac{u_{n+1}}{u_n}\right|=\lim_{n\to\infty}\frac{2n+1}{2^{n+1}}\cdot\frac{2^n}{2n-1}\cdot\frac{x^{2n}}{x^{2n-2}}\bigg|=\frac{x^2}{2}$$

令 $\dfrac{x^2}{2}<1$,得 $|x|<\sqrt{2}$. 故级数的收敛半径 $R=\sqrt{2}$.

当 $x=\pm\sqrt{2}$ 时,级数均发散,故级数的收敛域为 $(-\sqrt{2},\sqrt{2})$.

记 $S(x)=\sum\limits_{n=1}^{\infty}\dfrac{2n-1}{2^n}x^{2n-2}$. 在其收敛域内对级数逐项积分,得

$$\int_0^x S(x)\,\mathrm{d}x=\sum_{n=1}^{\infty}\int_0^x\frac{2n-1}{2^n}x^{2n-2}\,\mathrm{d}x=\sum_{n=1}^{\infty}\frac{x^{2n-1}}{2^n}=\frac{1}{x}\sum_{n=1}^{\infty}\left(\frac{x^2}{2}\right)^n=\frac{1}{x}\frac{\frac{x^2}{2}}{1-\frac{x^2}{2}}=\frac{x}{2-x^2}$$

故
$$S(x)=\left(\frac{x}{2-x^2}\right)'=\frac{2+x^2}{(2-x^2)^2}.$$

3. 将下列函数展开为 x 的幂级数,并确定其收敛区间

(1) $f(x)=a^x,(a>0)$;　　(2) $f(x)=\ln(a+x),(a>0)$;

(3)$f(x) = \sin^2 x$; (4)$f(x) = \frac{1}{2}(e^x - e^{-x})$;

(5)$f(x) = \ln\frac{1-x}{1+x}$.

解:(1) 因 $a^x = e^{x\ln a}$,在 e^x 的幂级数展开式 $e^x = \sum\limits_{n=0}^{\infty}\frac{x^n}{n!}$ 中,用 $x\ln a$ 代替 x,可得

$$a^x = \sum_{n=0}^{\infty}\frac{(x\ln a)^n}{n!}.$$

又 e^x 的幂级数展开式的收敛域为 $(-\infty, +\infty)$,所以 a^x 的幂级数展开式的收敛域亦为 $(-\infty, +\infty)$.

(2) 因 $f(x) = \ln(a+x) = \ln a\left(1+\frac{x}{a}\right) = \ln a + \ln\left(1+\frac{x}{a}\right)$

在 $\ln(1+x)$ 的幂级数展开式 $\ln(1+x) = \sum\limits_{n=1}^{\infty}\frac{(-1)^{n-1}x^n}{n}$ 中,用 $\frac{x}{a}$ 代替 x,可得

$$f(x) = \ln(a+x) = \ln a + \sum_{n=1}^{\infty}\frac{(-1)^{n-1}\left(\frac{x}{a}\right)^n}{n} = \ln a + \sum_{n=1}^{\infty}\frac{(-1)^{n-1}x^n}{na^n}$$

因 $\ln(1+x)$ 的幂级数展开式的收敛域为 $(-1,1]$,故 $\ln(a+x)$ 的幂级数展开式的收敛域为 $(-a,a]$.

(3) 因 $\sin^2 x = \frac{1-\cos 2x}{2} = \frac{1}{2} - \frac{1}{2}\cos 2x$ 在 $\cos x$ 的幂级数展开式

$$\cos x = \sum_{n=0}^{\infty}(-1)^n\frac{x^{2n}}{(2n)!}$$

中,用 $2x$ 代替 x,可得

$$\cos 2x = \sum_{n=0}^{\infty}(-1)^n\frac{(2x)^{2n}}{(2n)!}$$

故 $\sin^2 x = \frac{1}{2} - \frac{1}{2}\sum\limits_{n=0}^{\infty}(-1)^n\frac{(2x)^{2n}}{(2n)!}$,其收敛域为 $(-\infty, +\infty)$.

(4) 因 $e^x = 1 + x + \frac{x^2}{2!} + \frac{x^3}{3!} + \cdots + \frac{x^n}{n!} + \cdots, -\infty < x < +\infty$

$$e^{-x} = 1 - x + \frac{x^2}{2!} - \frac{x^3}{3!} + \cdots + \frac{(-1)^n x^n}{n!} + \cdots, -\infty < x < +\infty$$

故 $$f(x) = \frac{1}{2}(e^x - e^{-x}) = x + \frac{x^3}{3!} + \frac{x^5}{5!} + \cdots + \frac{x^{2n-1}}{(2n-1)!} + \cdots, -\infty < x < +\infty.$$

(5) 因 $\ln\frac{1-x}{1+x} = \ln(1-x) - \ln(1+x)$

$$\ln(1-x) = -x - \frac{x^2}{2} - \frac{x^3}{3} - \cdots - \frac{x^n}{n} - \cdots, -1 \leqslant x < 1$$

$$\ln(1+x) = x - \frac{x^2}{2} + \frac{x^3}{3} - \cdots + \frac{(-1)^n x^n}{n} + \cdots, -1 < x \leqslant 1$$

故 $$\ln\frac{1-x}{1+x} = -2\sum_{n=1}^{\infty}\frac{x^{2n-1}}{2n-1}, -1 < x < 1.$$

4. 求下列函数在指定点的幂级数展开式,并确定它们的收敛域

(1) $f(x)=x^2+2x+1$,在 $x=1$ 处;

(2) $f(x)=\cos x$,在 $x=-\dfrac{\pi}{3}$ 处;

(3) $f(x)=e^x$,在 $x=1$ 处;

(4) $f(x)=\dfrac{1}{x}$,在 $x=2$ 处;

(5) $f(x)=\ln(1+x+x^2+x^3)$,在 $x=0$ 处;

(6) $f(x)=\dfrac{1}{x^2+3x+2}$,在 $x=-4$ 处.

解: (1) $f(x)=x^2-2x+1+4x-4+4=(x-1)^2+4(x-1)+4,\quad -\infty<x<+\infty.$

(2) $\cos x=\cos\left(x+\dfrac{\pi}{3}-\dfrac{\pi}{3}\right)=\cos\left(x+\dfrac{\pi}{3}\right)\cos\dfrac{\pi}{3}+\sin\left(x+\dfrac{\pi}{3}\right)\sin\dfrac{\pi}{3}$

$$=\frac{1}{2}\cos\left(x+\frac{\pi}{3}\right)+\frac{\sqrt{3}}{2}\sin\left(x+\frac{\pi}{3}\right).$$

在 $\cos x$ 及 $\sin x$ 的幂级数展开式中,分别以 $x+\dfrac{\pi}{3}$ 代替 x,得

$$\cos\left(x+\frac{\pi}{3}\right)=\sum_{n=0}^{\infty}(-1)^n\frac{1}{(2n)!}\left(x+\frac{\pi}{3}\right)^{2n},\ -\infty<x<+\infty$$

$$\sin\left(x+\frac{\pi}{3}\right)=\sum_{n=1}^{\infty}(-1)^n\frac{1}{(2n+1)!}\left(x+\frac{\pi}{3}\right)^{2\pi+1},\ -\infty<x<+\infty$$

故
$$\cos x=\frac{1}{2}\sum_{n=0}^{\infty}(-1)^n\frac{1}{(2n)!}\left(x+\frac{\pi}{3}\right)^{2n}+\frac{\sqrt{3}}{2}\sum_{n=1}^{\infty}(-1)^n\frac{1}{(2n+1)!}\left(x+\frac{\pi}{3}\right)^{2n+1}$$
$$(-\infty<x<+\infty).$$

(3) 因 $e^x=e^{x+1-1}=e\cdot e^{x-1}$,故

$$e^x=e\sum_{n=0}^{\infty}\frac{(x-1)^n}{n!}\quad(-\infty<x<+\infty).$$

(4) 因 $\dfrac{1}{x}=\dfrac{1}{x-2+2}=\dfrac{1}{2}\dfrac{1}{1+\dfrac{x-2}{2}}$,在 $\dfrac{1}{1+x}$ 的幂级数展开式中,用 $\dfrac{x-2}{2}$ 代替 x,可得

$$\frac{1}{x}=\frac{1}{2}\cdot\frac{1}{1+\dfrac{x-2}{2}}=\frac{1}{2}\sum_{n=0}^{\infty}(-1)^n\left(\frac{x-2}{2}\right)^n=\frac{1}{2}\sum_{n=0}^{\infty}(-1)^n\cdot\frac{1}{2^n}(x-2)^n,\ -1<\frac{x-2}{2}<1$$

故 $0<x<4$.

(5) 因 $\ln(1+x+x^2+x^3)=\ln(1+x)(1+x^2)=\ln(1+x)+\ln(1+x^2)$

在 $\ln(1+x)$ 的幂级数展开式中,用 x^2 代替 x,得

$$\ln(1+x^2)=x^2-\frac{1}{2}x^4+\frac{1}{3}x^6-\frac{1}{4}x^8+\cdots+(-1)^{n-1}\frac{1}{n}x^{2n}+\cdots,x\in(-1,1]$$

故
$$\ln(1+x+x^2+x^3)=\sum_{n=1}^{\infty}(-1)^{n-1}\frac{x^n}{n}+\sum_{n=1}^{\infty}(-1)^{n-1}\frac{x^{2n}}{n},x\in(-1,1]$$

(6) 因 $\dfrac{1}{x^2+3x+2}=\dfrac{1}{x+1}-\dfrac{1}{x+2}$

$$\frac{1}{1+x}=\frac{1}{4+x-3}=-\frac{1}{3}\frac{1}{1-\frac{x+4}{3}}=-\frac{1}{3}\sum_{n=0}^{\infty}\left(\frac{x+4}{3}\right)^n$$

$-1<\frac{x+4}{3}<1$,故 $-7<x<-1$.

$$\frac{1}{x+2}=\frac{1}{4+x-2}=-\frac{1}{2}\frac{1}{1-\frac{x+4}{2}}=-\frac{1}{2}\sum_{n=0}^{\infty}\left(\frac{x+4}{2}\right)^n$$

$-1<\frac{x+4}{2}<1$,故 $-6<x<-2$.

故 $$\frac{1}{x^2+3x+2}=-\frac{1}{3}\sum_{n=0}^{\infty}\frac{1}{3^n}(x+4)^n+\frac{1}{2}\sum_{n=0}^{\infty}\frac{1}{2^n}(x+4)^n=\sum_{n=0}^{\infty}\left(\frac{1}{2^{n+1}}-\frac{1}{3^{n+1}}\right)\cdot(x+4)^n$$
$$(-6<x<-2)$$

5. 将函数 $f(x)=\frac{\mathrm{d}}{\mathrm{d}x}\left(\frac{e^x-1}{x}\right)$ 展开为 x 的幂级数,并由此征明

$$\sum_{n=1}^{\infty}\frac{n}{(n+1)!}=1.$$

解:因 $e^x=1+x+\frac{1}{2!}x^2+\cdots+\frac{1}{n!}x^n+\cdots,(-\infty<x<+\infty)$.

故 $$e^x-1=x+\frac{1}{2!}x^2+\cdots+\frac{1}{n!}x^n+\cdots$$

$$\frac{e^x-1}{x}=1+\frac{1}{2!}x+\frac{1}{3!}x^2+\cdots+\frac{1}{n!}x^{n-1}+\cdots$$

从而 $$\left(\frac{e^x-1}{x}\right)'=\frac{1}{2!}+\frac{2}{3!}x+\frac{3}{4!}x^2+\cdots+\frac{n-1}{n!}x^{n-2}+\cdots=\sum_{n=1}^{\infty}\frac{n}{(n+1)!}x^{n-1}$$

另一方面,$\left(\frac{e^x-1}{x}\right)'=\frac{xe^x-e^x+1}{x^2}$,故

$$\sum_{n=1}^{\infty}\frac{n}{(n+1)!}x^{n-1}=\frac{xe^x-e^x+1}{x^2},\ -\infty<x<+\infty$$

令 $x=1$,得 $\sum_{n=1}^{\infty}\frac{n}{(n+1)!}=1$.

综合练习 12

一、选择题

1. 设幂级数 $\sum_{n=0}^{\infty}a_nx^n$ 在 $x=5$ 处发散,在 $x=-3$ 处收敛,其收敛半径为 R,则(　　).

A. $R=5$　　B. $R=3$　　C. $3\leqslant R\leqslant 5$　　D. $R\geqslant 5$.

答:选 C. 因由 Abel 收敛定理知该级数的收敛半径 $R\leqslant 5$,又级数在 $x=-3$ 处收敛,故 $R\geqslant 3$,由此知该级数的收敛半径满足 $3\leqslant R\leqslant 5$.

2. 设幂级数$\sum\limits_{n=0}^{\infty}a_nx^{2n}$,若$\lim\limits_{n\to\infty}\left|\dfrac{a_{n+1}}{a_n}\right|=4$,其收敛半径为$R$,则$R=($　　$)$.

A. 0　　B. 4　　C. $\dfrac{1}{4}$　　D. $\dfrac{1}{2}$

答:选D. 可以通过直接计算的方法求得收敛半径.

解法1:因$\lim\limits_{n\to\infty}\left|\dfrac{a_{n+1}x^{2n+2}}{a_nx^{2n}}\right|=4x^2$,令$4x^2<1$, 得$|x|<\dfrac{1}{2}$,即$R=\dfrac{1}{2}$.

解法2:记$t=x^2$,则级数变为$\sum\limits_{n=0}^{\infty}a_nt^n$. 由已知条件,所论级数的收敛半径为$R'=\dfrac{1}{4}$,即$|t|<\dfrac{1}{4}$,从而$x^2<\dfrac{1}{4}$,故$|x|<\dfrac{1}{2}$. 故$R=\dfrac{1}{2}$.

3. 已知幂级数$\sum\limits_{n=0}^{\infty}a_nx^n$的收敛半径为$R=2$,则对幂级数$\sum\limits_{n=0}^{\infty}a_n(x-3)^n$,下列哪一组点为其收敛点(　　).

A. $x=2,3,4,\mathrm{e}$　　B. $x=-2,-1,0,\dfrac{1}{\mathrm{e}}$

C. $x=-1,1,0,6$　　D. $x=-2,2,3,5$

答:选A. 因已知幂级数$\sum\limits_{n=0}^{\infty}a_nx^n$的收敛半径$R=2$,即$|x|<2$,故对级数$\sum\limits_{n=0}^{\infty}a_n(x-3)^n$,应满足$|x-3|<2$,即有$1<x<5$. B,C,D中的$x$均不满足收敛条件.

4. 设$x\to0$,$\ln\left(\dfrac{2+x}{2+\sin x}\right)$与$x^n$是同阶无穷小量,则$n$为(　　).

A. 1　　B. 2　　C. 3　　D. 4

答:选C. 因

$$\ln\left(\frac{2+x}{2+\sin x}\right)=\ln\frac{1+\frac{x}{2}}{1+\frac{\sin x}{2}}=\ln\left(1+\frac{x}{2}\right)-\ln\left(1+\frac{\sin x}{2}\right),\text{当}x\to0\text{时},\ln\left(1+\frac{x}{2}\right)\sim\frac{x}{2}$$

$$\ln\left(1+\frac{\sin x}{2}\right)\sim\frac{\sin x}{2}.$$

故

$$\ln\left(\frac{2+x}{2+\sin x}\right)\sim\frac{1}{2}(x-\sin x)$$

又当$x\to0$时,$x-\sin x$与x^3为同阶乏穷小量,故$n=3$.

5. 在$(-1,1)$内,幂级数$-1+x^2-x^4+x^6-\cdots+(-1)^nx^{2n-2}+\cdots$的和函数为(　　).

A. $\dfrac{1}{1-x^2}$　　B. $\dfrac{1}{x^2-1}$　　C. $\dfrac{1}{1+x^2}$　　D. $-\dfrac{1}{1+x^2}$

答:选D.

在$(-1,1)$内,直接对幂级数求和$S(x)=\dfrac{-1}{1-(-x^2)}=-\dfrac{1}{1+x^2}$.

6. 函数$f(x)=\mathrm{e}^{-x^2}$展开成x的幂级数为(　　).

A. $1+x+\dfrac{x^2}{2!}+\dfrac{x^3}{3!}+\cdots+\dfrac{x^n}{n!}+\cdots$　　B. $1-x+\dfrac{x^2}{2!}-\dfrac{x^3}{3!}+\cdots$

C. $1+x^2+\frac{x^4}{2!}+\frac{x^6}{3!}+\cdots$　　D. $1-x^2+\frac{x^4}{2!}-\frac{x^6}{3!}+\cdots$

答:选 D. 在函数 e^x 的幂级数展开式 $e^x=\sum\limits_{n=0}^{\infty}\frac{x^n}{n!}(|x|<\infty)$ 中,以 $-x^2$ 代替 x,得

$e^{-x^2}=\sum\limits_{n=0}^{\infty}\frac{(-x^2)^n}{n!}=\sum\limits_{n=0}^{\infty}(-1)^n\frac{x^{2n}}{n!}$,故选 D.

二、填空题

1. 级数 $\sum\limits_{n=0}^{\infty}\frac{(x-3)^n}{n^2}$ 的收敛区间为$\underline{[2,4]}$.

解:因级数 $\sum\limits_{n=0}^{\infty}\frac{x^n}{n^2}$ 的收敛半径 $R=1$. 当 $x=\pm1$ 时级数均收敛,所以该级数的收敛区间为 $-1\leqslant x\leqslant1$,故原级数的收敛区间为 $-1\leqslant x-3\leqslant1$,$2\leqslant x\leqslant4$.

2. 级数 $\sum\limits_{n=0}^{\infty}\frac{(2x+3)^n}{2n-3}$ 的收敛区间为$\underline{[-2,-1)}$.

解:因级数 $\sum\limits_{n=0}^{\infty}\frac{x^n}{2n-3}$ 的收敛区间为$[-1,1)$,故原级数的收敛区间应满足 $-1\leqslant2x+3<1$,即 $-2\leqslant x<-1$.

3. 级数 $\sum\limits_{n=1}^{\infty}\frac{(nx)^n}{n!}$ 的收敛半径 $R=\underline{e^{-1}}$.

解:因 $R=\lim\limits_{n\to\infty}\left|\frac{a_n}{a_{n+1}}\right|=\lim\limits_{n\to\infty}\frac{n^n}{n!}\frac{(n+1)!}{(n+1)^{n+1}}=\lim\limits_{n\to\infty}\left(\frac{n}{n+1}\right)^n=e^{-1}$.

4. 已知 $e^x=\sum\limits_{n=0}^{\infty}\frac{x^n}{n!}$,则 $\sum\limits_{n=2}^{\infty}\frac{n-1}{n!}$ 的和为$\underline{\quad1\quad}$.

解:因

$$e^x-1=\sum_{n=1}^{\infty}\frac{x^n}{n!}=x\sum_{n=1}^{\infty}\frac{x^{n-1}}{n!}$$

故 $\frac{e^x-1}{x}=\sum\limits_{n=1}^{\infty}\frac{n^{n-1}}{n!}$,等式两边对 x 求导,得

$$\left(\frac{e^x-1}{x}\right)'=\frac{xe^x-e^x+1}{x^2}=\sum_{n=2}^{\infty}\frac{(n-1)x^{n-2}}{n!}$$

取 $x=1$,得 $1=\sum\limits_{n=2}^{\infty}\frac{n-1}{n!}$

5. 设 $f(x)=x^4\cos x$,则 $f^{(10)}(0)=\underline{-5040}$.

解法 1:因

$$\cos x=1-\frac{x^2}{2!}+\frac{x^4}{4!}-\frac{x^6}{6!}+\cdots$$

故

$$f(x)=x^4\left(1-\frac{x^2}{2!}+\frac{x^4}{4!}-\frac{x^6}{6!}+\cdots\right)=x^4-\frac{x^6}{2!}+\frac{x^8}{4!}-\frac{x^{10}}{6!}+\cdots$$

$f_{(0)}^{(10)}=-10!\times\frac{1}{6!}=-10\times9\times8\times7=-5040.$

解法 2:因 $(x^4\cos x)^{(10)}=x^4\cos^{(10)}x+C_{10}^1(x^4)'\cos^{(9)}x+C_{10}^2(x^4)''\cos^{(8)}x+$

$$C_{10}^3(x^4)'''\cos^{(7)}x+C_{10}^4(x^4)^{(4)}\cos_x^{(6)}$$

故 $$f^{(10)}_{(0)} = 4!C_{10}^4(-1) = -4! \times \frac{10\times9\times8\times7}{4!} = -5040.$$

6. $\int_0^1 x\left(1-\frac{x^2}{1!}+\frac{x^4}{2!}-\frac{x^6}{3!}+\frac{x^8}{4!}-\cdots\right)dx = \underline{\frac{1}{2}(1-e^{-1})}.$

解:因 $$e^{-x^2} = 1-\frac{x^2}{1!}+\frac{x^4}{2!}-\frac{x^6}{3!}+\cdots$$

故原积分为 $$\int_0^1 xe^{-x^2}dx = -\frac{1}{2}e^{-x^2}\Big|_0^1 = \frac{1}{2}(1-e^{-1}).$$

7. 级数 $\sum_{n=1}^{\infty}\frac{n^2}{n!}x^n$ 的和函数 $S(x) = \underline{x(x+1)e^x}.$

解:因 $$S(x) = \sum_{n=1}^{\infty}\frac{n^2}{n!}x^n = \sum_{n=1}^{\infty}\frac{nx^n}{(n-1)!} = x\sum_{n=1}^{\infty}\frac{nx^{n-1}}{(n-1)!} = xf(x).$$

$$\int_0^x f(x)dx = \sum_{n=1}^{\infty}\frac{n}{(n-1)!}\int_0^x x^{n-1}dx = \sum_{n=1}^{\infty}\frac{x^n}{(n-1)!} = x\sum_{n=1}^{\infty}\frac{x^{n-1}}{(n-1)!}$$
$$= x\sum_{n=0}^{\infty}\frac{x^n}{n!} = xe^x$$

故 $$f(x) = (xe^x)' = e^x(x+1)$$
$$S(x) = xf(x) = x(x+1)e^x.$$

8. 数项级数 $\sum_{n=1}^{\infty}\frac{\pi^{2n}}{(2n-1)!}$ 的和 $S = \underline{\frac{\pi}{2}(e^{\pi}-e^{-\pi})}.$

解:构造幂级数 $S(x) = \sum_{n=1}^{\infty}\frac{x^{2n}}{(2n-1)!} = x^2+\frac{x^4}{3!}+\frac{x^6}{5!}+\cdots$

因上述级数对一切 x 收敛,于是在 $x=\pi$ 处也收敛. 由

$$e^x = 1+x+\frac{x^2}{2!}+\cdots+\frac{x^n}{n!}+\cdots$$

$$xe^x = x+x^2+\frac{x^3}{2!}+\cdots+\frac{x^{n+1}}{n!}+\cdots$$

$$xe^{-x} = x-x^2+\frac{x^3}{2!}+\cdots+(-1)^{n-1}\frac{x^{n+1}}{n!}+\cdots$$

故 $$x(e^x-e^{-x}) = 2\left(x^2+\frac{x^4}{3!}+\frac{x^6}{5!}+\cdots+\frac{x^{2n}}{(2n-1)!}+\cdots\right) = 2S(x)$$

即 $$S(x) = \frac{x}{2}(e^x-e^{-x}).$$ 取 $x=\pi$,得

$$S(\pi) = \frac{\pi}{2}(e^{\pi}-e^{-\pi}) = \sum_{n=1}^{\infty}\frac{\pi^{2n}}{(2n-1)!}.$$

三、解答题

1. 求级数 $\sum_{n=1}^{\infty}\frac{(-1)^n}{n\cdot4^n}x^{2n-1}$ 的收敛半径.

解:由比值判别法,有

$$\lim_{n\to\infty}\left|\frac{(-1)^{n+1}}{(n+1)4^{n+1}}\frac{x^{2n+1}\cdot n\cdot4^n}{(-1)^n x^{2n-1}}\right| = \frac{x^2}{4}$$

令$\frac{x^2}{4}<1$,得$|x|<2$即$R=2$.

2. 求级数$\sum\limits_{n=1}^{\infty}(-1)^{n-1}nx^{n-1}$的收敛区间与和函数.

解:(1) 易知级数的收敛半径$R=1$.

(2) 当$x=\pm 1$时,级数均发散,故收敛区间为$(-1,1)$.

(3) 记$S(x)=\sum\limits_{n=1}^{\infty}(-1)^{n-1}nx^{n-1}$,于是有

$$\int_0^x S(x)\mathrm{d}x=\sum_{n=1}^{\infty}(-1)^{n-1}\int_0^x nx^n\mathrm{d}x=\sum_{n=1}^{\infty}(-1)^{n-1}x^n=\frac{x}{1+x}$$

故
$$S(x)=\left(\frac{x}{1+x}\right)'=\frac{1+x-x}{(1+x)^2}=\frac{1}{(1+x)^2}.$$

3. 将函数$f(x)=\frac{1}{2-x}$展开为x的幂级数,并指出其收敛区间.

解:$f(x)=\frac{1}{2-x}=\frac{1}{2}\cdot\frac{1}{1-\frac{x}{2}}$.

在$\frac{1}{1-x}=1+x+x^2+\cdots+x^n+\cdots(-1<x<1)$中,用$\frac{x}{2}$代替$x$,得

$$f(x)=\frac{1}{2}\cdot\frac{1}{1-\frac{x}{2}}=\frac{1}{2}\left[1+\frac{x}{2}+\left(\frac{x}{2}\right)^2+\left(\frac{x}{2}\right)^3+\cdots+\left(\frac{x}{2}\right)^n+\cdots\right]$$

$$=\frac{1}{2}\sum_{n=0}^{\infty}\frac{x^n}{2^n}$$

其收敛区间为$(-2,2)$.

4. 将函数$f(x)=\frac{1}{1+x}$展开为$x-3$的幂级数,并指出其收敛区间.

解:$f(x)=\frac{1}{1+x}=\frac{1}{4+x-3}=\frac{1}{4}\cdot\frac{1}{1+\frac{x-3}{4}}$.

在$\frac{1}{1+x}=1-x+x^2-\cdots+(-1)^nx^n+\cdots(-1<x<1)$中,以$\frac{x-3}{4}$代替$x$,得

$$f(x)=\frac{1}{4}\left[1-\frac{x-3}{4}+\left(\frac{x-3}{4}\right)^2-\cdots+(-1)^n\left(\frac{x-3}{4}\right)^n+\cdots\right]$$

$$=\frac{1}{4}\sum_{n=0}^{\infty}\frac{(-1)^n(x-3)^n}{4^n}$$

其收敛区间为$-1<\frac{x-3}{4}<1$,即$-1<x<7$.

5. 求级数$\sum\limits_{n=1}^{\infty}\frac{x^{n+1}}{n(n+1)}$的收敛半径.

解:易知收敛半径$R=1$.

6. 求幂级数$\sum\limits_{n=1}^{\infty}\frac{3^n+(-2)^n}{n}(x+1)^n$的收敛区间.

解:因 $R=\lim\limits_{n\to\infty}\frac{3^n+(-2)^n}{n}\cdot\frac{n+1}{3^{n+1}+(-2)^{n+1}}=\lim\limits_{n\to\infty}\frac{n+1}{n}\cdot\frac{\frac{1}{3}+\frac{1}{3}\left(-\frac{2}{3}\right)^n}{1+\left(-\frac{2}{3}\right)^{n+1}}=\frac{1}{3}$.

故 $x+1$ 应满足 $-\frac{1}{3}<x+1<\frac{1}{3}$,即 $-\frac{4}{3}<x<-\frac{2}{3}$.

(1) 当 $x=-\frac{4}{3}$ 时,级数为

$$\sum_{n=1}^{\infty}\frac{3^n+(-2)^n}{n}\cdot\left(-\frac{1}{3}\right)^n=\sum_{n=1}^{\infty}(-1)^n\frac{1+\left(-\frac{2}{3}\right)^n}{n}$$

该级数为一收敛的交错级数;

(2) 当 $x=-\frac{2}{3}$ 时,级数为 $\sum\limits_{n=1}^{\infty}\frac{3^n+(-2)^n}{n}\cdot\left(\frac{1}{3}\right)^n=\sum\limits_{n=1}^{\infty}\frac{1+\left(-\frac{2}{3}\right)^n}{n}$

因 $\frac{1+\left(-\frac{2}{3}\right)^n}{n}\sim\frac{1}{n}(n\to\infty)$,而 $\sum\limits_{n=1}^{\infty}\frac{1}{n}$ 发散,故当 $x=-\frac{2}{3}$ 时级数发散,所以级数的收敛区间为 $\left[-\frac{4}{3},-\frac{2}{3}\right)$.

四、综合题

求函数 $f(x)=x^2\ln(1+x)$ 在 $x=0$ 处的 n 阶导数 $f^{(n)}(0)(n\geqslant 3)$.

解:将函数 $\ln(1+x)$ 在 $x=0$ 处展开成幂级数

$$\ln(1+x)=x-\frac{x^2}{2}+\frac{x^3}{3}-\cdots+(-1)^{n-1}\frac{x^n}{n}+\cdots(-1<x\leqslant 1)$$

故
$$f(x)=x^2\ln(1+x)=x^3-\frac{x^4}{2}+\frac{x^6}{3}-\cdots+(-1)^{n-1}\frac{x^n}{n-2}+\cdots$$

$f^{(n)}(0)=\frac{(-1)^{n-1}\cdot n!}{n-2}$,$n\geqslant 3$.

五、应用题

设 $I_n=\int_0^{\frac{\pi}{4}}\sin^n x\cos x\mathrm{d}x$,$n=0,1,2,\cdots$,试求 $\sum\limits_{n=0}^{\infty}I_n$.

解:$I_n=\int_0^{\frac{\pi}{4}}\sin^n x\mathrm{d}\sin x=\frac{1}{n+1}\sin^{n+1}x\Big|_0^{\frac{\pi}{4}}=\frac{1}{n+1}\left(\frac{\sqrt{2}}{2}\right)^{n+1}$.

故
$$\sum_{n=0}^{\infty}I_n=\sum_{n=0}^{\infty}\frac{1}{n+1}\left(\frac{\sqrt{2}}{2}\right)^{n+1}$$

令 $S(x)=\sum\limits_{n=0}^{\infty}\frac{x^{n+1}}{n+1}$,所以 $S'(x)=\sum\limits_{n=0}^{\infty}x^n=\frac{1}{1-x}$,$(-1<x<1)$.

于是
$$S(x)=\int_0^x \frac{1}{1-x}dx=-\ln(1-x)$$

令 $x=\frac{\sqrt{2}}{2}\in(-1,1)$，则

$$S\left(\frac{\sqrt{2}}{2}\right)=\sum_{n=0}^{\infty}\frac{1}{n+1}\left(\frac{\sqrt{2}}{2}\right)^{n+1}=-\ln\left(1-\frac{\sqrt{2}}{2}\right)$$

从而有

$$\sum_{n=0}^{\infty}I_n=\sum_{n=0}^{\infty}\int_0^{\frac{\pi}{4}}\sin^n x\cos x dx=-\ln\left(1-\frac{\sqrt{2}}{2}\right)=\ln\frac{2}{2-\sqrt{2}}=\ln\frac{2(2+\sqrt{2})}{4-2}$$
$$=\ln(2+\sqrt{2}).$$

习　题　13

1. 说出下列各微分方程的阶数,并指出哪些是线性微分方程

(1)$x(y')^2-2yy'+2=0$;　　(2)$(y'')^3+5(y')^4-y^5+x^7=0$;

(3)$xy'''+2y''+x^2y=0$;　　(4)$(x^2-y^2)dx+(x^2+y^2)dy=0$;

(5)$(7x-6y)dx+(x+y)dy=0$.

解:(1) 一阶非线性微分方程.

(2) 二阶非线性微分方程.

(3) 三阶线性微分方程.

(4) 一阶非线性微分方程.

(5) 一阶非线性微分方程.

2. 验证下列函数(C 为任意常数) 是否为相应方程的解. 若是,判断是通解还是特解

(1)$y'-2y=0, y=\sin x, y=e^x, y=Ce^{2x}$;

(2)$xydx+(1+x^2)dy=0, y^2(1+x^2)=C$;

(3)$y''-9y=x+\frac{1}{2}, y=5\cos 3x+\frac{x}{9}+\frac{1}{8}$;

(4)$x^2y'''=2y', y=\ln x+x^3$.

解:(1) 经检验,$y=\sin x, y=e^x$ 不是方程的解,$y=Ce^{2x}$ 是方程的通解.

(2) 由 $y^2(1+x^2)=C$,求微分得

$$2y(1+x^2)dy+2xy^2dx=0$$

故有$(1+x^2)dy+xydx=0$,可见 $y^2(1+x^2)=C$ 为方程的通解.

(3) 由 $y=5\cos 3x+\frac{x}{9}+\frac{1}{8}$,有

$$y'=-15\sin 3x+\frac{1}{9},\quad y''=-45\cos 3x$$

故　$$y''-9y=-45\cos 3x-9\left(5\cos 3x+\frac{x}{9}+\frac{1}{8}\right)=-45\cos 3x-45\cos 3x-x-\frac{1}{8}$$

可见,$y=5\cos 3x+\frac{x}{9}+\frac{1}{8}$ 不是方程的解.

(4)$y=\ln x+x^3$,

$$y'=\frac{1}{x}+3x^2,\quad y''=-\frac{1}{x^2}+6x,\quad y'''=\frac{2}{x^3}+6$$

故　$$x^2y'''=\frac{2}{x}+6x^2=2\left(\frac{1}{x}+3x^2\right)=2y'$$

所以 $y=\ln x+x^3$ 是方程的解. 又因为其解不含任意常数,故它是特解.

3. 求下列各微分方程的通解或在给定初始条件下的特解

(1) $(1+y)dx-(1-x)dy=0$；　　(2) $xydx+\sqrt{1-x^2}dy=0$；

(3) $(1+2y)xdx+(1+x^2)dy=0$；　　(4) $(xy^2+x)dx+(y-x^2y)dy=0$；

(5) $y\ln x dx+x\ln y dy=0$；　　(6) $\dfrac{dx}{y}+\dfrac{dy}{x}=0, y|_{x=5}=4$；

(7) $\dfrac{x}{1+y}dx-\dfrac{y}{1+x}dy=0, y|_{x=0}=1$.

解：(1) 原方程化为$\dfrac{dy}{1+y}=\dfrac{dx}{1-x}$，故两端积分得$\ln(1+y)=-\ln|1-x|+\ln|C_0|$故所求通解为$(1-x)(1+y)=C$.

(2) 分离变量，得$\dfrac{dy}{y}=-\dfrac{xdx}{\sqrt{1-x^2}}$，两边分别积分，则有

$\ln|y|=\sqrt{1-x^2}+C_1$，故$y=Ce^{\sqrt{1-x^2}}, C=e^{c_1}$.

(3) 原方程变形为$\dfrac{dy}{1+2y}=-\dfrac{xdx}{1+x^2}$，两边分别积分，得

$$\frac{1}{2}\ln|1+2y|=-\frac{1}{2}\ln(1+x^2)+C_1$$

故
$$1+2y=e^{-\ln(1+x^2)+2C_1}=C\cdot\frac{1}{1+x^2}.$$

$(1+x^2)(1+2y)=C,\quad C=2C_1$.

(4) 原方程化为$\dfrac{ydy}{1+y^2}=\dfrac{xdx}{x^2-1}$，两边分别积分，得

$$\ln(1+y^2)=\ln|x^2-1|+\ln C$$

故$1+y^2=C(x^2-1)$或$y^2=C(x^2-1)-1$.

(5) 分离变量，得$\dfrac{\ln y}{y}dy=-\dfrac{\ln x}{x}dx$，两边分别积分，得

$$\frac{1}{2}(\ln y)^2=-\frac{1}{2}(\ln x)^2+C_1$$

或
$$(\ln x)^2+(\ln y)^2=C\quad(C=2C_1).$$

(6) 原方程化为$xdx=-ydy$，积分之，得方程的通解为

$$x^2+y^2=C.$$

由定解条件$y\Big|_{x=5}=4$，故$25+16=C, C=41$.

所以方程的特解为
$$x^2+y^2=41.$$

(7) 原方程变形为$x(1+x)dx=y(1+y)dy$，两边分别积分，得

$$\frac{x^2}{2}+\frac{x^3}{3}+C=\frac{y^2}{2}+\frac{y^3}{3}$$

由初始条件$y\Big|_{x=0}=1$. 有
$$C=\frac{1}{2}+\frac{1}{3}=\frac{5}{6}.$$

所以原方程特解为

$$\frac{y^2}{2}+\frac{y^3}{3}=\frac{x^2}{2}+\frac{x^3}{3}+\frac{5}{6}$$

或
$$2y^3+3y^2-2x^3-3x^2=5.$$

4. 求下列各微分方程的通解或在给定初始条件下的特解

(1) $y'=\frac{y}{y-x}$;　　(2) $(x+y)\mathrm{d}x+x\mathrm{d}y=0$;

(3) $xy'-y-\sqrt{x^2+y^2}=0$;　　(4) $xy^2\mathrm{d}y=(x^3+y^3)\mathrm{d}x$;

(5) $(y^2-3x^2)\mathrm{d}y-2xy\mathrm{d}x=0, y\big|_{x=0}=1$;

(6) $(x^2+y^2)\mathrm{d}x-xy\mathrm{d}y=0, y\big|_{x=1}=0$.

解:(1) 这是一个齐次方程. 令 $u=\frac{y}{x}$,则 $y'=u+xu'$. 故原方程为

$$u+xu'=\frac{u}{u-1}.$$

分离变量,得$\frac{u-1}{2u-u^2}\mathrm{d}u=\frac{\mathrm{d}x}{x}$. 两边分别积分,有

$$\int\left[-\frac{1}{2u}+\frac{1}{2(2-u)}\right]\mathrm{d}u=\ln x+\ln C$$

$$-\frac{1}{2}\ln u-\frac{1}{2}\ln(2-u)=\ln x+\ln C_1$$

故
$$\ln u(2-u)=-2\ln C_1x,\quad u(2-u)=(C_1x)^{-2},\quad \frac{y}{x}\left(2-\frac{y}{x}\right)=(C_1x)^{-2}$$

最后得
$$2xy-y^2=C_1^{-2}=C.$$

(2) 原方程化为 $x\mathrm{d}x+y\mathrm{d}x+x\mathrm{d}y=0$,于是有

$$\mathrm{d}\left(\frac{x^2}{2}\right)+\mathrm{d}(xy)=0$$

故其通解为$\frac{x^2}{2}+xy=C_1$ 或 $x^2+2xy=C$. ($C=2C_1$).

(3) 这是一个齐次方程$\frac{\mathrm{d}y}{\mathrm{d}x}=\frac{y}{x}+\sqrt{1+\left(\frac{y}{x}\right)^2}$,令 $y=ux, y'=u+xu'$,于是有

$$u+xu'=u+\sqrt{1+u^2}$$

分离变量,$\frac{\mathrm{d}u}{\sqrt{1+u^2}}=\frac{\mathrm{d}x}{x}$,两边分别积分,得

$$\ln(u+\sqrt{1+u^2})=\ln x+\ln C$$

故
$$u+\sqrt{1+u^2}=Cx$$

回代后得$\frac{y}{x}+\sqrt{1+\left(\frac{y}{x}\right)^2}=Cx$,或　$y+\sqrt{x^2+y^2}=Cx^2$.

(4) 这是一个齐次方程

$$\frac{dy}{dx}=\frac{x^3+y^3}{xy^2}=\frac{1+\left(\frac{y}{x}\right)^3}{\left(\frac{y}{x}\right)^2}$$

令 $u=\frac{y}{x}$,则有

$$u+xu'=\frac{1+u^3}{u^2}$$

$$xu'=\frac{1+u^3}{u^2}-u=\frac{1}{u^2}$$

分离变量后,得 $u^2du=\frac{dx}{x}$,两边分别积分

$$\frac{1}{3}u^3=\ln x+C_1$$

$u^3=3\ln x+3C_1$ $\qquad\qquad (C=3C_1)$

故$\frac{y^3}{x^3}=3\ln x+C$ 即 $y^3=3x^3\ln x+Cx^3=x^3(3\ln x+C)$.

(5) $(y^2-3x^2)dy-2xydx=0,y\Big|_{x=0}=1$,方程变形为

$$\frac{dy}{dx}=\frac{2xy}{y^2-3x^2}=\frac{2\left(\frac{y}{x}\right)}{\left(\frac{y}{x}\right)^2-3}$$

令 $u=\frac{y}{x}$,有

$$u+x\frac{du}{dx}=\frac{2u}{u^2-3}$$

故 $$x\frac{du}{dx}=\frac{2u}{u^2-3}-u=\frac{5u-u^3}{u^2-3}$$

分离变量,得$\frac{u^2-3}{5u-u^3}du=\frac{dx}{x}$,两边积分,得

$$-\frac{3}{5}\int\frac{1}{u}du-\frac{1}{5}\int\frac{1}{\sqrt{5}+u}du+\frac{1}{5}\int\frac{1}{\sqrt{5}-u}du=\int\frac{dx}{x},$$

故 $$\ln u^{-\frac{3}{5}}+\ln(\sqrt{5}+u)^{-\frac{1}{5}}+\ln(\sqrt{5}-u)^{-\frac{1}{5}}=\ln Cx.$$

$u^{-\frac{3}{5}}(5-u^2)^{-\frac{1}{5}}=Cx$

回代,化简得

$$C^5y^3(5x^2-y^2)=1.$$

由初始条件 $y\Big|_{x=0}=1$,有 $-C^5=1$,故 $C=-1$,所以

$$-y^3(5x^2-y^2)=1,\quad y^5-5x^2y^3=1.$$

(6) $(x^2+y^2)dx-xydy=0,y\Big|_{x=1}=0$,方程变形为

$$\frac{dy}{dx}=\frac{x^2+y^2}{xy}=\frac{1+\left(\frac{y}{x}\right)^2}{\left(\frac{y}{x}\right)}$$

令 $u=\frac{y}{x}$,故

$$u+x\frac{du}{dx}=\frac{1+u^2}{u}$$

$$x\frac{du}{dx}=\frac{1+u^2}{u}-u=\frac{1}{u}$$

分离变量,有 $udu=\frac{dx}{x}$,两边积分得

$$u^2=2\ln x+2C$$

即 $$\frac{y^2}{x^2}=2\ln x+2C,y^2=2x^2\ln x+2Cx^2$$

由初始条件 $y\Big|_{x=1}=0$,代入方程,得 $2C=0,C=0$. 故方程的特解为 $y^2=2x^2\ln x$.

5. 求下列各微分方程的通解或在给定初始条件下的特解

(1) $\frac{dy}{dx}+y=e^{-x}$;　　(2) $\frac{dy}{dx}-\frac{n}{x}y=e^x x^n$;

(3) $\frac{dy}{dx}-\frac{2y}{x+1}=(x+1)^3$;　　(4) $(x^2+1)\frac{dy}{dx}+2xy=4x^2$;

(5) $\frac{dy}{dx}-2xy=xe^{-x^2}$;　　(6) $x\frac{dy}{dx}-2y=x^3e^x,y\Big|_{x=1}=0$;

(7) $xy'+y=3,y\Big|_{x=1}=0$.

解:预备知识:一阶线性常微分方程 $y'+P(x)y=Q(x)$ 的通特公式为

$$y(x)=e^{-\int P(x)dx}\left[\int Q(x)e^{\int P(x)dx}dx+C\right].$$

(1) $y=e^{-\int dx}\left[\int e^{-x}e^{\int dx}dx+C\right]=e^{-x}\left[\int e^{-x}e^{x}dx+C\right]=e^{-x}\left[\int dx+C\right]$

$=e^{-x}(x+C)$.

(2) $y=e^{\int\frac{n}{x}dx}\left[\int e^x x^n e^{-\int\frac{n}{x}dx}dx+C\right]=x^n\left[\int e^x x^n\cdot x^{-n}dx+C\right]=x^n\left[\int e^x dx+C\right]$

$=x^n(e^x+C)$.

(3) $y=e^{\int\frac{2}{x+1}dx}\left[\int(x+1)^3e^{-\int\frac{2}{x+1}dx}dx+C\right]=(x+1)^2\left[\int(x+1)^3(x+1)^{-2}dx+C\right]$

$=(x+1)^2\left[\int(x+1)dx+C\right]=(x+1)^2\left[\frac{1}{2}(x+1)^2+C\right]$

$=\frac{1}{2}(x+1)^4+C(x+1)^2$.

(4) 方程变形为 $\frac{dy}{dx}+\frac{2x}{(x^2+1)}y=\frac{4x^2}{x^2+1}$. 故

$$y = e^{-\int\frac{2x}{x^2+1}dx}\left(\int\frac{4x^2}{x^2+1}e^{\int\frac{2x}{x^2+1}dx}dx + C\right) = \frac{1}{x^2+1}\left(\int\frac{4x^2}{x^2+1}\cdot(x^2+1)dx + C\right)$$

$$= \frac{1}{x^2+1}\left(\int 4x^2 dx + C\right) = \frac{1}{x^2+1}\left(\frac{4}{3}x^3 + C\right).$$

(5) $y = e^{\int 2xdx}\left[\int xe^{-x^2}e^{-\int 2xdx}dx + C\right] = e^{x^2}\left[\int xe^{-x^2}\cdot e^{-x^2}dx + C\right]$

$$= e^{x^2}\left[\int xe^{-2x^2}dx + C\right] = e^{x^2}\left[-\frac{1}{4}e^{-2x^2} + C\right].$$

(6) 方程变形为$\frac{dy}{dx} - \frac{2}{x}y = x^2e^x$,故

$$y = e^{\int\frac{2}{x}dx}\left[\int x^2e^xe^{-\int\frac{2}{x}dx}dx + C\right] = x^2\left[\int x^2e^xx^{-2}dx + C\right]$$

$$= x^2\left[\int e^x dx + C\right] = x^2(e^x + C).$$

由初始条件$y\Big|_{x=1} = 0$,代入上式,得$e + C = 0$,故$C = -e$,所以

$$y = x^2(e^x - e).$$

(7) 方程变形为$y' + \frac{1}{x}y = \frac{3}{x}$,故

$$y = e^{-\int\frac{1}{x}dx}\left[\int\frac{3}{x}e^{\int\frac{1}{x}dx}dx + C\right] = \frac{1}{x}\left[\int\frac{3}{x}\cdot xdx + C\right] = \frac{1}{x}(3x + C)$$

由初始条件$y\Big|_{x=1} = 0$,代入上式得$3 + C = 0$,故$C = -3$,所以

$$y = \frac{3}{x}(x-1).$$

6. 求下列各微分方程的通解或在给定初始条件下的特解

(1) $\frac{d^2y}{dx^2} = x^2$; (2) $y'' = e^{2x}$;

(3) $y'' - y' = x$; (4) $xy'' + y' = 0$;

(5) $y\cdot y'' - (y')^2 - y' = 0$; (6) $y'' + \sqrt{1-(y')^2} = 0$;

(7) $y''' = y''$; (8) $y'' = 3\sqrt{y}, y\Big|_{x=0} = 1, y'\Big|_{x=0} = 2$.

解:(1) 连续积分两次,得

$$y = \frac{1}{12}x^4 + C_1x + C_2.$$

(2) 连续积分两次,得

$$y = \frac{1}{4}e^{2x} + C_1x + C_2.$$

(3) 齐次方程为$y'' - y' = 0$,其特征方程为

$$\lambda^2 - \lambda = 0$$

所以

$$\lambda_1 = 0,\quad \lambda_2 = 1.$$

故齐次方程的通解为$y_{齐} = C_1 + C_2e^x$. 因$a = 0$是特征方程的一个单根,故非齐次方程的

一个特解可以设为 $y^* = x(Ax + B) = Ax^2 + Bx$,代入原方程,有

$$2A - 2Ax - B = x$$

故$\begin{cases} -2A = 1 \\ 2A - B = 0 \end{cases}$,解之得　$A = -\frac{1}{2}, B = -1$,所以

$$y^* = -\frac{1}{2}x^2 - x$$

故原方程的通解为　$$y = C_1 + C_2 e^x - \frac{1}{2}x^2 - x.$$

(4) 记 $P = y'$,则 $y'' = P'$,于是,$xP' + P = 0$. 分离变量,及$\frac{dP}{P} = -\frac{dx}{x}$,两边积分,有

$$P = \frac{C_1}{x} \quad 即 \quad \frac{dy}{dx} = \frac{C_1}{x}$$

故　$$y = C_1 \ln x + C_2.$$

(5) 令 $P = y'$,故 $y'' = \frac{dP}{dx} = \frac{dP}{dy} \cdot \frac{dy}{dx} = P\frac{dP}{dy}$,故原方程为

$$y \cdot P\frac{dP}{dy} - P^2 - P = 0.$$

于是,有 $P = 0$, 或 $y\frac{dP}{dy} - P - 1 = 0$.

(i) 由 $P = 0$,得 $y = C$.

(ii) 由 $y\frac{dP}{dy} - P - 1 = 0$,这是一个一阶线性非齐次微分方程,即

$$\frac{dP}{dy} - \frac{1}{y}P = \frac{1}{y}$$

$$P = e^{\int \frac{1}{y}dy}\left[\int \frac{1}{y}e^{-\int \frac{1}{y}dy}dy + C\right] = y\left[\int \frac{1}{y^2}dy + C\right] = y\left(-\frac{1}{y} + C_1\right) = C_1 y - 1$$

故$\frac{dy}{dx} = C_1 y - 1$,分离变量,有$\frac{dy}{C_1 y - 1} = dx$,两边积分,得

$$\frac{1}{C_1}\ln(C_1 y - 1) = x + C_2$$

或　$$C_1 y - 1 = Ce^{C_1 x}, C = C_1 C_2$$

(6) 令 $y' = P, y'' = P\frac{dP}{dy}$,则有

$$P\frac{dP}{dy} + \sqrt{1 - P^2} = 0.$$

分离变量,得

$$\frac{PdP}{\sqrt{1 - P^2}} = -dy.$$

两边积分,得

$$\int \frac{PdP}{\sqrt{1 - P^2}} = -\int dy, \qquad -\sqrt{1 - P^2} = -y - C_1$$

即$\sqrt{1-P^2}=y+C_1$，$1-P^2=(y+C_1)^2$，故$P^2=1-(y+C_1)^2$，$P=\pm\sqrt{1-(y+C_1)^2}$，即$\frac{dy}{dx}=\pm\sqrt{1-(y+C_1)^2}$. 分离变量，得$\frac{dy}{\sqrt{1-(y+C_1)^2}}=\pm dx$，两边积分，得

$$\arcsin(y+C_1)=\pm x+C_2$$

或

$$x=\pm\arcsin(y+C_1)+C_2.$$

(7) 令$y''=P$，则$y'''=P'$故原方程为$P'=P$，分离变量，及$\frac{dP}{P}=dx$，两边积分得

$$\ln P=x+C_1$$

故$P=Ce^x$，$C=e^{C_1}$. 故$\frac{d^2y}{dx^2}=Ce^x$，连续积分两次，得

$$y=Ce^x+C_1x+C_2.$$

(8) 令$y'=P$，$y''=P\frac{dP}{dy}$，故原方程为$P\frac{dP}{dy}=3\sqrt{y}$. 分离变量，得$PdP=3\sqrt{y}dy$，两边积分，得

$$P^2=4y^{\frac{3}{2}}+2C_1,P=\pm\sqrt{4y^{\frac{3}{2}}+2C_1}$$

由初始条件，得$2=\pm\sqrt{4+2C_1}$，$C_1=0$，故

$$P=\pm 2y^{\frac{3}{4}}$$

即$\frac{dy}{dx}=\pm 2y^{\frac{3}{4}}$，分离变量，得$y^{-\frac{3}{4}}dy=\pm 2dx$，两边积分，得$4y^{\frac{1}{4}}=\pm 2x+C$，由初始条件，可得$C=4$. 故

$$2y^{\frac{1}{2}}=\pm x+2.$$

7. 某林区现有木材10万m^3，如果在每一瞬间时木材的变化率与当时木材数量成正比，假设10年内该林区能有木材20万m^3，试确定木材数量P与时间t的关系.

解：设在任意时刻t木材数量为P，依题意有$\frac{dP}{dt}=KP$. 分离变量，得$\frac{dP}{P}=Kdt$. 两边积分，得

$$\ln P=Kt+C_1$$

故

$$P=Ce^{Kt},C=e^{C_1}.$$

当$t=0$时，$P=10$. 代入上式得$C=10$，故

$$P=10e^{Kt}$$

当$t=10$时$P=20$，故

$$20=10e^{10K},\quad K=\frac{1}{10}\ln 2$$

$$P=10e^{\frac{t}{10}\ln 2}=10\times 2^{\frac{t}{10}}.$$

8. 加热后的物体在空气中冷却的速度与每一瞬时物体温度与空气温度之差成正比，试确定物体温度与时间t的关系.

解：设物体在任一时刻t的温度为T，空气温度为T_0，依题意，有$\frac{dT}{dt}=K(T-T_0)$，解之得

$$\ln(T - T_0) = Kt + C_1$$

故 $$T = Ce^{Kt} + T_0 \quad (C = e^{C_1}).$$

9. 某商品的需求量 Q 对价格 P 的弹性为 $P\ln 3$. 已知该商品的最大需求量为1200(即当 $P = 0$ 时, $Q = 1200$), 试求需求量 Q 对价格 P 的函数关系.

解:依题意,有

$$\frac{PQ'}{Q} = -P\ln 3$$

即有 $\frac{dQ}{Q} = -\ln 3 dP$,两边积分,得

$$\ln Q = -P\ln 3 + C_1$$

故 $$Q = Ce^{-P\ln 3} = C \times 3^{-P}, \quad (C = e^{C_1}).$$

当 $P = 0$ 时, $Q = 1200$,代入上式得 $C = 1200$.

故 $$Q = 1200 \times 3^{-P}.$$

10. 在某池塘内养鱼,该池塘最多能养鱼 1000 尾. 在时刻 t,鱼数 y 是时间 t 的函数 $y = y(t)$,其变化率与鱼数 y 及 $1000 - y$ 之积成正比,已知在池塘内放养鱼 100 尾,3 个月后池塘内有鱼 250 尾,试求放养 7 个月后池塘内鱼数 $y(t)$ 的公式.

解:依题意,有 $\frac{dy}{dt} = Ky(1000 - y)$, K 为比例系数,分离变量,得

$$\frac{dy}{y(1000 - y)} = Kdt$$

分项,得

$$\left(\frac{1}{y} + \frac{1}{1000 - y}\right)dy = 1000Kdt$$

两边积分,有

$$\ln\frac{y}{1000 - y} = 1000Kt + C$$

当 $t = 0$ 时 $y = 100$,代入上式 $\ln\frac{1}{9} = C$,即 $C = -2\ln 3$. 故

$$\ln\frac{y}{1000 - y} = 1000Kt - 2\ln 3.$$

当 $t = 3$ 时, $y = 250$,代入上式

$$\ln\frac{1}{3} = 3000K - 2\ln 3,\text{故 } K = \frac{1}{3000}\ln 3$$

$$\ln\frac{y}{1000 - y} = \frac{1000\ln 3}{3000}t - 2\ln 3 = \frac{t}{3}\ln 3 - 2\ln 3$$

$$\frac{y}{1000 - y} = e^{\frac{t}{3}\ln 3 - 2\ln 3} = \frac{3^{\frac{t}{3}}}{9}$$

解出 y

$$y = \frac{1000 \times 3^{\frac{t}{3}}}{9 + 3^{\frac{t}{3}}} \quad (0 \leqslant y \leqslant 1000).$$

11. 求下列各微分方程的通解或在给定初始条件下的特解

(1) $y''-4y'+3y=0$;　　(2) $y''-y'-6y=0$;

(3) $y''-4y'+4y=0$;　　(4) $y''-6y'-9y=0$;

(5) $y''+4y=0$;　　(6) $y''-4y'+13y=0$;

(7) $y''-5y'+6y=0; y|_{x=0}=\frac{1}{2}, y'|_{x=0}=1$;

(8) $y''+y'-2y=0; y|_{x=0}=3, y'|_{x=0}=0$;

(9) $y''-6y'+9y=0; y|_{x=0}=0, y'|_{x=0}=2$;

(10) $y''+3y'+2y=0, y|_{x=0}=1, y'|_{x=0}=1$.

解:(1) 特征方程　$\lambda^2-4\lambda+3=0$,特征根为　$\lambda_1=1, \lambda_2=3$,其通解为

$$y=C_1e^x+C_2e^{3x}.$$

(2) 特征方程　$\lambda^2-\lambda-6=0$,特征根为　$\lambda_1=3, \lambda_2=-2$,其通解为

$$y=C_1e^{3x}+C_2e^{-2x}.$$

(3) 特征方程　$\lambda^2-4\lambda+4=0$,特征根为　$\lambda_1=\lambda_2=2$,其通解为

$$y=(C_1+C_2x)e^{2x}.$$

(4) 特征方程　$\lambda^2-6\lambda-9=0$,特征根为　$\lambda_1=3+3\sqrt{2}, \lambda_2=3-3\sqrt{2}$,其通解为

$$y=C_1e^{3(1+\sqrt{2})x}+C_2e^{3(1-\sqrt{2})x}=(C_1e^{3\sqrt{2}x}+C_2e^{-3\sqrt{2}x})e^{3x}.$$

(5) 特征方程　$\lambda^2+4=0$,特征根为:$\lambda_1=2i, \lambda_2=-2i$,其通解为

$$y=C_1\cos2x+C_2\sin2x.$$

(6) 特征方程　$\lambda^2-4\lambda+13=0$,特征根为　$\lambda_1=2+3i, \lambda_2=2-3i$,其通解为

$$y=e^{2x}(C_1\cos3x+C_2\sin3x).$$

(7) 特征方程　$\lambda^2-5\lambda+6=0$,特征根为:$\lambda_1=2, \lambda_2=3$,其通解为

$$y=C_1e^{2x}+C_2e^{3x}$$

由初始条件　$y|_{x=0}=\frac{1}{2}$,有

$$C_1+C_2=\frac{1}{2} \tag{1}$$

$$y'=2C_1e^{2x}+3C_2e^{3x}$$

由初始条件　$y'|_{x=0}=1$,有

$$2C_1+3C_2=1 \tag{2}$$

联立式(1),式(2),解得 $C_1=\frac{1}{2}, C_2=0$. 故其特解为

$$y=\frac{1}{2}e^{2x}.$$

(8) 特征方程　$\lambda^2+\lambda-2=0$,特征根为:$\lambda_1=1, \lambda_2=-2$,其通解为

$$y=C_1e^x+C_2e^{-2x}$$

由初始条件　$y|_{x=0}=3$,有

$$C_1+C_2=3 \tag{1}$$

$$y'=C_1e^x-2C_2e^{-2x}$$

由初始条件　$y'|_{x=0}=0$，有

$$C_1-2C_2=0 \tag{2}$$

联立式(1)，式(2) 解得 $C_1=2, C_2=1$，故其特解为

$$y=2e^{x}+e^{-2x}.$$

(9) 特征方程　$\lambda^2-6\lambda+9=0$，特征根为：$\lambda_1=\lambda_2=3$，其通解为

$$y=(C_1+C_2x)e^{3x}.$$

由初始条件　$y|_{x=0}=0$，有 $C_1=0$.

$$y'=C_2e^{3x}+3(C_1+C_2x)e^{3x}$$

由初始条件　$y'|_{x=0}=2$，有 $C_2=2$. 其特解为　$y=2xe^{3x}$.

(10) 特征方程　$\lambda^2+3\lambda+2=0$，特征根为：$\lambda_1=-1, \lambda_2=-2$，其通解为

$$y=C_1e^{-x}+C_2e^{-2x}$$

由初始条件　$y|_{x=0}=1$，有

$$C_1+C_2=1 \tag{1}$$

$$y'=-C_1e^{-x}-2C_2e^{-2x}$$

由初始条件　$y'|_{x=0}=1$，有

$$-C_1-2C_2=1 \tag{2}$$

联立式(1)，式(2)　解之得　$C_1=3, C_2=-2$，其特解为

$$y=3e^{-x}-2e^{-2x}.$$

12. 求下列微分方程的通解或在给定初始条件下的特解

(1) $y''-6y'+13y=14$；　(2) $y''-2y'-3y=2x+1$；

(3) $y''+2y'-3y=e^{2x}$；　(4) $y''-y'-2y=e^{2x}$；

(5) $y''+4y=8\sin 2x$；

(6) $y''-4y=4$, $y|_{x=0}=1$, $y'|_{x=0}=0$；

(7) $y''+4y=8x$, $y|_{x=0}=0$, $y'|_{x=0}=4$；

(8) $y''-5y'+6y=2e^{x}$, $y|_{x=0}=1$, $y'|_{x=0}=1$.

解：(1) (i) 齐次方程　$y''-6y'+13y=0$

特征方程　$$\lambda^2-6y+13=0$$

特征根为　$$\lambda=3\pm 2i$$

$$y_{齐}=e^{3x}(C_1\cos 2x+C_2\sin 2x).$$

(ii) 非齐次方程　$$y''-6y'+13y=14$$

不难求得方程的一个特解 $y^*=\dfrac{14}{13}$，故原方程的通解为

$$y=e^{3x}(C_1\cos 2x+C_2\sin 2x)+\frac{14}{13}.$$

(2) (i) 齐次方程　$y''-2y'-3y=0$

特征方程　$$\lambda^2-2\lambda-3=0$$

特征根为　$$\lambda_1=-1, \lambda_2=3$$

$$y_{齐}=C_1e^{-x}+C_2e^{3x}$$

(ii) 非齐次方程　$y''-2y'-3y=2x+1$

因 $\alpha = 0$ 不是特征方程的根,故非齐次方程的一个特解可以设为 $y^* = Ax + B$.

$$y^{*\prime} = A, \quad y^{*\prime\prime} = 0$$

代入方程,得

$$-2A - 3(Ax + B) = 2x + 1$$

故

$$\begin{cases} -3A = 2 \\ -2A - 3B = 1 \end{cases}$$

$$A = -\frac{2}{3}, \quad B = \frac{1}{9}$$

$$y^* = -\frac{2}{3}x + \frac{1}{9}$$

故原方程的通解为 $\quad y = C_1 e^{-x} + C_2 e^{3x} - \frac{2}{3}x + \frac{1}{9}.$

(3) (i) 齐次方程 $\quad y'' + 2y' - 3y = 0$

特征方程 $\quad \lambda^2 + 2\lambda - 3 = 0$

特征根为 $\quad \lambda_1 = -3, \lambda_2 = 1$

$$y_{齐} = C_1 e^{-3x} + C_2 e^{x}$$

(ii) 非齐次方程 $\quad y'' + 2y' - 3y = e^{2x}$

因 $\alpha = 2$ 不是特征方程的根,故非齐次方程的一个特解可以设为 $y^* = Ae^{2x}$.

$$y^{*\prime} = 2Ae^{2x}, y^{*\prime\prime} = 4Ae^{2x}$$

代入方程,有

$$4Ae^{2x} + 4Ae^{2x} - 3Ae^{2x} = e^{2x}, A = \frac{1}{5}$$

$$y^* = \frac{1}{5}e^{2x}$$

故原方程的通解为 $\quad y = C_1 e^{-3x} + C_2 e^{x} + \frac{1}{5}e^{2x}.$

(4) (i) 齐次方程 $\quad y'' - y' - 2y = 0$

特征方程 $\quad \lambda^2 - \lambda - 2 = 0$

特征根为 $\quad \lambda_1 = -1, \lambda_2 = 2$

$$y_{齐} = C_1 e^{-x} + C_2 e^{2x}$$

(ii) 非齐次方程 $\quad y'' - y' - 2y = e^{2x}.$

因 $\alpha = 2$ 为特征方程的一个单根,故非齐次方程的一个特解可以设为

$$y^* = Axe^{2x}$$

$$y^{*\prime} = Ae^{2x} + 2Axe^{2x}$$

$$y^{*\prime\prime} = 2Ae^{2x} + 2Ae^{2x} + 4Axe^{2x} = 4Ae^{2x} + 4Axe^{2x}$$

代入方程,得 $4Ae^{2x} + 4Axe^{2x} - Ae^{2x} - 2Axe^{2x} - 2Axe^{2x} = e^{2x}.$

$$A = \frac{1}{3}, \quad y^* = \frac{x}{3}e^{2x}$$

故原方程的通解为

$$y = C_1 e^{-x} + C_2 e^{2x} + \frac{x}{3} e^{2x} = C_1 e^{-x} + \left(C_2 + \frac{x}{3}\right) e^{2x}.$$

(5)(i) 齐次方程　$y'' + 4y = 0$

特征方程　$\lambda^2 + 4 = 0$

特征根为　$\lambda = \pm 2i$

$$y_{齐} = C_1 \cos 2x + C_2 \sin 2x.$$

(ii) 非齐次方程　$y'' + 4y = 8\sin 2x$

构造方程　$y'' + 4y = 8e^{2ix}$

因 $\alpha = 2i$ 是特征方程的单根,故辅助方程的一个特解可以设为

$$y^* = Axe^{2ix}$$

$$y^{*\prime} = Ae^{2ix} + 2Aixe^{2ix}$$

$$y^{*\prime\prime} = 2Aie^{2ix} + 2Aie^{2ix} - 4Axe^{2ix}$$

代入辅助方程

$$4Aie^{2ix} - 4Axe^{2ix} + 4Axe^{2ix} = 8e^{2ix}$$

故　$4Ai = 8, A = \frac{8}{4i} = -2i$

$$y^* = -2xie^{2ix} = -2xi(\cos 2x + i\sin 2x) = 2x\sin 2x - 2xi\cos 2x$$

取其虚部　$y^* = -2x\cos 2x$

故原方程的通解为

$$y = C_1 \cos 2x + C_2 \sin 2x - 2x\cos 2x = (C_1 - 2x)\cos 2x + C_2 \sin 2x.$$

(6)(i) 齐次方程　$y'' - 4y = 0$

特征方程　$\lambda^2 - 4 = 0$

特征根为　$\lambda = \pm 2.$

故　$y_{齐} = C_1 e^{-2x} + C_2 e^{2x}.$

(ii) 非齐次方程　$y'' - 4y = 4$

易求得方程的一个特解为　$y^* = -1$,故原方程的通解为

$$y = C_1 e^{-2x} + C_2 e^{2x} - 1$$

$$y' = -2C_1 e^{-2x} + 2C_2 e^{2x}$$

代入初始条件,可得　$\begin{cases} C_1 + C_2 - 1 = 1 \\ -2C_1 + 2C_2 = 0 \end{cases}$

解之得　$C_1 = 1, C_2 = 1.$

故原方程满足初始条件的特解为　$y = e^{-2x} + e^{2x} - 1.$

(7)(i) 齐次方程　$y'' + 4y = 0$

特征方程　$\lambda^2 + 4 = 0$

特征根为　$\lambda = \pm 2i$

$$y_{齐} = C_1 \cos 2x + C_2 \sin 2x.$$

(ii) 非齐次方程　$y'' + 4y = 8x$

不难看出,$y^* = 2x$ 是非齐次方程的一个特解,所以原方程的通解为

$$y = C_1 \cos 2x + C_2 \sin 2x + 2x$$

$$y' = -2C_1 \sin 2x + 2C_2 \cos 2x + 2$$

由初始条件 $$y\Big|_{x=0}=0,y'\Big|_{x=0}=4$$

代入上述二式,得

$$C_1=0,C_2=1$$

故原方程满足初始条件的特解为 $y=\sin 2x+2x.$

(8)(i) 齐次方程 $$y''-5y'+6y=0$$

特征方程 $$\lambda^2-5\lambda+6=0$$

特征根为 $$\lambda_1=2,\lambda_2=3$$

$$y_{齐}=C_1\mathrm{e}^{2x}+C_2\mathrm{e}^{3x}$$

(ii) 非齐次方程 $$y''-5y'+6y=2\mathrm{e}^x$$

因 $a=1$ 不是特征方程的根,故非齐次方程的一个特别可以设为

$$y^*=A\mathrm{e}^x$$

$$y^{*\prime}=A\mathrm{e}^x,y^{*\prime\prime}=A\mathrm{e}^x$$

代入方程,有

$$A\mathrm{e}^x-5A\mathrm{e}^x+6A\mathrm{e}^x=2\mathrm{e}^x$$

$$A=1$$

故 $$y^*=\mathrm{e}^x$$

故原方程的通解为

$$y=C_1\mathrm{e}^{2x}+C_2\mathrm{e}^{3x}+\mathrm{e}^x$$

$$y'=2C_1\mathrm{e}^{2x}+3C_2\mathrm{e}^{3x}+\mathrm{e}^x$$

由初始条件 $$y\Big|_{x=0}=1,y'\Big|_{x=0}=1$$

代入以上二式,得

$$\begin{cases}C_1+C_2+1=1\\2C_1+3C_2+1=1\end{cases}$$

解得 $C_1=0,C_2=0$ 则原方程满足初始条件的特解为 $y=\mathrm{e}^x.$

13. 方程 $y''+9y=0$ 的一条积分曲线通过点 $(\pi,-1)$,且在该点和直线 $y+1=x-\pi$ 相切,试求该曲线.

解:特征方程 $\lambda^2+9=0$

特征根为 $$\lambda=\pm 3\mathrm{i}$$

故 $$y_{齐}=C_1\cos 3x+C_2\sin 3x$$

初始条件 $$y\Big|_{x=\pi}=-1,y'\Big|_{x=\pi}=1$$

代入 $y_{齐}$,有

$$-C_1=-1,C_1=1$$

$$y'_{齐}=-3C_1\sin 3x+3C_2\cos 3x$$

$$-3C_2=1,C_2=-\frac{1}{3}$$

故曲线方程为 $$y=\cos 3x-\frac{1}{3}\sin 3x.$$

14. 设一机器在任意时刻以常数比率贬值. 若机器全新时价值 10 000 元,5 年末价值

6 000 元,试求其在出厂 20 年末的价值.

解:设机器在任一时刻 t 的价值为 P,则 $P = P(t)$. 依题意,有

$$\frac{dP}{dt} = -kP, \text{其中 } k > 0, -k \text{ 是贬值率}.$$

初始条件为 $P\Big|_{t=0} = 10\,000$.

解方程,得 $P = Ce^{-kt}$,代入初始条件,得 $C = 10\,000$,故

$$P = 10\,000e^{-kt}.$$

当 $t = 5$ 时,$P = 6\,000$ 有 $e^{-5k} = \frac{3}{5}$.

当 $t = 20$ 时,$P = 10\,000e^{-20k} = 10\,000(e^{-5k})^4 = 10\,000 \times \left(\frac{3}{5}\right)^4 = 1\,296$(元).

15. 已知需求价格弹性 $\eta(P) = -\frac{1}{Q^2}$,且当 $Q = 0$ 时 $P = 100$. 试求价格函数;将价格 P 表示为需求 Q 的函数.

解:已知需求价格弹性且价格函数是需求函数的反函数. 由此,设需求函数为 $Q = Q(P)$,依题设,有

$$\begin{cases} \frac{P}{Q}\frac{dQ}{dP} = -\frac{1}{Q^2} \\ P\Big|_{Q=0} = 100 \end{cases}$$

这是可分离变量方程. 易求得

$$P = 100e^{-\frac{Q2}{2}}.$$

综合练习 13

一、选择题

1. 微分方程 $(y')^4 + 3(y'')^3 = 0$ 的阶是(　　).

A. 4　　B. 3　　C. 2　　D. 1

答:选 C.

2. 方程 $y' = y\cot x$ 的通解是(　　).

A. $y = C\cos x$　　B. $y = C\sin x$　　C. $y = C\tan x$　　D. $y = -\frac{C}{\sin x}$

答:选 B. 直接求解可以验证其结果.

3. 下面是可分离变量方程的是(　　).

A. $y' - xy' = ay^2 + t'$　　B. $\frac{dy}{dx} = \frac{x}{y}$

C. $xy' = y\ln\frac{y^2}{x}$　　D. $\frac{dy}{dx} + 2xy = e^{-x^2}$

答:选 B. 由定义,形如 $\frac{dy}{dx} = f(x)g(y)$ 的方程称为可分离变量方程,故选 B.

4. 方程 $e^{x-y}\dfrac{dy}{dx}=1$ 的通解是(　　).

A. $e^x+e^y=C$　　B. $e^{-x}+e^{-y}=C$.

C. $e^x-e^y=C$　　D. $e^{-x}-e^{-y}=C$.

答:选 D. 对方程分离变量,得 $e^{-y}dy=e^{-x}dx$,两边积分得 $-e^{-y}=-e^{-x}+C$,即 $e^{-x}-e^{-y}=C$.

5. 方程 $y''=y'+x$ 满足初始条件 $y\big|_{x=0}=0,y'\big|_{x=0}=0$ 的特解是(　　).

A. $y=e^x-\dfrac{x^2}{2}-x+1$　　B. $y=e^x-x^2-x+1$

C. $y=e^x-\dfrac{x^2}{2}-x-1$　　D. $y=e^x-x^2+x-1$

答:选 C. 原方程为 $y''-y'=x$.

特征方程:$\lambda^2-\lambda=0,\lambda_1=0,\lambda_2=1$,故 $y_{齐}=C_1+C_2e^x$.

因 $\alpha=0$ 是特征方程的单根,故非齐次方程的一个特解可以设为

$$y^*=x(Ax+B)=Ax^2+Bx.$$

$$y^{*\prime}=2Ax+B,y^{*\prime\prime}=2A$$

代入方程,得

$$2A-2Ax-B=x.$$

比较系数,有 $\begin{cases}-2A=1\\2A-B=0\end{cases}$,解得 $A=-\dfrac{1}{2},B=-1$,故

$$y^*=-\frac{1}{2}x^2-x$$

所以原方程通解为

$$y=C_1+C_2e^x-\frac{x^2}{2}-x$$

$$y'=C_2e^x-x-1$$

代入初始条件

$$\begin{cases}C_1+C_2=0\\C_2-1=0\end{cases},\quad C_1=-1,C_2=1$$

故原方程满足初始条件的特解为 $y=e^x-\dfrac{x^2}{2}-x-1$,故选 C.

6. 下面为二阶常系数线性齐次微分方程的是(　　).

A. $(y'')^2+5y'-6y=0$　　B. $y''+5y'-6y=x$

C. $y''-6y=0$　　D. $y''-xy=0$

答:选 C.

7. 方程 $y''-2y'=y$ 的特征方程为(　　).

A. $\lambda^2-2\lambda+1=0$　　B. $\lambda^2-2\lambda=0$

C. $\lambda^2+1=0$　　D. $\lambda^2-2\lambda-1=0$

答:选 D.

8. 方程 $y''+2y'+3y=0$ 的通解是(　　).

A. $y=e^x(C_1\cos2x+C_2\sin2x)$

B. $y = e^{-x}(C_1\cos\sqrt{2}x + C_2\sin\sqrt{2}x)$

C. $y = e^{\sqrt{2}x}[C_1\cos(-x) + C_2\sin(-x)]$

D. $y = e^{-x}[C_1\cos(-\sqrt{2}x) + C_2\sin(-\sqrt{2}x)]$

答:选 B. 特征方程为 $\lambda^2 + 2\lambda + 3 = 0$

所以特征根为　$\lambda = -1 \pm \sqrt{2}i$

所以方程通解为　$y = e^{-x}(C_1\cos\sqrt{2}x + C_2\sin\sqrt{2}x)$,故选 B.

9. 方程 $y'' - 4y' - 5y = e^{-x} + \sin 5x$ 的特解形式为(　　).

A. $y = A_1e^x + B_1\sin 5x$

B. $y = A_1e^{-x} + B_1\cos 5x + B_2\sin 5x$

C. $y = A_1e^x + B_1\cos 5x$

D. $y = A_1xe^{-x} + B_1\cos 5x + B_2\sin 5x$

答:选 D. 下面我们分两部分来说明:

特征方程:$\lambda^2 - 4\lambda - 5 = 0$,特征根为 $\lambda_1 = -1, \lambda_2 = 5$

(i) 方程 $y'' - 4y' - 5y = e^{-x}$

因 $\alpha = -1$ 是特征方程的单根,故该方程的一个特解可以设为 $y_1^* = Axe^{-x}$

(ii) 方程 $y'' - 4y' - 5y = \sin 5x$

因 $\alpha + \beta i = 5i$ 不是特征方程的根,故该方程的一个特解可以设为

$$y_2^* = A_2\cos 5x + B_2\sin 5x$$

综上,原方程的一个特解形式可以设为

$$y = A_1xe^{-x} + A_2\cos 5x + B_2\sin 5x.$$

10. 设线性无关函数 $y_1(x), y_2(x), y_3(x)$ 都是二阶非齐次线性微分方程 $y'' + p(x)y' + g(x)y = f(x)$ 的解,C_1, C_2 是任意常数,则该方程的通解为(　　).

A. $C_1y_1 + C_2y_2 + y_3$

B. $C_1y_1 + C_2y_2 - (C_1 + C_2)y_3$

C. $C_1y_1 + C_2y_2 - (1 - C_1 - C_2)y_3$

D. $C_1y_1 + C_2y_2 + (1 - C_1 - C_2)y_3$

答:选 D. 因 $y_1 - y_3, y_2 - y_3$ 是方程对应的齐次微分方程的两个线性无关的解. 故原方程的通解可以表示为

$$y = C_1(y_1 - y_3) + C_2(y_2 - y_3) + y_3 = C_1y_1 + C_2y_2 + (1 - C_2 - C_2)y_3.$$

二、填空题

1. 方程 $x^3dx - ydy = 0$ 的通解是 $\underline{x^4 - 2y^2 = C}$.

2. 方程 $x\sqrt{1+y^2}dx + y\sqrt{1+x^2}dy = 0$ 满足初始条件 $y\big|_{x=0} = 0$ 的特解是 $\underline{\sqrt{1+x^2} + \sqrt{1+y^2} = 2}$.

3. 方程 $y' + 2xy - 2xe^{-x^2} = 0$ 满足条件 $y\big|_{x=0} = e$ 的特解是 $\underline{y = (x^2 + C)e^{-x^2}}$.

解:因 $y = e^{-\int 2xdx}\left[\int 2xe^{-x^2} \cdot e^{\int 2xdx}dx + C\right] = e^{-x^2}\left[\int 2xe^{-x^2} \cdot e^{x^2}dx + C\right]$

$$= e^{-x^2}[x^2 + C]$$

代入初始条件,得 $C = e$,故其特解为 $y = e^{-x^2}(x^2 + e)$.

4. 方程 $y'' + 4y' + 29y = 0$ 满足条件 $y\Big|_{x=0} = 0, y'\Big|_{x=0} = 15$ 的特解是$\underline{3e^{-2x}\sin 5x}$.

解:因方程的通解为

$$y = e^{-2x}(C_1\cos 5x + C_2\sin 5x)$$

$$y' = -2e^{-2x}(C_1\cos 5x + C_2\sin 5x) + e^{-2x}(-5C_1\sin 5x + 5C_2\cos 5x)$$

代入初始条件,得 $C_1 = 0, C_2 = 3$. 故其特解为 $y = 3e^{-2x}\sin 5x$.

5. 设 $\phi(x)$ 为连续函数,且满足 $\phi(x) = e^x - \int_0^x (x - t)\phi(t)\,dt$,则

$$\underline{\phi(x) = \frac{1}{2}(\cos x + \sin x + e^x)}.$$

解:为确定 $\phi(x)$,等式两边对 x 求导数,得

$$\phi'(x) = e^x - \int_0^x \phi(t)\,dt$$

上式两端再对 x 求导数,得二阶线性微分方程

$$\phi''(x) = e^x - \phi(x)$$

即

$$\phi''(x) + \phi(x) = e^x$$

特征方程:$\lambda^2 + 1 = 0$,故 $\lambda = \pm i$. 不难求得上述二阶线性微分方程的通解为

$$\phi(x) = C_1\cos x + C_2\sin x + \frac{1}{2}e^x$$

为了确定 C_1, C_2,可令 $x = 0$,得 $\phi(0) = 1, \phi'(0) = 1$. 于是有

$$\begin{cases} C_1 + \dfrac{1}{2} = 1 \\ C_2 + \dfrac{1}{2} = 1 \end{cases}$$

解得 $C_1 = \frac{1}{2}, C_2 = \frac{1}{2}$,故

$$\phi(x) = \frac{1}{2}(\cos x + \sin x + e^x).$$

三、求解下列微分方程

1. 求方程 $xy' + y = y\ln(xy)$ 的通解.

解:令 $u = xy, \frac{du}{dx} = y + xy'$,代入方程为

$$\frac{du}{dx} - y + y = \frac{u}{x}\ln u$$

$$\frac{du}{dx} = \frac{u}{x}\ln u$$

分离变量,得

$$\frac{du}{u\ln u} = \frac{dx}{x}$$

两边积分得

$$\ln\ln u = \ln Cx$$

故 $\ln u = Cx$, 即 $\ln xy = Cx$.

2. 求方程 $2xy'y'' = (y')^2 + 1$ 的通解.

解:原方程变形为

$$x[(y')^2]' = (y')^2 + 1$$

记 $u = (y')^2$,则方程化为 $x\frac{du}{dx} = u + 1$ 分离变量,得$\frac{du}{u+1} = \frac{dx}{x}$,积分得

$$\ln(u+1) = \ln C_1 x$$

故

$$u = C_1 x - 1$$

于是,$y'^2 = C_1 x - 1$,$y' = \pm\sqrt{C_1 x - 1}$ 即$\frac{dy}{dx} = \pm\sqrt{C_1 x - 1}$,积分得

$$y = \pm\frac{2}{3C_1}(C_1 x - 1)^{\frac{3}{2}} + C_2.$$

3. 求解方程$\begin{cases} xy' + (1-x)y = e^{2x}, (0 < x < +\infty) \\ \lim\limits_{x\to 0^+} y(x) = 1. \end{cases}$

解:

$$y' + \frac{1-x}{x}y = \frac{1}{x}e^{2x}$$

$$y = e^{-\int\frac{1-x}{x}dx}\left[\int\frac{1}{x}e^{2x}\cdot e^{\int\frac{1-x}{x}dx}dx + C\right] = e^{-\ln x + x}\left[\int\frac{1}{x}e^{2x}\cdot e^{\ln x - x}dx + C\right]$$

$$= \frac{e^x}{x}\left[\int\frac{1}{x}\cdot e^{2x}\cdot\frac{x}{e^x}dx + C\right] = \frac{e^x}{x}\left[\int e^x dx + C\right] = \frac{e^x}{x}(e^x + C)$$

由 $\lim\limits_{x\to 0^+} y(x) = 1$,有

$$\lim_{x\to 0^+}\frac{e^x(e^x + C)}{x} = 1 \Rightarrow \lim_{x\to 0^+} e^x(e^x + C) = 0$$

故 $1 + C = 0$,$C = -1$ 故

$$y = \frac{e^x}{x}(e^x - 1).$$

4. 求方程 $y' + \frac{y}{x} = y^2 - \frac{1}{x^2}$ 的通解.

解:(1)$y' + \frac{y}{x} = y^2$. 这是一个 Bernoulli 方程.

$$y^{-2}y' + y^{-1}\frac{1}{x} = 1$$

令

$$u = y^{-1},\quad \frac{du}{dx} = -y^{-2}\frac{dy}{dx}$$

于是,原方程化为

$$-\frac{du}{dx} + \frac{1}{x}u = 1$$

$$\frac{du}{dx} - \frac{1}{x}u = -1$$

$$u = e^{\int\frac{1}{x}dx}\left[\int -e^{-\int\frac{1}{x}dx}dx + C_1\right] = x\left[\int -\frac{1}{x}dx + C_1\right] = x[-\ln x + C_1]$$

则有$\frac{1}{y_1} = x(C_1 - \ln x)$ 或 $xy_1(C_1 - \ln x) = 1$,或 $y_1 = \frac{1}{x(C_1 - \ln x)}$.

(2)$y' + \frac{y}{x} = -\frac{1}{x^2}$.

$$y_2 = e^{-\int\frac{1}{x}dx}\left[\int -\frac{1}{x^2}e^{\int\frac{1}{x}dx}dx + C_2\right] = \frac{1}{x}\left[\int -\frac{1}{x}dx + C_2\right] = \frac{1}{x}(C_2 - \ln x)$$

于是,原方程的通解为

$$y = y_1 + y_2 = \frac{1}{x(C_1 - \ln x)} + \frac{1}{x}(C_2 - \ln x).$$

5. 求方程 $x^2y' + xy = y^2$ 满足初始条件 $y\big|_{x=1} = 1$ 的特解.

解:这是 Bernoulli 方程. 方程变形为

$$x^2y^{-2}y' + xy^{-1} = 1$$

令 $u = y^{-1}$,$\frac{du}{dx} = -y^{-2}\cdot\frac{dy}{dx}$. 于是我们有

$$-x^2\frac{du}{dx} + xu = 1$$

即
$$\frac{du}{dx} - \frac{1}{x}u = -\frac{1}{x^2}.$$

故
$$u = e^{\int\frac{1}{x}dx}\left[\int -\frac{1}{x^2}e^{-\int\frac{1}{x}dx}dx + C\right] = x\left[\int -\frac{1}{x^3}dx + C\right]$$

$$= x\left[\frac{1}{2x^2} + C\right] \quad 或 \quad xy\left[\frac{1}{2x^2} + C\right] = 1$$

由初始条件 $y\big|_{x=1} = 1$,代入上式有

$$\frac{1}{2} + C = 1, \qquad C = \frac{1}{2}$$

故原方程的特解为
$$xy\left[\frac{1}{2x^2} + \frac{1}{2}\right] = 1$$

整理后有
$$y = \frac{2x}{1 + x^2}.$$

6. 求方程 $y'' - 2y' = 2\cos^2 x$ 的通解.

解:(1)$y'' - 2y' = 0$.

特征方程 $\lambda^2 - 2\lambda = 0$ 得特征根 $\lambda_1 = 0, \lambda_2 = 2$.

故
$$y_{齐} = C_1 + C_2e^{2x}.$$

(2)$y'' - 2y' = 2\cos^2 x = 1 + \cos 2x$.

(i)$y'' - 2y' = 1$ 由观察法可得 $y_A^* = -\frac{x}{2}$

(ii)$y'' - 2y' = \cos 2x$.

作辅助方程
$$y'' - 2y' = e^{2ix}$$

因 $\alpha = 2i$ 不是特征方程的根,故辅助方程的一个特解形状可以设为

$$y_B^* = Ae^{2ix}$$

$$y_B^{*\prime} = 2Ai\,e^{2ix}, y_B^{*\prime\prime} = -4Ae^{2ix}$$

代入辅助方程得 $$-4Ae^{2ix} - 4Ai\,e^{2ix} = e^{2ix}$$

故 $$A = -\frac{1-i}{8}$$

于是 $$y_B^* = -\frac{1-i}{8}e^{2ix} = -\frac{1}{8}(1-i)(\cos 2x + i\sin 2x)$$

$$= -\frac{1}{8}[(\cos 2x + \sin 2x) - i(\cos 2x - \sin 2x)]$$

取实部,得 $y_B^* = -\frac{1}{8}(\cos 2x + \sin 2x)$. 综合以上,得原方程的通解为

$$y = C_1 + C_2e^{2x} - \frac{1}{8}(\cos 2x + \sin 2x) - \frac{x}{2}.$$

7. 设 $y = e^x$ 是方程 $xy' + P(x)y = x$ 的一个解,求该微分方程满足条件 $y\big|_{x=\ln 2} = 0$ 的特解.

解:将 $y = e^x$ 代入方程,得

$$xe^x + P(x)e^x = x$$

故 $P(x) = xe^{-x} - x$,代入原方程,得

$$xy' + (xe^{-x} - x)y = x$$

因 $y = e^x$ 是方程的一个已知特解,所以我们只需求出齐次方程的通解即可. 齐次方程

$$xy' + (xe^{-x} - x)y = 0$$

$$y' + (e^{-x} - 1)y = 0$$

分离变量,得 $$\frac{dy}{y} = (1 - e^{-x})dx$$

积分得 $$\ln y - \ln C = x + e^{-x}$$

故 $$y_{齐} = Ce^{x+e^{-x}}$$

所以原方程通解为 $$y = Ce^{x+e^{-x}} + e^x$$

将初始条件 $y\big|_{x=\ln 2} = 0$ 代入上式,有

$$Ce^{\ln 2 + e^{-\ln 2}} + e^{\ln 2} = 0$$

故 $$C = -e^{-\frac{1}{2}}$$

$$y = e^x - e^{-\frac{1}{2}} \cdot e^{x+e^{-x}} = e^x - e^{x+e^{-x}-\frac{1}{2}}.$$

四、分析题

设函数 $f(x)$ 可微,且满足 $f(x) - 1 = \int_1^x \left[f^2(t)\ln t - \frac{f(t)}{\pi}\right]dx$,试求 $f(x)$.

解:原式两边对 x 求导数,得

$$f'(x) = f^2(x)\ln x - \frac{f(x)}{x}, 且 f(1) = 1.$$

这是 Bernoulli 方程. 令 $u = \frac{1}{f(x)}$ 代入方程,得

$$u' = -\frac{f'(x)}{f^2(x)}$$

故
$$f'(x) = -f^2(x)u'$$

$$-f^2(x)u' = f^2(x)\ln x - \frac{f(x)}{x}$$

$$u' = -\ln x + \frac{1}{xf(x)}$$

$$u' - \frac{1}{x}u = -\ln x$$

解得
$$u = x\left(-\frac{1}{2}\ln^2 x + C\right)$$

于是有
$$xf(x)\left(C - \frac{1}{2}\ln^2 x\right) = 1$$

由 $f(1) = 1$,代入上式,得 $C = 1$. 故

$$f(x) = \frac{1}{x\left(1 - \frac{1}{2}\ln^2 x\right)}.$$

五、综合题

设函数 $f(x)$ 在 $[1, +\infty)$ 内连续,若由曲线 $y = f(x)$、直线 $x = 1, x = t(t > 1)$ 与 Ox 轴所围成的平面图形绕 Ox 轴所成的旋转体体积为

$$V(t) = \frac{\pi}{3}\left[t^2 f(t) - f(1)\right]$$

试求 $y = f(x)$ 所满足的微分方程,并求该微分方程满足条件 $y\big|_{x=2} = \frac{2}{9}$ 的特解.

解:依题意,有

$$\pi\int_1^t f^2(x)\,\mathrm{d}x = \frac{\pi}{3}\left[t^2 f(t) - f(1)\right].$$

两边对 t 求导数,得

$$3f^2(t) = 2tf(t) + t^2 f'(t)$$

故
$$\frac{\mathrm{d}f(t)}{\mathrm{d}t} + \frac{2}{t}f(t) = 3\left[\frac{f(t)}{t}\right]^2$$

$$\frac{\mathrm{d}f(t)}{\mathrm{d}t} = 3\left[\frac{f(t)}{t}\right]^2 - 2\left[\frac{f(t)}{t}\right]$$

这是一个齐次方程,可以解得

$$\frac{f(t) - t}{f(t)} = Ct^3$$

由条件 $f(t)\big|_{t=2} = \frac{2}{9}$,代入上式得 $C = -1$. 故 $f(t) = \frac{t}{1 + t^3}$ 即 $y = \frac{x}{1 + x^3}$.

六、证明题

证明:函数 $y = \sum\limits_{n=0}^{\infty}\frac{x^n}{(n!)^2}$ 满足微分方程 $xy'' + y' - y = 0$.

证:由达朗贝尔判别法知,级数的收敛半径为 $R=+\infty$.由

$$y=1+\frac{x}{(1!)^2}+\frac{x^2}{(2!)^2}+\cdots+\frac{x^n}{(n!)^2}+\cdots$$

得

$$y'=1+\frac{x}{2!1!}+\frac{x^2}{3!2!}+\cdots+\frac{x^{n-1}}{n!(n-1)!}+\cdots$$

$$y''=\frac{1}{2!}+\frac{x}{3!1!}+\frac{x^2}{4!2!}+\cdots+\frac{x^{n-2}}{n!(n-2)!}+\cdots$$

故

$$xy''+y'=\frac{x}{2!}+\frac{x^2}{3!1!}+\frac{x^3}{4!2!}+\cdots+\frac{x^{n-1}}{n!(n-2)!}+\cdots+1+\frac{x}{2!1!}+\frac{x^2}{3!2!}+\frac{x^3}{4!3!}+\cdots+\frac{x^{n-1}}{n!(n-1)!}+\cdots$$

$$=1+\frac{x}{(1!)^2}+\frac{x^2}{(2!)^2}+\frac{x^3}{(3!)^2}+\cdots+\frac{x^{n-1}}{[(n-1)!]^2}+\cdots=y$$

所以有

$$xy''+y'-y=0.$$

习 题 14

1. 求下列函数的差分

(1) $y_x = c$(c为常数)； (2) $y_x = x^2$；

(3) $y_x = a^x$； (4) $y_x = \log_a x$；

(5) $y_x = \sin ax$； (6) $y_x = \cos ax$.

解：(1) $\Delta y_x = c - c = 0$.

(2) $\Delta y_x = y_{x+1} - y_x = (x+1)^2 - x^2 = 2x + 1$.

(3) $\Delta y_x = y_{x+1} - y_x = a^{x+1} - a^x = (a-1)a^x$.

(4) $\Delta y_x = y_{x+1} - y_x = \log_a(x+1) - \log_a x = \log\left(1 + \dfrac{1}{x}\right)$.

(5) $\Delta y_x = y_{x+1} - y_x = \sin a(x+1) - \sin ax = 2\cos a\left(x + \dfrac{1}{2}\right)\sin\dfrac{a}{2}$.

(6) $\Delta y_x = y_{x+1} - y_x = \cos a(x+1) - \cos ax = -2\sin a\left(x + \dfrac{1}{2}\right)\sin\dfrac{a}{2}$.

2. 证明下列等式

(1) $\Delta(u_x v_x) = u_{x+1}\Delta v_x + v_x \Delta u_x$； (2) $\Delta\left(\dfrac{u_x}{v_x}\right) = \dfrac{v_x\Delta u_x - u_x \Delta v_x}{v_x v_{x+1}}$.

证：(1)
$$\begin{aligned}\Delta(u_x v_x) &= u_{x+1}v_{x+1} - u_x v_x = u_{x+1}v_{x+1} - u_{x+1}v_x + u_{x+1}v_x - u_x v_x \\ &= u_{x+1}(v_{x+1} - v_x) + (u_{x+1} - u_x)v_x = u_{x+1}\Delta v_x + v_x \Delta u.\end{aligned}$$

(2)
$$\begin{aligned}\Delta\left(\frac{u_x}{v_x}\right) &= \frac{u_{x+1}}{v_{x+1}} - \frac{u_x}{v_x} = \frac{u_{x+1}v_x - u_x v_{x+1}}{v_x v_{x+1}} \\ &= \frac{u_{x+1}v_x - u_x v_x + u_x v_x - u_x v_{x+1}}{v_x v_{x+1}} = \frac{v_x \Delta u_x - u_x \Delta v_x}{v_x v_{x+1}}.\end{aligned}$$

3. 确定下列差分方程的阶

(1) $y_{x+3} - x^2 y_{x+1} + 3y_x = 2$； (2) $y_{x-2} - y_{x-4} = y_{x+2}$.

答：(1) 未知函数下标的最大差数是 2，所以方程为 2 阶的.

(2) 未知函数下标的最大差数为 6，所以方程为 6 阶的.

4. 记 $x^{(n)} = x(x-1)(x-2)\cdots(x-n+1)$，$x^0 = 1$，求 $\Delta x^{(n)}$.

解：
$$\begin{aligned}\Delta x^{(n)} &= (x+1)^{(n)} - x^{(n)} = (x+1)x(x-1)(x-2)\cdots(x-n+2) - \\ &\quad x(x-1)(x-2)\cdots(x-n+1) \\ &= x(x-1)(x-2)\cdots(x-n+2)\left[(x+1) - (x-n+1)\right] \\ &= nx(x-1)(x-2)\cdots(x-n+2) = nx^{(n-1)}.\end{aligned}$$

5. 设 Y_x, Z_x, U_x 分别是下列差分方程的解

$$y_{x+1}+ay_x=f_1(x),\quad y_{x+1}+ay_x=f_2(x),\quad y_{x+1}+ay_x=f_3(x).$$

证明：$Y=Y_x+Z_x+U_x$ 是差分方程 $y_{x+1}+ay_x=f_1(x)+f_2(x)+f_3(x)$ 的解.

证：已知 $Y_{x+1}+aY_x=f_1(x),\quad Z_{x+1}+aZ_x=f_2(x),\quad U_{x+1}+aU_x=f_3(x)$

将 $Y=Y_x+Z_x+U_x$ 代入方程左边，有

$$\begin{aligned}Y_{x+1}+aY_x&=Y_{x+1}+Z_{x+1}+U_{x+1}+a(Y_x+Z_x+U_x)\\&=Y_{x+1}+aY_x+Z_{x+1}+aZ_x+U_{x+1}+aU_x=f_1(x)+f_2(x)+f_3(x).\end{aligned}$$

6. 证明下面两个二阶差分方程是等价的

$$y_{x+2}-2y_{x+1}-y_x=3^x \text{ 与 } \Delta^2y_x-2y_x=3^x.$$

证法 1：因 $y_{x+2}-2y_{x+1}-y_x=y_{x+2}-y_{x+1}-(y_{x+1}-y_x)-2y_x$

$$=\Delta y_{x+1}-\Delta y_x-2y_x=\Delta^2y_x-2y_x=3^x.$$

故两个差分方程等价.

证法 2：因 $\Delta^2y_x-2y_x=\Delta(\Delta y_x)-2y_x=\Delta(y_{x+1}-y_x)-2y_x$

$$\begin{aligned}&=y_{x+2}-y_{x+1}-(y_{x+1}-y_x)-2y_x\\&=y_{x+2}-2y_{x+1}-y_x=3^x.\end{aligned}$$

故两个差分方程等价.

7. 验证 $y_1(t)=1,y_2(t)=\dfrac{1}{t+1}$ 是差分方程 $y_{t+2}-2\dfrac{t+2}{t+3}y_{t+1}+\dfrac{t+1}{t+3}y_t=0$ 的解.

证：(1) $y_1(t)=1$，故 $y_t=y_{t+1}=y_{t+2}=1$. 代入方程，得

$$1-\frac{2t+4}{t+3}+\frac{t+1}{t+3}=\frac{t+3-2t-4+t+1}{t+3}=0.$$

所以 $y_1(t)=1$ 是原差分方程的解.

(2) $y_2(t)=\dfrac{1}{t+1}$，故 $y_t=\dfrac{1}{t+1},y_{t+1}=\dfrac{1}{t+2},y_{t+2}=\dfrac{1}{t+3}$，代入方程，得

$$\frac{1}{t+3}-2\cdot\frac{t+2}{t+3}\cdot\frac{1}{t+2}+\frac{t+1}{t+3}\cdot\frac{1}{t+1}=\frac{1}{t+3}-\frac{2}{t+3}+\frac{1}{t+3}=0.$$

所以 $y_2(t)=\dfrac{1}{t+1}$ 也是差分方程的解.

8. 求下列差分方程的通解及特解.

(1) $y_{x+1}-5y_x=3,\left(y_0=\dfrac{7}{3}\right)$；

(2) $y_{x+1}+y_x=2^x,(y_0=2)$；

(3) $y_{x+1}+4y_x=2x^2+x-1,(y_0=1)$；

(4) $y_{x+2}+3y_{x+1}-\dfrac{7}{4}y_x=9,(y_0=6,y_1=3)$；

(5) $y_{x+2}-4y_{x+1}+16y_x=0,(y_0=0,y_1=1)$；

(6) $y_{x+2}-2y_{x+1}+2y_x=0,(y_0=2,y_1=2)$.

解：(1) (i) 特征方程：$\lambda-5=0$，故 $\lambda=5,y_{齐}=A\cdot5^x$.

(ii) 因 $a=+5\neq0$，故非齐次方程的一个解为 $\bar{y}_x=\dfrac{c}{1-a}=-\dfrac{3}{4}$.

所以方程的通解为 $y_x=-\dfrac{3}{4}+A5^x$. 代入初始条件 $y_0=\dfrac{7}{3}$，得 $A=\dfrac{37}{12}$，　故 $y_x=-\dfrac{3}{4}+\dfrac{37}{12}\cdot5^x$.

(2) (i) 特征方程 $\lambda+1=0$,故 $\lambda=-1, y_{齐}=A(-1)^x$.

(ii) $a=-1, b=2, c=1$.

因 $a \neq b$,故非齐次方程的一个解为 $\bar{y}_x=\frac{c}{b-a} \cdot b^x=\frac{1}{3} \cdot 2^x$.

所以方程的通解为

$$y_x=A(-1)^x+\frac{1}{3} \cdot 2^x.$$

代入初始条件 $y_0=2$,即 $2=A+\frac{1}{3}$,故 $A=\frac{5}{3}$.

$$y_x=\frac{5}{3} \cdot(-1)^x+\frac{1}{3} \cdot 2^x.$$

(3) (i) 特征方程 $\lambda+4=0$,故 $\lambda=-4, y_{齐}=A(-4)^x$.

(ii) 因 $a=-4 \neq 1$,故非齐次方程的一个解可以设为 $\bar{y}_x=B_0+B_1 x+B_2 x^2$. 将 $\bar{y}_x$ 代入方程,以确定 B_0, B_1, B_2

$$B_0+B_1(x+1)+B_2(x+1)^2+4 B_0+4 B_1 x+4 B_2 x^2=2 x^2+x-1$$

整理得

$$5 B_2 x^2+(5 B_1+2 B_2) x+5 B_0+B_1+B_2=2 x^2+x-1.$$

比较等式两边系数,得

$$\begin{cases}5 B_2=2 \\ 5 B_1+2 B_2=1 \\ 5 B_0+B_1+B_2=-1\end{cases}$$

解之,得 $B_0=-\frac{36}{125}, B_1=\frac{1}{25}, B_2=\frac{2}{5}$. 故

$$\bar{y}_x=-\frac{36}{125}+\frac{1}{25} x+\frac{2}{5} x^2$$

所以方程的通解为

$$y_x=A(-4)^x-\frac{36}{125}+\frac{1}{25} x+\frac{2}{5} x^2.$$

代入初始条件 $y_0=1$,得 $A=\frac{161}{125}$. 故差分方程满足初始条件的特解为

$$y_x=\frac{161}{125}(-4)^x-\frac{36}{125}+\frac{1}{25} x+\frac{2}{5} x^2.$$

(4) (i) 特征方程 $\lambda^2+3 \lambda-\frac{7}{4}=0$. 解得 $\lambda_1=\frac{1}{2}, \lambda_2=-\frac{7}{2}$,故

$$y_{齐}=A_1\left(\frac{1}{2}\right)^x+A_2\left(-\frac{7}{2}\right)^x.$$

(ii) 因 $1+a+b=1+3-\frac{7}{4}=\frac{9}{4} \neq 0$,故非线性方程的一个解为

$$\bar{y}_x=\frac{c}{1+a+b}=\frac{9}{\frac{9}{4}}=4$$

所以方程的通解为

$$y_x=A_1\left(\frac{1}{2}\right)^x+A_2\left(-\frac{7}{2}\right)^x+4$$

代入初始条件 $y_0=6, y_1=3$,有

$$\begin{cases} A_1 + A_2 + 4 = 6 \\ \dfrac{A_1}{2} - \dfrac{7}{2}A_2 + 4 = 3 \end{cases}$$

解得　$A_1 = \dfrac{3}{2},\quad A_2 = \dfrac{1}{2}.$

所以,满足初始条件的方程的特解为

$$y_x = \frac{3}{2}\left(\frac{1}{2}\right)^x + \frac{1}{2}\left(-\frac{7}{2}\right)^x + 4.$$

(5) 特征方程 $\lambda^2 - 4\lambda + 16 = 0$,解得 $\lambda_1 = 2 + 2\sqrt{3}i, \lambda_2 = 2 - 2\sqrt{3}i$ 或

$$\lambda = 4\left(\frac{1}{2} \pm \frac{\sqrt{3}}{2}i\right),\quad \tan\theta = \frac{\frac{\sqrt{3}}{2}}{\frac{1}{2}} = \sqrt{3},\quad \theta = \frac{\pi}{3}$$

所以方程的通解为　$y_x = 4^x\left(A_1\cos\dfrac{\pi}{3}x + A_2\sin\dfrac{\pi}{3}x\right).$

代入初始条件:$y_0 = 0, y_1 = 1$ 有 $A_1 = 0, A_2 = \dfrac{\sqrt{3}}{6}.$

故满足初始条件的方程的特解为

$$y_x = 4^x \cdot \frac{\sqrt{3}}{6}\sin\frac{\pi}{3}x.$$

(6) 特征方程 $\lambda^2 - 2\lambda + 2 = 0$,解得

$$\lambda = 1 \pm i = \sqrt{2}\left(\frac{1}{\sqrt{2}} \pm \frac{1}{\sqrt{2}}i\right),\quad \tan\theta = 1,\quad \theta = \frac{\pi}{4}$$

所以方程的通解为　$y_x = (\sqrt{2})^x\left(A_1\cos\dfrac{\pi}{4}x + A_2\sin\dfrac{\pi}{4}x\right).$

代入初始条件:$y_0 = 2, y_1 = 2$,有 $A_1 = 2, A_2 = 0$. 故满足初始条件的方程的特解为

$$y_x = (\sqrt{2})^x \cdot 2\cos\frac{\pi}{4}x.$$

9. 设某商品在时期 t 的价格、总供给与总需求分别为 P_t, S_t 与 D_t,并设对于 $t = 0,1,2,\cdots$,有:

(i)$S_t = 2P_t + 1$;(ii)$D_t = -4P_{t-1} + 5$;(iii)$S_t = D_t$.

(1) 求证:由(i)、(ii)、(iii) 可以推出差分方程 $P_{t+1} + 2P_t = 2$;

(2) 已知 P_0 时,求上述方程的解.

证:(1) 由(i)、(ii)、(iii) 可得 $2P_t + 1 = -4P_{t-1} + 5$,即 $P_t + 2P_{t-1} = 2$. 记 $t-1$ 为 t,则有 $P_{t+1} + 2P_t = 2$.

(2) (i) 特征方程:$\lambda + 2 = 0$,故 $\lambda = -2, P_{齐} = A(-2)^t$.

(ii) 不难看出,$\overline{P}_t = \dfrac{2}{3}$ 是非齐次差分方程的一个特解,故其通解为

$$P_t = A(-2)^t + \frac{2}{3}.$$

当 $t=0$ 时 $P_t=P_0$. 故 $A=P_0-\frac{2}{3}$

所以其特解为
$$P_t=\left(P_0-\frac{2}{3}\right)(-2)^t+\frac{2}{3}.$$

综合练习 14

一、选择题

1. 下列等式中(　　)不是差分方程.

A. $2\Delta y_t-y_t=2$　　B. $3\Delta y_t+3y_t=t$

C. $\Delta^2 y_t=0$　　D. $y_t+y_{t-2}=e^t$

答：选 B. 显然，A，C，D 都是差分方程. 从形式上看，B 也是差分方程，但实际上，B 只是含一个点的未知函数值的方程

$$3\Delta y_t+3y_t=3(y_{t+1}-y_t)+3y_t=3y_{t+1}$$

即 B 为 $3y_{t+1}=t$.

2. 下列差分方程中(　　)不是二阶的.

A. $y_{t+3}-3y_{t+2}-y_{t+1}=2$　　B. $\Delta^2 y_t+\Delta y_t=0$

C. $\Delta^2 y_t-\Delta y_t=0$　　D. $\Delta^3 y_t+y_t+3=0$

答：选 B. A 未知函数下标的最大差数是 2；C 实际所含差分的最高阶是二阶；D 从形式上看是三阶的，但实际上是二阶的，将其化成用未知函数值形式表示的方程. 因

$$\Delta^3 y_t+y_t+3=(y_{t+3}-3y_{t+2}+3y_{t+1}-y_t)+y_t+3$$

即原方程为

$$y_{t+3}-3y_{t+2}+3y_{t+1}+3=0$$

显然该方程点一个二阶差分方程. 而方程 B

$$\Delta^2 y_t+\Delta y_t=\Delta y_{t+1}-\Delta y_t+\Delta y_t=\Delta y_{t+1}$$

即方程 B 为 $\Delta y_{t+1}=0$，故该方程是一个一阶差分方程.

3. 设 $y_0=0$，且 y_t 满足差分方程 $y_{t+1}-y_t=t$，则 $y_{100}=$(　　).

A. 9900　　B. 4950　　C. 19800　　D. 1980

答：选 B. 原方程的特解为 $y_t=\frac{t^2}{2}-\frac{t}{2}$. 故当 $t=100$ 时

$$y_{100}=\frac{100^2}{2}-\frac{100}{2}=4950$$

4. 下列差分方程中，其解是函数 $y_t=C+2t+t^2$ 的是(　　).

A. $y_{t+1}+y_t=3+2t$　　B. $y_{t+1}+y_t=3-2t^2$

C. $y_{t+1}-y_t=3+2t$　　D. $y_{t+1}-y_t=3+2t^2$

答：选 C. 因 A、B 的齐次方程的通解为 $y_{齐}=A(-1)^t$，显然不符合题设. 而 C，D 的齐次方程的通解为 $y_t=C$. 故正确答案一定是 C 和 D 中的某一个.

方程 C 的一个特解的形式为 $\bar{y}_t=t(B_0+B_1t)$，代入方程后有

$$B_0(t+1)+B_1(t+1)^2-B_0t-B_1t^2=3+2t$$

从而有
$$B_0=2, B_1=1$$

故
$$\bar{y}_t=2t+t^2$$

故其通解为 $y_t=c+2t+t^2$. 故选 C.

5. 设 $y_{t+2}-6y_{t+1}+8y_t=f(t)$，下列正确的是(　　).

A. 当 $f(t)=5\cdot 3^t$ 时，已知差分方程有特解 $y^*(t)=-5\cdot 3^t$

B. 当 $f(t)=-5\cdot 3^t$ 时，已知差分方程有特解 $y^*(t)=5t\cdot 3^t$

C. 当 $f(t)=2^t$ 时，已知差分方程有特解 $y^*(t)=-\frac{1}{4}2^t$

D. 当 $f(t)=2^t$ 时，已知差分方程有特解 $y^*(t)=-\frac{t}{4}\cdot 2^t$

答：选 A、D. 我们逐个考查方程：

A　　$y_{t+2}-6y_{t+1}+8y_t=5\cdot 3^t$

这时，$q=3, a=-6, b=8, c=5$. 因 $q^2+aq+b=9-18+8\neq 0$，故

$$\bar{y}_t=\frac{cq^t}{q^2+aq+b}=\frac{5\cdot 3^t}{9-18+8}=-5\cdot 3^t$$

故 A 正确.

同理可以验证 D 正确，而 B，C 错.

二、填空题

1. 已知 $y_1(t)=4t^3, y_2(t)=3t^2$ 是差分方程 $y_{t+2}+a(t)y_{t+1}=f(t)$ 的两个解，则该差分方程的通解可以表示为 $y_t=$ <u>$c(4t^3-3t^2)+3t^2$</u>.

解：原因是：$y_1(t)-y_2(t)=4t^3-3t^2$，这个式子构成齐次方程的解，于是 $c(4t^3-3t^2)$ 就是齐次方程的通解。齐次方程的通解加上非齐次方程的一个解，构成非齐次方程的通解。

2. 已知 $y_1(t)=2^t, y_2(t)=2^t-3t$ 是差分方程 $y_{t+1}+a(t)y_t=f(t)$ 的两个特解，则 $a(t)=$ <u>$-1-\frac{1}{t}$</u>，$f(t)=$ <u>$\left(1-\frac{1}{t}\right)\cdot 2^t$</u>.

解：由已知，$y_t=2^t-(2^t-3t)=3t$ 是方程 $y_{t+1}+a(t)y_t=0$ 的解，将 $y_t=3t$ 代入上述齐次方程，有

$$3(t+1)+a(t)\cdot 3t=0,\quad 故\quad a(t)=-1-\frac{1}{t}$$

于是原方程为

$$y_{t+1}-\left(1+\frac{1}{t}\right)y_t=f(t).$$

将 $y_1(t)=2^t$ 代入方程，可得 $f(t)=\left(1-\frac{1}{t}\right)\cdot 2^t$.

3. 差分方程 $2y_{t+1}-6y_t=3^t$ 的特解 y^* 为 <u>$\frac{t}{2}\cdot 3^{t-1}$</u>.

解：原方程为 $y_{t+1}-3y_t=\frac{1}{2}\cdot 3^t$，这里，$a=3, b=3, c=\frac{1}{2}$.

因 $b=a$，故 $y^*=kt\cdot 3^t$ 代入原方程后得 $k=\frac{c}{a}$ 或 $k=\frac{c}{b}$.

故 $$y^*=kt\cdot 3^t=\frac{c}{b}\cdot t\cdot 3^t=\frac{\frac{1}{2}}{3}\cdot t\cdot 3^t=\frac{t}{2}\cdot 3^{t-1}.$$

4. 差分方程 $y_{t+2}+\frac{1}{2}y_{t+1}-\frac{1}{2}y_t=0$ 的通解为 $\underline{C_1(-1)^t+C_2\left(\frac{1}{2}\right)^t}$.

解：特征方程为 $\lambda^2+\frac{1}{2}\lambda-\frac{1}{2}=0$，特征根为 $\lambda_1=-1,\lambda_2=\frac{1}{2}$，所以差分方程的通解为

$$y_t=C_1(-1)^t+C_2\left(\frac{1}{2}\right)^t$$

其中 C_1,C_2 为任意常数.

5. 差分方程 $y_{t+2}+4y_{t+1}+4y_t=0$ 的通解为 $\underline{(C_1+C_2t)(-2)^t}$.

解：特征方程为 $\lambda^2+4\lambda+4=0$，所以特征根为 $\lambda_1=\lambda_2=-2$，故差分方程的通解为 $y_t=(C_1+C_2t)(-2)^t$. 其中 C_1,C_2 为任意常数.

6. 差分方程 $y_{t+2}+2y_{t+1}+3y_t=0$ 的通解为 $\underline{y_t=(\sqrt{3})^t[C_1\cos\arctan(-\sqrt{2})t+C_2\sin\arctan(-\sqrt{2})t]}$.

解：特征方程：$\lambda^2+2\lambda+3=0$，故特征根为 $\lambda=-1\pm\sqrt{2}\mathrm{i}$.

因 $r=\sqrt{3}$，$\tan\theta=-\sqrt{2}$，故 $\theta=\arctan(-\sqrt{2})$，则方程的通解为

$$y_t=(\sqrt{3})^t[C_1\cos\arctan(-\sqrt{2})t+C_2\sin\arctan(-\sqrt{2})t].$$

三、求解下列差分方程

1. 求差分方程 $y_{t+2}+\frac{1}{2}y_{t+1}-\frac{1}{2}y_t=3$ 的通解.

解：齐次方程的通解为 $y_t=C_1(-1)^t+C_2\left(\frac{1}{2}\right)^t$，其中 C_1,C_2 为任意常数，见(二(4)). 下面我们求非齐次方程的一个特解 y^*. 因

$$a=\frac{1}{2},b=-\frac{1}{2},1+a+b=1+\frac{1}{2}-\frac{1}{2}=1\neq 0$$

故非齐次方程的一个特解可以设为 $y^*=K$(K 为常数) 代入方程，得

$$K=\frac{C}{1+a+b}=\frac{3}{1+\frac{1}{2}-\frac{1}{2}}=3$$

故 $y^*=3$，所以差分方程的通解为 $C_1(-1)^t+C_2\left(\frac{1}{2}\right)^t+3$.

2. 求差分方程 $y_{t+2}-4y_{t+1}+4y_t=2^t$ 的通解.

解：特征方程为 $\lambda^2-4\lambda+4=0$，故 $\lambda_1=\lambda_2=2$，$y_{齐}=(C_1+C_2t)2^t$.

下面求非齐次方程的一个特解 y^*. 已知

$$a=-4,\quad b=4,\quad c=1,\quad q=2.$$

因 $q^2+aq+b=4-8+4=0$，且 $2q+a=4-4=0$，故非齐次方程的一个特解可以

设为 $y^* = kt^2 \cdot 2^t$,代入方程得

$$K = \frac{1}{8},\text{所以 } y_t^* = \frac{t^2}{8}2^t$$

从而差分方程的通解为

$$y_t = (C_1 + C_2 t) \cdot 2^t + \frac{t^2}{8} \cdot 2^t$$

其中 C_1, C_2 为任意常数.

3. 求差分方程 $y_{t+2} - 2y_{t+1} + 4y_t = 1 + 2t$ 满足条件 $y_0 = 0, y_1 = 1$ 的特解.

解:特征方程为 $\lambda^2 - 2\lambda + 4 = 0$,故特征根为 $\lambda = 1 \pm \sqrt{3}\mathrm{i}$. 或写成 $\lambda = 2\left(\frac{1}{2} \pm \frac{\sqrt{3}}{2}\mathrm{i}\right)$,这里,$\gamma = 2, \theta = \frac{\pi}{3}$. 故

$$y_{齐} = 2^t\left(A_1 \cos\frac{\pi}{3}t + A_2 \sin\frac{\pi}{3}t\right).$$

下面求非齐次方程的一个特解. 因

$$a = -2,\quad b = 4,\quad c = 1,\quad 1 + a + b = 1 - 2 + 4 = 3 \neq 0$$

所以非齐次方程的一个特解可以设为 $y^* = B_0 + B_1 t$,代入方程,有

$$B_0 + B_1(t+2) - 2[B_0 + B_1(t+1)] + 4B_0 + 4B_1 t = 1 + 2t$$

解得

$$B_0 = \frac{1}{3},\quad B_1 = \frac{2}{3}$$

故

$$y^* = \frac{1}{3} + \frac{2}{3}t$$

所以差分方程的通解为 $y_t = 2^t\left(A_1 \cos\frac{\pi}{3}t + A_2 \sin\frac{\pi}{3}t\right) + \frac{1}{3}(1 + 2t)$.

代入初始条件 $y_0 = 0, y_1 = 1$,得 $A_1 = -\frac{1}{3}, A_2 = \frac{1}{3\sqrt{3}}$,故差分方程满足初始条件的特解为

$$y_t = 2^t\left(-\frac{1}{3}\cos\frac{\pi}{3}t + \frac{1}{3\sqrt{3}}\sin\frac{\pi}{3}t\right) + \frac{1}{3}(1 + 2t).$$

四、将下列差分方程化成用函数值形式表示的方程,并指出方程的阶数

1. $\Delta^2 y_t - 3\Delta y_t - 3y_t = 2$.

解:$\Delta(\Delta y_t) - 3\Delta y_t - 3y_t = \Delta(y_{t+1} - y_t) - 3\Delta y_t - 3y_t$

$$= y_{t+2} - y_{t+1} - 4(y_{t+1} - y_t) - 3y_t = y_{t+2} - 5y_{t+1} + y_t = 2.$$

这是一个二阶线性非齐次差分方程.

2. $\Delta^3 y_t + 2\Delta^2 y_t + \Delta y_t = 5$.

解:$\Delta^2(\Delta y_t) + 2\Delta^2 y_t + \Delta y_t = \Delta^2(y_{t+1} - y_t) + 2\Delta^2 y_t + \Delta y_t$

$$\begin{aligned}
&= \Delta^2 y_{t+1} + \Delta^2 y_t + \Delta y_t \\
&= \Delta(\Delta y_{t+1}) + \Delta(\Delta y_t) + \Delta y_t \\
&= \Delta(y_{t+2} - y_{t+1}) + \Delta(y_{t+1} - y_t) + \Delta y_t \\
&= \Delta y_{t+2} - \Delta y_{t+1} + \Delta y_{t+1} - \Delta y_t + \Delta y_t
\end{aligned}$$

$$= y_{t+3} - y_{t+2} = 5.$$

这是一个一阶差分方程.

五、综合题

已知差分方程 $y_{t+2} - 3y_{t+1} + 2y_t = 1$.

(1) 证明函数 $y_t = C_1 + C_2 \cdot 2^t - t$ 是差分方程的通解；

(2) 当 $y_0 = 0, y_1 = 3$ 时，求差分方程的特解.

(1) **证**：将 $y_t = C_1 + C_2 \cdot 2^t - t$ 代入差分方程左端，得

$$C_1 + C_2 \cdot 2^{t+2} - (t+2) - 3C_1 - 3C_2 \cdot 2^{t+1} + 3(t+1) + 2C_1 + 2C_2 2^t - 2t$$

$$= C_1 + 4C_2 \cdot 2^t - t - 2 - 3C_1 - 6C_2 \cdot 2^t + 3t + 3$$

$$+ 2C_1 + 2C_2 \cdot 2^t - 2t = 1 = \text{右边}.$$

故 $y_t = C_1 + C_2 \cdot 2^t - t$ 是差分方程的通解。

(2) **解**：当 $y_0 = 0, y_1 = 3$ 时，有

$$\begin{cases} C_1 + C_2 = 0 \\ C_1 + 2C_2 - 1 = 3 \end{cases}$$

解得 $C_1 = -4, C_2 = 4$.

故差分方程的特解为

$$y^* = -4 + 4 \cdot 2^t - t = 4(2^t - 1) - t.$$

总复习题一

一、选择题

1. 初等函数 $y = f(x)$ 在其定义域内一定(　　).

A. (1),(2)　　B. (2),(3)　　C. (3),(4)　　D. (1),(4)

这里,(1)—— 连续;(2)—— 可导;(3)—— 可微;(4)—— 可积.

答:选 D. 因初等函数 $f(x)$ 在其定义域内连续,而连续函数属于可积函数类,但连续函数不一定可导,故选 D.

2. 设 $f(x+1) = af(x)$ 总成立,$f'(0) = b$(a,b 为非零实数),则 $f(x)$ 在 $x = 1$ 处(　　).

A. 可导　　B. 可导且 $f'(1) = a$

C. 可导且 $f'(1) = b$　　D. 可导且 $f'(1) = ab$

答:选 D. 因

$$\begin{aligned} f'(1) &= \lim_{x\to 0}\frac{f(1+x)-f(1)}{x} = \lim_{x\to 0}\frac{af(x)-af(0)}{x} \\ &= \lim_{x\to 0} a\cdot\frac{f(x)-f(0)}{x} = a\lim_{x\to 0}\frac{f(x)-f(0)}{x} = af'(0) = ab. \end{aligned}$$

3. 下列求极限问题可以使用洛必达法则的是(　　).

A. $\lim\limits_{x\to 0}\dfrac{x^2\sin\dfrac{1}{x}}{\sin x}$　　B. $\lim\limits_{x\to 0}\dfrac{1-x}{1-\sin x}$

C. $\lim\limits_{x\to\infty}\dfrac{x-\sin x}{x+\sin x}$　　D. $\lim\limits_{x\to+\infty} x\left(\dfrac{\pi}{2}-\arctan x\right)$

答:选 D. 因 $\lim\limits_{x\to 0}\sin\dfrac{1}{x}$ 不存在,又 B 不是未定式,而 C 中 $\lim\limits_{x\to\infty}\sin x$ 不存在,故 A、B、C 均不能使用洛必达法则.

4. 设 $f(x)$ 在 $x = 0$ 的某个邻域内连续,且 $f(0) = 0$,$\lim\limits_{x\to 0}\dfrac{f(x)}{1-\cos x} = 2$,则在点 $x = 0$ 处,$f(x)$(　　).

A. 可导且 $f'(0) \neq 0$　　B. 取得极大值

C. 取得极小值　　D. 不可导

答:选 C. 因

$$\lim_{x\to 0}\frac{f(x)}{1-\cos x} = \lim_{x\to 0}\frac{f(x)}{2\sin^2\dfrac{x}{2}} = \lim_{x\to 0}\frac{f(x)}{2\cdot\left(\dfrac{x}{2}\right)^2} = \lim_{x\to 0} 2\,\frac{\dfrac{f(x)}{x}}{x} = 2$$

由此有$\lim\limits_{x\to0}\frac{f(x)}{x}=0$. 又$\lim\limits_{x\to0}\frac{f(x)}{x}=\lim\limits_{x\to0}\frac{f(x)-f(0)}{x}=f'(0)=0$,故 A 不对.

其次,$\lim\limits_{x\to0}\frac{f(x)}{1-\cos x}=2$,由极限的局部保号性知,在$x=0$的一个邻域内,有$\frac{f(x)}{1-\cos x}>0$,又$1-\cos x\geqslant0$,故有$f(x)>f(0)=0$. 所以$f(x)$在$x=0$处取得极小值. 故选 C.

5. 下列各式中成立的是(　　).

A. $\int_{-a}^{a}f(x)\mathrm{d}x=\int_{a}^{-a}f(-x)\mathrm{d}x$　　B. $\int_0^{\frac{\pi}{2}}\sin^n x\mathrm{d}x=\int_0^{\frac{\pi}{2}}\cos^n x\mathrm{d}x,\quad n\in\mathbf{N}$

C. $\int_0^{\pi}\sin x\mathrm{d}x=2\int_0^{\frac{\pi}{2}}\sin x\mathrm{d}x$　　D. $\int_0^{\pi}\cos x\mathrm{d}x=2\int_0^{\frac{\pi}{2}}\cos x\mathrm{d}x$

答:选 B. 由于 A、C、D 三式显然是错误的. 由分部积分法易证明

$$\int_0^{\frac{\pi}{2}}\sin^n x\mathrm{d}x=\int_0^{\frac{\pi}{2}}\cos^n x\mathrm{d}x,\quad n\in\mathbf{N}.$$

6. 设函数$f(x)$在区间$[a,b]$上连续,且$f(x)>0$,则方程$\int_a^x f(t)\mathrm{d}t+\int_b^x\frac{1}{f(t)}\mathrm{d}t=0$在开区间$(a,b)$内的实根个数为(　　).

A. 0 个　　B. 1 个　　C. 2 个　　D. 3 个

答:选 B. 记$\varphi(x)=\int_a^x f(t)\mathrm{d}t+\int_b^x\frac{1}{f(t)}\mathrm{d}t$,$\varphi'(x)=f(x)+\frac{1}{f(x)}>0(f(x)>0)$,故在区间$(a,b)$内$\varphi(x)$单调增. 又$\varphi(a)=\int_b^a\frac{1}{f(x)}\mathrm{d}x<0,(a<b)$,$\varphi(b)=\int_a^b f(x)\mathrm{d}x>0$,由连续函数的性质及$\varphi(x)$的单调性知,$\varphi(x)=0$在$(a,b)$内仅有一实根,故选 B.

7. 设周期函数$f(x)$在$(-\infty,+\infty)$内可导,周期为 4,又$\lim\limits_{x\to0}\frac{f(1)-f(1-x)}{2x}=-1$,则曲线$y=f(x)$在点$(5,f(5))$处的切线斜率为(　　).

A. $\frac{1}{2}$　　B. 0　　C. -1　　D. -2

答:选 D. 因

$$\lim_{x\to0}\frac{f(1)-f(1-x)}{2x}=\lim_{x\to0}\frac{f(1-x)-f(1)}{-2x}=\frac{1}{2}f'(1)=1$$

故$f'(1)=-2$. 因$f(x)$是以 4 为周期的周期函数,又周期函数求导数后仍为周期函数且周期不变,所以$f'(1)=f'(5)=-2$,故选 D.

8. 下列等式成立的是(　　).

A. $|a|a=a^2$　　B. $a\cdot(b\cdot b)=b^2a$

C. $(a\cdot b)^2=a^2b^2$　　D. $a\cdot(a\cdot b)=a^2b$

答:选 B. 由向量内积定义,易判断 A、C、D 均错.

9. 下列广义积分中发散的是(　　).

A. $\int_0^1\frac{\sqrt{x}}{\mathrm{e}^{\sin x}-1}\mathrm{d}x$　　B. $\int_1^2\frac{\sqrt{x}}{\ln x}\mathrm{d}x$

C. $\int_0^1\frac{\ln x}{1-x^2}\mathrm{d}x$　　D. $\int_0^1\frac{x^4}{\sqrt{1-x^4}}\mathrm{d}x$

答:选 B. 我们对式 A、B、C、D 逐一分析. A 式. 首先应找出被积函数的瑕点. 注意到,当 $x\to 0^+$ 时 $e^{\sin x}-1\sim x$,故当 $x\to 0^+$ 时,$f(x)=\dfrac{\sqrt{x}}{e^{\sin x}-1}\to\infty$,$x=0$ 是被积函数的瑕点. 又在 $(0,1]$ 内,$f(x)\geqslant 0$,且连续.

其次,因 $\lim\limits_{x\to 0^+}x^{\frac{1}{2}}\dfrac{\sqrt{x}}{e^{\sin x}-1}=1$,这里 $P=\dfrac{1}{2}<1(P>0)$. 由极限判别法知,所给广义积分是收敛的.

B 式: 易判断,$x=1$ 是 $f(x)=\dfrac{\sqrt{x}}{\ln x}$ 的瑕点. 在区间 $(1,2]$ 内,$f(x)\geqslant 0$. 由于 $\lim\limits_{x\to 1^+}\dfrac{\ln x}{x-1}=1$,故 $\lim\limits_{x\to 1^+}(x-1)\cdot\dfrac{\sqrt{x}}{\ln x}=1\neq 0$,这里,$P=1$. 由极限判别法知积分 B 发散.

C 式:显然 $x=0$ 是 $f(x)=\dfrac{\ln x}{1-x^2}$ 的瑕点. 由于 $\lim\limits_{x\to 1^-}\dfrac{\ln x}{1-x^2}=-2$,故 $x=1$ 不是 $f(x)$ 的瑕点,所以 C 式属正常积分,即 C 式收敛.

D 式:$x=1$ 是瑕点. 在 $[0,1)$ 内,$f(x)=\dfrac{x^4}{\sqrt{1-x^4}}\geqslant 0$. 由于

$$\lim_{x\to 1^-}\sqrt{1-x}\cdot\frac{x^4}{\sqrt{1-x^4}}=\lim_{x\to 1^-}\frac{x^4}{\sqrt{1+x}\cdot\sqrt{1+x^2}}=\frac{1}{2}$$

这里 $P=\dfrac{1}{2}$,由极限判别法知,广义积分 D 收敛.

综上,选 B.

10. 对级数 $\sum\limits_{n=1}^{\infty}n!\left(\dfrac{x}{n}\right)^n$ 且 $x>0$,下列结论中错误的是(　　).

A. $x<e$ 时收敛　　B. $x>e$ 时发散

C. $x=e$ 时收敛　　D. $x=e$ 时发散

答:选 C. 因 $\lim\limits_{x\to\infty}\dfrac{u_{n+1}}{u_n}=\dfrac{x}{e}$,故当 $x<e$ 时级数收敛;当 $x>e$ 时级数发散. 故不选 A,B.

当 $x=e$ 时,因

$$\lim_{n\to\infty}\frac{u_{n+1}}{u_n}=\lim_{n\to\infty}\frac{e}{\left(1+\frac{1}{n}\right)^n}$$

又 $y_n=\left\{\left(1+\dfrac{1}{n}\right)^n\right\}$单调增且以 e 为极限,故$\dfrac{u_{n+1}}{u_n}=\dfrac{e}{\left(1+\frac{1}{n}\right)^n}>1$,从而 $u_{n+1}>u_n$,故$\lim\limits_{n\to\infty}u_n\neq 0$,所以级数发散. 故选 C.

11. 设常数 $a>0$,级数 $\sum\limits_{n=1}^{\infty}(-1)^n\left(1-\cos\dfrac{a}{n}\right)$(　　).

A. 发散　　B. 条件收敛

C. 敛散性与 a 有关　　D. 绝对收敛

答:选 D. 分析:因

$$\lim_{n\to\infty}\frac{\left|(-1)^n\left(1-\cos\frac{a}{n}\right)\right|}{\frac{1}{n^2}}=\lim_{n\to\infty}\frac{2\sin^2\frac{a}{2n}}{\frac{1}{n^2}}=\frac{a^2}{2}$$

由于$\sum\limits_{n=1}^{\infty}\frac{1}{n^2}$收敛,根据极限形式的比较判别法知

$$\sum_{n=1}^{\infty}\left|(-1)^n\left(1-\cos\frac{a}{n}\right)\right|\text{收敛,故}\sum_{n=1}^{\infty}(-1)^n\left(1-\cos\frac{a}{n}\right)$$

绝对收敛.

12. 设二元函数 $u(x,y)=\arctan\frac{y}{x}$,$v(x,y)=\ln\sqrt{x^2+y^2}$,则下列等式成立的是(　　).

A. $\frac{\partial u}{\partial x}=\frac{\partial v}{\partial x}$　　B. $\frac{\partial u}{\partial y}=\frac{\partial v}{\partial x}$

C. $\frac{\partial u}{\partial x}=\frac{\partial v}{\partial y}$　　D. $\frac{\partial u}{\partial y}=\frac{\partial v}{\partial y}$

答:选 B. 直接验证可得结果.

13. $\iint\limits_{x^2+y^2\leqslant 1}\ln(x^2+y^2)\mathrm{d}x\mathrm{d}y$(　　).

A. $\geqslant 0$　　B. $\leqslant 0$

C. $=0$　　D. 以上都不对

答:选 B. 因 $x^2+y^2\leqslant 1$,所以 $\ln(x^2+y^2)\leqslant 0$. 故选 B.

14. 设 $f(x)$ 有二阶连续导数,且 $f'(0)=0$,$\lim\limits_{x\to 0}\frac{f''(x)}{|x|}=1$,则 $=$(　　).

A. $f(0)$ 是 $f(x)$ 的极大值

B. $f(0)$ 是 $f(x)$ 的极小值

C. $(0,f(0))$ 是曲线 $y=f(x)$ 的拐点

D. $f(0)$ 不是 $f(x)$ 的极值,$(0,f(0))$ 也不是曲线 $y=f(x)$ 的拐点

答:选 B. 因当 $0<|x|<\delta$ 时,$\frac{f''(x)}{|x|}>0$ 即 $f''(x)>0$,所以 $f'(x)$ 单调增. 当 $x\in(-\delta,\delta)$ 时,在 $x\in(-\delta,0)$ 内,$f'(x)<f'(0)=0$,在 $x\in(0,\delta)$ 内,$f'(x)>f'(0)=0$,故 $f(x)$ 在 $x=0$ 处取得极小值.

15. 方程 $y''+y=x\cos x$ 的特解可以设为 $y^*=$(　　).

A. $Ax\cos x$　　B. $(ax+b)\cos x$

C. $(ax+b)\cos x+(cx+d)\sin x$　　D. $x[(ax+b)\cos x+(cx+d)\sin x]$

答:选 D. 因特征方程的特征根为 $\lambda=\pm i$. $\alpha+\beta i=i$ 是特征方程的单根,故原方程的特解可以设为 $y^*=x[(ax+b)\cos x+(cx+d)\sin x]$.

二、填空题

1. 设函数 $f(x)$ 有连续的导函数,$f(0)=0$,$f'(0)=b$. 若函数

$$F(x)=\begin{cases}\dfrac{f(x)+a\sin x}{x}, & x\neq 0\\ A, & x=0\end{cases}$$

在 $x=0$ 处连续,则常数 $A=$ $\underline{\ a+b\ }$.

解:因 $\lim\limits_{x\to 0}\dfrac{f(x)+a\sin x}{x}=\lim\limits_{x\to 0}(f'(x)+a\cos x)=f'(0)+a=a+b$,令 $A=a+b$. 则 $F(x)$ 在 $x=0$ 处连续.

2. 设 $f(x)=x(x+1)(x+2)\cdots(x+n)$,则 $f'(0)=$ $\underline{\ n!\ }$.

3. 设 $f(x)=ax^3-6ax^2+b$ 在 $[-1,2]$ 上的最大值为 3,最小值为 -29,又知 $a>0$,则 $a=$ $\underline{\ 2\ }$,$b=$ $\underline{\ 3\ }$.

解:$f'(x)=3ax^2-12ax=3ax(x-4)$.

令 $f'(x)=0$,得 $x=0,x=4$(舍去)

$$f(-1)=-a-6a+b=b-7a,\quad f(0)=b,\quad f(2)=b-16a$$

显见 $f(0)=b$ 为最大值,所以 $b=3$;$f(2)=b-16a$ 为最小值,故 $b-16a=-29,a=2$.

4. 设 $f'(\ln x)=\begin{cases}1, & 0<x\leqslant 1\\ x, & 1<x<+\infty\end{cases}$,且 $f(0)=0$,则 $f(x)=$ $\underline{\begin{cases}x, & -\infty<x\leqslant 0\\ e^x-1 & 0<x<+\infty\end{cases}}$.

解:由 $f'(\ln x)=1$. 则 $f(x)=x+C_1$. 因 $f(0)=0$,故 $C_1=0$

又由 $f'(\ln x)=x$,则 $f'(u)=e^u$ 从而 $f(u)=e^u+C_2$.

因 $f(0)=0$,故 $C_2=-1$,综上,有

$$f(x)=\begin{cases}x, & -\infty<x\leqslant 0\\ e^x-1, & 0<x<+\infty\end{cases}.$$

5. 设 $F(x)$ 为 $f(x)$ 的原函数且当 $x\geqslant 0$ 时,$f(x)F(x)=\dfrac{xe^x}{2(1+x)^2}$,已知 $F(0)=1,F(x)>0$,则 $f(x)=$ $\underline{\qquad\qquad}$.

解:因 $F'(x)=f(x)$,故 $2F\cdot F'=\dfrac{xe^x}{(1+x)^2}$.

积分得
$$F^2=-\int xe^x\mathrm{d}\frac{1}{1+x}=\frac{e^x}{1+x}+C.$$

因 $F(0)=1$,故 $C=0$. 于是 $F(x)=\sqrt{\dfrac{e^x}{1+x}}(f(x)>0)$.

故
$$f(x)=F'(x)=\frac{1}{2}\left(\frac{e^x}{1+x}\right)^{-\frac{1}{2}}\cdot\frac{e^x(1+x)-e^x}{(1+x)^2}=\frac{xe^{\frac{x}{2}}}{2(1+x)^{\frac{3}{2}}}.$$

6. 设曲线 $f(x)=x^n$ 在点 $(1,1)$ 处的切线与 Ox 轴的交点为 $(\xi_n,0)$,则 $\lim\limits_{n\to\infty}f(\xi_n)=$ $\underline{\ e^{-1}\ }$.

解:先求出曲线 $y=x^n$ 在点 $(1,1)$ 处的切线与 Ox 轴的交点. 因

$$y'\Big|_{x=1}=nx^{n-1}\Big|_{x=1}=n$$

故切成方程:$y-1=n(x-1)$.

令 $y=0$,得 $x=\dfrac{n-1}{n}$,即 $\xi_n=\dfrac{n-1}{n}$,所以

$$\lim_{n\to\infty} f(\xi_n) = \lim_{n\to\infty}\left(\frac{n-1}{n}\right)^n = \lim_{n\to\infty}\left(1-\frac{1}{n}\right)^n = e^{-1}.$$

7. 已知$\lim\limits_{x\to 0}\dfrac{1}{bx-\sin x}\displaystyle\int_0^x \frac{t^2}{\sqrt{a+t^2}}dt = 1$，则 $a =$ __4__，$b =$ __1__.

解：由洛必达法则，有$\lim\limits_{x\to 0}\dfrac{x^2}{(b-\cos x)\cdot\sqrt{a+x^2}} = 1$

因$\lim\limits_{x\to 0}x^2 = 0$，所以有 $\lim\limits_{x\to 0}(b-\cos x)\sqrt{a+x^2} = 1$，

从而有$\lim\limits_{x\to 0}(b-\cos x) = 0$，故 $b = 1$. 于是，有

$$\lim_{x\to 0}\frac{x^2}{(1-\cos x)\sqrt{a+x^2}} = \frac{1}{\sqrt{a}}\lim_{x\to 0}\frac{2x}{\sin x} = 1$$

故$\dfrac{2}{\sqrt{a}} = 1$，$a = 4$.

8. 设$f(x) = \dfrac{1}{1+x^2} + x^3\displaystyle\int_0^1 f(x)\,dx$，则$\displaystyle\int_0^1 f(x)\,dx =$ __$\dfrac{\pi}{3}$__.

解：令 $A = \displaystyle\int_0^1 f(x)\,dx$，则有 $f(x) = \dfrac{1}{1+x^2} + Ax^3$.

等式两边作定积分，有

$$\int_0^1 f(x)\,dx = \int_0^1 \frac{1}{1+x^2}dx + A\int_0^1 x^3\,dx$$

即

$$A = \arctan x\Big|_0^1 + \frac{A}{4}x^4\Big|_0^1 = \frac{\pi}{4} + \frac{A}{4}$$

从而 $A = \dfrac{\pi}{3}$，即$\displaystyle\int_0^1 f(x)\,dx = \frac{\pi}{3}$.

9. 设$\lim\limits_{x\to\infty}\left(\dfrac{1+x}{x}\right)^{ax} = \displaystyle\int_{-\infty}^a te^t dt$，则 $a =$ __2__.

解：原式等价于

$$e^a = (te^t - e^t)\Big|_{-\infty}^a = ae^a - e^a - \lim_{t\to-\infty}(te^t - e^t) = (a-1)e^a$$

故 $a - 1 = 1$，$a = 2$.

10. 某商品的需求函数 $Q = 12 - \dfrac{p^2}{4}$，则当 $P = 2$ 时的需求弹性 $\eta =$ __$\dfrac{2}{11}$__.

解：$\eta = -\dfrac{P}{Q}\cdot Q'\Big|_{P=2} = -\dfrac{P}{12-\dfrac{p^2}{4}}\cdot\left(-\dfrac{P}{2}\right)\Big|_{P=2} = \dfrac{2}{11}$.

11. 已知 $\boldsymbol{a} = (1,4,2)$，$\boldsymbol{b} = (2,0,1)$，则 $\cos(\hat{\boldsymbol{a},\boldsymbol{b}}) =$ ______.

解：$\boldsymbol{a}\cdot\boldsymbol{b} = |\boldsymbol{a}|\cdot|\boldsymbol{b}|\cos(\hat{\boldsymbol{a},\boldsymbol{b}})$.

$$4 = \sqrt{21}\cdot\sqrt{5}\cos(\hat{\boldsymbol{a},\boldsymbol{b}})$$

故

$$\cos(\hat{\boldsymbol{a},\boldsymbol{b}}) = \frac{4}{\sqrt{105}}.$$

12. 设函数 $f(x)$ 对任何 x 恒有 $f(x+y)=f(x)+f(y)$，且 $f'(0)=a(a\neq 0)$，则 $f(x)=$ <u>ax</u>.

解：令 $y=0$ 得 $f(x)=f(x)+f(0)$，则 $f(0)=0$.

因
$$f'(0)=\lim_{x\to 0}\frac{f(0+x)-f(0)}{x}=\lim_{x\to 0}\frac{f(x)}{x}=a$$

故
$$f'(x)=\lim_{\Delta x\to 0}\frac{f(x+\Delta x)-f(x)}{\Delta x}=\lim_{\Delta x\to 0}\frac{f(x)+f(\Delta x)-f(x)}{\Delta x}=a$$

$$f(x)=ax \quad 或 \quad f(x)=ax+b$$

因 $f(x)=ax+b$ 不满足 $f(0)=0$，故 $f(x)=ax$.

13. 函数 $f(x)=\int_0^{x^2}(2-t)e^{-t}dt$ 的最大值为 <u>$1+e^{-2}$</u>，最小值为 <u>0</u>.

解：$f'(x)=2x(2-x^2)e^{-x^2}$，令 $f'(x)=0$. 得 $x=0,x=\pm\sqrt{2}$. $f(0)=0$. 于是

$$f(\pm\sqrt{2})=\int_0^2(2-t)e^{-t}dt=-\int_0^2(2-t)de^{-t}$$

$$=-(2-t)e^{-t}\Big|_0^2+\int_0^2 e^{-t}d(-t)$$

$$=2+e^{-t}\Big|_0^2=2+e^{-2}-1=1+e^{-2}.$$

故
$$f_{\max}(\pm\sqrt{2})=1+e^{-2},\qquad f_{\min}(0)=0.$$

14. 设函数 $x=x(y,z)$，$y=y(x,z)$，$z=z(x,y)$ 为由方程 $F(x,y,z)=0$ 所确定的隐函数，则 $\frac{\partial x}{\partial y},\frac{\partial y}{\partial z},\frac{\partial z}{\partial x}=$ ________.

解：将 $F(x,y,z)=0$ 中的 x 看做 y,z 的函数. 对 y 求导，得 $F'_x\cdot\frac{\partial x}{\partial y}+Fy'=0$，

故
$$\frac{\partial x}{\partial y}=-\frac{Fy'}{Fx'}$$

同理可得
$$\frac{\partial y}{\partial z}=-\frac{Fz'}{Fy'},\frac{\partial z}{\partial x}=-\frac{Fx'}{Fz'}$$

三式相乘，得
$$\frac{\partial x}{\partial y}\cdot\frac{\partial y}{\partial z}\cdot\frac{\partial z}{\partial x}=-1.$$

15. 设 $a_n=\int_0^{\frac{\pi}{4}}\tan^n x dx$，那么级数 $\sum_{n=1}^{\infty}\frac{1}{n}(a_n+a_{n+2})$ 的和 $s=$ <u>1</u>.

解：因 $a_n>0$，故

$$\frac{1}{n}(a_n+a_{n+2})=\frac{1}{n}\int_0^{\frac{\pi}{4}}\tan^n x(1+\tan^2 x)dx=\frac{1}{n}\int_0^{\frac{\pi}{4}}\tan^n x\cdot\sec^2 x dx$$

$$\xlongequal{t=\tan x}\frac{1}{n}\int_0^1 t^n dt=\frac{1}{n(n+1)}$$

故
$$s_n=\sum_{k=1}^{\infty}\frac{1}{k(k+1)}=1-\frac{1}{n+1}$$

$$\lim_{n\to\infty}s_n=\lim_{n\to\infty}\left(1-\frac{1}{n+1}\right)=1.$$

三、计算题

1. 求 $\lim\limits_{x\to+\infty} x^{\frac{3}{2}}(\sqrt{x+1}+\sqrt{x-1}-2\sqrt{x})$.

解：原式 $=\lim\limits_{x\to+\infty} x^2\left(\sqrt{1+\frac{1}{x}}+\sqrt{1-\frac{1}{x}}-2\right) \xlongequal{t=\frac{1}{x}} \lim\limits_{t\to0^+}\frac{\sqrt{1+t}+\sqrt{1-t}-2}{t^2}$

由 Taylor 公式，有

$$\sqrt{1+t}=1+\frac{1}{2}t-\frac{1}{8}t^2+0(t^2),\quad \sqrt{1-t}=1-\frac{t}{2}-\frac{1}{8}t^2+0(t^2)$$

故
$$\lim_{t\to0^+}\frac{\sqrt{1+t}+\sqrt{1-t}-2}{t^2}=\lim_{t\to0^+}\frac{1+\frac{t}{2}-\frac{1}{8}t^2+1-\frac{t}{2}-\frac{1}{8}t^2+0(t^2)-2}{t^2}$$
$$=\lim_{t\to0^+}\frac{-\frac{1}{4}t^2+0(t^2)}{t^2}=-\frac{1}{4}.$$

2. 设 $f(x)$ 可微且满足 $x=\int_0^x f(t)\,\mathrm{d}t+\int_0^x tf(t-x)\,\mathrm{d}x$，求 $f(x)$.

解：$\int_0^x tf(t-x)\,\mathrm{d}t \xlongequal{u=t-x} \int_{-x}^0 (u+x)f(u)\,\mathrm{d}u=-\int_0^{-x} uf(u)\,\mathrm{d}u+x\int_{-x}^0 f(u)\,\mathrm{d}u$

故原方程化为 $\quad x=\int_0^x f(t)\,\mathrm{d}t-\int_0^{-x} uf(u)\,\mathrm{d}u-x\int_0^{-x} f(u)\,\mathrm{d}u$

两边对 x 求导，得 $1=f(x)-(-1)(-x)f(-x)-\int_0^{-x} f(u)\,\mathrm{d}u-(-1)xf(-x)$

整理得
$$1=f(x)-\int_0^{-x} f(u)\,\mathrm{d}u \tag{1}$$

两边再对 x 求导，得
$$0=f'(x)-(-1)f(-x)$$

即
$$f'(x)=-f(-x) \tag{2}$$

上式两边再对 x 求导，得 $f''(x)=f'(-x)=-f(x)$，

即有
$$f''(x)+f(x)=0$$

这是一个二阶线性常系数齐次微分方程，易求得

$$f(x)=C_1\cos x+C_2\sin x.$$

由式(1)知 $f(0)=1$；由式(2)知 $f'(0)=-f(0)=-1$，则 $C_1=1, C_2=-1$，故

$$f(x)=\cos x-\sin x.$$

3. 设 $f'(x)=f(1-x)$，求 $f(x)$.

解：方程两边对 x 求导数，得

$$f''(x)=f'(1-x)\cdot(1-x)'=-f'(1-x)=-f[1-(1-x)]=-f(x)$$

于是有 $f''(x)+f(x)=0$，解得 $f(x)=C_1\cos x+C_2\sin x$. 下面确定 C_1 和 C_2.

$$f'(x)=-C_1\sin x+C_2\cos x=f(1-x)$$

又
$$f(1-x)=C_1\cos(1-x)+C_2\sin(1-x)$$

故有
$$-C_1\sin x+C_2\cos x=C_1\cos(1-x)+C_2\sin(1-x).$$

令 $x=0$，得
$$C_2=C_1\cos1+C_2\sin1$$

令 $x=1$,得
$$-C_1\sin1+C_2\cos1=C_1$$
整理后有
$$\begin{cases}C_1\cos1-C_2(1-\sin1)=0\\C_1(1+\sin1)-C_2\cos1=0\end{cases}$$
因
$$\begin{vmatrix}\cos1 & -(1-\sin1)\\1+\sin1 & -\cos1\end{vmatrix}=0$$

所以方程组一定有非零解. 解得 $C_2=\dfrac{1+\sin1}{\cos1}C_1$,$C_1$ 是不为零的任意常数,故
$$f(x)=C_1\left(\cos x+\frac{1+\sin1}{\cos1}\sin x\right).$$

4. 设函数 $f(x)$ 满足下列条件,求 $f(x)$.

(1)$f(0)=2,f(-2)=0$;

(2)$f(x)$ 在 $x=-1,x=5$ 处有极值;

(3)$f(x)$ 的导函数是 x 的二次函数.

解:因 $x=-1,x=5$ 为 $f(x)$ 的极值点,故. 可以设
$$f'(x)=a(x+1)(x-5)$$
所以
$$f(x)=\int f'(x)\mathrm{d}x=a\left(\frac{x^3}{3}-2x^2-5x\right)+b$$
由
$$f(0)=2,\text{得 } b=2;$$
由
$$f(-2)=0,\text{得 } a=3.$$
故
$$f(x)=3\left(\frac{x^3}{3}-2x^2-5x\right)+2=x^3-6x^2-15x+2.$$

5. 设 $\varphi(x)=-2a+\int_0^x(t^2-a^2)\mathrm{d}t$.

(1) 求 $\varphi(x)$ 的极大值 M;

(2) 若将 M 看做是 a 的函数,求当 a 为何值时,M 取极小值.

解:(1)$\varphi'(x)=x^2-a^2$. 令 $\varphi'(x)=0$,得 $x=\pm a$,又 $\varphi''(x)=2x$.

(i) 当 $a>0$ 时 $\varphi''(-a)=-2a<0$,故 $x=-a$ 为 $\varphi(x)$ 的一个极大值点,且
$$M_{极大}(-a)=-2a+\int_0^{-a}(t^2-a^2)\mathrm{d}t=\frac{2}{3}a(a^2-3).$$

(ii) 当 $a<0$ 时 $\varphi''(a)=2a<0$,故 $x=a$ 为 $\varphi(x)$ 的又一个极大值点,且
$$M_{极大}(a)=-2a+\int_0^{a}(t^2-a^2)\mathrm{d}t=-\frac{2}{3}a(a^2+3).$$

(2) 当 $a>0$ 时,$\dfrac{\mathrm{d}M}{\mathrm{d}a}=2a^2-2$,令 $\dfrac{\mathrm{d}M}{\mathrm{d}a}=0$,得 $a=1$,$\dfrac{\mathrm{d}^2M}{\mathrm{d}a^2}=4a>0$.

故当 $a>0$,或者说当 $a=1$ 时 M 取极小值.

当 $a<0$ 时 $\dfrac{\mathrm{d}M}{\mathrm{d}a}=-2a^2-2$

因 $\dfrac{\mathrm{d}M}{\mathrm{d}a}=0$ 无解,故此时 M 无极值.

6. 设 $u=f(x-y,y-z,t-z)$,求 $\dfrac{\partial u}{\partial x}+\dfrac{\partial u}{\partial y}+\dfrac{\partial u}{\partial z}+\dfrac{\partial u}{\partial t}$.

解:变量之间的函数关系如图1所示.

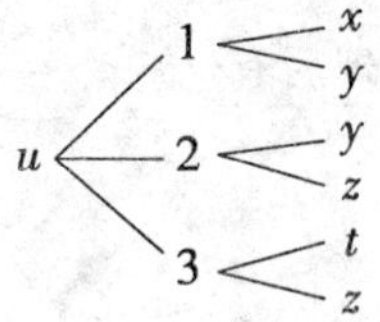

$$\frac{\partial u}{\partial x}=u'_1\cdot 1,\frac{\partial u}{\partial y}=u'_1(-1)+u'_2\cdot 1$$

$$\frac{\partial u}{\partial z}=u'_2\cdot(-1)+u'_3\cdot(-1),\frac{\partial u}{\partial t}=u'_3\cdot 1$$

u — 1 (x, y); 2 (y, z); 3 (t, z)

图1

故 $$u'_x+u'_y+u'_z+u'_t=u'_1-u'_1+u'_2-u'_2-u'_3+u'_3=0.$$

7. 求积分 $I=\int_0^1\mathrm{d}x\int_{x^2}^1\frac{xy}{\sqrt{1+y^3}}\mathrm{d}y.$

解:交换积分顺序,有

$$I=\int_0^1\mathrm{d}y\int_0^{\sqrt{y}}\frac{xy}{\sqrt{1+y^3}}\mathrm{d}x=\frac{1}{2}\int_0^1\frac{y}{\sqrt{1+y^3}}x^2\Big|_0^{\sqrt{y}}\mathrm{d}y$$

$$=\frac{1}{6}\int_0^1\frac{1}{\sqrt{1+y^3}}\mathrm{d}(1+y^3)=\frac{1}{3}(\sqrt{2}-1).$$

8. 求幂级数 $\sum\limits_{n=1}^{\infty}\frac{3^n+(-2)^n}{n}(x+1)^n$ 的收敛半径和收敛区间.

解:设 $t=x+1$. 先考查级数 $\sum\limits_{n=1}^{\infty}\frac{3^n+(-2)^n}{n}t^n$ 的收敛半径和收敛域. 因

$$\lim_{n\to\infty}\left|\frac{a_{n+1}}{a_n}\right|=\lim_{n\to\infty}\frac{3^{n+1}+(-2)^{n+1}}{n+1}\cdot\frac{n}{3^n+(-2)^n}=3$$

故收敛半径 $R=\frac{1}{3}$.

当 $t=-\frac{1}{3}$ 时,级数化为

$$\sum_{n=1}^{\infty}\frac{3^n+(-2)^n}{n}\cdot\frac{(-1)^n}{3^n}=\sum_{n=1}^{\infty}\frac{(-1)^n}{n}+\sum_{n=1}^{\infty}\frac{1}{n}\left(\frac{2}{3}\right)^n$$

上式右端两级数均收敛,所以当 $t=-\frac{1}{3}$ 时级数收敛.

当 $t=\frac{1}{3}$ 时,级数为

$$\sum_{n=1}^{\infty}\frac{3^n+(-2)^n}{n}\cdot\frac{1}{3^n}=\sum_{n=1}^{\infty}\frac{1}{n}+\sum_{n=1}^{\infty}\frac{(-1)^n}{n}\left(\frac{2}{3}\right)^n$$

因级数 $\sum\limits_{n=1}^{\infty}\frac{1}{n}$ 发散,故当 $t=\frac{1}{3}$ 时级数发散.

综上知,关于 t 的幂级数的收敛区间为 $\left[-\frac{1}{3},\frac{1}{3}\right)$. 由 $t=x+1$,于是有 $-\frac{1}{3}\leqslant x+1<\frac{1}{3}$,得 $-\frac{4}{3}\leqslant x<-\frac{2}{3}$,故原级数的收敛区间为 $\left[-\frac{4}{3},-\frac{2}{3}\right)$,收敛半径 $R=\frac{1}{3}$.

9. 求微分方程 $y'=\frac{y^2-x}{2y(x+1)}$ 的通解.

解:方程变形为

$$2yy' - \frac{1}{x+1}y^2 = -\frac{x}{x+1}$$

因 $2yy' = \frac{dy^2}{dx}$,故方程可以写为

$$\frac{dy^2}{dx} - \frac{1}{x+1}y^2 = -\frac{x}{x+1}$$

这是一个关于 $y^2, \frac{dy^2}{dx}$ 的一阶线性微分方程.

不难求得 $$y^2 = c(x+1) - (x+1)\ln(x+1) - 1.$$

10. 求微分方程 $(1+x)y'' + y' = \ln(x+1)$ 的通解.

解:设 $y' = P$,则 $y'' = P' = \frac{dP}{dx}$,于是原方程化为

$$P' + \frac{1}{x+1}P = \frac{\ln(x+1)}{x+1}$$

不难求得 $$P = \ln(x+1) - 1 + \frac{C_1}{x+1}$$

则 $\frac{dy}{dx} = \ln(x+1) - 1 + \frac{C_1}{x+1}$,积分得

$$y = (x + C_1)\ln(x+1) - 2x + C_2.$$

四、综合题

已知级数 $2 + \sum_{n=1}^{\infty} \frac{x^{2n}}{(2n)!}$

(1) 求级数的收敛域;

(2) 证明级数满足微分方程 $y'' - y = -1$;

(3) 求级数的和函数.

解:(1) 易知级数的收敛域为 $(-\infty, +\infty)$.

(2) 记 $y(x) = 2 + \sum_{n=1}^{\infty} \frac{x^{2n}}{(2n)!}$. $y'(x) = \sum_{n=1}^{\infty} \frac{x^{2n-1}}{(2n-1)!}$,

$$y''(x) = \sum_{n=1}^{\infty} \frac{x^{2n-2}}{(2n-2)!} = 1 + \sum_{n=2}^{\infty} \frac{x^{2n-2}}{(2n-2)!} = 1 + \sum_{n=1}^{\infty} \frac{x^{2n}}{(2n)!}$$

将 $y(x)$、$y''(x)$ 代入方程,有

$$y'' - y = 1 + \sum_{n=1}^{\infty} \frac{x^{2n}}{(2n)!} - 2 - \sum_{n=1}^{\infty} \frac{x^{2n}}{(2n)!} = -1.$$

(3) 由级数 $y(x)$ 及 $y'(x)$ 的表达式知 $y(0) = 2, y'(0) = 0$.

即满足这样条件的方程 $y'' - y = -1$ 的特解就是原级数的和函数. 方程 $y'' - y = -1$ 的通解为

$$y(x) = C_1 e^{-x} + C_2 e^{x} + 1$$

由定解条件知 $$C_1 = C_2 = \frac{1}{2}$$

故级数的和函数为 $$y(x)=\frac{1}{2}(e^{-x}+e^{x})+1.$$

五、证明题

设 $f(x)$ 在 $[0,1]$ 上连续,在 $(0,1)$ 内可微, $f'(x)\neq 0$, $f(0)=0$, $f(1)=2$. 试证明存在 $\xi,\eta\in(0,1)(\xi\neq\eta)$ 使 $\frac{1}{f'(\xi)}+\frac{1}{f'(\eta)}=1$.

证:因 $f(x)$ 在 $[0,1]$ 上连续,故必 $\exists c\in(0,1)$,使

$$f(c)=\frac{f(0)+f(1)}{2}=1$$

在 $[0,c]$ 与 $[c,1]$ 上对 $f(x)$ 分别应用拉格朗日中值定理,有

$$f(c)-f(0)=f'(\xi)\cdot c,\xi\in(0,c)$$
$$f(1)-f(c)=f'(\eta)(1-c),\eta\in(c,1).$$

即有 $$\frac{1}{f'(\xi)}=c,\quad \frac{1}{f'(\eta)}=1-c\quad (f(c)=1,\quad f(1)=2)$$

两式相加,得 $$\frac{1}{f'(\xi)}+\frac{1}{f'(\eta)}=1.$$

六、应用题

某工厂要造一长方体形状的库房,其体积为 1 500 000m^3,前墙和房顶的造价分别是其他墙面造价的 3 倍和 1.5 倍. 试问库房前墙长和高各为多少时,库房造价最小(墙厚忽略不计)?

解:这是一个条件极值问题. 设长方体库房的底面长、宽及高分别为 x,y,z. 其他墙面每平方米的单位造价为 P. 依题意有

$$Q=2.5xyP+4xzP+2yzP+\lambda(xyz-1.5\times10^{6})\tag{1}$$
$$xyz=1.5\times10^{6}.\tag{2}$$

式(1)分别对 x,y,z 求偏导数,并令其为 0,则有

$$\begin{cases}Q_x'=2.5yP+4zP+\lambda yz=0 & (3)\\ Q_y'=2.5xP+2zP+\lambda xz=0 & (4)\\ Q_z'=4xP+2yP+\lambda xy=0 & (5)\end{cases}$$

将式(3)$\times x$,式(4)$\times y$,式(5)$\times z$ 后有

$$2.5xyP+4xzP=2.5xyP+2yzP=4xzP+2yzP$$

由此可得 $x=\frac{y}{2}$, $z=\frac{2.5y}{4}$ 代入式(2),有

$$y^3=4.8\times10^{7}$$

故 $$y=2\sqrt[3]{6}\times10^{2}(\mathrm{m}),\quad x=\sqrt[3]{6}\times10^{2}(\mathrm{m}),\quad z=\frac{5}{4}\sqrt[3]{6}\times10^{2}(\mathrm{m}).$$

总复习题二

一、选择题

1. 当 $x\to\infty$ 时无穷小量$\frac{1}{x^k}$与$\frac{1}{x}+\frac{1}{x^2}$等价,则 $k=($　　$)$.

A. 0　　B. 1　　C. 2　　D. 3

答:选 B. 因$\lim\limits_{x\to 0}\frac{\left(\frac{1}{x}+\frac{1}{x^2}\right)}{\frac{1}{x^k}}=1$,则 $k=1$.

2. 设 $f(x)=\ln(x^2+1),g(x)=e^x$,则$\{f[g(x)]\}'=($　　$)$.

A. $\frac{2e^{2x}}{1+e^{2x}}$　　B. $\frac{e^{2x}}{1+e^{2x}}$　　C. $\frac{2e^{2x}}{e^{2x}-1}$　　D. $\frac{e^{x}}{1+e^{2x}}$

答:选 A. 由 $f[g(x)]=\ln(e^{2x}+1)$,故$\{f[g(x)]\}'=\frac{2e^{2x}}{1+e^{2x}}$.

3. 在下列等式中,正确的结论为(　　).

A. $\int f'(x)\mathrm{d}x=f(x)$　　B. $\int \mathrm{d}f(x)=f(x)$

C. $\frac{\mathrm{d}}{\mathrm{d}x}\int f(x)\mathrm{d}x=f(x)$　　D. $\mathrm{d}\int f(x)\mathrm{d}x=f(x)$

答:选 C. 因 A、B 为不定积分. 缺少了任意常数;D 为微分式,应为 $f(x)\mathrm{d}x$.

4. 某商品的需求函数 $Q(P)=75-P^2$,当 $P=4$ 时(　　).

A. 价格上涨总收益减少　　B. 价格上涨总收益增加

C. 价格下跌总收益减少　　D. 价格下跌总收益增加

答:选 B. 因 $\eta\Big|_{P=4}=-\frac{P}{Q}\cdot Q'(P)\Big|_{P=4}=-\frac{P}{75-P^2}(75-P^2)'\Big|_{P=4}=\frac{32}{59}<1$,

又因 $R'=Q(P)(1-\eta)$,故当 $\eta<1$ 时,$R'>0$. 这说明需要变动的幅度小于价格变动的幅度,故当价格上涨时,总收益增加.

5. 设 $f(x)$ 的一个原函数为$\frac{\ln x}{x}$,则$\int xf'(x)\mathrm{d}x=($　　$)$.

A. $\frac{\ln x}{x}+C$　　B. $\frac{1-\ln x}{x^2}+C$

C. $\frac{1}{x}+C$　　D. $\frac{1-2\ln x}{x}+C$

答:选 D. 因为$\left(\frac{\ln x}{x}\right)'=\frac{1-\ln x}{x^2}=f(x)$　又

$$\int xf'(x)\mathrm{d}x = \int x\mathrm{d}f(x) = xf(x) - \int f(x)\mathrm{d}x = x\cdot\frac{1-\ln x}{x^2} - \frac{\ln x}{x} + C$$

$$= \frac{1-2\ln x}{x} + C.$$

6. 设函数 $f(x)$ 满足关系式 $f''(x) + [f'(x)]^2 = x$，且 $f'(0) = 0$，则(　　).

A. $f(0)$ 是 $f(x)$ 的极大值

B. $f(0)$ 是 $f(x)$ 的极小值

C. $(0,f(0))$ 是曲线 $y = f(x)$ 的拐点

D. $f(0)$ 不是 $f(x)$ 的极值，$(0,f(0))$ 也不是曲线 $y = f(x)$ 的拐点.

答：选 C. 当 $x = 0$ 时，因 $f'(0) = 0$，显然 $f''(0) = 0$. 故在点 $x = 0$ 的某邻域内：

当 $x < 0$ 时，因 $[f'(x)]^2 \geqslant 0$，必有 $f''(x) < 0$；当 $x > 0$ 时，虽有 $[f'(x)]^2 \geqslant 0$，也必有 $f''(x) > 0$，原因是由

$$\lim_{x\to 0}\frac{f'(x)}{x} = \lim_{x\to 0}\frac{f'(x) - f'(0)}{x} = f''(0) = 0$$

故当 $x \to 0$ 时，$f'(x)$ 是比 x 的高阶无穷小量，从而 $[f'(x)]^2$ 是比 x 的高阶无穷小量.

故当 $x > 0$ 时，只有 $f''(x) > 0$，已知关系式才能成立.

由以上分析，知应选 C.

7. 设 $F(x) = f(x) - \frac{1}{f(x)}$，$g(x) = f(x) + \frac{1}{f(x)}$，$F'(x) = g^2(x)$ 且 $f\left(\frac{\pi}{4}\right) = 1$，则 $f(x) =$ (　　).

A. $\tan x$　　B. $\cot x$

C. $\arctan x$　　D. $\mathrm{arccot}\, x$

答：选 A. 由 $F' = f' + \frac{f'}{f^2} = \left(1 + \frac{1}{f^2}\right)f'$，$g^2 = f^2 + \frac{1}{f^2} + 2$

$$F' = g^2，有 f'(x) = 1 + f^2(x)$$

解得 $\arctan f(x) = x + C$. 代入条件 $f\left(\frac{\pi}{4}\right) = 1$ 得 $C = 0$.

故 $\arctan f(x) = x$，即有 $f(x) = \tan x$.

8. 下列不等式中正确的是(　　).

A. $0 < \int_{\frac{\pi}{4}}^{\frac{\pi}{2}} \frac{\sin x}{x}\mathrm{d}x \leqslant \frac{1}{2}$　　B. $\frac{\sqrt{2}}{2} \leqslant \int_{\frac{\pi}{4}}^{\frac{\pi}{2}} \frac{\sin x}{x}\mathrm{d}x \leqslant 2$

C. $\frac{1}{2} \leqslant \int_{\frac{\pi}{4}}^{\frac{\pi}{2}} \frac{\sin x}{x}\mathrm{d}x \leqslant \frac{\sqrt{2}}{2}$　　D. $\frac{\sqrt{2}}{2} \leqslant \int_{\frac{\pi}{4}}^{\frac{\pi}{2}} \frac{\sin x}{x}\mathrm{d}x \leqslant 1$

答：选 C. 记 $f(x) = \frac{\sin x}{x}$，不难验证，当 $0 \leqslant x \leqslant \frac{\pi}{2}$ 时 $f'(x) < 0$，所以 $\frac{\sin x}{x}$ 在 $0 < x < \frac{\pi}{2}$ 内单调减，故 $f(x) = \frac{\sin x}{x}$ 在 $x = \frac{\pi}{2}$ 处取最小值，$f_{最小}\left(\frac{\pi}{2}\right) = \frac{1}{\frac{\pi}{2}} = \frac{2}{\pi}$，$f_{最大}\left(\frac{\pi}{4}\right) = \frac{\frac{\sqrt{2}}{2}}{\frac{\pi}{4}} = \frac{2\sqrt{2}}{\pi}$.

根据定积分的性质，有

$$\frac{2}{\pi}\cdot\left(\frac{\pi}{2}-\frac{\pi}{4}\right)\leqslant\int_{\frac{\pi}{4}}^{\frac{\pi}{2}}\frac{\sin x}{x}dx\leqslant\frac{2\sqrt{2}}{\pi}\left(\frac{\pi}{2}-\frac{\pi}{4}\right)$$

即
$$\frac{1}{2}\leqslant\int_{\frac{\pi}{4}}^{\frac{\pi}{2}}\frac{\sin x}{x}dx\leqslant\frac{\sqrt{2}}{2}.$$

9. 设 $f(x)=\int_0^{1-\cos x}\sin^2 t dt, g(x)=\frac{x^5}{5}-\frac{x^6}{6}$,则当 $x\to 0$ 时,$f(x)$ 是比 $g(x)$ 的(　　).

A. 低阶无穷小　　B. 高阶无穷小

C. 等价无穷小　　D. 同阶但不等价的无穷小

答:选 B. 因 $\lim\limits_{x\to 0}f(x)=0,\lim\limits_{x\to 0}g(x)=0$,故

$$\lim_{x\to 0}\frac{f(x)}{g(x)}=\lim_{x\to 0}\frac{\int_0^{1-\cos x}\sin^2 t dt}{\frac{x^5}{5}-\frac{x^6}{6}}=\lim_{x\to 0}\frac{\sin x\sin^2(1-\cos x)}{x^4-x^5}$$

$$=\lim_{x\to 0}\frac{\sin^2\left(2\sin^2\frac{x}{2}\right)}{x^3-x^4}=\lim_{x\to 0}\frac{\sin^2\left(2\cdot\frac{x^2}{4}\right)}{x^3-x^4}=\lim_{x\to 0}\frac{\frac{x^4}{4}}{x^3-x^4}=0$$

所以当 $x\to 0$ 时 $f(x)$ 是比 $g(x)$ 高阶的无穷小,故选 B.

10. 下列广义积分中发散的是(　　).

A. $\int_1^{+\infty}\frac{x\arctan x}{1+x^3}dx$　　B. $\int_1^{+\infty}e^{-x^2}dx$

C. $\int_0^{+\infty}\frac{1}{1+\sqrt{x}}dx$　　D. $\int_0^{\frac{\pi}{2}}\frac{\ln(\sin x)}{\sqrt{x}}dx$

答:选 C. 我们逐式讨论.

A 式:在 $[1,+\infty)$ 内,$f(x)=\frac{x\arctan x}{1+x^3}\geqslant 0$,且 $0\leqslant\arctan x\leqslant\frac{\pi}{2}$

因之　$0\leqslant x\arctan x\leqslant\frac{\pi}{2}x$,故有 $0\leqslant\frac{x\arctan x}{1+x^3}\leqslant\frac{\frac{\pi}{2}x}{1+x^3}\sim\frac{\pi}{2}\frac{1}{1+x^2}$

因 $\int_1^{\infty}\frac{dx}{1+x^2}$ 收敛,故 A 式收敛.

B 式:$\int_1^{+\infty}e^{-x^2}dx=\frac{\sqrt{\pi}}{2}$. 故收敛.

D 式:因 $\lim\limits_{x\to 0^+}\frac{-\ln\sin x}{\sqrt{x}}=+\infty$,故 $x=0$ 为瑕点,又

$$\lim_{x\to 0^+}\frac{x^{\frac{5}{6}}(-\ln\sin x)}{\sqrt{x}}=\lim_{x\to 0^+}\frac{-\ln x}{x^{-\frac{1}{3}}}=0$$

故 $\int_0^{\frac{\pi}{2}}\frac{-\ln\sin x}{\sqrt{x}}dx$ 收敛,因之 $\int_0^{\frac{\pi}{2}}\frac{\ln\sin x}{\sqrt{x}}dx$ 收敛,故选 C.

11. 对级数 $\sum\limits_{n=1}^{\infty}\left(\frac{na}{n+1}\right)^n(a>0)$,下列结论中错误的是(　　).

A. $a>1$ 时发散　　B. $a<1$ 时收敛

C. $a=1$ 时发散　　D. $a=1$ 时收敛

答:选 D. 因通项 u_n 是 n 次方的形式,用极值判别法.

由于$\lim\limits_{n\to\infty}\sqrt[n]{u_n}=\lim\limits_{n\to\infty}\dfrac{na}{n+1}=a$,故当 $a<1$ 时级数收敛,当 $a>1$ 时级数发散.

当 $a=1$ 时,有$\lim\limits_{n\to\infty}u_n=\lim\limits_{n\to\infty}\left(\dfrac{n}{n+1}\right)^n=\dfrac{1}{e}\neq 0$,故当 $a=1$ 时级数发散,选 D.

12. 设级数$\sum\limits_{n=1}^{\infty}(-1)^n a_n\cdot 2^n$ 收敛,则级数$\sum\limits_{n=1}^{\infty}a_n$(　　).

A. 发散　　B. 敛散性不定

C. 条件收敛　　D. 绝对收敛

答:选 D. 因$\lim\limits_{n\to\infty}(-1)^n a_n\cdot 2^n=0$,从而有$\lim\limits_{n\to\infty}|a_n|\cdot 2^n=0$.

所以必存在 $M>0$ 及 N,当 $n>N$ 时,有 $|a_n|\cdot 2^n<M$ 或 $|a_n|<\dfrac{M}{2^n}$. 由正项级数的比较判别法知$\sum\limits_{n=1}^{\infty}|a_n|$收敛. 因之有级数$\sum\limits_{n=1}^{\infty}(-1)^n a_n\cdot 2^n$ 绝对收敛.

13. 对函数 $z=f(x,y)$,有$\dfrac{\partial^2 f}{\partial y^2}=2$,且 $f(x,0)=1,f'_y(x,0)=x$,则 $f(x,y)=$(　　).

A. $1-xy+y^2$　　B. $1+xy+y^2$

C. $1-x^2y+y^2$　　D. $1+x^2y+y^2$

答:选 B. 由$\dfrac{\partial^2 f}{\partial y^2}=2$,有$\dfrac{\partial f}{\partial y}=2y+f_1(x)$;$f(x,y)=y^2+f_1(x)y+f_2(x)$. 由已知条件可知 $f_1(x)=x,f_2(x)=1$,故 $f(x,y)=1+xy+y^2$.

14. 设区域 D_1:$|x|\leqslant 1,|y|\leqslant 2$;$D_2$:$0\leqslant x\leqslant 1,0\leqslant y\leqslant 2$,又

$$I_1=\iint\limits_{D_1}(x^2+y^2)^3\mathrm{d}x\mathrm{d}y,I_2=\iint\limits_{D_2}(x^2+y^2)^3\mathrm{d}x\mathrm{d}y$$

则正确的是(　　).

A. $I_1>4I_2$　　B. $I_1<4I_2$

C. $I_1=4I_2$　　D. $I_1=2I_2$

答:选 C. 因 D_2 与 D_1 在第一象限部分重合,且 D_1 关于 Ox 轴、Oy 轴对称;又函数 $z=(x^2+y^2)^3$ 的图形(曲面)都在 xOy 平面的上方($z\geqslant 0$),且关于坐标平面 yOz 平面及 xOz 平面对称. 故由二重积分的几何意义知 $I_1=4I_2$.

15. 设 $\alpha=\dfrac{1}{n^n},\beta=\dfrac{1}{n!}$,当 $n\to\infty$ 时,(　　).

A. α 与 β 是等价无穷小　　B. α 与 β 同阶、但不是等价无穷小

C. α 是比 β 较高阶的无穷小　　D. α 是比 β 较低阶的无穷小

答:选 C. 因$\lim\limits_{n\to\infty}\dfrac{\alpha}{\beta}=\lim\limits_{n\to\infty}\dfrac{n!}{n^n}$. 由$\sum\limits_{n=1}^{\infty}\dfrac{n!}{n^n}$收敛知$\lim\limits_{n\to\infty}\dfrac{n!}{n^n}=0$故当 $n\to\infty$ 时 α 是比 β 为较高阶的无穷小量.

二、填空题

1. 设 $y=\left(\frac{1}{x}\right)^{x}+x^{\frac{1}{x}}$，则 $y'=$ $\underline{-(1+\ln x)\left(\frac{1}{x}\right)^{x}+\frac{1-\ln x}{x^{2}}\cdot x^{\frac{1}{x}}}$.

解：将 y 写成

$$y=e^{x\ln\frac{1}{x}}+e^{\frac{1}{x}\ln x}=e^{-x\ln x}+e^{\frac{1}{x}\ln x}$$

故

$$y'=e^{-x\ln x}\cdot(-x\ln x)'+e^{\frac{1}{x}\ln x}\cdot\left(\frac{\ln x}{x}\right)'$$

$$=-e^{-x\ln x}\left(\ln x+\frac{x}{x}\right)+e^{\frac{1}{x}\ln x}\cdot\frac{\frac{1}{x}\cdot x-\ln x}{x^{2}}$$

$$=-(1+\ln x)\left(\frac{1}{x}\right)^{x}+\frac{1-\ln x}{x^{2}}\cdot x^{\frac{1}{x}}.$$

2. 设 $f(x)$ 在 $x=1$ 处可微，且 $f(e^{x})=e^{2x}+1$，则 $\lim\limits_{x\to1}f(x)=$ $\underline{2}$.

解：$f(x)$ 在 $x=1$ 处可微，故 $f(x)$ 在 $x=1$ 处连续.
因 $f(e^{x})=e^{2x}+1$，故 $f(x)=x^{2}+1$，$\lim\limits_{x\to1}f(x)=2$.

3. 函数 $f(x)$ 二次可微且 $f(0)=0$，$f'(0)=1$，$f''(0)=2$，则 $\lim\limits_{x\to0}\frac{f(x)-x}{x^{2}}=$ $\underline{1}$.

解：由 $f(x)$ 二次可微知 $f(x)$，$f'(x)$ 在 $x=0$ 处连续，故有 $\lim\limits_{x\to0}f(x)=f(0)=0$，$\lim\limits_{x\to0}f'(x)=f'(0)=1$，$\lim\limits_{x\to0}f''(x)=f''(0)=2$. 由洛必达法则，得

$$\lim_{x\to0}\frac{f(x)-x}{x^{2}}=\lim_{x\to0}\frac{f'(x)-1}{2x}=\lim_{x\to0}\frac{f''(x)}{2}=\frac{2}{2}=1.$$

4. $y=\cos^{4}x-\sin^{4}x$，则 $y^{(n)}=$ $\underline{2^{n}\cos\left(\frac{n\pi}{2}+2x\right)}$.

解：$y=\cos^{4}x-\sin^{4}x=\cos^{2}x-\sin^{2}x=\cos2x$

故

$$y^{(n)}=2^{n}\cos\left(\frac{n\pi}{2}+2x\right).$$

5. 设 $\lim\limits_{x\to0}(x^{-3}\sin3x+ax^{-2}+b)=0$，则 $a=$ $\underline{-3}$，$b=$ $\underline{-\frac{9}{2}}$.

解：原式 $=\lim\limits_{x\to0}\frac{\sin3x+ax+bx^{3}}{x^{3}}=\lim\limits_{x\to0}\frac{3\cos3x+a+3bx^{2}}{3x^{2}}$

$$=\lim_{x\to0}\frac{-9\sin3x+6bx}{6x}=\lim_{x\to0}\frac{-27\cos3x+6b}{6}=0$$

所以有

$$6b=-27,b=-\frac{9}{2}.$$

再由

$$\lim_{x\to0}\frac{\sin3x+ax-\frac{9}{2}}{x^{3}}=\lim_{x\to0}\frac{3\cos3x+a}{3x^{2}}=0$$

故

$$a=-\lim_{x\to0}3\cos3x=-3.$$

6. $\int_{-\infty}^{+\infty} x^2 e^{-x^2} dx = \underline{\dfrac{\sqrt{\pi}}{2}}$.

解：$\int_{-\infty}^{+\infty} x^2 e^{-x^2} dx = 2\int_0^{+\infty} x^2 e^{-x^2} dx \xlongequal{u=x^2} 2\int_0^{+\infty} u e^{-u} \cdot \dfrac{1}{2\sqrt{u}} du$

$$= \int_0^{+\infty} u^{\frac{1}{2}} e^{-u} du = \int_0^{+\infty} u^{\frac{3}{2}-1} e^{-u} du = \Gamma\left(\frac{3}{2}\right) = \frac{1}{2}\Gamma\left(\frac{1}{2}\right) = \frac{\sqrt{\pi}}{2}.$$

7. 设 $f(x) = \int_{\cos x}^{1} \dfrac{1}{\sqrt{1+t^2}} dt$，则 $f'\left(\dfrac{\pi}{4}\right) = \underline{\dfrac{1}{\sqrt{3}}}$.

解：$f(x) = -\int_1^{\cos x} \dfrac{1}{\sqrt{1+t^2}} dt.$

故
$$f'(x) = -(\cos x)' \cdot \frac{1}{\sqrt{1+\cos^2 x}} = \sin x \cdot \frac{1}{\sqrt{1+\cos^2 x}}$$

$$f'\left(\frac{\pi}{4}\right) = \frac{\sqrt{2}}{2} \cdot \frac{1}{\sqrt{1+\frac{1}{2}}} = \frac{1}{\sqrt{3}}.$$

8. 设 $F(x) > 0$ 是 $f(x)$ 的一个原函数且 $F(0) = 2$，$\dfrac{f(x)}{F(x)} = \dfrac{x}{1+x^2}$，则 $f(x) = \underline{\dfrac{2x}{\sqrt{1+x^2}}}$.

解：因 $F'(x) = f(x)$，故

$$\int \frac{f(x)}{F(x)} dx = \int \frac{dF(x)}{F(x)} = \int \frac{x}{1+x^2} dx$$

$$\ln F(x) = \frac{1}{2}\ln(1+x^2) + \ln C$$

即
$$F(x) = C(1+x^2)^{\frac{1}{2}}. \text{由 } F(0) = 2 \text{ 得 } C = 2$$

故
$$F(x) = 2(1+x^2)^{\frac{1}{2}},$$

$$f(x) = F'(x) = (1+x^2)^{-\frac{1}{2}} \cdot 2x = \frac{2x}{\sqrt{1+x^2}}.$$

9. 若连续函数 $f(x)$ 满足 $f(x) = \int_0^{2x} f\left(\dfrac{t}{2}\right) dt + \ln 2$，则 $f(x) = \underline{e^{2x}\ln 2}$.

解：因 $f(x)$ 连续，故 $\int_0^{2x} f\left(\dfrac{t}{2}\right) dt$ 可导，故 $f'(x) = 2f(x)$. 解之得

$$f(x) = Ce^{2x}.$$

易知 $f(0) = \ln 2 = C$，故 $C = \ln 2$，$f(x) = e^{2x} \cdot \ln 2$.

10. 设 $f(x) = \int_1^{x^2} e^{-t^2} dt$，则 $\int_0^1 x f(x) dx = \underline{\dfrac{1}{4}(e^{-1} - 1)}$.

解：$\int_0^1 x f(x) dx = \int_0^1 x\left(\int_1^{x^2} e^{-t^2} dt\right) dx = -\int_0^1 e^{-t^2} dt \int_0^{\sqrt{t}} x dx = -\dfrac{1}{2}\int_0^1 t e^{-t^2} dt$

$$= -\frac{1}{4}\int_0^1 e^{-t^2} dt^2 = \frac{1}{4} e^{-t^2} \Big|_0^1 = \frac{1}{4}(e^{-1} - 1).$$

11. 已知 $|\boldsymbol{a}|=3,|\boldsymbol{b}|=9,|\boldsymbol{a}\times\boldsymbol{b}|=18$,则 $\boldsymbol{a}\cdot\boldsymbol{b}=$ $\underline{\pm 9\sqrt{5}}$.

解: $|\boldsymbol{a}\times\boldsymbol{b}|=|\boldsymbol{a}|\cdot|\boldsymbol{b}|\sin(\boldsymbol{a},\hat{\boldsymbol{b}})$.

故
$$\sin(\boldsymbol{a},\hat{\boldsymbol{b}})=\frac{2}{3},\quad \cos(\boldsymbol{a},\hat{\boldsymbol{b}})=\pm\frac{\sqrt{5}}{3}$$

故
$$\boldsymbol{a}\cdot\boldsymbol{b}=|\boldsymbol{a}|\cdot|\boldsymbol{b}|\cos(\boldsymbol{a},\hat{\boldsymbol{b}})=3\times 9\times\left(\pm\frac{\sqrt{5}}{3}\right)=\pm 9\sqrt{5}.$$

12. 设向量 $\boldsymbol{a},\boldsymbol{b},\boldsymbol{c}$ 满足 $|\boldsymbol{a}|=|\boldsymbol{b}|=|\boldsymbol{c}|=1$,且 $\boldsymbol{a}+\boldsymbol{b}+\boldsymbol{c}=0$,则 $\boldsymbol{a}\cdot\boldsymbol{b}+\boldsymbol{b}\cdot\boldsymbol{c}+\boldsymbol{c}\cdot\boldsymbol{a}=$ $\underline{-\frac{3}{2}}$.

解:由 $(\boldsymbol{a}+\boldsymbol{b}+\boldsymbol{c})^2=\boldsymbol{a}^2+\boldsymbol{b}^2+\boldsymbol{c}^2+2(\boldsymbol{ab}+\boldsymbol{bc}+\boldsymbol{ac})=0$,故
$$3+2(\boldsymbol{ab}+\boldsymbol{bc}+\boldsymbol{ac})=0,\quad (\boldsymbol{ab}+\boldsymbol{bc}+\boldsymbol{ac})=-\frac{3}{2}.$$

13. 方程 $yy''=y'^2$ 的通解为 $\underline{C_2 e^{C_1 x}}$.

解:令 $y'=P,y''=P\dfrac{dP}{dy}$,故原方程为
$$y\cdot P\frac{dP}{dy}=P^2$$

(i) $P=0$,故 $y=C$.

(ii) $\dfrac{dP}{P}=\dfrac{dy}{y}$,解之得 $P=C_1 y$,即 $\dfrac{dy}{y}=C_1 dx$,故 $y=C_2 e^{C_1 x}$.

14. 将积分 $I=\int_0^1 dx\int_x^{\sqrt{2-x^2}} f(x,y)dy$ 化为极坐标系下的累次积分 $\underline{I=\int_{\frac{\pi}{4}}^{\frac{\pi}{2}} d\theta\int_0^{\sqrt{2}} rf(r\cos\theta,r\sin\theta)dr}$.

15. 若级数 $\sum\limits_{n=1}^{\infty}(-1)^{n-1}\dfrac{(x-a)^n}{n}$ 当 $x>0$ 时发散,当 $x=0$ 时收敛,则常数 $a=$ $\underline{-1}$.

解:记 $a_n=(-1)^{n-1}\cdot\dfrac{1}{n}$. 由 $\lim\limits_{n\to\infty}\left|\dfrac{a_{n+1}}{a_n}\right|=1$,知当 $|x-a|<1$ 时级数收敛,故级数在区间 $(a-1,a+1)$ 内收敛. 由题设知级数在区间右端点 $a+1=0$ 处收敛,故 $a=-1$.

三、计算题

1. $\lim\limits_{n\to\infty}\left[\sin\pi\sqrt{n^2+n}\right]^2$.

解: $\sin\pi\sqrt{n^2+n}=(-1)^n\sin\left[\pi\sqrt{n^2+n}-n\pi\right]$.
$$\left(\sin\pi\sqrt{n^2+n}\right)^2=\left[\sin\pi(\sqrt{n^2+n}-n)\right]^2=\left(\sin\frac{n\pi}{\sqrt{n^2+n}+n}\right)^2$$
$$=\left(\sin\frac{\pi}{\sqrt{1+\dfrac{1}{n}}+1}\right)^2$$

故$\lim\limits_{n\to\infty}\left(\sin\pi\sqrt{n^2+n}\right)^2=\lim\limits_{n\to\infty}\left(\sin\dfrac{\pi}{\sqrt{1+\dfrac{1}{n}}+1}\right)^2=\sin\dfrac{\pi}{2}=1.$

2. 设函数$f(x)$对任何x恒有$f(x+y)=f(x)+f(y)$,且$f'(0)=a(\neq 0)$,试确定$f(x)$.

解:令$y=0$,得$f(x)=f(x)+f(0)$,故$f(0)=0$.

因$f'(0)=\lim\limits_{x\to 0}\dfrac{f(0+x)-f(0)}{x}=\lim\limits_{x\to 0}\dfrac{f(x)}{x}=a$,

故$f'(x)=\lim\limits_{\Delta x\to 0}\dfrac{f(x+\Delta x)-f(x)}{\Delta x}=\lim\limits_{\Delta x\to 0}\dfrac{f(x)+f(\Delta x)-f(x)}{\Delta x}=\lim\limits_{\Delta x\to 0}\dfrac{f(\Delta x)}{\Delta x}=a$,

$$f(x)=ax\quad 或\quad f(x)=ax+c$$

因$f(x)=ax+c$不满足$f(0)=0$,故$f(x)=ax$.

3. 设$f(x)=\varphi(a+bx)-\varphi(a-bx)$,其中$\varphi(x)$在$x=a$处可导,求$f'(0)$.

解:$f'(x)=b\varphi'(a+bx)+b\varphi'(a-bx)$,故

$$f'(0)=b\varphi'(a)+b\varphi'(a)=2b\varphi'(a).$$

4. 设$f(x)$是多项式,且$\lim\limits_{x\to\infty}\dfrac{f(x)-2x^3}{x^2}=2$,$\lim\limits_{x\to 0}\dfrac{f(x)}{x}=3$,求$f(x)$.

解:因$f(x)$为多项式,由题设可令$f(x)=2x^3+2x^2+ax+b$,且$\lim\limits_{x\to 0}f(x)=f(0)=0$. 故$b=0$. 故

$$\lim_{x\to 0}\frac{f(x)}{x}=\lim_{x\to 0}\frac{2x^3+2x^2+ax}{x}=a=3$$

$$f(x)=2x^3+2x^2+3x.$$

5. 设$f(x)=x^2-x\int_0^2 f(x)\mathrm{d}x+2\int_0^1 f(x)\mathrm{d}x$,求$f(x)$.

解:令$A=\int_0^2 f(x)\mathrm{d}x$, $B=\int_0^1 f(x)\mathrm{d}x$,则

$$f(x)=x^2-Ax+2B$$

两边对x从$0\to 2$积分,得

$$A=\int_0^2 x^2\mathrm{d}x-A\int_0^2 x\mathrm{d}x+2B\int_0^2\mathrm{d}x,有A=\frac{8}{3}-2A+4B.$$

即
$$3A-4B=\frac{8}{3}\tag{1}$$

$f(x)$两边再对x从$0\to 1$积分,得

$$B=\int_0^1 x^2\mathrm{d}x-A\int_0^1 x\mathrm{d}x+2B\int_0^1\mathrm{d}x=\frac{1}{3}-\frac{A}{2}+2B$$

即
$$A-2B=\frac{2}{3}\tag{2}$$

联立式(1),式(2). 解得$A=\dfrac{4}{3}$,$B=\dfrac{1}{3}$. 故$f(x)=x^2-\dfrac{4}{3}x+\dfrac{2}{3}$.

6. 设函数$z=u(x,y)\mathrm{e}^{ax+by}$,且$\dfrac{\partial^2 u}{\partial x\partial y}=0$,试确定常数$a,b$,使函数$z=z(x,y)$满足方程

$$\frac{\partial^2 z}{\partial x\partial y}-\frac{\partial z}{\partial x}-\frac{\partial z}{\partial y}+z=0.$$

解：$\frac{\partial z}{\partial x} = \frac{\partial u}{\partial x}e^{ax+by} + a \cdot ue^{ax+by}$.

$$\frac{\partial z}{\partial y} = \frac{\partial u}{\partial y}e^{ax+by} + bue^{ax+by}$$

$$\frac{\partial^2 z}{\partial x\partial y} = \frac{\partial^2 u}{\partial x\partial y}e^{ax+by} + b\frac{\partial u}{\partial x}e^{ax+by} + a\frac{\partial u}{\partial y}e^{ax+by} + abue^{ax+by}$$

因$\frac{\partial^2 u}{\partial x\partial y} = 0$，故$\frac{\partial^2 z}{\partial x\partial y} = \left(b\frac{\partial u}{\partial x} + a\frac{\partial u}{\partial y} + abu\right)e^{ax+by}$.

$$\frac{\partial^2 z}{\partial x\partial y} - \frac{\partial z}{\partial x} - \frac{\partial z}{\partial y} + z$$

$$= \left(b\frac{\partial u}{\partial x} + a\frac{\partial u}{\partial y} + abu\right)e^{ax+by} - \left(\frac{\partial u}{\partial x} + \frac{\partial u}{\partial y} + au + bu\right)e^{ax+by} + ue^{ax+by} = 0$$

即
$$\left[(a-1)\frac{\partial u}{\partial y} + (b-1)\frac{\partial u}{\partial x} + (ab - a - b + 1)u\right]e^{ax+by} = 0$$

因之有 $a = 1, b = 1$.

7. 设函数 $f(x,y)$ 可微，$f_x'(1,1) = a, f_y'(1,1) = b, f(1,1) = 1$. 又记

$$\varphi(x) = f(x, f(x, f(x,x)))$$

求 $\varphi'(1)$.

解：由 $\varphi(x)$ 的表示式知 $\varphi'(x) = f_x' + f_y'\left[f_x' + f_y'(f_x' + f_y' \cdot 1)\right]$，故

$$\varphi'(1) = f_x'(1,1) + f_y'(1,1)\left\{f_x'(1,1) + f_y'(1,1)\left[f_x'(1,1) + f_y'(1,1)\right]\right\}$$

$$= a + b\left\{a + b\left[a + b\right]\right\} = a + ab + ab^2 + b^3.$$

8. 求幂级数 $\sum_{n=1}^{\infty}\frac{(-1)^n}{n \cdot 4^n}(x-1)^{2n-1}$ 的收敛半径及收敛区间.

解：$R' = \lim_{n\to\infty}\left|\frac{u_n}{u_{n+1}}\right| = \lim_{n\to\infty}\frac{(n+1)4^{n+1}}{n \cdot 4^n} = 4.$

故
$$R = \sqrt{R'} = 2$$

不难验证，当 $x - 1 = \pm 2$ 即 $x = -1$ 及 $x = 3$ 时级数条件收敛，故级数的收敛，半径为 $R = 2$，收敛区间为$[-1,3]$.

9. 计算 $I = \int_0^1 \frac{x^a - x^b}{\ln x}dx (a > 0, b > 0)$.

解：利用二重积分求解.

$$I = \int_0^1 dx\int_b^a x^y dy = \int_b^a dy\int_0^1 x^y dx = \int_b^a \frac{x^{y+1}}{y+1}\Bigg|_0^1 dy = \int_b^a \frac{1}{1+y}dy = \ln\frac{1+a}{1+b}.$$

10. 求方程 $y' = \frac{y}{2y\ln y + y - x}$ 的通解.

解：方程变形为

$$\frac{dx}{dy} = \frac{2y\ln y + y - x}{y} = -\frac{x}{y} + 1 + 2\ln y$$

故
$$\frac{dx}{dy} + \frac{1}{y}x = 1 + 2\ln y$$

$$x = e^{-\int\frac{1}{y}dy}\left[\int(1+2\ln y)e^{\int\frac{1}{y}dy}dy + C\right] = \frac{1}{y}\left[\int(1+2\ln y)ydy + C\right]$$

$$= \frac{1}{y}\left[\int ydy + 2\int y\ln ydy + C\right] = \frac{1}{y}\left[\frac{y^2}{2} + y^2\ln y - \frac{y^2}{2} + C\right] = \frac{C}{y} + y\ln y$$

四、综合题

给定数项级数 $\sum_{n=1}^{\infty}\arctan\frac{1}{2n^2}$.

(1) 判定级数的敛散性;

(2) 若收敛则求级数的和.

解法 1:当 $0 \leqslant x \leqslant \frac{\pi}{2}$ 时有 $\arctan x < x$.

故由正项级数的比较判别法知

$$0 < \arctan\frac{1}{2n^2} < \frac{1}{2n^2}$$

因 $\sum_{n=1}^{\infty}\frac{1}{2n^2}$ 收敛,故 $\sum_{n=1}^{\infty}\arctan\frac{1}{2n^2}$ 收敛.

解法 2:由正项级数的比较判别法的极限形式知

$$\lim_{n\to\infty}\frac{\arctan\frac{1}{2n^2}}{\frac{1}{2n^2}} = 1$$

而 $\sum_{n=1}^{\infty}\frac{1}{2n^2}$ 收敛,故 $\sum_{n=1}^{\infty}\arctan\frac{1}{2n^2}$ 收敛,则级数 $\sum_{n=1}^{\infty}\arctan\frac{1}{2n^2}$ 有和.下面求级数的和.

记 $\theta_1 = \arctan\frac{1}{2\cdot 1^2}, \theta_2 = \arctan\frac{1}{2\cdot 2^2}, \theta_3 = \arctan\frac{1}{2\cdot 3^2}$,则有

$$\tan\theta_1 = \frac{1}{2},\quad \tan\theta_2 = \frac{1}{8},\quad \tan\theta_3 = \frac{1}{18}.$$

$$\tan(\theta_1+\theta_2) = \frac{\tan\theta_1+\tan\theta_2}{1-\tan\theta_1\tan\theta_2} = \frac{\frac{1}{2}+\frac{1}{8}}{1-\frac{1}{16}} = \frac{2}{3}, \theta_1+\theta_2 = \arctan\frac{2}{3}$$

$$\tan\left[(\theta_1+\theta_2)+\theta_3\right] = \frac{\frac{2}{3}+\frac{1}{18}}{1-\frac{2}{3}\times\frac{1}{18}} = \frac{3}{4}, \theta_1+\theta_2+\theta_3 = \arctan\frac{3}{4}.$$

故 $s_1 = \theta_1 = \arctan\frac{1}{2},\quad s_2 = \theta_1+\theta_2 = \arctan\frac{2}{3},\quad s_3 = \theta_1+\theta_2+\theta_3 = \arctan\frac{3}{4}$

由此可设想

$$s_n = \theta_1+\theta_2+\cdots+\theta_n = \arctan\frac{n}{n+1}$$

由数学归纳法不难证明:$s_n = \arctan\frac{n}{n+1}$ 对一切自然数成立. 故

$$s=\lim_{n\to\infty}s_n=\lim_{n\to\infty}\arctan\frac{n}{n+1}=\arctan 1=\frac{\pi}{4}.$$

五、证明题

设函数$f(x)$二阶连续可导，且$\lim\limits_{x\to 0}\dfrac{f(x)}{x}=0, f(1)=0$. 证明存在$\xi\in(0,1)$使$f''(\xi)=0$.

证：因$f(x)$连续，且$\lim\limits_{x\to 0}\dfrac{f(x)}{x}=0$，所以有$\lim\limits_{x\to 0}f(x)=f(0)=0$. 于是由$f(0)=0, f(1)=0$，由 Rolle 定理知 $\exists\xi_1\in(0,1)$，使$f'(\xi_1)=0$.

其次，因$\lim\limits_{x\to 0}\dfrac{f(x)}{x}=0$，故有$\lim\limits_{x\to 0}\dfrac{f(x)-f(0)}{x}=f'(0)=0$，再由 Rolle 定理知，$\exists\xi\in(0,\xi_1)\subset(0,1)$，使$f''(\xi)=0$.

六、应用题

厂商的总收益函数与总成本函数分别为

$$R(Q)=30Q-3Q^2$$
$$C(Q)=Q^2+2Q+2$$

试求：(1) 厂商纳税前的最大利润及此时的产量和价格；

(2) 征税收益最大值及此时的税率；

(3) 厂商纳税后的最大利润及此时产品的价格；

(4) 税率t由消费者和厂商承担，确定各承担多少？税率t—— 单位产品的税收金额.

解：(1) 不难求得，纳税前，当产量$Q_0=\dfrac{7}{2}$时可获最大利润，其值$L=47$，此时产品价格

$$P_0=19\frac{1}{2}.$$

(2) 目标函数 $$T=tQ$$

纳税后的总成本函数是 $$C_t=C_t(Q)=Q^2+2Q+2+tQ$$

因 $$R'(Q)=30-6Q, C'_t(Q)=2Q+2+t$$

由$R'(Q)=C'_t(Q)$，即

$$30-6Q=2Q+2+t$$

故 $$Q_t=\frac{28-t}{8}$$

又因 $$R''(Q)=-6,\quad C''_t(Q)=2$$

显然有 $$R''(Q)<C''_t(Q)\text{（对任何 }Q\text{ 都成立）}$$

故纳税后厂商获最大利润的产出水平是$Q_t=\dfrac{28-t}{8}$.

这时，征税收益函数$T=tQ_t=\dfrac{1}{8}(28t-t^2)$，此式确定税率$t$，以使$T$取最大值.

根据极大值存在的条件，因为当

$$\frac{dT}{dt}=\frac{1}{8}(28-2t)=0\text{ 时}, t_0=14$$

$$\frac{d^2T}{dt^2}=-\frac{1}{4}<0$$

所以当税率 $t_0=14$ 时,这时 $Q_t=\frac{28-14}{8}=\frac{7}{4}$,征税收益最大,其值是

$$T=t_0Q_t=14\times\frac{7}{4}=24\frac{1}{2}.$$

(3) 纳税后,利润函数

$$L_t=R(Q)-C_t(Q)=-4Q^2+(28-t)Q-2$$

当 $Q_t=\frac{7}{4}$,$t=14$ 时,最大利润 $L_t=10\frac{1}{4}$.

此时产品的价格为

$$P_t=\left.\frac{R(Q)}{Q}\right|_{Q=\frac{7}{4}}=(30-3Q)\Big|_{Q=\frac{7}{4}}=24\frac{3}{4}$$

由以上分析,可以看出,因产品纳税,产出由$\frac{7}{2}$下降为$\frac{7}{4}$;而价格由 $19\frac{1}{2}$ 上升为$24\frac{3}{4}$; 最大利润由 47 减为$\frac{41}{4}$.

(4) 税前产品的价格 $P=19\frac{1}{2}$,税后产品的价格 $P_t=24\frac{3}{4}$,因此,消费者承担的税收是

$$P_t-P_0=24\frac{3}{4}-19\frac{1}{2}=\frac{21}{4}$$

从而厂商承担的部分是

$$t_0-(P_t-P_0)=14-\frac{21}{4}=\frac{35}{4}.$$